◆ 베란다에서 재배 가능한 계절별 야생화 ◆

베란다 들꽃 키우기

베란다 들꽃 키우기

1판 인쇄 2019년 4월 11일
1판 펴냄 2019년 4월 22일

지은이 조병필
펴낸이 정해운
편집 그린북 편집팀
교정 강은영
디자인 마음과풍경

펴낸곳 가교출판
출판등록 1993년 5월 20일(제201-6-172호)
주소 서울 성북구 성북로9길 38 401호
전화 02-762-0598~9
팩스 02-765-9132
E-MAIL gagiobook@hanmail.net
홈페이지 http://가교출판사.kr

ISBN 978-89-7777-701-9 (13480)

책과 마음을 잇겠습니다 | 가교출판

◆ 베란다에서 재배 가능한 계절별 야생화 ◆

베란다 들꽃 키우기

| 조병필 지음 |

가교출판

머리말

필자가 식물을 처음 키우기 시작한 것은 1980년대 후반에 난에 입문하면서부터였다. 약 10여 년간 애란인으로 지내던 필자는 난 잡지에 이런저런 야생화가 소개되는 것을 읽고 야생화에 대해서도 관심을 가지고 있었다. 그러던 어느 날 한때 난우로서 가까이 지냈던 서양화가 원평 이재걸 화백이 야생화를 키우고 있다는 말을 듣고 그 댁을 방문하여 보니 과연 마당에 여러 종류의 야생화가 가득하였다. 그날 이후 원평 선생님을 중심으로 야생화에 관심이 많았던 몇 사람이 자주 어울리다보니 자연스럽게 야생화 세계에 발을 들여놓게 되었다.

그러다가 2,000년대 초에 필자가 우리 대학에 야생화동호회를 만들게 되었다. 필자는 동호회 활동을 통해 다양한 야생화 작품 제작법을 교육함으로써 회원들의 재배 실력을 늘려 이에 대한 관심을 지속시켜 보려고 노력하였다. 그러나 처음에 40여 명에 달하던 회원들이 하나둘 떨어져 나가 나중에는 절반 정도밖에 남지 않게 되었으며, 그나마도 열성적인 회원은 별로 없는 것 같았다. 몇 년 후에는 대학 사정으로 우리 동호회의 활동무대였던 병원 온실을 사용할 수 없게 되어 모임을 해체하게 되었는데, 이 때 마니아급으로 분류될 수 있는 회원은 필자를 제외하면 딱 한 사람뿐이었다. 그 교수님은 젊은 시절부터 오랫동안 혼자서 식물에 대해 공부해 왔으며 자생식물에 대한 해박한 지식을 가지고 있었고 식물 사진도 자주 찍으러 다니는 분으로 원래부터 마니아였다. 따라서 수년에 걸친 동호회 활동을 통해 야생화 마니아가 된 사람은 아무도 없는 셈이었다.

어떤 분야의 마니아가 되기 위해서는 처음에 어느 정도의 수준까지는 다른 이들의 도움도 받아가면서 관심도와 실력이 증가해야만 한다. 그러다 어떤 특정한 수준, 즉 역치를 넘어서면 자발적으로 마니아의 길로 접어드는 법이다. 그러므로 전술한 결과는 동호회 활동을 통해 관심도와 실력이 역치까지 도달한 회원이 단 한 사람도 없었다는 뜻이다. 그 주된 이유는 각 회원들이 만들어 간 작품들이 집에서 기대만큼 잘 자라주지 않고 자꾸 죽기 때문인 것으로 추정되었다. 특히 아파트에 거주하는 회원들은 거의 대부분이 베란다에서 야생화를 키우는 것이 몹시 힘들 것이라고 지레 짐작하고 포기하는 경향이 있었고, 실제로도 배양에 실패하는 경우가 많았던 것 같았다. 이러한 경험이 식물을 키우는데 가이드가 되는 책을 하나 써보는 것도 의미 있는 일이 될 수 있을 것이라는 생각을 하게 된 계기가 되었다.

우리 대학의 야생화동호회가 해체된 후 필자는 대학 밖에서 새로운 모임을 결성하여 야생화 작품 활동과 전시회를 꾸준히 개최하여 왔다. 그리고 서로 다른 환경의 아파트에 거주하는 몇몇 분들과 함께 자신의 경험을 바탕으로 한 책을 집필하기로 하였다. 약간씩 서로 다른 환경에서 축적해온 각자의 경험을 모으면 유익한 정보를 담고 있는 책을 쓸 수 있을 것이라 판단하였기 때문이다. 책을 쓰기로 결정하면서 몇 가지 기본 원칙을 정하였다. 우선 각자가 자신의 환경에서 성공적으로 가꾸어본 경험이 있는 종만을 대상으로 하기로 하였다. 또 가능하면 처음 화분에 심을 때부터 그 방법과 과정을 모두 기록하고, 나중에 꽃이 핀 사진까지 싣는 것을 원칙으로 하였다.

그런 과정을 모두 기록하기 위해서는 상당한 기간이 필요할 것이라 생각하고 처음에는 3년 동안의 준비 기간을 예상하였다. 그러나 각자가 자신의 일에 쫓기다 보니 시간을 충분히 내기가 쉽지 않았고, 좁은 베란다에서 각종 작업을 수행하면서 혼자 사진까지 찍는 일이 생각보다 어렵고 많은 시간이 걸렸다. 더욱이 일부 식물들의 경우 햇빛이 모자란 베란다에서 성공적으로 배양하여 꽃을 피워내는 일이 만만치 않았다. 그래서 3년이라는 시간으로는 도저히 그러한 내용을 모두 담아낼 수 없었다. 게다가 완성도가 높은 작품을 만들어 가는 전 과정을 충실하게 담아내기 위해서는 생각보다 훨씬 많은 시간이 필요하다는 사실을 뒤늦게 깨닫게 되었다. 그러한 어려움 때문에 처음에 같이 책을 내기로 했던 분들이 도중에 모두 두 손을 들고 말았고, 결국 필자 혼자서 이 책을 집필하게 되었다. 그래서 이 책은 처음 계획보다 상당히 축소된 형태로 처음 예상했던 기간의 세 배에 가까운 아주 오랜 시간이 흐른 후에 겨우 햇빛을 보게 되었다.

이 책의 원고를 쓰기 시작하면서 가장 먼저 깨달았던 것은 그때까지 필자가 식물에 대해 아는 것이 별로 없다는 사실이었다. 오랫동안 야생화를 배양하면서 나름대로 이것저것 많이 안다고 생각하고 있었던 필자에게 이것은 커다란 충격이었다. 그래서 우선 대상 식물의 분류, 형태, 구조 및 생태를 공부하였다. 그 가운데에서 가장 어려웠던 점은 유사한 종이 많은 식물군의 분류였으며, 분류가 어려운 것은 지금도 마찬가지이다. 식물의 형태 및 구조 등에 대해서는 그래도 좀 쉽게 접근할 수 있었는데, 이는 필자의 전공인 해부학이 형태학(morphology)의 하나로, 용어 등에서 식물형태학과 다소나마 통하는 부분이 있었기 때문이었다. 여러 야생화의 생활사, 재식 방법, 배양법 등에 관해서는 도움이 될 만한 정보가 별로 없었기 때문에 직접 경험할 수밖에 없었다. 그래서 생활환, 옮겨심기, 배양법 및 관리법에 대한 사항을 오랫동안 면밀하게 관찰하고 기록하였으며, 이러한 과정을 통해 독창적인 콘텐츠를 원고에 반영할 수 있었다.

이 책은 총론과 각론으로 구분되어 있다. 총론에서는 우선 야생화 취미에 대한 이해를 돕기 위하여 야생화 재배의 의의와 이에 대한 시각, 원예가의 바람직한 자세와 지향점 등을 기술하고, 이어서 실내 원예를 위해 알아야 할 기본적인 사항들을 가급적 알기 쉽게 설명하였다. 특히 비배관리에 주안점을 두어 냄새 없는 유기질 액비, 영양볼, 잿물 만드는 방법에 대하여 상세하게 설명하였다. 또한 아파트 베란다를 기준으로 하여 실내 원예에서의 야생화 관리법을 항목별 및 계절별로 설명하였다.

각론에서는 관상성이 높고 베란다 등의 실내에서 재배가 가능한 야생화를 계절별로 선정하여 식물학적 특성, 유사종, 재배법, 관리법 및 감상법 등을 사진을 곁들여 소상하게 설명하였다. 특히 옮겨심기의 전 과정을 사진으로 보여주고, 그 후 개화한 모습과 시간에 따른 변천 과정까지 보여주려고 노력하였다. 대부분의 야생화 작품에 대해서는 제대로 격식을 갖추어 그 작품성이 최대한 잘 드러나도록 연출한 사진을 실어 야생화 작품의 예술성이 가급적 잘 표현되도록 최선을 다하였다. 또한 베란다뿐만이 아니라 비닐하우스와 같은 온실 또는 정원과 같은 노지에서 재배한 작품의 사진도 곁들여 환경에 따른 차이를 알 수 있도록 하였다. 마지막으로 옛 선비들이 선비방에서 키우던 식물로서 『양화소록』에도 등장하는 고전원예식물인 석창포에 대하여 기술하였다. 석창포에 대한 식물학적 설명뿐 아니라 석창포 문화의 역사, 석창포 작품 만들기와 감상법을 최초로 집대성하였으며, 이를 통해 석창포 문화를 복원하는데 일조하고자 하였다.

이 책의 내용은 아파트 베란다를 기준으로 한 것이지만 단독주택의 발코니, 유리온실, 비닐하우스 등 다양한 장소에서도 마찬가지로 적용할 수 있다. 아울러 식물의 생리와 재배의 원리를 설명하였기 때문에 실내원예가 아닌 실외원예에서도 이 책에서 제시하는 재배법을 변형하여 활용할 수 있으리라 생각한다. 바라건대 이 책이 독자들이 자신의 환경에 맞는 자신만의 재배법을 확립하는데 있어서 나침반과 같은 역할을 할 수 있기를 소망한다. 특히 나이든 사람에게 있어 식물을 가꾸는 일이란 눈과 손으로 먹고 마음으로 마시는 보약이라고 생각한다. 이 책이 그러한 보약을 잘 달이는 좋은 약탕기의 역할을 할 수 있기를 바란다.

이 책을 완성하기까지 많은 분들의 도움을 받았다. 우선 필자를 야생화의 세계로 이끌어 주신 원평 이재걸 화백께 감사드린다. 이것저것 집요하게 꼬치꼬치 캐묻는 필자에게 농장 일로 바쁜 가운데에서도 식물의 생태, 습성, 재배법에 대하여 많은 정보를 제공해 주신 야생화육종연구소 최고자연의 최용호, 임일선 부부께도 감사드린다. 연세대학교 원주의과대학 야생화동호회와 한국자생식물보전회의 살림을 맡아 많은 도움을 준 김영철, 김주석 선생, 그리고 사진 작업에 큰 도움을 준 박대성 선생에게도 고마움을 전한다. 또한 여러 환경에서 자란

다양한 야생화 작품을 접할 수 있도록 도와주신 한국자생식물보전회 회원 여러분, 이 책의 출간을 맡아주신 가교출판의 정해운 대표께 감사의 말씀을 드린다. 일일이 모두 거론하지는 못하지만 그 외에도 많은 분들의 도움을 받았음을 밝힌다. 마지막으로 휴일이면 베란다에서 살다시피 하는 남편과 아빠를 이해해 주고 언제나 성원을 아끼지 않은 가족들에게 고마움을 전한다.

2019년 봄

조병필

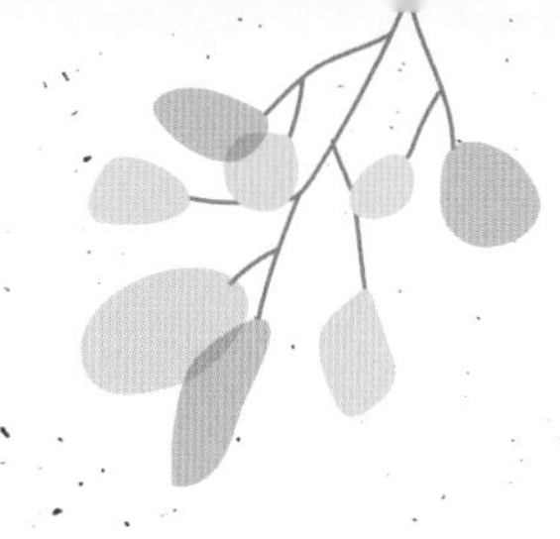

목차

Ⅰ. 야생화 취미에 대한 이해

가. 야생화란 무엇인가?

어떤 특정 지역에서 원래부터 자연적으로 나서 스스로 자라는 식물을 자생식물(**native plants**)이라 하는데, 넓은 의미로는 원래 그 지역에서 자라는 토착식물(**indigenous plants**)과 오래전부터 다른 나라로부터 이주하여 정착한 귀화식물(**naturalized plants**)을 모두 포함하는 용어이다. 산림청의 국가표준식물목록에 의하면 우리나라의 자생식물(토착식물)은 2018년 5월 기준 4,178종, 귀화식물은 321종이라고 한다.[1]

한편 야생화(**wild flower**) 또는 야생식물(**wild plants**)이란 인간이 돌보지 않는 상태로 산야에서 저절로 자라는 꽃 또는 식물을 의미한다. 그러므로 사전적인 의미로만 본다면 최근에 외국에서 들여온 어떤 원예종이 원래 심겨져 있던 인가 근처의 산야로 저절로 퍼져나가 그곳에 적응하여 자연적으로 살아간다면 그것도 야생화인 것이다. 그러나 야생화라는 말 앞에 특정한 지역을 덧붙이면 느낌이 좀 달라진다. '한국의 야생화'라는 표현을 쓰면 '원래 한국의 산야에서 자라는 꽃'이라는 의미가 보다 강해진다. 따라서 좁은 의미로 본다면 '한국의 야생화'라는 것은 곧 '우리나라의 자생식물'로서 '식물'보다는 '꽃'이라는 개념에 더 큰 의미를 두는 용어라고 할 수 있을 것이다. 그래서 야생화를 '자생 화훼식물'이라 부르기도 한다.

야생화와는 반대로 사람에 의해 재배되는 식물은 재배식물(**cultivated plants**)이라고 부른다. 산림청의 국가표준식물목록에는 우리나라의 재배식물이

2018년 5월 기준 10,228종으로 집계되어 있다.[1] 엄밀하게 따지면 산에서 보기 좋은 야생화를 캐 와서 화분에 심어놓고 키우면 이 식물은 더 이상 야생화가 아니고 재배식물이 되는 것이다. 따라서 야생화 재배라는 말은 성립되지 않는다. 화분에 담기는 순간 이 식물은 이미 야생화로서의 정체성과 존재가치를 상실하기 때문이다.

하지만 많은 사람들은 야생화 재배라는 말을 즐겨 사용하며, 여기에 이의를 제기하는 사람도 별로 없는 것처럼 보인다. 그럼 사람들이 즐겨 쓰는 그 '야생화'의 의미는 무엇일까? 결국 인위적으로 교배 또는 개량을 하지 않은 **야생종**(**wild species**) 또는 **야생형**(**wild type**), 즉 자생식물을 가리킨다고 보아야 할 것이다. 또는 개량하지 않았다는 의미에서 **원종**(**original species**), 즉 분류학적으로 독립된 종으로 동정된 야생종을 지칭한다고 보아도 그리 틀린 말은 아닌 것 같다.

나. 야생화 키우기

1. 왜 야생화를 키우려고 하는가?

화원에 가보면 전 세계의 다양한 원종 식물을 모본으로 하여 개발된 무수한 교배종 또는 원예종 화훼식물이 곳곳마다 넘쳐나고 있으며, 대부분의 이러한 원예종들은 가꾸기 쉽고, 꽃도 많이 달리도록 개량되어 있다. 반면에 야생화, 즉 원종들은 비록 우리 산야에서 자라는 식물이긴 하지만 인간의 손에 의해 길들여지지 않은 야생종이므로 재배하기도 쉽지 않고 꽃도 소박한 경우가 보통이다.

그럼에도 불구하고 야생화를 키우고자 하는 이유는 무엇일까? 산업화와 도시화가 빠른 속도로 진행됨에 따라 인간의 생활이 자연으로부터 점차 멀어지게 되면서 인공적인 것보다는 자연친화적인 삶을 동경하는 사람들이 늘어나게 되었다. 그 결과 등산, 트레킹, 낚시, 캠핑 등 자연을 즐기는 취미 인구가 급격히 증가하고 있다고 한다. 야생화를 가꾸는 취미도 그러한 경향과 맥이 닿아 있다고 본다. 사람들이 야생화를 즐겨 가꾸는 것은 아마도 그것이 자연을 가까이에 두고 싶어 하는 인간의 욕구와 야생에 대한 향수를 충족시켜 주는 이상적인 도구이기 때문일 것이다.

2. 야생화 취미를 바라보는 두 가지 시각

누군가가 취미가 무엇이냐고 물어 와서 야생화를 키우는 것이라고 대답하면 사람들은 대개 다음 두 가지 중 한 가지 반응을 나타낸다. 하나는 "와우!"이다. 아무나 쉽게 할 수 없는 멋진 취미라는 것이다. 아마도 이런 사람들에게는 야생화가 '속박 받지 않는 자유로움'이라든지, '자연의 고결함' 또는 '야성적인 아름다움'과 같이 형이상학적이고 심미적인 의미와 연결되어 긍정적으로 비쳐지는 것 같다. 따라서 이런 반응을 보이는 사람들은 야생화 재배를 상당히 격조 있는 일로 여기며, 기회가 된다면 자기도 한번 해보고 싶다고 생각한다. 또 이런 취미가 자연을 크게 해치는 것은 아닐 것이라 생각한다.

다른 하나는, 야생화는 자연에 있을 때가 가장 아름다운 법인데 이것을 집으로 끌고 들어와 자연을 파괴하고 훼손한다고 생각하는 쪽이다. 이러한 견해를 가지고 있는 사람들은 보통 야생화를 모두 산이나 들에서 캐다가 키우는 것으로 생각하는 경향이 있는 것 같다. 하지만 실제로는 야생화 전문 농장에서 많은 종류의 야생화를 증식, 배양하여 판매하고 있으며, 대부분의 취미가들은 이를 구매하여 배양한다. 물론 이들 야생화 농장이 취미가들이 원하는 모든 종을 다 구비하고 있는 것은 아니기 때문에 자신이 원하는 식물을 자연에서 구하고자 하는 경우가 아주 없는 것은 아닐 것이다. 그러나 야생화를 즐기되 자연을 파괴하는 일은 삼가는 것이 취미가의 올바른 처신이며, 필자가 알기로는 야생화를 사랑하는 거의 모든 취미가들은 그 누구보다도 자연을 사랑하고 이를 지키고 보전하려 노력한다고 알고 있다.

현대는 종자전쟁이라는 말이 있을 정도로 세계 각국이 좀 더 다양하고 많은 생물 유전자원, 즉 원종을 확보하려고 혈안이 되어 있다. 그 이유는 좋은 원종을 확보해야 좋은 신품종을 용이하게 만들 수 있기 때문이다. 그러므로 원종의 확보는 대단히 중요하다. 국제식물신품종보호동맹(**International Union for the Protection Of new Varieties of plants, UPOV**)은 신품종의 권리는 특허를 통해 보호해 주지만 원종의 권리는 보호해 주지 않는다. 따라서 선진국들은 타국의 원종을 확보하려고 노력하는 한편 자국의 원종은 외국으로 유출되지 않도록 보호하고 있다. 만일 자연을 있는 그대로 보존해야 한다는 미명 하에 자국의 식물자원을 개발하지 못하게 하고 자연에 그대로 방치한다면 이는 결국 무관심과 무지로 이어지고 말 것이다. 세계에서 가장 인기 있는 라일락 품종인 미스킴라일락의 원종이 우리나라의 털개회나무이고, 잉거비비추의 원종은 흑산도비비추라는 것은 익히 잘 알려진 사실이다. 우리나라가 먹고 살기 힘들어 아직 원예에 미처 눈을 뜨지 못하여 식물에 관심이 없고 잘 알지도 못할 때 선진국에서 가치 있는 원종을 알아보고 이를 먼저 확보해 갔기 때문에 빚어진 일들이다. 그러므로 자국의 식물을 그 나라 국민들이 잘 알고 가꾸고 사랑하고 널리 알리는 것은 자국의 원종을 보호하는데 있어서 매우 중요한 일이라고 할 수 있다. 한국의 야생화를 한국인들이 키우지 않으면 도대체 누가 키워야 한단 말인가?

3. 야생화를 어떻게 구할 것인가?

보통 개체 수가 많고 분포 범위가 넓으며 인간에 의한 채취가 종의 존립을 위협하지 않는 식물은 채취가 허용되는 것이 관습이라 볼 수 있다. 그러나 국립공원에서의 식물채취는 엄격히 금지되어 있고, 국립공원이 아니더라도 산림을 보호하기 위하여 지자체마다 규정을 만들어 특정 지역의 식물채취를 금하고 있는 경우가 많으니 반드시 이를 지켜야 한다. 또 사유지에서의 식물 채취도 적법한 것이 아니므로 식물을 채취하여도 문제가 되지 않는 곳은 사실 얼마 되지 않는다고 할 수 있다. 그러므로 야생화 동호인들은 야생에서 식물을 채취하는 것을 자제하고 농장에서 증식된 것을 구입하여 가꾸는 것이 바람직하다.

특히 희귀식물이나 멸종위기식물을 채취하지 않도록 해야 한다. 그런 식물들은 성질이 까다롭고 환경에 대한 내성의 범위가 좁아 자연적인 번식이 순조롭지 않기 때문에 개체 수가 감소하여 희귀해지는 것이다. 단지 희귀식물이라는 이유로 이런 식물을 캐어 화분에서 키우려고 하면 십중팔구는 실패하기 쉬우며, 이런 행위는 자연을 심각하게 훼손하는 일이다. 자신의 생태와 부합하는 자생지에서도 쉽게 퍼져나가지 못하는 것을 생태에 맞지도 않는 환경에서 인공적으로 키우려고 하니 죽는 것은 당연한 것이다.

더욱이 극히 일부를 제외하면 거의 대부분의 희귀식물이나 멸종위기식물은 원예적인 측면에서 보면 관상가치가 떨어지는 것이 일반적이다. 야생에서는 나름대로의 멋이 있다 하더라도 분화로서의 관상 가치를 갖는 것은 몹시 힘든 일이다. 그러므로 어찌어찌하여 겨우 살리더라도 관상성이 떨어지는 것이 보통이다. 또 1~2년은 그럭저럭 살릴 수 있다 하더라도 오랫동안 살리는 것은 거의 기대할 수 없다. 그러므로 단순히 희귀하다는 이유 하나만으로 이를 채취하여 소장하려는 욕심은 부리지 않는 것이 좋다.

4. 야생화 취미가의 바람직한 지향점

원예 산업의 측면에서 본다면 취미가들이 우리나라의 야생종보다는 야생종을 바탕으로 개발된 **원예종**(변이종 또는 교배종)을 가꾸는 것이 훨씬 더 바람직하다. 그러한 원예종들은 우리나라의 자생식물을 기반으로 개발되었기 때문에 우리에게 친숙한 식물이므로 야생종을 키우는 것과 별로 다르지 않을 것이다. 또한 야생종 배양으로 인해 어떤 형태로든 일어날 수 있는 자생지의 훼손을 예방하고 방지하는 효과도 있다. 취미가들이 그러한 식물을 소비해 주는 것은 우리나라 야생화 화훼 농가들의 발전에 일조하는 것이다. 그런 식물들은 재배하기도 쉽고 꽃도 잘 달리도록 개량되었을 것이므로 관상성도 높아 취미가의 입장에서도 좋을 것이다.

이웃나라 일본에서는 자생식물을 가지고 엄청나게 다양한 원예종을 만들어 내는데 반하여 우리나라에는 아직 자생식물을 기반으로 개발된 원예식물들이 별로 없는 것 같다. 또 있다고 하더라도 출처가 불분명하고 계통이 불확실한 경우가 많다. 우리나라에서도 자생종을 기반으로 하여 세계적으로 인정받는 원예종이 나왔으면 하는 바람이다. 야생화 동호인들이 그러한 과정에서 일익을 담당할 수 있다면 풀 키우는 사람으로서 그보다 더 큰 보람은 없을 것이다. 야생화를 한다고 하여 우리 야생종만 고집하고 다른 것을 배척할 것이 아니라 유연한 자세로 꽃과 식물을 대하고, 이를 배양하는 가운데에서 새로운 것을 바르게 배우고 알리는 것이 바람직한 자세라고 생각한다.

우리나라에서는 대부분의 야생화 동호인들이 그저 다양한 야생종 또는 외국의 원예종을 수집하여 키우는 경향이 있고, 특정한 종류를 집중적으로 키우는 사람은 별로 없는 것 같다. 그래서 특정 식물에 대한 아마추어 전문가를 거의 찾아볼 수 없는데, 이는 기본적으로 우리 자생 화훼식물을 바탕으로 개발된 화훼작물이 빈약하고 또 관련된 외국 품종에 대한 정보도 별로 없기 때문인 것 같다. 외국의 경우에는 야생화 동호인들도 난초 취미가처럼 특정한 종류를 집중적으로 수집, 배양하여 그 분야의 전문가가 되는 경우가 적지 않다. 이런 사람들은 비단 자국의 야생종, 무늬종과 같은 변이종이나 원예종뿐 아니라 외국의 유사하거나 관련된 다양한 품종을 수집하여 그 재배법이나 새로운 품종 개발에 몰두하면서 그 분야의 대가가 되기 위하여 노력한다. 우리나라에서도 앞으로 야생화 분야에서 그런 아마추어 전문가들이 많이 나왔으면 하는 바람이다.

Ⅱ. 베란다: 아파트의 야생화 온실

우리나라 주거 환경의 가장 큰 특징은 뭐니 뭐니 해도 아파트일 것이다. 세계 어느 곳을 가 봐도 우리나라처럼 아파트가 많은 곳은 찾아보기 어렵다. 모든 아파트에는 형태, 크기 등에서 차이가 있지만 베란다가 갖추어져 있다. 우리는 흔히 베란다라고 부르지만 건축학적으로는 발코니라고 부르는 것이 맞다고 한다. 하지만 베란다라고 널리 불리므로 여기서도 베란다라고 부르기로 한다.

◈ **야생화를 재배하는 베란다** 필자가 야생화를 재배하는 동남향 아파트 베란다의 모습.

어떤 사람들은 베란다에서 식물을 잘 키우고 있지만 또 어떤 사람들은 베란다에서 식물을 키우는 것이 몹시 어렵다고들 말한다. 물론 베란다의 환경에 따라 큰 차이가 나겠지만 극단적인 경우를 빼면 베란다는 식물을 키우는 데 있어서 그렇게 좋지도 않고 또 그렇게 나쁘지도 않다고 말할 수 있다. 인공적으로 시설이 잘 갖추어진 온실을 제외하면 대부분의 장소들은 식물을 키우는 데 있어서 좋은 점과 나쁜 점을 동시에 가지고 있다. 베란다의 경우에도 식물재배에 일장일단이 있다.

베란다에서 식물을 키우기 위해 우선적으로 고려해야 할 것은 그 방향이다. 왜냐하면 햇빛의 양과 질이 베란다 식물 재배에 있어 가장 큰 제한요인으로 작용하기 때문이다. 만일 북향이라면 햇빛이 거의 들지 않거나 양질의 햇빛이 크게 부족하여 일부 음지식물을 제외하면 재배가 어려울 것이다. 서향이라고 해서 아주 안 되는 것은 아니겠지만 동향이나 남향이면 더 좋다고 할 수 있다. 다행스럽게도 대부분의 아파트 베란다는 동향~남향인 경우가 많으므로 각자의

20층 아파트의 7층으로 햇빛이 모자란 편이다.

환경에 알맞은 식물들을 선택하여 키울 수 있다. 베란다에 드는 햇빛의 양은 많을수록 좋다고 볼 수 있다. 햇빛이 너무 많거나 강하면 블라인드 등으로 차광을 하면 되지만 모자라면 인공적인 광원을 설치하는 것 말고는 식물을 제대로 키울 다른 방법이 없기 때문이다.

동향의 베란다는 부드러운 오전 햇빛을 받을 수 있으므로 식물 재배에 적합하다고 할 수 있으나, 층이 낮거나 주변의 건물에 가려 해가 드는 시간이 짧다면 식물체가 연약해지고 꽃달림이 좋지 않을 수도 있다. 남향의 베란다는 비교적 강한 광선을 많이 받으므로 식물을 비교적 강건하고 단단하게 키울 수 있고 꽃달림도 좋지만, 일부 음지식물에는 좋지 않은 환경이 될 수도 있다. 그러므로 자신의 베란다 특성을 잘 파악하여 거기에 맞는 식물을 선택하고, 또 같은 베란다라고 하더라도 부위별로 햇빛이 드는 시간이 다르므로 적재적소에 식물을 배치하는 것이 중요하다.

방향이 무난하고 햇빛이 어느 정도 드는 곳이라면 어느 베란다건 야생화를 비롯한 여러 가지 식물을 키워볼 수 있다. 대부분의 베란다에는 창호가 설치되어 있어 겨울의 한파를 막을 수 있고, 또 방이나 거실과 접하고 있어 간접적으로 실내 난방의 덕도 볼 수 있으므로 베란다는 온실에 다름 아니다. 한 가지 아쉬운 점은 일반적으로 햇빛이 모자라고 또 햇빛이 위에서 비추는 것이 아니라 옆에서만 들어와 식물들이 삐딱해진다는 점이다. 하지만 이 점도 화분을 가끔씩 돌려주거나 혹은 밑에 받침대를 고여 화분을 햇빛이 들어오는 쪽으로 약간 기울여주면 어느 정도 극복할 수 있으니 그리 큰 문제는 아니라고 할 수 있다.

Ⅲ. 야생화 재배를 위한 원예 기초

가. 원예용품, 도구 및 배양일지

야생화를 키우다 보면 여러 가지 도구들이 필요하며, 이들이 없으면 상당히 불편하고 특히 정밀한 작업을 수행하기 힘든 경우가 많다. 물주기, 비료주기, 가지 정리, 낙엽 제거, 병충해 방제, 분갈이 등을 포함한 여러 가지 작업을 하면서 자주 쓰는 것들로는 가위, 핀셋, 배양토삽, 모종삽, 분망, 알루미늄철사, 철사가위, 롱노우즈 플라이어(long nose pliers), 손갈퀴, 이름표(라벨), 유성펜, 장갑, 대나무젓가락, 원예용 피복철사, 실, 체, 상처보호제, 시험관, 주사기, 플라스틱 비커, 플라스틱 숟가락, 살수기, 물뿌리개, 분무기, 칫솔, 수세미 등을 들 수 있다. 생명토를 사용하는 경우에는 주걱과 버터나이프를 사용하면 편리하다. 이들 중 자주 쓰는 것들을 우선적으로 구비해 두고, 필요에 따라 다른 것들도 하나씩 장만해 가도록 한다. 도구들은 보관 통에 함께 넣어 두고 사용하면 편리하다. 여러 종류의 배양토를 사용하는 경우에는 다양한 배양토 보관용기를 구비해 두면 효율적으로 작업을 진행할 수 있다.

그리고 배양일지를 쓰고 사진을 찍어 놓으면 자기가 배양하고 있는 식물의 성장과정과 흥망성쇠를 되돌아 볼 수 있는 좋은 자료가 된다. 분갈이를 소홀히 하여 쇠락해진 식물의 지난 사진을 보고 이것이 과거에 이렇게까지 좋았었나 하고 놀라는 경우가 한두 번이 아니다. 이러한 경험을 통해 새로운 것을 배우고 느끼며 성장해 갈 수 있다. 또한 정성을 들여 심었으나 식물이 죽는 경우에도 식재방법 등에 대한 기록이 있으면 실패의 원인을 추적하고 분석하는 데 큰 도움이 된다. 실패가 성공의 어머니라고 한다면 실패에 대한 기록은 성공의 부모이자 스승이다.

나. 적절한 야생화의 선택

1. 야생화 선택 시의 고려사항

우선 자신의 베란다 환경, 특히 햇빛이 얼마나 드는 지를 고려하여 식물을 선택한다. 햇빛이 충분치 않은 경우에는 반음지 내지는 음지식물을 선택한다. 햇빛이 잘 드는 남향의 베란다에서는 반음지식물뿐 아니라 일부 양지식물도 웬만큼 키울 수 있다. 그래도 강광을 오래 받아야 하는 식물들은 피하도록 한다.

일반적으로 고산식물은 키가 작고 꽃도 예뻐서 눈길을 끌지만 그 자생환경이 저지대의 환경과 크게 다르므로 낮은 지대에 적응이 충분히 되지 않은 것들은 제대로 키우기 어려운 경우가 많다. 그러므로 고산식물을 구입할 때는 이제 막 분에 심은 것인지 아니면 농장에서 오래 키워 저지대 환경에 적응되도록 순화시킨 것인지를 잘 알아보고 구입하는 것이 좋다.

야생화를 선택할 때 꼭 고려해야할 사항 중의 하나는 분화로서의 수명이 얼마나 되는가 하는 것이다. 보통 나무는 오래될수록 줄기가 굵어지고 수형도 점차 좋아지면서 고목의 자태를 갖추어 나가므로 오래될수록 좋아진다. 그러나 목본과는 달리 초본은 다년생이라 하더라도 매년 새로운 개체로 갱신되며, 어떤 것들은 오래될수록 포기가 계속 커지지만 어떤 종류들은 포기의 수명이 그렇게 길지 못한 경우도 있다.

대체로 할미꽃, 매발톱꽃, 도라지모시대 등과 같이 뿌리가 굵은 식물들이 포기의 수명이 짧은 경우가 많다. 그 주된 이유는 뿌리가 어느 정도까지 굵어지면 썩기 쉬워지기 때문이며, 화분에서 키우면 그런 현상이 더 자주 발생한다. 그러므로 이런 종류들은 씨앗 발아를 통해 새로운 개체를 계속 증식시켜 어린 개체를 보식해 주어야 분화의 크기를 유지시킬 수 있다. 매발톱꽃과 같은 일부 종은 베란다에서도 씨앗이 잘 맺히고 발아가 잘 이루어져 증식을 통해 젊은 개체들을 보충할 수 있으므로 분화로서의 수명이 그리 짧다고는 할 수 없다. 그러나 어떤 종류들은 그렇지 못하기 때문에 종국에는 고사시키고 마는 경우가 생긴다. 이렇게 분화로서의 수명이 짧은 것들은 피하는 것이 좋다.

2. 야생화 구입 시기

야생화를 구입하는 시기는 옮겨 심는 것이 가능한 봄이나 가을이 적절하며, 일반적으로 봄에 구입하는 것이 가장 무난하다. 잎이 미처 나오기 전인 이른 봄에 구입하여 분에 옮겨 심으면 지상부가 없기 때문에 작업하기는 편하지만 부실한 개체가 섞여 있을 가능성이 있으므로 주의한다. 부득이하게 여름에 구입하였다면 무리하게 옮겨 심지 말고 포트 상태 그대로 관리하다 더위가 가신 다음에 옮겨 심는 것이 좋다. 일반적으로 포트에 사용된 식재는 취미가들이 화분에 사용하는 용토에 비해 고운 입자가 많이 포함되어 있다. 그러므로 포트 상태로 관리할 때는 과습하지 않도록 물 관리에 유의하여야 한다.

3. 건강한 야생화를 고르는 법

일반적으로 건강한 개체는 줄기가 굵고 키가 그렇게 크지 않으며 포기가 크고 잎이 많이 달려 있으므로 그러한 개체 위주로 고른다. 뿌리줄기나 구근이 있는 종류들은 뿌리줄기나 구근이 굵은 것이 건강한 것이므로 가능하면 흙을 헤쳐보아 그 상태를 확인해 본다. 또한 잎의 크기도 너무 크거나 작은 것은 피하는 것이 좋다. 잎과 줄기가 너무 크고 긴 것은 햇빛이 모자란 상태에서 웃자란 것이므로 연약하고 병충해에 걸리기 쉬우며, 너무 작고 짧은 것들은 물이나 비배관리가 충분치 않아 발육이 불량해진 것들이므로 선택하지 않는 것이 좋다. 만일 꽃이 있는 것을 구입하고자 한다면 꽃봉오리나 활짝 피지 않은 꽃이 많은 것을 고른다.

또한 뿌리와 배양토가 한 덩어리가 된 것이나 혹은 뿌리가 포트의 물구멍을 빠져나가 땅에 박혀 있는 것들은 그 상태에서 오래 재배되어 뿌리가 충분히 활착된 것이므로 그러한 것들을 선택하도록 한다. 뿌리가 포트의 물구멍을 통해 땅에 강하게 박혀 있는 것들을 무리하게 잡아당기면 뿌리가 늘어나 차후의 생육에 지장을 초래할 수도 있으므로 이런 것들은 땅을 헤치고 뿌리를 캐서 들어 올리도록 한다. 그것이 힘들면 차라리 가위로 뿌리를 잘라버리는 편이 잡아 뽑는 것보다는 더 낫다. 포기가 작고 배양토와 따로 노는 것들은 포기나누기를 하여 새로 심은 것들이므로 피하는 것이 좋다.

다. 배양토

1. 분화용 배양토의 조건

땅에서는 식물들이 흙, 즉 토양에 뿌리를 내리고 살아간다. 일반적으로 토양은 직경 0.05~2.0mm의 모래와 그보다 더 가는 미사(0.002~0.05mm)와 점토(0.002mm 이하)로 구성되어 있다.[2] 화분에는 보통 바닥에 작은 배수구멍 하나밖에 뚫려 있지 않기 때문에 이렇게 가는 흙을 화분에 사용하면 배수가 불량해져 과습을 유발하기 쉽다. 또 통기성이 떨어져 뿌리에 산소 공급이 현저하게 나빠진다. 산소가 모자라면 뿌리의 호흡과 발육에 큰 지장을 초래하여 물과 양분의 흡수에 장애를 일으키고 심하면 뿌리가 부패하여 식물이 죽는 원인이 되기도 한다. 따라서 화분에는 흙과는 다른 성질을 가진 배양토가 필요하다.

앞서 지적한대로 **배수성**(排水性)과 **통기성**(通気性)이 떨어지면 화분 식물에 좋지 않은 영향을 미치기 때문에 배수성과 통기성을 높이기 위하여 화분에는 일반적인 흙에 비해 훨씬 굵은 배양토를 사용한다. 굵은 배양토를 사용하면 자연적으로 **보습력**(保湿力)과 **보비력**(保肥力)이 떨어지게 된다. 토양을 이루는 입자들 사이에 있는 공간을 공극이라 하는데, 여기에 식물이 이용할 수 있는 물과 공기가 머문다. 입자의 크기가 커지면 각 공극의 크기도 커지고 이에 따라 물과 양분의 이동성이 증가하여 쉽게 소실되므로 물과 양분을 오랫동안 간직하기 어렵게 되는 것이다. 또한 양이온의 형태로 존재하는 대다수의 양분은 음전하를 띠고 있는 토양 입자의 표면에 부착되어 있다가 식물에 흡수되는데, 동일한 용적을 기준으로 하면 식재 입자의 크기가 커질수록 그 표면적이 감소하므로 식재가 커질수록 보비력이 떨어진다. 결국 화분의 배양토는 보습력과 보비력을 희생하여 배수성과 통기성을 높이는 방향으로 사용하고, 보습력은 물을 주는 횟수와 양을 통해, 보비력은 충분한 비배관리를 통해 보충해 준다.

화분의 배양토는 이 네 가지 성질이 어느 정도 조화를 이루는 것이 좋기 때문에 입자의 크기가 서로 다른 것을 혼합하거나 또는 보습력이 서로 다른 식재들을 섞어서 사용하는 것이 좋다. 일반적으로 마사토와 같은 단단한 단립성 식재는 보습력과 보비력이 떨어지는 대신 통기성과 배수성이 높다. 이와 대조적으로 일본에서 수입되는 다양한 종류의 부드러운 화산토들은 다공질성이라 보습력과 보비력이 좋지만 오래되면 부서져 통기성과 배수성을 해치게 된다. 그러므로 단립성 경질 식재와 다공질성 연질 식재를 적절히 혼합하여 사용하는 것이 좋다.

2. 배양토의 종류

일반적으로 많이 사용되는 배양토의 종류와 특징은 아래와 같다.

(가) 마사토(磨沙土)

화강암이 풍화작용으로 마모되어 잘게 부서진 모래이므로 그냥 '마사(磨沙)'라 부르는 것이 옳은 표현이지만 통상적으로 '마사토'라 부른다. 마사토는 우리나라에서 생산되는 가장 대표적인 화분용 배양토이며, 김해에서 생산되는 마사토가 분재나 분화용으로 가장 적합하다고 알려져 있다. 마사토는 가격이 저렴하고 배수성과 통기성이 우수하다는 것이 장점이지만, 무겁고 단단하며 보수성이 약하고 보비력이 낮아 함유된 양분이 별로 없다는 점이 단점이다.

마사토는 보통 4가지의 크기로 판매되고 있으며 포장지를 묶은 끈의 색깔로 크기를 구분한다. 마사토 소립(직경 3~5mm)은 쌀알 내지 녹두알 정도의 크기이고, 중립(직경 7~9mm)은 대략 콩알 크기, 대립(직경 10~14mm)은 작은 은행알 정도의 크기이다. 소립보다 더 가는 세립(직경 1~2mm)도 있다.

베란다의 경우 통풍이 원활치 않아 과습의 염려가 있으므로 보수성이 약한 마사토를 기본 식재로 하고 여기에 보습력이 높은 부드러운 화산토를 혼용하는 것이 좋다. 가장 널리 사용되는 것은 마사토 소립이다. 중립은 너무 습한 것을 싫어하는 식물이나 큰 화분에 식물을 심을 때 과습을 피하기 위하여 섞어 쓰고, 그리 크지 않은 화분의 경우 배수층 식재로도 사용한다. 대립은 큰 화분의 배수층 식재 아니면 그리 크게 쓰일 일이 없다. 세립은 화분의 표면을 장식하는 화장토나 혹은 물을 좋아하는 식물을 작은 화분에 심는 경우 등에 사용할 수 있지만 실내원예에서는 그리 자주 쓰는 편은 아니다. 그러나 단독주택의 정원과 같이 실외에서 배양하는 경우에는 화분이 쉬 마르므로 보수성을 높이기 위하여 세립을 다량 섞어 사용하기도 한다.

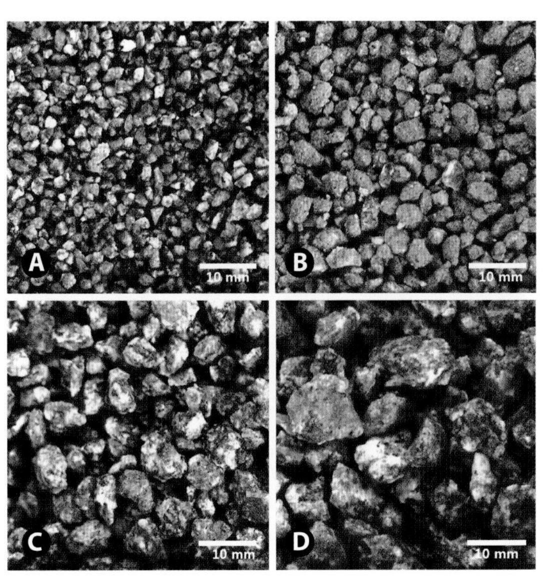

◈ **마사토** 마사토 세립(A), 소립(B), 중립(C) 및 대립(D).

(나) 적옥토(赤玉土)

점토 함유율이 0~20%, 미사 함유율이 30~50%인 토양을 화산회토(火山灰土, 真土) 또는 로움(loam)이라 한다. 일본 관동지방의 화산회토인 간토(関東) 로움은 일본의 대표적인 로움 층으로 화산에서 분출된 화산재와 기타 화산 분출물이 바람에 의해 풍화, 퇴적되어 생긴 지층이며 황갈색을 띠는 토양으로 이루어져 있다.

적옥토는 이 간토 로움 층 깊은 곳에서 채취한 토양을 소성, 가공한 것으로 일본의 대표적인 배양토 중의 하나이다. 세립에서 대립에 이르는 여러 가지 굵기가 있지만 직경 2.5~4.0mm의 소립을 가장 많이 이용한다. 이 용토는 상당히 부드러워 뿌리내림에 좋고 보수성은 물론 배수성과 통기성이 모두 양호한 식재이다. 또한 산도 pH 5.5~6.0 정도의 약산성으로 대부분의 식물 생육에 적합하다. 적옥토 세립(직경 1.5~2.5mm)은 경우에 따라 화장토에 일부 포함시키기도 하고 혼합생명토의 제조에 이용하기도 한다.

다만 적옥토는 오래되면 뿌리가 뚫고 지나간다든지 하여 부서지는 경향이 있으며 이렇게 되면 배수성과 통기성을 떨어뜨리는 원인이 된다. 그러므로 가능한 고온에서 구운 단단한 경질적옥토를 사용하는 것이 좋다. 200℃ 정도의 저온에서 구운 것은 강도가 약해 부서지기 쉽고 서로 엉겨붙어 덩어리를 이루어 배수성을 해치기 쉽다. 일반적으로 이바라키산(茨城産)의 경질적옥토가 잘 부서지지 않고 오래되어도 형태를 양호하게 유지한다고 알려져 있다.

(다) 녹소토(鹿沼土)

녹소토는 일본 도치기현 가누마(鹿沼) 지방에서 출토되는 입상의 다공성 화산회토(火山灰土)로서 노란 색의 가벼운 식재이다. 원래는 가누마 지방의 특산품이었지만 지금은 다른 곳에서도 생산되고 있어 가누마산 녹소토를 가누마토(かぬま土)라고 따로 구분하여 부르기도 한다.

다공질의 녹소토는 보습성이 우수하고 통기성과 보비력도 좋지만, 너무 부드럽기 때문에 부서지기 쉬워 오래되면 배수성과 통기성을 해칠 가능성이 있다는 점이 단점이다. 그러므로 야생화 재배에는 가능한 한 단단한 재질의 경질녹소토를 사용하는 것이 좋다. 또 너무 가볍기 때문에 물을 줄 때 물에 떠서 화분 밖으로 넘쳐나가는 것도 불편한 점이다.

산도는 pH 5.0~5.5 정도로 산성이 다소 강하다. 녹소토는 보수성이 높은 산성 용토이므로 왜철쭉과 같이 산성 토양과 물을 좋아하는 식물에 주로 이용하며, 마사토와 같이 보수성이 낮은 단단한 배양토와 혼합하여 사용하기에도 적합하다. 또한 보수성이 높고 고온건조 및 살균 처리하여 가공되었으므로 삽목 용토로도 자주 이용된다.

(라) 동생사(桐生砂)

동생사는 일본 간토 지방 군마현(群馬県)의 간토평야 북단에 위치하는 도시인 기류(桐生, きりゅう) 부근에서 생산되는 화산석을 크기별로 선별한 것이다. 동생사는 기본적으로 단립성의 화산석으로 이루어진 산모래이며 보습성이 상당히 좋지만 적옥토나 녹소토에 비해서는 빨리 마른다. 또한 상당히 단단하여 잘 부서지지 않으므로 배수성과 통기성이 양호한 식재이다. 그러므로 고산식물과 같이 보습성을 요하면서도 배수성과 통기성이 필요한 식물에 혼합하면 효과적이다. 산도는 녹소토와 유사하게 pH 5.0~5.5 정도이다.

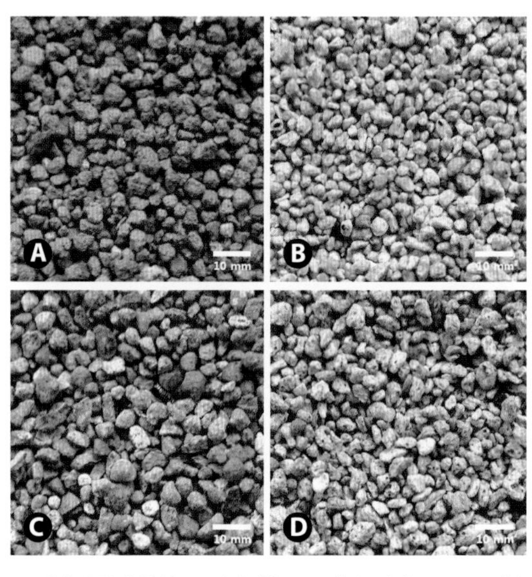

◈ **여러 종류의 화산토** 경질적옥토 소립(A), 경질녹소토 소립(B), 동생사 소립(C), 그리고 에조사 소립(D).

(마) 에조사(蝦夷砂)

에조사는 일본 홋카이도(北海道, ほっかいどう)에 위치하는 타루마에산의 화산 분출물로 만들어진 토양이다. 에조(蝦夷, えぞ)는 홋카이도의 옛 이름으로, 홋카이도에서 생산된다고 하여 에조사라 불린다. 에조사는 기공이 많은 다공성 용토이므로 매우 가볍고 보습성도 좋다. 그러나 다공질이면서도 경도가 상당히 높아 동생사보다는 무르지만 녹소토보다는 단단하다. 따라서 잘 부서지지 않아 배수성과 통기성이 탁월하고 보비력도 우수하다. 동생사와 에조사를 혼합한 용토는 같은 비율로 적옥토와 녹소토를 혼합한 용토에 비해 훨씬 빨리 마른다. 따라서 기화열을 이용하여 한여름 야간의 온도를 낮추어 줄 필요가 있는 고산식물에 혼용하면 효과적이다. 산도는 pH 5.0 정도로 알려져 있다.

(바) 산사(山沙)

산사는 화강암이 풍화되어 만들어진 산모래로서 화강암 지형의 절개지 등에서 손쉽게 구할 수 있다. 그 구성은 기본적으로 시판되는 마사토와 유사하다. 그러나 작은 입자들의 함량이 높고 산지에 따라 다양한 종류의 흙가루와 섞여 있어서 전체적으로 가는 입자의 비율이 매우 높은 편이다. 가는 입자의 비율이 높은 관계로 보수성은 높지만 배수성과 통기성이 현저하게 떨어진다는 단점이 있다. 단독주택의 정원과 같은 노지에서 분화를 재배하는 경우에는 화분이 실내보다 훨씬 빠르게 마르기 때문에 보수성이 높은 산사를 배양토로 사용할 수 있다. 배수성을 높이려면 상황에 따라 체로 쳐서 아주 가는 입자를 제거하고 사용할 수도 있고 시판되는 마사토와 섞어서 사용할 수도 있다.

◈ **산사** 보통 가는 입자의 함량이 높으므로 굵은 입자가 많을수록 더 좋다

(사) 상토(床土)

마사토, 수피, 질석, 펄라이트, 숯, 피트모스 등을 혼합한 것으로 종자발아용, 분갈이용 등 몇 종류의 상토가 시판되고 있다. 보통 분갈이용 상토를 구비해 놓고 적절하게 사용하면 편리하다. 특별한 고형 비료가 없는 경우 배양토를 구성할 때 상토를 10~20% 정도 혼합하면 비효를 증진시키는 효과를 기대할 수 있다. 또 화산토를 사용하는 것이 비용 면에서 부담이 되는 경우 상토로 화산토를 대신할 수 있다. 즉, 기본 용토인 마사토에 일정 비율의 상토를 섞어 배양토로 사용한다. 노지에서 식물을 재배하는 경우에는 마사토 세립이나 산사를 쓸 수도 있지만 상토의 비율을 늘려주는 것도 한 가지 방법이다. 상토의 비율을 올리면 보수성과 더불어 보비력도 높일 수 있다. 습한 것을 좋아하는 식물일수록 상토의 비율을 높여서 배양토를 구성한다. 단, 상토의 비율이 증가할수록 화분의 배수성과 통기성이 떨어진다는 점을 염두에 두어야 한다.

◈ 분갈이용 상토

(아) 수태(水苔, sphagnum moss)

수태는 주로 습지나 물속에 서식하는 물이끼를 가공하여 압축, 건조한 것으로 백황색을 띠므로 백태라고도 불린다. 주로 뉴질랜드에서 수입된 수태가 널리 유통된다. 건조된 수태를 압축하여 여러 가지 단위로 판매하고 있는데, 포장 단위가 커질수록 상대적인 가격은 훨씬 저렴하다. 오랫동안 보관하여도 변질되지 않으니 가급적 포장 단위가 큰 것을 구입하는 것이 경제적이다.

수태는 줄기의 길이가 7~16cm 정도로 매우 길고 많은 가지가 돌려나는데 여기에 엽록소를 가진 작은 잎과 저수세포를 가진 큰 잎이 붙어 있다. 따라서

◈ 수태

크기에 비해 놀라울 정도로 많은 수분을 저장할 수 있어 보습성이 뛰어나다. 또한 수태는 줄기와 잎의 입자가 상당히 큰 편이라 보수성이 좋으면서도 통기성이 우수하다. 또한 젖은 상태로 오래 보관하여도 곰팡이나 세균의 발생이 거의 없다는 점도 장점이다. 완전히 마르면 쉽게 부서지는 성질이 있다. 줄기가 길고 통통한 것이 좋은 것이며, 줄기가 짧고 가는 것들은 쉽게 부스러져 사용하기에 적합하지 않다. 수태는 풍란이나 석곡의 화분 재배 등 여러 용도로 쓰이며, 혼합생명토 제조 시 잘게 분쇄하여 혼용한다. 또한 부분적으로 보습력을 높여주기 위해 일부 식물의 밑동이나 뿌리줄기를 감싸주는 용도로도 쓰인다. 식물의 밑동을 감거나 풍란과 석곡 화분 재배용으로 쓰려면 물에 담가 적신 후 물을 꼭 짜버리고 사용한다.

(자) 피트모스(peat moss)

피트모스는 습지에서 자라던 이끼나 갈대가 퇴적되어 이탄화한 것으로 진한 갈색의 거친 분말 형태이며 건조된 것 외에 젖은 것도 유통되고 있다. 피트모스는 대체로 pH 4.0~5.0 정도의 상당히 강한 산성이므로 왜철쭉이나 블루베리와 같이 산성 토양을 좋아하는 식물이 아니면 산도를 중화시킨 것을 사용하는 것이 좋다. 그러므로 가급적 구입할 때 산도를 체크하여 산성이 강하지 않은(pH 5.0 이상) 제품으로 구입한다. 피트모스도 포장 단위가 큰 것이 상대적으로 훨씬 저렴하다. 피트모스는

◈ 피트모스

보습력이 좋지만 마르면서 서로 엉겨붙어 딱딱한 덩어리를 이루는 경향이 강하고 또 일단 완전히 마르면 물을 머금는 데 상당히 많은 시간이 걸린다. 혼합생명토 제조 시 다른 재료와 혼용하는 용도로 사용한다.

(차) 코코피트(cocopeat)

◈ 코코피트

코코넛 열매에서 속 부분을 사용하고 남은 껍질인 허스크(husk)를 가공한 것이다. 껍질을 통째로 분쇄한 것을 코코칩, 섬유질을 추출하고 남은 부위를 가공 처리한 것을 코코피트라 한다. 섬유질을 제거한 것이지만 허스크에 포함된 섬유질의 양이 워낙 많아 코코피트에도 섬유질이 상당히 많이 포함되어 있다. 보수성과 통기성이 우수하고 보비력도 좋으며, 특히 산도가 pH 5.5~6.5로서 식물 생육에 적당하고 토양 산도 조절 능력이 있다고 알려져 있다. 혼합생명토 제조 시 혼용하면 생명토가 굳었을 때 갈라지는 것을 방지하는 역할을 한다.

라. 생명토

생명토는 식물을 돌이나 나무에 붙여 석부작이나 목부작을 만들 때 사용하는 토양이다. 생명토라 하여 판매되는 토양에는 두 가지 종류가 있는데 하나는 일본에서 수입된 것이고 다른 하나는 국산으로 대지생명토가 그것이다.

일본산 생명토는 일부 화원에서 생명토 혹은 겟토(또는 게토)라는 이름으로 판매하고 있다. '겟토'는 습지식물이 퇴적되어 만들어진 검은 색의 점토질 흙을 가리키는 일본어 '게토토(けと土)'의 발음 일부를 그대로 사용한 것이다. 우

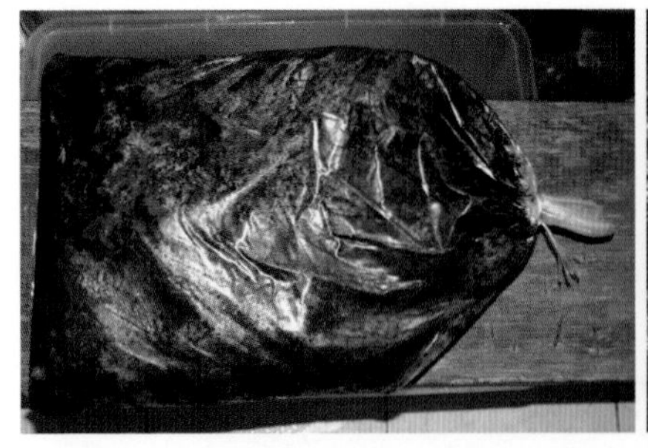

◈ **개흙** 개흙 덩어리를 쪼개보면 아직 분해되지 않은 식물의 섬유질이 다량 포함되어 있음을 관찰할 수 있다.

리말로는 이런 종류의 흙을 개흙이라고 한다. 과연 이 겟토는 검고 미끈미끈한 점토로 이루어져 있으며, 덩어리를 쪼개보면 아직 분해되지 않은 수많은 식물성 섬유를 포함하고 있다. 이러한 특징으로 보아 일본산 생명토는 이탄토(泥炭土, peat soil)의 일종인 것으로 생각된다. 이탄토란 물이끼, 갈대, 사초 등의 습지식물이 완전하게 분해되지 않은 채 퇴적되어 만들어진 유기질 토양으로 잔존하는 식물 조직을 육안으로 분명하게 식별해 볼 수 있는 흙이다. 일반적으로 이탄토는 산성이 강한 토양으로 알려져 있지만 시판되는 일본산 개흙은 식물 생육에 적합하도록 산도를 개량한 것으로 보인다. 또 살충제를 사용하여 혹시 있을지 모를 해충을 모두 제거한 상태라고 한다.

국산 '**대지생명토**'는 이탄에 숯가루, 깻묵류, 약초분말 등 천연 유기질 재료를 첨가하여 만든 인공토양이라고 알려져 있다. 이탄이 섞여 있다고는 하지만 덩어리를 쪼개보면 식물의 섬유질은 거의 보이지 않고 주로 점토처럼 고운 입자로 이루어져 있다. 어느 것이든 다른 재료를 혼합하여 혼합생명토를 만들어 쓰는 것이 좋다.

혼합생명토 만들기

식물을 돌에 붙여 기르는 석부작을 만들기 위해서는 생명토를 이용하여 식물을 돌에 부착시킨다. 판매되고 있는 개흙(이탄토) 또는 대지생명토는 점토의 함량이 높아 배수가 불량하므로 그대로 사용하면 식물의 생육에 지장을 초래할 가능성이 매우 높다. 그러므로 다른 여러 가지 재료를 혼합하여 토양의 성질을 개량한 혼합생명토를 제조하여 사용한다. 보편적으로 개흙 30~40%, 수태 10~20%, 피트모스 10~30%, 코코피트 10%, 경질적옥토 세립 10%, 퇴비 10~15%의 비율로 혼합하면 무난하다.

수태는 체를 이용하여 잘게 부숴서 사용한다. 이렇게 부수면 작은 알갱이의 형태를 띠게 되어 혼합생명토의 통기성을 해치지 않으면서 보수성을 높이는 효과를 나타낸다. 피트모스는 가급적 pH가 5.0 이상이 되도록 산도를 개량한 것을 사용한다. 코코피트는 많은 섬유질을 포함하고 있으므로 생명토의 결속력을 높이는 효과가 있다. 경질적옥토 세립은 작은 알갱이 상태이므로 혼합생명토의 배수성과 통기성을 높이는 효과가 있다. 그리고 퇴비는 반드시 충분히 발효, 숙성되어 냄새가 전혀 나지 않는 것을 넣어야 한다. 만일 양질의 황토가 있다면 5% 정도 포함시킨다. 황토를 포함시키면 혼합생명토의 점성이 좋아질 뿐 아니라 유기물 함량 증진 및 살균작용 등의 효과도 기대할 수 있다. 그 외에도 비효를 증진시키기 위하여 자신만의 다양한 재료를 첨가할 수도 있다.

혼합생명토를 만든 후 산도를 측정해 두면 상황에 따라 생명토의 산도를 적절하게 조정하여 사용할 수 있다. 대략적인 산도는 pH meter와 같은 전문적인 장비가 없더라도 쉽게 구할 수 있는 리트머스 시험지로 간단하게 측정할 수 있다. 동일한 비율로 재료들을 혼합하였다 하더라도 어떤 재료를 사용했느냐에 따라 혼합생명토의 산도가 달라질 수 있다. 예를 들면 산성이 강한 피트모스를 사용하면 그렇지 않은 피트모스를 혼합할 때보다 혼합생명토의 산성이 강해져 pH가 더 낮아진다.

각론에서 여러 식물의 석부작 제작에 사용하는 '생명토'는 다음의 사진에서 보여주는 것과 같은 과정을 거쳐 만들어진 '혼합생명토'를 지칭한다. 이 혼합생명토는 개흙 35%, 수태 20%, 피트모스(pH 5.0) 15%, 코코피트 10%, 경질적옥토 세립 10%, 퇴비 10%의 비율로 혼합한 것이다. 이것의 산도를 측정해 보았더니 산성일거라는 예상과는 달리 pH 7.34로서 중성에 가까운 약알칼리성이었다. 대부분의 식물에 적합한 산도는 pH 6.0~7.0 사이의 약산성이라고 알려져 있으므로 이 혼합생명토의 pH는 적정 범위의 최대치에 거의 근접하는 것이다.

다소 강한 산성을 좋아하는 식물에 이 생명토를 이용하려면 피트모스를 더 추가하면 된다. 여기서 사용한 피트모스의 pH는 5.0이었으며 약 5~10% 정도만 더 추가하더라도 pH 6.0~6.5 정도로 떨어질 것으로 생각한다. 석회암 지대에 자생하는 식물처럼 알칼리성 토양을 좋아하는 식물에 이 생명토를 사용할 때는 석회석 가루나 재를 약간 더 추가하면 된다.

① 쳇바퀴에 쳇눈의 직경이 5mm인 쳇불을 집어넣는다.

② 마른 수태를 쳇불에 대고 문질러 잘게 부순다.

③ 플라스틱 비커로 수태가루의 부피(20%)를 측정한다.

④ 피트모스의 부피(15%)를 잰다.

⑤ 코코피트의 부피(10%)를 잰다.

⑥ 경질적옥토 세립의 부피(10%)를 측정한다.

⑦ 퇴비의 부피(10%)를 측정한다.

⑧ 재료들을 모두 혼합 용기에 넣고 골고루 혼합한다.

⑨ 개흙의 부피(35%)를 측정한다.

⑩ 측정한 개흙을 별도의 다른 혼합 용기에 옮겨 담는다.

⑪ 최종 용적의 40% 정도가 되도록 유용미생물군(EM) 용액을 준비한다.

⑫ EM 용액을 붓고 개흙 덩어리를 손으로 부숴 완전히 풀어지도록 한다.

⑬ 개흙 덩어리가 모두 풀어지면 묽은 팥죽 같은 혼탁액 상태가 된다.

⑭ 미리 혼합해 놓은 다른 재료들을 개흙 혼탁액에 쏟아 붓는다.

⑮ 주걱을 이용하여 위에 쏟아 부은 재료와 개흙 혼탁액을 잘 섞어 준다.

⑯ 주걱으로 떴을 때 묽은 죽처럼 쉽게 흘러내리지 않으면 적당한 점도이다.

⑰ 양동이에 옮겨 담은 후 뚜껑을 닫고 보관한다.

⑱ 산도를 pH meter로 측정하였더니 pH 7.34였다.

마. 옮겨심기

식물을 처음 구하였을 때는 새로 화분에 심어주어야 하고, 또 화분에 심은 지 오래된 것들은 분갈이를 해주어야 하는데 이러한 작업을 옮겨심기라 한다. 옮겨심기를 하기 위해서는 기본적으로 그 식물의 성질과 생태적인 특성을 잘 알고 그에 맞는 화분과 배양토를 선택하는 것이 중요하다.

1. 야생화 화분

(가) 화분의 종류

야생화 재배에는 겉에만 유약을 바른 도기분이 널리 이용되고 있다. 이런 화분은 겉에 유약을 발랐기 때문에 관상성은 좋지만 토분에 비해 통기성이 다소 떨어진다. 그러나 대부분의 경우 식물의 생육에 큰 지장을 초래할 정도는 아니다. 토분은 가격이 저렴하고 통기성과 배수성이 모두 양호해 배양분으로는 가장 적합하지만 우리나라에서는 그다지 선호하지 않는 경향이 있다. 토분은 물기를 잘 흡수하므로 오래되면 표면에 이끼가 끼어 미끈거리는데 아마도 이것 때문에 별로 좋아하지 않는 것 같다. 그러나 토분에 이끼가 끼면 특유의 고태미와 아취를 풍기므로 외국에서는 토분에 식물을 키우는 걸 좋아하는 사람들이 많다. 토분도 종류에 따라 이끼가 끼지 않는 것도 있다. 국내에서 판매되는 대부분의 토분의 가장 큰 단점은 발이 없다는 점이다. 발이 없으므로 어떤 경우에는 물구멍이 화분대와 밀착하여 물이 잘 빠지지 않는 경우도 생긴다. 어떤 토분은 발은 없지만 물구멍 주변의 바닥을 약간 오목하게 만들어 물이 잘 빠지도록 만들어진 것들도 있으며 가급적 이런 토분을 쓰는 것이 좋다.

(나) 화분의 색상

화분의 색상도 고려의 대상이다. 일반적으로 화분의 색이 너무 화려하면 식물이나 꽃이 이에 가려지기 때문에 수수한 색상의 화분을 선택하라고들 말한다. 그러나 화사하거나 강렬한 색상의 화분이 식물과 조화롭게 잘 어울리면 식물을 더욱 돋보이게 할 수도 있다고 생각한다. 단지 그런 조화로움을 만들어 낼 수 있는 안목이 문제일 뿐이다. 화분의 모양과 색상은 야생화 작품의 수준을 결정하는 데 있어서 대단히 중요한 요소이므로 기회가 닿는 대로 전시회에 자주 들러 다른 사람들의 작품 연출을 감상하고 참고로 하면 좋을 것이다.

(다) 앞과 뒤가 있는 화분

일부 화분, 특히 그림이 그려져 있는 화분의 경우에는 화분의 앞뒤가 정해져 있는 경우가 있다. 그림이 한쪽 면에만 그려져 있으면 그쪽이 물론 앞쪽이다. 그림이 화분을 빙 둘러 모두 그려져 있는 경우에는 화분의 바닥에 찍힌 낙관으로 앞뒤를 구분하는 경우도 있다고 하니 구입할 때 문의하여 작가의 의도를 파악해 둘 필요가 있다. 또한 난분과 같이 세 개의 발이 달린 화분의 경우에는 하나의 발이 정면 중앙에 오도록 놓는 것이 바른 배치법이다. 그러므로 그러한 화분에 식물을 키울 때에는 식물과 화분의 앞면이 일치하도록 신경을 써서 배양해야 전시회에서 제대로 연출할 수 있게 된다.

◈ **야생화 화분** 겉에만 유약을 바른 도기분.

(라) 화분의 형태

화분의 형태는 옮겨 심고자 하는 식물의 성질을 잘 알고 그에 맞는 것을 선택하는 것이 중요하다. 직경에 비해 높이가 낮은 화분은 쉽게 마르므로 건조한 것을 좋아하는 식물에는 적당하지만 습기를 좋아하는 식물에는 적합하지 않다. 그러나 화분의 직경이 클 경우에는 그 높이가 낮더라도 배양토를 불룩하게 쌓아올려 심으면 통기성이 양호하면서도 쉽게 마르지 않는다. 보통 그러한 화분에는 키가 큰 식물을 모아 심으면 잘 어울린다.

반대로 직경에 비하여 높이가 높은 화분은 물을 좋아하는 식물에 적합하다. 또한 분재의 현애처럼 밑으로 늘어지는 식물을 심기에도 좋다. 그러나 이런 형태의 화분도 직경이 작으면 빨리 마르는 경향이 있으며, 특히 유약을 바르지 않은 좁고 긴 화분은 대단히 빠르게 마른다. 보통 난분을 좁고 길게 만드는 이유도 유약을 바르지 않은 이런 형태의 화분이 쉽게 마르기 때문이다. 화분의 수가 많아지면 정상적으로 물을 주었음에도 불구하고 말라죽는 화분이 간혹 생기는데, 이런 형태의 작은 화분에서 그런 참사가 자주 일어난다. 아마도 화분의 용적에 비해 입구가 작아서 필요한 양보다 적은 물을 받아들이기 때문일 것으로 생각된다. 그러므로 높이가 높지만 직경이 작은 화분에는 의도적으로 다른 화분보다 더 많은 물을 주려고 노력해야 한다. 중간 정도의 수분을 요하는 대부분의 식물에는 높이와 너비가 비슷한 화분이 적당하다.

(마) 화분 벽의 두께

화분을 선택할 때 화분 벽의 두께도 고려해야 할 사항 중의 하나이다. 물을 좋아하는 식물에는 화분 벽의 두께가 두꺼운 것이 유리하고, 습한 것을 싫어하는 식물에는 화분 벽의 두께가 얇은 것이 적당하다.

(바) 물구멍의 크기

화분 선택 시 가장 중요한 것 중의 하나가 물구멍이다. 물구멍의 크기가 작은 것은 수분을 좋아하는 식물에, 큰 것은 건조한 것을 좋아하는 식물에 적합하다. 그러나 일반적으로 물을 좋아하는 식물도 물이 잘 빠져야 잘 자라고, 또한 물구멍이 지나치게 크면 아무리 건조한 것을 좋아하는 식물이라도 자칫하면 마를 염려가 있다. 그러므로 물구멍이 지나치게 크거나 작은 것은 피하는 것이 좋다.

2. 옮겨심기의 시기

(가) 옮겨 심어야 할 시점

식물을 화분에 심어 키우다 보면 세력이 어느 시점까지는 계속 좋아지다 그 시점 이후로는 점진적으로, 때로는 갑자기 생육이 나빠지게 된다. 그 이유는 뿌리가 계속 발달하면서 화분 내의 한정된 양분이 점차 고갈될 뿐 아니라 배양토가 부서지면서 커져가는 뿌리와 더불어 배수와 통기를 방해하여 차츰 생육에 불리한 환경이 만들어지기 때문이다. 그러므로 생육상이 바뀌는 그러한 전환점이 옮겨심기를 해야 할 때이다.

옮겨 심을 때가 다가오면 배수 정도를 체크하여 옮겨 심는 시기를 결정하도록 한다. 배수 정도는 일시에 다량의 물을 주고 물이 빠져나가는 속도를 측정함으로써 체크할 수 있다. 배수가 양호한 화분에서는 일시에 다량의 물을 주더라도 물공간(화분 맨 위쪽의 빈 공간)에 물이 거의 고이지 않거나 혹은 물공간에 고인 물이 불과 1~2초 만에 모두 빠져나간다. 그러나 배수가 불량한 화분에서는 그보다 훨씬 많은 시간이 걸린다. 처음에 비해 배수 속도가 현저하게 느려진 화분은 가급적 빨리 분갈이를 해주는 것이 좋다.

일반적으로 초세가 더 이상 좋을 수 없을 만큼 좋아졌다고 느낀다면 바로 그 시점이 옮겨심기를 해야 할 시점이라고 생각하면 별로 틀리지 않는다. 그러나 세력이 아주 좋고 꽃도 많이 피면 내년에도 그럴 것이라는 기대감에 부풀어 분갈이 시기를 놓치는 경우가 다반사이다.

(나) 옮겨심기의 주기

옮겨심기를 자주 해 주어야 하는 식물이 있는 반면 상당히 오랫동안 분갈이를 해 주지 않아도 세력이 크게 떨어지지 않는 것들도 있다. 그러므로 경험을 통해 각 식물의 특성에 맞는 옮겨심기 주기를 알고 이에 맞추어 적절한 간격으로 분갈이를 시행해야 한다. 보통 대부분의 식물은 3년 마다 옮겨 심으면 무난하다. 때로는 그보다 더 오랫동안 분갈이를 해 줄 필요가 없는 경우도 있다. 그렇다 하더라도 분갈이 간격이 5년을 넘지 않도록 하는 것이 좋다. 어떤 식물은 분갈이 한 바로 그 해부터 생육이 좋아지지만 어떤 식물들은 분갈이 한 지 1~2년이 지나야 세력을 회복하는 경우도 있다. 이러한 성질도 분갈이 주기와 관련이 있으니 그 변화를 눈여겨 살펴보는 것이 중요하다.

(다) 계절별 옮겨심기의 적기

옮겨 심는 시기가 적절하지 않으면 옮겨 심은 후에 오히려 세력이 점차 약해지다 급기야 고사하는 경우도 있으니 반드시 적절한 시기에 분갈이를 시행해야 한다. 일반적으로 옮겨심기는 봄과 가을에 실시하는 것이 원칙이며 한여름(7월~8월)과 한겨울(12월~2월 초순)의 옮겨심기는 피해야 한다. 모종을 구하는 시기에 따라 가을에 옮겨 심어도 상관없지만 보통 봄에 옮겨 심는 것이 종류를 불문하고 가장 무난하다. 일반적으로 점차 햇볕이 따스해지는 2월에 접어들면 베란다에서는 벌써 화분 속에서 눈이 움직이는 경우가 많기 때문에 강추위가 물러가는 2월 중순부터는 옮겨 심는 작업을 해도 큰 무리가 없다. 이때는 낙엽성 식물의 지상부가 아직 나오기 전이므로 작업하기가 용이하다.

봄에 꽃이 피는 식물들은 꽃이 진 직후에 옮겨 심는 것이 가장 좋다. 그러나 꽃이 피기 전인 이른 봄에 옮겨 심어도 대부분의 경우 큰 문제가 없고, 분갈이 후 꽃도 무난하게 핀다. 만일 봄의 옮겨심기를 놓쳤다면 가을에 옮겨 심어도 괜찮다. 여름과 가을에 꽃이 피는 식물들도 봄이 옮겨심기의 적기이다. 새싹이 나온 다음에는 옮겨 심을 때 연약한 새잎이나 줄기를 손상시키지 않도록 조심해야 한다. 이때를 놓쳤다면 꽃이 진 다음 가을에 옮겨 심는다.

대부분의 식물들이 혹서기에는 일시적인 휴면상태에 있다가 가을에 접어들면서 다시 이차적으로 생장을 시작한다. 하지만 이때는 생육기간도 짧고 봄처럼 왕성하게 생육하지도 않으며 주로 내년의 신아(新芽, 새싹)와 꽃눈이 만들어지고 성숙해지는 생식생장이 일어난다. 일반적으로 옮겨 심을 때는 뿌리를 자르는 경우가 많기 때문에 생육기간이 짧은 가을에 옮겨 심는다면 뿌리가 다시 자라 완전히 활착할만한 시간적인 여유가 부족하게 되어 뿌리가 불안정한 상태에서 겨울을 맞게 된다. 만일 겨울에 큰 추위가 자주 찾아와 베란다의 온도가 영하로 떨어지는 날이 잦아지면 이 상태로 겨울을 맞은 식물의 경우에는 냉해 내지는 동해를 입어 이듬해의 생육에 지장을 초래할 가능성이 크다. 그러므로 가을에 옮겨 심는 경우에는 늦어도 10월 중순까지는 작업을 마무리하도록 한다. 또 될 수 있으면 난대성 식물과 같이 추위에 약한 식물들의 가을 분갈이는 피하는 것이 좋다.

3. 옮겨 심는 방법

(가) 식물 꺼내기

우선 포트 또는 분갈이를 할 화분으로부터 식물을 꺼낸다. 뿌리가 가득 찬 경우에는 화분에서 식물을 빼내는 것이 쉽지 않은 경우가 더러 있다. 뿌리가 화분에 가득 찼더라도 화분의 크기가 그리 크지 않고 또 화분 윗면의 너비가 바닥의 너비보다 크면 그리 어렵지 않게 빼낼 수 있다. 물구멍을 막은 분망의 철사를 오므리고 밑에서 엄지손가락으로 밀어 올리면 뿌리와 배양토가 한 덩어리가 되어 통째로 쉽게 빠진다.

만일 큰 화분에 뿌리가 가득 차면 빼내는 것이 더 힘들어진다. 이럴 땐 화분의 벽을 주먹으로 치거나 하여 뿌리를 화분벽으로부터 떨어뜨린다. 그래도 안 되면 칼이나 얇은 스패튤러(spatula)를 화분의 안쪽 벽을 따라 한 바퀴 돌려주면 빼내는 게 쉬워진다. 옹기 항아리처럼 중배가 부른 화분에 뿌리가 가득 차서 심하게 엉켜있으면 빼내기가 몹시 어려우며 때로는 부득이 화분을 깨는 수밖에 없는 경우도 있다. 그러므로 뿌리가 왕성하게 자라는 식물은 중배 부른 항아리 모양의 화분에는 심지 않는 것이 좋다.

(나) 뿌리 정리

화분에서 빼낸 다음에는 뿌리를 정리한다. 뿌리나 뿌리줄기가 심하게 엉켜 있는 경우에는 시간이 많이 걸리더라도 이들을 일일이 풀어주는 것이 중요하다. 이때 뿌리가 늘어나지 않도록 조심해야 한다. 썩은 뿌리가 있으면 이를 반드시 제거한다. 이 과정에서 굵은 뿌리나 뿌리줄기를 절단하였다면 감염을 예방하는 차원에서 상처보호제를 발라주는 것이 좋다. 또한 뿌리가 가는 것들은 공기 중에 오래 방치하면 쉽게 마르므로 젖은 수건으로 감싸주거나 물에 담가두어 작업을 하는 동안 마르지 않도록 신경을 써야 한다.

옮겨 심을 때는 모두 새로운 배양토로 갈아주는 것이 바람직하기 때문에 뿌리를 정리하면서 뿌리 사이에 존재하는 기존의 배양토를 모두 털어버리는 것이 원칙이다. 그러나 이식을 싫어하는 일부 식물의 경우에는 기존의 흙을 모두 털어내면 스트레스를 받아 더 좋지 않은 경우도 있다는 것을 유념해야 한다.

(다) 포기나누기

뿌리를 정리하면서 필요할 경우 포기나누기를 실시한다. 하나의 포기가 너무 커지면 증식속도가 늦어지고 생육이 불량해지지만, 포기나누기를 통해 적당한 크기로 잘라 나누면 생육과 증식이 모두 촉진된다. 자연적으로 나누어지는 곳이 있으면 그곳에서 나누고, 그렇지 않은 경우에는 적당한 곳을 택하여 나누어준다. 일부 야생란처럼 가구경(假球莖) 또는 위인경(僞鱗莖)을 가지고 있는 것들은 한 포기에 적어도 3~4개의 굵은 가구경 또는 위인경이 붙어 있도록 나눈다. 포기가 너무 작으면 새로 나오는 신아가 세력을 회복하는데 시간이 많이 걸리므로 너무 잘게 나누지 않는 것이 좋다. 포기를 나눌 때는 나눌 곳을 가볍게 비틀어 주거나 가위로 잘라준다. 혹시 있을지 모를 바이러스나 세균에 의한 감염을 예방하기 위하여 가위는 라이터불로 화염 소독하여 사용하도록 한다. 가위로 잘라 나누었다면 큰 절단면에는 상처보호제를 발라준다.

(라) 화분의 선택과 뿌리 절단

포기를 나누고 뿌리를 모두 정리하였으면 그 크기에 어울리는 화분을 선택한다. 준비한 화분의 크기와 견주어 보아 뿌리가 너무 크고 많으면 적절한 정도까지 뿌리를 잘라준다. 일반적으로 뿌리의 1/3 또는 거의 절반 가까이 잘라도 큰 문제가 없다. 이렇게 함으로써 오히려 뿌리의 발육을 촉진하여 분갈이 후의 생육을 왕성하게 만든다. 성장이 빠른 봄에는 뿌리를 잘라 새로 심은 지 채 두 달이 되지 않아 하얀 새 뿌리가 물구멍 밖으로까지 수북하게 자라나오는 경우도 있다. 그러나 이식을 싫어하는 일부 종류들은 뿌리를 건드리지 않는 것이 좋을 때도 있다. 그러한 것들은 경험을 통해 습득해야 하며, 따라서 기록이 중요하다.

(마) 배양토의 구성

화분이 정해지면 사용할 배양토를 배합하는데, 화분의 크기와 식물의 생태를 고려하여 통기성과 배수성이 양호하되 적절한 보수성을 유지할 수 있도록 식재를 선정하여 배합한다. 배양토의 구성은 식물을 성공적으로 키워낼 수 있는 가장 중요한 요소 중의 하나이므로 여기에 드는 비용을 아까워해서는 안 된다. 베란다에서 사용하는 배양토는 일반적으로 배수성과 통기성이 양호한 마사토를 기본으로 하고, 여기에 식물의 성질에 맞도록 보수성이 좋은 화산토를 적절하게 혼합한다. 습한 것을 좋아하는 식물일수록 화산토의 비율을 늘리고, 건조한 것을 좋아하는 식물일수록 마사토의 비율을 늘린다. 또한 화분의 크기가 커질수록, 그리고 건조한 것을 좋아하는 식물일수록 배수성이 좋은 용토와 굵은 입자의 사용 비율을 늘려준다.

보통 뿌리가 가는 것들은 습한 것을 좋아하는 경향이 있으므로 화산토의 비율을 늘려 보수성이 높아지도록 식재를 구성한다. 반대로 굵고 비대한 뿌리를 가지고 있는 것들은 굵은 식재의 비율을 늘려 건조하게 심는 것이 좋다. 심지어 자생지에서는 상당히 습한 환경에서 자란다 할지라도 굵은 뿌리를 가지고 있는 식물들을 화분에서 재배할 때는 건조하게 심는 것이 보다 안전한 방법이다. 또한 고산식물은 보수성이 좋으면서도 쉽게 마르는 성질을 가진 에조사나 동생사와 같은 식재의 비율을 늘려주면 기화열로 인해 화분 내의 온도를 낮춰주는 효과를 기대해 볼 수 있다.

각 식물별로 필요한 배양토의 배합 비율이 서로 다르고 또 같은 식물이라 할지라도 화분의 크기에 따라 배양토의 배합 비율이 달라지므로 화분의 숫자가 많아지면 이를 일일이 따로따로 배합하는 것이 몹시 번거롭다. 그러므로 가장 많이 사용하는 배합 비율로 표준 용토를 만들어 두고 이를 적절하게 활용하는 것이 편리하다. 만일 〈마사토 소립 50%, 경질적옥토 소립 25%, 경질녹소토 소립 25%〉를 표준 용토로 사용하고 있는데 마사토 60%(소립 40%, 중립 20%)인 배양토가 필요하다면 표준 용토 80%에 마사토 중립 20%를 섞으면 된다. 그러면 마사토 60%(소립 40%, 중립 20%), 경질적옥토 소립 20%, 경질녹소토 소립 20%의 혼합배양토가 만들어지는 것이다. 필자의 경우 〈마사토 소립 50%, 경질적옥토 소립 30%, 경질녹소토 소립 20%〉 또는 〈마사토 소립 50%, 경질적옥토 소립 25%, 경질녹소토 소립 25%〉를 표준 용토로 사용한다.

이 책의 각론에서 제시하는 각 식물별 배양토 배합 비율은 아파트 베란다를 기준으로 한 것이지만 비닐 온실이나 기타 실내원에에 광범위하게 적용할 수 있다. 만일 실내가 아니라 단독주택의 정원과 같은 옥외에서 식물을 재배하는 경우에는 일반적으로 실내보다 더 빨리 마르므로 보습성이 높은 화산토의 비율을 약 20% 정도 더 높이도록 한다. 만일 화산토의 비율을 높이는 것이 비용 면에서 부담이 된다면 마사토 세립, 산사 또는 분갈이용 상토를 경험에 의거하여 적절한 비율로 혼합하면 된다. 그러나 이런 용토들은 입자가 가늘기 때문에 그 사용 비율을 늘리면 보수성은 증가하지만 상대적으로 배수성과 통기성이 나빠진다는 점을 반드시 염두에 두어야 한다. 또한 보비력이 높은 상토의 비율이 증가하면 뿌리의 성장 속도가 빨라져 화분 속을 뿌리가 빠른 속도로 채워가므로 이에 비례하여 배수성과 통기성이 더욱 빠르게 나빠진다는 점을 기억해야 한다. 배양토의 구성은 각자의 물주는 습관과 밀접하게 관련되어 있기 때문에 배양토의 배합 비율에 있어서 정답이란 존재할 수 없다. 배양토를 어떻게 구성하든 용토의 보수성, 배수성, 통기성 및 보비력에 대한 기본적인 원리를 생각하면서 관리하면 실패의 확률을 줄일 수 있다.

(바) 심기

(1) 분망 고정

배양토의 구성을 결정하였으면 이에 맞춰 필요한 양만큼 배양토를 배합하여 준비해 놓고 새로운 분에 옮겨 심는 작업에 착수한다. 우선 화분의 물구멍보다 약간 크게 분망을 잘라 물구멍을 막는다. 보통 알루미늄철사를 ㄷ자로 구부려 위에서 아래를 향해 분망과 물구멍을 모두 통과시킨 다음 화분 밑면에서 양쪽으로 구부려 벌리면 분망을 화분 바닥에 고정시킬 수 있다. 물론 분망을 크게 잘라 화분의 바닥을 거의 채우도록 넣으면 알루미늄철사로 고정하지 않아도 된다.

보통 분재 화분에는 화분 바닥에 물구멍 외에 철사 구멍이 따로 있어서 그 구멍을 통해 철사를 위쪽으로 끼워 올려서 나무의 뿌리를 묶어 흔들리지 않게 고정시킬 수 있다. 하지만 야생화 화분에는 물구멍만 있고 철사 구멍은 별도로 없는 경우가 많다. 만일 야생화의 뿌리를 묶어 고정할 필요가 있는 경우에는 분

◈ 분망 고정 작업

망을 화분 바닥에 꼭 고정시켜야 한다. 왜냐하면 화분 바닥에 고정되어 있는 분망의 구멍을 통해 알루미늄철사를 위쪽으로 끼워 올려 안정적으로 뿌리를 묶어 고정시킬 수 있기 때문이다.

(2) 배수층 넣기

그 다음 물이 잘 빠지도록 맨 밑에 약 10% 정도의 배수층을 넣어 준다. 배수층 용토로는 굵은 마사토나 난석 등을 이용한다. 보통 난석은 소립이라 하더라도 그 굵기가 마사토 중립과 비슷하며, 난석 중립이나 대립은 그보다 훨씬 굵으므로 배수층 식재로는 매우 좋다고 할 수 있다. 그러나 난석은 너무 고가라서 배수층 용도로 새것을 구입하기에는 부담이 되는 편이다. 만일 난을 키우고 있다면 분갈이하면서 나온 난석을 버리지 말고 잘 세척하여 보관하였다가 배수층 식재로 사용한다. 보다 안전하게 사용하려면 끓는 물에 넣어 한번 소독한 후 사용하도록 한다. 난석이 없다면 마사토 중립이나 대립을 배수층 용토로 사용한다. 보다 가벼운 배수층 용토를 원한다면 마사토보다는 약간 비싸지만 휴가토와 같은 경질 화산석 중립 또는 대립을 사용한다.

(3) 배양토로 식물 심기

이어서 준비해 놓은 배양토를 이용하여 식물을 화분에 심는다. 분갈이를 위해 화분에서 식물을 빼보면 대부분의 경우 뿌리가 화분의 가장자리를 따라 휘감겨 있는 것을 볼 수 있다. 이것은 뿌리가 호흡을 위하여 산소가 많은 화분 가장자리를 따라 자라기 때문에 일어나는 현상이다. 따라서 분갈이를 시행할 때도 뿌리를 넓게 펼쳐서 될 수 있으면 뿌리가 화분 벽 가까이에 위치하도록 넣어주는 것이 좋다.

또 뿌리 사이에 빈 공간이 생기지 않도록 배양토를 골고루 집어넣는 것이 중요하다. 뿌리 사이에 큰 공간이 존재하면 그 주변의 뿌리가 쉽게 마르고 심하면 말라 죽는 경우도 있기 때문이다. 배양토를 넣는 과정에서 대나무 젓가락이나 원예용 철사 등을 이용하여 몇 군데를 쑤시거나, 쑤셔서 돌려주면 배양토가 골고루 들어가는데 도움이 된다. 배양토를 다 넣고 마지막에 화분 벽을 가볍게 몇 번 두드려 주는 것도 배양토가 골고루 자리 잡는데 도움이 된다. 그러나 쑤시거나 두드리는 작업을 너무 심하게 하면 배양토가 너무 조밀해져 처음부터 배수가 나빠지는 원인이 된다. 식물 심기를 마치고 물을 줄 때 물이 즉시 빠지지 않고 더디게 빠지면 배양토를 너무 조밀하게 채웠다고 볼 수 있다.

(4) 밑거름 넣기

위에서 소개한 배양토들은 대체로 유기물의 함량이 낮은 편에 속한다. 따라서 분갈이를 시행할 때 적절한 밑거름을 넣어주면 큰 도움이 된다. 가장 편리하고 안전하며 효과가 좋은 밑거름은 인산 성분이 많이 함유된 고형비료(마감프-K, 마가모)이다. 또 유기질 고형비료를 넣어주면 매우 효과적이지만 완전히 발효된 것이 아니면 분해 과정에서 유독한 가스가 발생하므로 위험하다. 시판되는 대부분의 덩이비료는 깻묵을 주원료로 만든 것인데 발효가 불완전하여 밑거름으로 사용하기에는 부적합하다. 다음 장에 부엽(腐葉)을 주원료로 만든 유기질 덩이비료로서 안전하게 밑거름으로 사용할 수 있는 영양볼 만드는 방법을 소개하였다.

만일 적당한 밑거름이 없다면 배양토를 구성할 때 분갈이용 상토나 퇴비를 적절한 비율로 혼합한다. 일반적으로 퇴비는 배양토 전체 부피의 5~10% 정도, 상토는 10~20% 정도를 혼합하면 무난하다. 상토나 퇴비를 10% 정도 혼합하는 경우에는 배수성을 크게 해치지 않지만, 20%를 혼합하면 약간만 조밀하게 채워 넣어도 배수가 불량해지는 경향이 있다. 그러므로 20% 정도를 혼합한 경우에는 심을 때 너무 다져지지 않도록 조심한다. 퇴비는 반드시 완전히 부숙(腐熟)되어 역한 냄새가 나지 않는 것으로 사용하여야 한다.

(5) 물공간 확보하기

배양토는 화분의 위 모서리보다 2~3cm 정도 아래쪽까지만 채워주고 그 위쪽은 빈 공간으로 남겨두도록 한다. 배수가 그다지 양호하지 못한 화분에서는 물을 주면 미처 밑으로 빠져나가지 못한 물이 위로 넘치게 되는데 이 공간은 넘쳐 오른 물을 수용하는 공간이다. 따라서 이것을 물공간(**water space**)이라 부른다. 배수가 양호하더라도 물을 한꺼번에 너무 많이 주면 위로 넘치는 일이 자주 있으므로 물공간을 확보해 두는 것이 좋다. 이러한 공간이 없거나 너무 모자라면 물이 화분 밖으로 흘러넘치면서 녹소토처럼 가벼운 용토나 화분 위에 올려둔 고형비료 같은 것들이 함께 쓸려나가 소실되고 또 베란다 바닥이 지저분해지는 원인이 된다.

(6) 물주기

식물 심기를 마치면 물을 충분히 준다. 분갈이 후 물을 주는 가장 이상적인 방법은 양동이에 물을 받아두고 화분이 완전히 잠기도록 한 다음 물이 표면까지 차오르면 화분을 빠른 속도로 들어 올려 흙먼지가 물과 함께 빠져나가도록 하는 것이다. 맑은 물이 나올 때까지 이러한 작업을 반복한다. 그러나 실제로 양동이의 물을 바꿔가면서 맑은 물이 나올 때까지 이런 작업을 매번 반복하는 것은 쉽지 않은 일이다. 그러니 살수기나 물뿌리개로 맑은 물이 흘러나올 때까지 물을 충분히 주는 것으로 대신해도 충분하다.

(사) 옮겨심기 후의 관리

옮겨심기를 마치고 물을 충분히 준 화분은 약 1주일 정도 그늘에 두고 새로운 환경에 적응시키는 것이 원칙이다. 필요할 경우 처음 2~3일 간은 매일 물을 주도록 한다. 적응 기간이 끝나면 필요한 일조량을 고려하여 적당한 배양 위치를 찾아 준다. 옮겨 심은 직후에는 뿌리의 활성이 높지 않기 때문에 약 2주 정도는 비료도 주지 않는 것이 좋다.

Ⅳ. 베란다 야생화의 일반 관리법

가. 화분 두는 곳

1. 화분대

화분의 수가 얼마 되지 않으면 그냥 바닥에 두면 되지만 수가 많아지면 화분을 올려두는 대가 필요해진다. 많은 수의 화분이 바닥에 직접 닿으면 바닥이 지저분해지고 화분 바닥과 접하는 곳은 늘 젖어 있기 때문에 좋지 않다.

(가) 화분대의 재료

화분대는 방부목, 샌드위치 패널, 스텐 타공판, 석판, 기타 인공판재 등 다양한 재료로 만들 수 있다. 화분대를 만드는 재료는 가능하면 물을 머금지 않으면서도 가볍고 견고한 소재를 선택하는 것이 좋다. 나무로 만든 화분대는 방부목이라 할지라도 언젠가는 반드시 썩게 되므로 피하고 싶다. 그러나 나무만큼 가볍고 다루기 쉬우며 견고한 재료를 찾기도 어려우므로 방부목을 이용한 화분대가 많이 이용된다. 이 경우 물이 방부목에 직접 닿지 않도록 비닐로 씌워주는 것이 좋다. 그렇지 않으면 언젠가는 베란다의 식물을 거실로 몽땅 옮기고 화분대를 바꿔야하는 대공사를 해야 할지도 모른다. 햇빛이 모자라는 베란다에서는 비닐 밑에 야외에서 사용하는 은박 깔개를 깔면 빛이 반사되어 채광에 보탬이 된다. 무거운 것을 올려놓아야 하는 곳에는 비닐 위에 장판을 깔면 무거운 화분이나 돌을 밀 때 비닐이 찢어지는 것을 방지할 수 있다.

(나) 화분대의 높이

일반적으로 화분대의 높이는 허리를 많이 구부리지 않더라도 식물을 잘 관찰할 수 있도록 어른 허리 높이 정도가 좋지만 베란다에서는 그렇게 높게 설치하면 햇빛을 받는 시간이 줄어들게 되어 좋지 않다. 따라서 베란다에서의 화분대 높이는 가능하면 햇빛을 많이 받을 수 있도록 바닥에서 약간만 띄우도록 한다.

줄기가 아래로 늘어지는 성질을 가진 식물을 다른 식물과 동일한 높이의 화분대에서 키우면 줄기가 옆으로 퍼지면서 주변의 다른 식물을 덮어 버리게 된다. 그러므로 이런 화분은 어른 허리 높이 정도의 다소 높은 화분대에 놓아두고 줄기가 아래로 늘어지도록 키우는 것이 좋다.

2. 화분의 배치

베란다에서 식물을 키우면서 가장 어려운 점 중의 하나는 주어진 환경에서 상대적으로 그 식물에 가장 적합한 장소를 찾아 각각의 화분을 두는 것이다. 햇빛을 좋아하는 양지식물은 상대적으로 해가 많이 드는 곳에, 음지식물은 그늘진 곳에, 반음지식물은 해가 적당히 드는 곳에, 건조한 것을 좋아하거나 큰 화분은 바람이 잘 통하는 곳에, 또 겨울철에는 상록성 식물이나 난대성 식물은 바깥쪽 유리창으로부터 떨어진 곳에 화분을 두는 것이 원칙이다. 만일 키우는 식물의 수가 그렇게 많지 않으면 이 작업이 그리 어려운 일이 아니지만, 화분의 수가 많아지면 각각의 화분을 최적의 장소에 놓는 일이 점차 어려워진다. 베란다는 보통 광량과 바람이 모자란 관계로 적합하다고 생각되는 장소의 면적은 좁고 그곳에 두고 싶은 화분의 숫자는 많아지기 때문이다. 이럴 경우에는 화분마다 우선순위를 매겨 가장 필요한 화분부터 가장 필요한 곳에 순차적으로 놓도록 한다.

나. 채광

햇빛은 광합성에 반드시 필요한 요소이지만 베란다에서는 햇빛의 양과 질이 제한적일 수밖에 없다. 따라서 베란다에서 식물의 생육을 결정하는데 있어서 가장 중요한 제한 요소는 햇빛이라고 할 수 있다. 햇빛이 식물에 끼치는 영향은 광도, 광질, 일장으로 구분해 볼 수 있다.[2-4]

1. 광도가 식물에 미치는 영향

(가) 보상점과 광포화점

식물은 빛이 없는 상태에서는 호흡만 하면서 비축된 양분(탄수화물)을 소비하여 에너지를 얻어 이를 여러 생명현상에 사용하고 그 과정에서 물과 이산화탄소를 방출한다. 빛을 비추면 식물은 광합성을 일으키며 이 과정에서는 이산화탄소를 흡수한다. 빛의 세기, 즉 광도가 어떤 특정 수준에 도달하면 광합성을 위해 흡수되는 이산화탄소의 양이 호흡으로 방출되는 이산화탄소의 양과 동일해지는데 이때의 광도를 보상점이라고 한다. 빛의 세기가 보상점을 넘어가면 광도가 강해질수록 광합성량도 증가하면서 양분의 축적이 이루어진다. 그러나 어느 한계를 넘어서면 광도가 올라가도 광합성량은 증가하지 않는데 이 한계 광도를 광포화점이라 한다.

(나) 광합성에 적합한 광도의 범위

따라서 광포화점에 가까울 정도로 충분히 강한 광선을 쪼여 주어야 광합성량이 증가하여 충분한 영양을 비축하고, 이에 따라 충실한 생육과 개화 및 결실이 이루어진다. 그러나 광포화점을 상회하는 필요 이상의 강한 광선은 오히려 엽록소를 파괴하고 잎이 타서 갈변하는 일소현상을 일으킨다. 광합성에 적합한 광도의 범위는 식물에 따라 다른데, 이는 식물마다 보상점과 광포화점이 다르기 때문이다. 양지식물의 보상점은 온도 18~20℃에서 전 일광의 약 7~8%,

광포화점은 50~60% 정도라고 알려져 있다. 양지식물의 이 광포화점은 맑은 여름날 오전 9~10시경의 광도에 해당한다고 한다. 음지식물의 보상점은 전 일광의 0.3~1%, 광포화점은 약 10% 정도이다.

(다) 광도에 따른 베란다 식물의 배치와 관리

광도는 광선의 입사각이 클수록 더 강해진다. 따라서 태양의 고도가 높은 여름의 광도가 겨울보다 더 강하고, 하루 중에도 한낮이 아침이나 저녁보다 광도가 더 세다. 그런데 베란다는 천장이 막혀 있으므로 입사각이 큰 강광은 대부분이 차단되고, 한쪽 면을 막고 있는 유리창을 통해 낮은 입사각의 약광이 주로 들어온다. 그러므로 햇빛을 오래 받을 수 있는 남향의 베란다를 제외하면 대부분의 양지식물에게는 베란다의 환경이 적합하다고 말하기 어렵다. 또한 반음지식물이라도 놓는 자리에 따라서 광도가 모자라는 경우가 흔히 발생할 수 있다. 그러므로 적절한 자리를 찾아 화분을 놓아두는 것은 베란다에서 식물을 키울 때 매우 중요한 작업 중의 하나이다.

보통 베란다의 외부 창문 쪽은 광도가 실외와 거의 비슷하고 창문에서 멀어질수록 광도가 낮아진다. 따라서 강광을 요하는 식물은 광도가 높고 광량이 많은 외부 창문에 가까운 장소에 놓아둔다. 양질의 햇빛을 충분히 받으면 줄기가 굵고 짧아지며 잎은 크기가 작아지는 대신 두터워지고 또 잎의 수도 많아져 전체적으로 탄탄하고 실해진다. 그러나 남향의 베란다에서는 한여름의 강한 광선이 때로는 광포화점을 초과하여 잎이 타는 **일소현상**을 일으킬 수도 있으니 그러한 증상이 발견된 화분이 있으면 자리를 바꾸어 준다. 만일 일소현상이 많이 발생하면 차광을 하여 열선을 차단해 줄 필요가 있다.

한편 광도가 적정 수준보다 낮으면 호흡량은 변치 않는 반면 광합성량은 줄어들기 때문에 충분한 양분을 비축하기 어렵게 된다. 따라서 줄기가 가늘고 길어지며 잎은 얇아지는 등 전체적으로 연약해져 관상가치가 떨어지고 병충해에 취약해진다. 또한 햇빛의 흡수량을 늘리기 위해 잎이 커지고 엽록소가 증가하여 잎의 녹색이 짙어지며, 무엇보다도 꽃이 잘 피지 않게 된다. 이렇게 웃자라고 연약해진 것은 필요로 하는 것보다 낮은 광도에서 자랐다는 증거이다. 따라서 이런 상태의 식물은 보다 햇빛이 많이 드는 곳으로 옮겨주는 것이 바람직하다.

일반적으로 양지식물의 잎은 산부추처럼 피침형으로 가늘거나 또는 기린초, 양지꽃, 구절초처럼 크기가 작은 경향이 있다. 어떤 식물들은 강광으로 인한 일소현상을 극복하기 위하여 큐티클 층이나 털과 같은 특별한 구조를 발달시켰다. 큐티클 층은 여러 난대성 식물에서 관찰되는데 이런 식물의 잎은 두텁고 광택이 나는 것이 특징이다. 또 털은 강광 하에서 자라는 일부 고산식물이나 해국 등에서 관찰할 수 있다. 따라서 그런 종류의 식물들도 빛이 많은 곳에 두어야 한다.

반면에 음지식물은 천남성, 우산나물, 연령초, 자란초, 도깨비부채, 고사리류처럼 잎이 크거나 옆으로 넓게 퍼져 빛을 효과적으로 받아들일 수 있도록 적응되어 있는 경우가 많다. 음지식물은 보상점과 광포화점이 매우 낮기 때문에 햇빛이 많이 들지 않거나 창문에서 멀리 떨어진 장소에 두어도 광합성에 그다지 큰 문제가 없다. 또한 호흡률이 낮아 양분의 소모 속도가 늦으므로 낮은 광합성량에 적응되어 있다고 볼 수 있다. 베란다에서 키우는 야생화는 반음지식물이 대부분이며 이들은 양지식물과 음지식물의 중간에 놓는다.

2. 광질이 식물에 미치는 영향

햇빛은 가시광선, 적외선, 자외선 등 파장이 다른 여러 종류의 광선으로 구성되어 있는데 그 중 광합성에 관여하는 것은 가시광선이다. 가시광선을 구성하는 일곱 종류의 광선 중 주로 적색광과 청색광이 광합성을 일으킨다고 알려져 있다. 광질은 여러 광선의 혼합비에 따라 달라지는데 보통 오전의 광질이 양호하여 하루 광합성량의 약 2/3는 오전에, 1/3은 오후에 만들어진다고 한다.

그러므로 오전에 햇빛을 많이 받을 수 있는 동향이나 동남향의 베란다가 서향의 베란다에 비해 식물을 키우기에 더 유리하다고 볼 수 있다. 자외선은 식물의 생육을 억제하고 안토시안 색소의 형성에 관여하므로 자외선을 완전히 차단하면 화색의 발현이 나빠진다. 일반적인 보통 유리는 자외선을 차단한다고 하니 베란다에서 피운 꽃의 발색이 미흡한 것은 이 때문인 듯하다. **적외선**은 식물의 체온 유지에 필요한 열원으로 작용하고 화아분화(花芽分化, 꽃눈형성)와 개화에 관여한다. 서향 빛은 남향 빛 못지않게 강하고 뜨겁기 때문에 한여름에는 자칫 일소 피해를 줄 수도 있으니 조심해야 한다.

3. 일장이 식물에 미치는 영향

(가) 일장효과

햇빛에서 고려해야 할 마지막 요소는 하루 중 낮의 길이, 즉 일장이다. 일장이 식물의 생육과 개화에 미치는 영향을 **일장효과**라고 부른다. 식물은 잎, 특히 어린잎이 일장의 변화를 감지하여 **플로리겐(florigen)** 또는 **꽃눈형성호르몬**이라는 물질을 분비하여 이를 줄기로 보내 화아분화가 일어나도록 하며, 이때 관여하는 광선은 파장이 긴 적색광과 적외선이다.

개화에 미치는 일장의 효과에 따라 식물을 장일식물, 중일식물 및 단일식물로 구분한다. 각 식물은 저마다 화성유도의 한계가 되는 일장, 즉 꽃을 피울 수 있는 최소 또는 최대 한계가 되는 낮의 길이를 가지고 있는데 이를 **한계일장**이라 한다. 낮의 길이가 한계일장보다 길어져야 꽃을 피우는 식물을 장일식물, 한계일장보다 짧아져야 꽃을 피우는 식물을 단일식물, 그리고 일장과 상관없이 어느 정도까지 성장하면 개화하는 식물을 중일식물이라 한다.

(나) 장일식물에 대한 일장효과

장일식물은 보통 낮의 길이가 12시간 이상으로 길어져야 꽃을 피우는 식물로서 대부분의 봄꽃이 여기에 속한다. 외부 창을 닫을 경우 베란다의 겨울 온도는 외기의 기온보다 높기 때문에 노지에 비해 봄에 새순이 일찍 움직이고 그만큼 봄꽃이 일찍 핀다. 그런데 밤에 베란다에 비치는 거실이나 방의 조명이 차단되지 않으면 낮의 길이를 연장시키는 효과를 나타내어 봄꽃이 더욱 더 빨리 피는 경향이 있다. 예를 들면 노지에서는 빨라야 4월 초순~중순은 되어야 꽃이 피는 진달래는 베란다에서는 2월 초순~중순이면 꽃이 핀다. 노루귀나 앵초처럼 산에서는 대체로 4월에 개화하는 다른 많은 봄꽃들도 베란다에서는 3월이면 꽃을 피우며, 밤에 조명을 받으면 더 빨리 개화할 개연성이 높다.

(다) 단일식물에 대한 일장효과

단일식물은 대개 낮의 길이가 10시간 내외의 짧은 일장조건이 형성되어야 꽃을 피우는 식물로서 대부분의 가을꽃이 여기에 속한다. 국화와 같이 일장에 민감한 식물의 경우에는 차광막이나 조명을 이용하여 낮의 길이를 인위적으로 조절함으로써 개화시기를 앞당기거나 늦출 수 있다. 베란다의 가을 온도는 노지나 산의 기온에 비해 더디게 떨어지므로 일부 가을꽃은 노지보다 늦게 피는 경향이 있다. 예를 들면 바위떡풀은 높은 산에서는 8월 말부터 피기 시작하지만 베란다에서는 10월이 되어야 피기 시작한다. 거기에 더하여 야간의 조명이 차단되지 않은 장소에서 배양하면 한계일장보다 짧은 단일조건이 늦게 만들어지거나 혹은 형성되지 않으므로 꽃이 더욱 늦게 피거나 잘 피지 않을 개연성이 크다. 따라서 만일 여러 조건이 양호함에도 불구하고 가을꽃이 잘 피지 않으면 야간의 조명이 닿지 않는 곳으로 옮겨볼 필요가 있다.

다. 온도 관리와 통풍

1. 온도가 광합성과 호흡에 미치는 영향

온도는 광합성과 물질대사, 그리고 수분의 흡수와 증산작용에 영향을 미쳐 생육을 조절한다. 식물이 정상적으로 자랄 수 있는 온도 범위는 15~35℃에 이르지만 식물마다 생육에 가장 적합한 온도 범위를 가지고 있으며 이를 생육적온이라 한다. 생육적온은 식물의 원산지에 따라 다소 상이하며 온대성 식물의 생육적온은 15~25℃의 범위에 있다. 식물은 자신의 생육적온 범위 내에 있을 때 총광합성량에서 호흡량을 뺀 **순광합성량**이 최대에 도달함으로써 충분한 영양분을 비축하여 충실하게 생육할 수 있다.[2]

광합성은 광도, 온도 및 이산화탄소 농도의 영향을 복합적으로 받는데 어느 한 요인이 부족해지면 그것이 광합성에 대한 제한 요인으로 작용한다. 만일 광도가 약하면 광도가 제한 요인으로 작용하며 이때 온도는 광합성 속도에 거의 영향을 끼치지 못한다. 그러나 광도가 강해지면 생육적온 범위 내에서는 온도가 10℃ 올라갈 때마다 광합성 속도가 약 2배씩 증가하는데, 이는 온도가 증가함에 따라 광합성에 관여하는 효소의 활성이 증가하기 때문이다. 그러나 최고 생육적온인 25℃를 넘으면 광합성 속도가 점차 느려지고, 식물이 생육 가능한 최고 온도인 35℃를 초과하면 광합성 속도와 총광합성량이 모두 급격히 감소한다. 저장된 탄수화물을 분해하여 에너지를 얻고 이를 생명활동과 호흡열의 발생에 이용하는 호흡의 속도는 0℃ 정도의 저온에서는 대단히 느리지만 0~40℃ 사이에서는 10℃가 증가함에 따라 2배씩 증가한다.[4]

2. 고온이 식물에 미치는 영향과 고온기의 관리법

온도가 생육적온 상한선인 25℃를 넘어가면 광합성 속도는 차츰 느려지는 반면 호흡 속도는 더 빨라지므로 양분의 소모가 증가함으로써 체내에 저장할 수 있는 양분이 줄어들게 된다. 30℃가 넘는 상태가 지속되면 호흡량이 급격하게 증가하므로 식물의 생육이 더욱 나빠져 점차 쇠약해지고 그 결과 개화 및 결실에도 악영향을 미치게 된다. 그러므로 고온기에는 여러 가지 방법을 동원하여 온도를 낮추도록 노력해야 한다.

(가) 혹서기의 관리법: 통풍의 중요성

30℃가 넘는 날이 많은 한여름에는 창문을 최대한 열어 통풍을 시켜 주어야 한다. 한쪽 창문만 열어두면 효과가 별로 없으므로 반대편 창문도 같이 열

어 맞바람이 통하도록 하는 것이 좋다. 바람은 줄기를 강건하게 하고 뿌리를 자극하여 튼튼하게 만들어 준다. 또 뿌리에 신선한 공기를 공급하여 뿌리의 발육을 촉진하고 이를 통해 식물의 생육을 원활하게 하는 효과가 있다. 무더운 환경에 통풍까지 불량하면 뿌리가 썩기 쉽고 흰가루병, 곰팡이, 깍지벌레, 응애와 같은 병충해가 발생할 수 있으므로 여름철에 바람이 잘 통하도록 관리하는 것은 매우 중요하다.

베란다의 구조상 통풍이 원활하지 않으면 선풍기를 이용하여 강제 환풍을 시키는 경우도 있다. 다만 선풍기 바람을 강하게 오랫동안 맞으면 탈수현상이 올 수도 있으니, 주변의 바닥이나 공중을 향해 회전시키도록 한다. 또한 바닥에 물을 뿌려 기화열을 이용하여 온도를 낮추어 주는 것도 효과적이다. 남향의 베란다로 들어오는 햇빛이 너무 강하면 차광을 통해 온도를 낮추어 준다.

(나) 야간 고온의 영향

광합성이 일어나지 않는 야간은 호흡을 통해 저장된 탄수화물을 소비하는 시간이므로 높은 호흡률을 야기하는 야간의 고온을 특히 조심해야 한다. 호흡을 통해 만들어지는 에너지는 일부만이 생장, 증식 등의 생명활동에 쓰이고 대부분은 호흡열로 변환되어 체온의 형태로 체외로 방출된다. 따라서 야간의 고온은 저장된 양분을 주로 체온을 올리는데 사용하도록 만드는데, 체온이 오르면 체내 생명현상에 관여하는 효소의 활성이 떨어져 식물이 허약해지고 때로는 상하게 된다. 수확한 엽채류를 온도가 높은 장소에 오래 두면 뜨거운 물에 데친 것처럼 물러지는 이유도 왕성한 호흡작용으로 호흡열이 증가하여 체온이 상승하기 때문이다. 고산식물을 낮은 지대에서 키우면 생육이 불량해지는 주된 이유 중의 하나가 야간의 고온이라 알려져 있다. 그러므로 열대야가 지속되는 한여름 밤에는 베란다의 온도를 떨어뜨릴 수 있도록 다방면으로 노력할 필요가 있다.

(다) 초고온의 영향

생육적온을 넘어 35℃까지는 광합성 속도가 줄어들더라도 총광합성량은 증가하므로 그런대로 버틸 수 있다. 하지만 35℃를 초과하면 광합성과 같은 체내 화학반응에 관여하는 많은 효소들이 변성되어 그 기능을 상실하여 총광합성량이 급격히 감소하는 등 기본적인 생명현상을 유지하는 것이 어렵게 된다. 또한 온도가 35℃를 넘으면 뿌리에서 흡수되는 물의 양이 증산작용으로 증발되는 물의 양을 감당하지 못하여 시들기 시작한다. 만일 그 상태가 오래 지속된다면 체온조절 기능을 상실하여 체온이 급상승하게 되어 식물은 결국 고사하고 만다.[2] 만일 한여름에 거실의 냉방을 위하여 베란다와 거실 사이의 창을 닫고 에어컨을 가동시키면 베란다의 온도는 쉽게 35℃를 상회하게 된다. 부득이 에어컨을 켜야 한다면 베란다 바닥에 물을 뿌리거나 선풍기를 틀어 35℃를 넘기지 않도록 노력하는 것이 좋다.

3. 저온이 식물에 미치는 영향과 저온기의 관리법

온도가 생육적온보다 낮아지면 광합성량이 감소하므로 식물의 생육이 나빠진다. 그러므로 온도가 낮아지는 계절에는 낮에는 외부 창을 닫아 온도를 높여 광합성을 촉진하고, 밤에는 창을 열어 온도를 떨어뜨려서 호흡률을 저하시켜 양분의 소모를 감소시키는 방향으로 관리하는 것이 좋다. 겨울이 다가오는 늦가을에는 밤에 창문을 열어두면 다가올 겨울의 저온에 식물을 적응시키는 효과도 거둘 수 있다. 다만 얼지 않도록 신경 써야 한다. 겨울이 지나고 기온이 오르기 시작하는 초봄에도 낮에는 창을 닫고 밤에는 창을 열면 광합성량을 올리는데 보탬이 될 수 있다. 그러나 이 시기에도 야간의 기온이 영하로 내려가는 날이 드물지 않으므로 이제 막 자라나온 여린 새싹들이 냉해를 입지 않도록 조심해야 한다.

(가) 내동성과 동해의 기전

겨울이 되어 외기의 온도가 영하로 떨어지더라도 베란다 창호가 잘 갖추어져 있고 햇빛이 어느 정도 드는 곳이라면 대부분의 베란다는 대개 영상의 기온을 유지한다. 그러나 영하 10℃ 이하로 내려가는 강추위가 찾아오면 창문 바로 앞이나 해가 별로 들지 않는 곳 등은 영하로 내려가기도 한다. 식물세포의 원형질에는 다양한 물질이 물에 녹아 있으므로 용질의 농도가 높아서 어는 온도가 물보다 더 낮다. 온도가 영하로 내려가면 세포 속의 물이 세포 밖으로 빠져나가 원형질 내 용질의 농도가 더욱 올라가게 되어 온도가 0℃ 아래로 웬만큼 내려가더라도 식물세포는 쉽게 얼지 않는다. 그러나 세포 바깥공간으로 빠져나온 물은 얼게 되므로 기온이 영하로 내려가면 처음에는 세포의 바깥쪽에 얼음결정이 형성된다.

몹시 추운 지역에서 살아가는 식물들은 세포가 어는 것을 방지하는 부동단백질(**antifreeze protein**)이라는 것을 생성한다. 온도가 0℃ 밑으로 떨어지면 이런 식물의 세포 내에서는 부동단백질이 만들어져 세포벽 쪽에 축적되고 이것은 세포 바깥공간에 얼음 결정이 만들어지는 것을 억제하거나 혹은 만들어지더라도 크기를 최소화하여 식물로 하여금 내동성을 나타내게 한다. 그러나 온도가 어느 정도 이상으로 크게 떨어지면 얼음 결정의 크기가 계속 커지고 세포에서 물이 계속 빠져나가 세포가 치명적인 손상, 즉 동해를 입게 된다. 더욱이 온도가 더 떨어져 농축된 원형질마저 얼게 되면 세포의 부피가 팽창하여 세포막이 파괴되어 결국 세포가 동사하게 된다.[2]

(나) 동해에 대처하는 방법

일부 난대성 식물을 제외한 대부분의 식물은 어느 정도의 내동성을 가지고 있으므로 베란다 일부의 온도가 0℃ 이하로 약간 내려가(예를 들면 −5℃ 정도) 세포 바깥공간의 물이 살짝 얼더라도 큰 문제를 일으키지는 않는다. 낮이 되어 햇볕에 의해 대기의 온도가 오르면 자연적으로 서서히 녹으면서 원상태를 회복하게 되므로 별도의 조치를 취할 필요는 없다.

그러나 -20℃ 내외의 강추위가 찾아온다든지 하면 창문 바로 앞과 같이 온도가 쉽게 떨어지는 부분에 놓인 화분이 심하게 얼 수 있다. 만일 여기에 놓인 식물이 내동성이 강한 식물이라면 이 추위를 견딜 수도 있겠지만 그렇지 않은 식물이라면 동해를 입기 쉽다. 낙엽성 식물은 겨울 동안에 지상부가 없기 때문에 동해 여부를 쉽게 판별하기 어렵지만 배양토가 심하게 얼어 있으면 동해의 가능성이 있다고 판단할 수 있다. 너무 심하게 얼지 않은 경우에는 차가운 물을 주어 서서히 녹이는 것이 피해를 줄이는 길이다. 따뜻한 물을 주어 급속히 녹이면 세포막이 더욱 쉽게 파괴되어 오히려 악영향을 끼칠 수 있다. 그러나 어느 정도 이상으로 심하게 얼면 이런저런 응급조치를 취해도 소용이 없다. 그러므로 얼지 않도록 미리미리 조심하는 것이 가장 좋은 대처법이다.

(다) 저온기의 관리법

겨울에는 창문 앞과 같이 온도가 많이 떨어지는 곳에는 내동성이 강한 식물을 배치한다. 일반적으로 남부지방에서 자생하는 난대성 식물은 겨울 기온이 최저 5℃ 이상이 되도록 관리하는 것이 좋다. 그러므로 이런 종류들은 햇볕이 잘 들고 창문으로부터 다소 떨어진 장소에 두도록 한다.

고산식물과 중부 이북에서 자생하는 식물들은 겨울에 일정 기간 이상의 저온을 겪어야 봄에 휴면이 타파되어 개화할 수 있게 된다. 따라서 겨울철 베란다의 온도가 전반적으로 높게 유지되는 것은 바람직하지 못하다. 겨우내 베란다 외부 창문을 닫고 지내는 것만이 능사는 아니라는 것이다. 만일 시간적인 여유가 있다면 겨울에도 외기 온도가 오르는 날에는 외부 창문을 열어두는 것이 좋다. 다만 깜빡하고 밤에 창문 닫는 것을 잊지 않도록 주의해야 한다. 동일한 베란다에서 같이 겨울을 지내도 종류에 따라 개화율에 차이가 있는 것을 보면 저온 상태에 놓인 기간이 개화에 미치는 영향은 식물에 따라 다르다는 것을 알 수 있다.

라. 물주기(관수)

1. 물주기의 중요성

식물체의 약 70~90%는 수분으로 이루어져 있다. 물은 식물체의 형태 유지, 광합성 및 양분의 운반 등에 관여하며 특히 증산작용을 통해 식물의 체온을 조절하는 중요한 기능을 한다. 뿌리에서 흡수된 물의 대부분은 증산작용에 의해 잎의 기공을 통해 공기 중으로 증발되며, 이 과정에서 발생하는 기화열은 체온을 떨어뜨리는 역할을 한다. 햇볕이 강하고 온도가 높은 낮에는 증산작용이 왕성하게 일어나므로 다량의 물이 필요하여 뿌리에서의 수분 흡수량이 증가한다. 이때 필요한 만큼 수분 공급이 이루어지지 않으면 잎 속의 수분이 줄어들어 세포의 모양을 유지시키던 팽압이 감소하게 되어 식물체가 본래의 모습을 잃고 시들게 된다. 잎의 수분이 20% 정도 감소하면 더 이상의 수분이 소실되는 것을 막기 위하여 기공이 닫히게 되고, 이런 상태가 지속되면 결국 체온이 상승하여 잎은 열에 의해 말라죽게 된다.[3] 온도가 떨어지는 밤에는 수분의 흡수가 현저하게 감소하지만 고온이 지속되는 한여름에는 체온을 떨어뜨리기 위한 증산작용이 계속 일어나야 하므로 밤에도 수분의 흡수가 활발하다.

야생화를 재배함에 있어 물주기는 가장 중요하면서도 가장 자주 해야 하는 작업이다. 여러 야생화를 기르다 보면 화분의 종류와 크기도 다양하고 배양토도 식물 종류에 따라 상이할 뿐 아니라 석부작과 같이 화분과는 성질이 다른 것들이 섞여 있는 것이 보통이다. 따라서 물주는 양이나 간격을 설정하기도 쉽지 않고 또 어떤 것은 물을 주고 어떤 것은 주지 않을 것인가를 결정하는 일도 쉽지 않다. 만일 물을 적절하게 주지 못한다면 심하게 마르거나 과습으로 식물이 죽는 화분도 나타날 수 있다. 그러므로 경험을 통해 자신의 환경에 가장 알맞은 관수 리듬을 찾는 것이 중요하다.

2. 어떤 물을 줄 것인가?

◈ **플라스틱 양동이에 받아둔 물** 맥반석과 제올라이트를 넣어두면 수질 개선 효과를 얻을 수 있다.

만일 화분의 수가 적다면 미리 받아 두어 염소가 날아간 수돗물을 물뿌리개로 주는 것이 좋다. 하지만 화분의 수가 많아지면 물을 일일이 물뿌리개로 주는 것은 상당히 번거롭고 시간도 많이 걸리기 때문에 오래 지속하기가 어렵다. 수돗물을 바로 주어도 사실상 식물의 생육에 지장을 주는 것은 아니기 때문에 화분의 수가 많으면 통상적인 물주기는 살수기가 달린 고무호스를 수도꼭지에 연결하여 수돗물을 직접 주는 방식으로 하는 것이 편리하다. 그렇다고 하더라도 큰 플라스틱 통에 물을 미리 받아 놓으면 여러 가지 용도로 유용하게 쓸 수 있다. 미네랄과 산소를 용출시키고, pH를 약알칼리로 조절하며, 중금속과 유해물질을 흡착하여 제거한다고 알려져 있는 맥반석이나 양이온 교환 능력이 있다는 제올라이트를 통 속에 같이 넣어두면 수질을 개선시킬 수 있다. 이렇게 수질을 개선시킨 물은 일부 화분에만 물을 주는 부분 관수를 할 때, 그리고 전체적으로 물을 주더라도 너무 많이 주고 싶지 않을 때 사용한다. 이런 방식의 물주기를 하면 직접 수돗물만 계속 주는 것을 피할 수 있으며 또 물주는 양도 강약의 리듬을 탈 수 있게 해주므로 식물의 생육에 보탬이 될 수 있다. 또 액비를 줄 때 이 물로 희석하여 주면 좋다.

3. 물주는 시기와 간격

물은 일반적으로 표토가 마르고 그 바로 밑의 토양은 아직 마르지 않았을 때 주는 것을 원칙으로 한다. 그러나 식물의 성질, 화분의 종류나 크기, 배양토의 종류와 혼합비, 그리고 화분 두는 곳 등에 따라 마르는 정도가 제각각이므로 물주는 시기를 결정하는 것이 쉽지 않은 경우가 많다. 전술한 원칙대로 물을 주기 위해 대다수 화분의 표토가 마르는 것을 기다리다 보면 너무 건조해져 식물이 마르기 시작하는 화분이 분명히 나타나는데, 보통 작은 화분에 심긴 것, 물을 좋아 하는 것, 배양토를 너무 건조하게 사용한 것, 지난번 관수때 물을 덜 준 것 등에서 그러한 증상이 나타난다. 식물은 한 번 심하게 마르면 대개 치명상을 입어 고사하기 때문에 보통 그것이 두려워 마르는 화분이 나타나기 전에 다시 물을 주려고 하는 경향이 있다. 따라서 실제로는 화분의 표토가 마르기 전에 다시 물을 주게 되는 경우가 많다.

하지만 그렇게 물을 주다보면 늘 과습의 우려가 있기 때문에 물을 줄 때 상황에 따라 물주는 양을 가감한다든지 하는 센스가 필요하다. 또는 빨리 마르는 화분만 골라 물을 주는 부분 관수를 시행할 수도 있다. 그러나 부분 관수를 너무 자주 하다보면 꼭 빠뜨리는 것이 있게 마련이므로 자칫 말라죽는 것이 나오지 않도록 조심해야 한다. 산수국처럼 물을 좋아하거나 또는 너무 작은 분에 건조하게 심겨져 있어 늘 다른 것보다 빨리 마르는 것들은 화분 밑에 얕은 접시를 받쳐놓으면 관수 간격을 넓히는 데 도움이 된다. 이처럼 물주기는 상당히 어렵고 많은 경험을 필요로 하므로 식물과 화분의 상태를 면밀하게 살피면서 자신만의 물주기 리듬과 방법을 찾는 것이 중요하다.

4. 물주는 방법

물주는 방법은 표토가 마르기를 기다렸다가 물이 밑으로 충분히 흘러나올 때까지 넉넉하게 주는 것이 원칙이다. 이렇게 물을 주면 물과 함께 화분 속의 오래된 공기도 같이 빠져나가 뿌리에 신선한 공기를 공급해 줄 수 있다는 이점이 있다. 토양 입자 사이에 있는 공간인 공극에는 물과 공기가 혼재하며 이 둘 사이에는 공극을 차지하기 위한 경쟁이 일어난다. 물에는 양분이 녹아 있어 뿌리는 공극을 따라 자라면서 물과 양분을 흡수한다. 한편 공극에 존재하는 공기는 뿌리의 호흡에 필수적인 산소의 공급원이다. 뿌리에 대한 산소 공급이 부족하면 뿌리의 발달이 좋지 않고 양분과 수분의 흡수도 지장을 받게 된다.

앞에서 지적한대로 개성이 강한 각각의 화분들은 똑같이 마르지 않기 때문에 불가피하게 일부 화분의 표토가 마르기 전에 물을 주는 경우가 흔히 있다. 그런데 물을 줄 때마다 흠뻑 주면 일부 화분의 경우에는 과습이 유발될 가능성이 높아진다. 과습은 토양 공극의 대부분을 물이 차지하게 만들어 뿌리에 산소 공급을 방해하여 호흡곤란을 일으킨다. 따라서 과습 상태가 오래 지속되면 결국 뿌리가 썩고 식물은 고사하게 된다. 지상부가 시들어 금세 눈에 띄는 수분 부족과는 달리, 과습으로 인한 부작용은 천천히 진행되고 쉽게 알아차리기 어렵기 때문에 뭔가 이상하다고 느꼈을 때는 이미 돌이킬 수 없는 상태까지 진행된 경우가 허다하다.

그러므로 물주기는 강약을 섞어서 리드미컬하게 하는 것이 좋다. 또한 화분마다 표토의 건조 상태를 봐가면서 물주는 양을 조절한다. 특히 매일 관수하는 경우에는 큰 화분과 난과 식물에 너무 많은 물을 주지 않도록 주의한다. 큰 화분은 다량의 식재를 포함하고 있으므로 더디게 마르는 경향이 있어 매일 많은 양의 물을 주면 과습해질 위험이 있고, 또 난과 식물의 굵은 뿌리는 저수조직이 잘 발달하여 다량의 수분을 저장할 수 있으므로 대개 건조에는 강하지만 과습에는 약하기 때문이다. 전체적으로 많이 말랐을 경우에는 살수기를 이용하여 물을 충분히 주고 그 사이사이에 물뿌리개를 이용한 부분 관수나 전체적인 약식 관수를 실시하여 과습을 예방하는 것이 좋다.

5. 계절별 물주기

계절에 따라 식물이 필요로 하는 물의 양이 달라지고 환경도 바뀌므로 물주기는 계절별로 달리 해야 한다. 자세한 물주기 요령은 뒤에 나오는 〈바. 베란다 야생화의 계절별 관리법〉을 참고하라.

6. 베란다에서 물을 줄 때 주의해야 할 사항

물을 자주 주다 보면 본의 아니게 아래층에 누수가 발생하여 남에게 폐를 끼치는 경우도 있다. 베란다 창호 바닥면에는 긴 나사를 박은 자리가 있는 경우가 많은데, 창호 시공 시 이 부분의 마무리를 잘못하면 창호 바닥에 물이 고일 경우 이 구멍을 통해 아래층으로 물이 샐 수도 있다. 또 거실의 에어컨 배수구가 베란다 하수구를 향해 바닥과 나란하게 수평으로 뚫려 있으면 베란다 청소 시에 이물질들이 에어컨 배수구로 들어가 쌓여 이를 막아버릴 수도 있다. 그런 상태에서 에어컨을 가동하면 물이 빠지지 못하므로 아래층 거실 천장으로 물이 새는 사고가 발생한다. 그러므로 아래층에 누수가 일어나지 않도록 항상 조심해야 한다.

◈ **에어컨 배수구** 왼쪽: 거실 에어컨의 배수구(화살표)가 베란다의 하수구 쪽으로 뚫려 있으면 베란다를 청소하는 과정에서 흙 찌꺼기 등이 밀려들어가 심하면 막힐 수도 있다. 중간: 에어컨을 가동하는 여름철에는 고무호스를 이용하여 에어컨의 배수구를 베란다의 하수구로 직접 연결해 두면 편리하다. 오른쪽: 그 밖의 계절에는 에어컨 배수구를 코르크마개 등으로 막아두는 것이 좋다.

마. 비배 관리

식물에 필요한 영양소는 다량으로 꼭 필요한 다량원소와 미량이지만 꼭 필요한 미량원소로 구분할 수 있다. **다량원소(macro elements)**에는 탄소(C), 수소(H), 산소(O), 질소(N), 인(P), 칼륨(K), 칼슘(Ca), 마그네슘(Mg), 황(S)의 9종이 포함되고, **미량원소(micro elements)**에는 철(Fe), 망간(Mn), 구리(Cu), 아연(Zn), 몰리브덴(Mo), 붕소(B), 염소(Cl), 니켈(Ni)의 8종이 포함된다. 이상과 같은 17종의 원소들은 모든 식물에 꼭 필요한 성분이며, 식물에 어느 하나라도 부족하거나 결핍되면 그 생활환을 완성시킬 수 없으므로 **필수원소(essential elements)**라 불린다. 따라서 필수원소가 부족해지면 생육에 지장을 초래하고, 다른 원소의 공급이 충분하더라도 한 특정 원소가 모자라면 그것이 제한인자로 작용하여 식물의 생육을 방해한다.

식물 구성원소의 95% 이상은 탄소, 수소 및 산소이며 이들은 공기와 물로부터 뿌리와 호흡작용을 통해 식물체로 공급되고 광합성을 통해 유기물의 형태로 식물체에 축적된다. 이러한 사실은 채광과 관수의 중요성을 단적으로 나타낸다. 다시 말하면 햇빛이 좋은 곳에서는 물만 잘 주면 대부분의 경우 식물을 잘 키울 수 있다는 것으로, 그만큼 식물의 생육에 미치는 햇빛, 즉 광합성의 역할이 크다는 뜻이다.

필수원소 중 탄소, 수소 및 산소를 제외한 나머지 원소들의 비율은 상대적으로 대단히 낮지만 이 원소들도 식물의 생존에 지대한 영향을 미치고 있으며, 따라서 대부분의 화학비료는 이들 나머지 필수원소들을 포함하고 있다. 일반적으로 비료는 거기에 포함된 유효성분을 기준으로 표시하는데 질소, 인산, 칼리를 **비료의 기본 3요소**라 하고, 칼슘을 포함하면 **4요소**라 부른다. 주요 원소들의 특성과 주요 작용을 다음 제1항과 제2항에 요약하였다.[5]

1. 다량원소

(가) 질소

질소는 주로 암모니아(NH_4^+)와 질산(NO_3^-)의 형태로 뿌리를 통해 흡수된다. 흡수된 질소는 단백질이나 다른 질소화합물로 신속하게 전환되어 원형질, 핵, 효소, 엽록체, 종실, 기타 생리활성물질의 성분을 이루게 된다. 특히 질소는 잎의 면적을 늘리고 엽록소의 함량을 올림으로써 잎과 줄기의 발육에 중요한 역할을 하며, 이를 통해 광합성량을 증가시켜 결국 작물의 생육을 촉진한다. 따라서 질소는 줄기, 잎, 뿌리 등의 영양기관이 양적으로 증가하는 기간인 영양생장기, 즉 봄에 많이 주고 꽃이 피어 열매가 맺히는 기간인 생식성장기에는 적게 주도록 한다.

만일 질소가 부족해지면 엽록소의 생성 감소로 인해 엽록체의 발달이 나빠져 생육이 지연되고 잎과 키가 작아지는 등 식물체가 왜소하고 빈약해진다. 질소 부족이 심해지면 오래된 아랫잎부터 누렇게 변하는데, 이는 질소가 체내 이동성이 좋아 모자라게 되면 늙은 아랫잎에서 물질대사가 왕성한 어린잎으로 이동하기 때문이다. 지상부와는 달리 대개 뿌리는 질소가 부족하더라도 큰 영향을 받지 않는다. 질소의 공급이 지나치면 웃자라고 조직이 연약해져 병충해에 취약해지며, 특히 화아분화기에 질소를 과다 공급하면 영양생장이 우세해져 꽃눈 형성을 방해하게 되므로 꽃이 잘 피지 않게 된다.

(나) 인

인은 인산($H_2PO_4^-$ 또는 HPO_4^{2-})의 형태로 흡수되고, 식물체 내에서는 단백질과 핵산 등의 주요 세포 구성 물질, 대사중간물질, 에너지대사 및 호흡작용 관련 물질 등의 형태로 존재하며 특히 어린잎이나 뿌리의 끝부분과 같이 대사활성이 높은 조직에 집적되어 있다. 인산은 식물의 초기 발육에도 관여하지만 특히 세포분열, 개화 및 결실에 중요하게 작용하며 뿌리의 발육에도 많은 영향을 미친다.

따라서 인산이 부족하면 핵산이나 단백질의 합성과 세포분열 능력이 떨어져 전체적인 생육이 빈약해지고 뿌리의 발육이 나빠지며 특히 개화, 결실이 불량해진다. 인산은 추비의 효과가 잘 나타나지 않아 밑거름으로 주는 것이 원칙이므로 분갈이할 때 마감프-K(MagAmp-K)나 마가모(Magamo)와 같은 고형 인산비료를 화분 속에 뿌리와 직접 접촉하도록 넣어주는 것이 좋다.

(다) 칼륨

칼륨은 칼리의 형태로 공급되며 식물체의 구성성분을 이루지는 않지만 주로 분열조직이나 대사활동이 활발한 곳에 수용성 이온이나 염류의 형태로 존재한다. 칼륨은 물질대사가 정상적으로 이루어지도록 하여 조직의 분화와 발달에 중요한 역할을 하며 특히 세포막을 두껍고 튼튼하게 하여 줄기와 잎을 강건하게 만들고 뿌리의 생장을 돕는다. 또 효소를 활성화시켜 녹말, 단백질, 식물생장조절물질 등의 고분자물질 생합성에 관여하고, 개화, 결실, 추위와 병충해에 대한 저항력 증대 등의 작용에도 관여한다. 아울러 칼륨은 기공의 개폐에 관여하여 수분의 이동을 조절하는 작용도 한다.

칼륨이 부족하면 줄기의 관다발 조직이 연약해져 식물이 쉽게 쓰러지고 마디 사이가 짧아져 키가 작아진다. 또한 오래된 잎부터 잎의 끝이나 가장자리가 황갈색으로 변하고 심하면 표면에 갈색 반점이 생겨 고사하기도 한다. 이외에도 칼륨이 부족하면 수분조절 능력의 저하로 인해 특히 생장점이 쉽게 마르고 개화, 결실도 나빠진다. 질소를 많이 줄수록 칼륨도 더 많이 주어야 하며, 질소에 비해 칼륨이 부족하면 단백질 합성이 잘 되지 않고 흡수된 질소가 암모니아나 황산의 형태로 축적되어 칼륨부족현상을 일으켜 병에 걸리기 쉬워진다.

(라) 칼슘

칼슘은 생체막의 구조와 기능을 유지하는 중요한 작용을 하며, 또한 세포 사이에 있는 펙틴과 결합하여 세포벽을 형성함으로써 식물을 튼튼하게 하고 산성토양을 개량하는 역할도 한다. 칼슘은 체내 이동성이 낮아 늙은 잎에서 어린 잎으로 잘 이동하지 않기 때문에 그 공급이 부족하면 왕성하게 자라는 생장부 분열조직에서 결핍증상이 나타나기 쉽다. 따라서 칼슘이 부족해지면 어린 조직이나 새싹의 생장이 억제되고 생장점이 파괴되어 뿌리와 잎의 끝부분이 말라 죽거나 새잎이 기형이 되며 심하면 잎이 누렇게 되고 주변부가 고사하는 현상이 발생한다. 또한 세포벽의 발달이 불량해져서 조직이 연약해지기 쉽다. 칼슘의 공급이 지나치게 많으면 토양의 미량원소와 인산의 용해도가 감소하여 흡수장애가 일어나 생육이 불량해지고 토양의 pH가 증가하여 식물에 알칼리 장애를 입히게 된다.

(마) 마그네슘

마그네슘은 엽록소에 다량 포함되어 있고, 질소대사나 탄소동화작용에 포함된 효소의 활성을 조절한다. 마그네슘이 결핍되면 오래된 아랫잎부터 황화현상이 일어나는데 엽육이 엽맥보다 먼저 누렇게 변한다.

(바) 황

황은 각종 단백질과 효소를 형성하는 아미노산의 구성분이며, 광합성과 질소고정 반응에도 관여한다. 황이 부족하면 아미노산과 단백질의 합성이 불량해져 질소 결핍처럼 잎이 작아지고 누렇게 변하지만 질소와는 달리 체내 이동성이 좋지 않아 어린잎부터 결핍현상이 나타난다.

2. 미량원소

미량원소는 극소량만 필요로 하므로 보통 큰 문제가 되지는 않는다. 그러나 적정수준의 범위가 상당히 좁기 때문에 분갈이를 오래 하지 않거나 너무 많은 미량요소비료를 투여하면 공급의 부족이나 과잉으로 인한 부작용이 나타날 수 있다. 대부분의 식물이 가장 많이 필요로 하는 미량원소는 철(**Fe**)이다. 철은 주로 엽록체 안에서 엽록소 생합성 과정에 관여하며, 광합성 및 호흡대사와 관련된 역할도 한다. 철이 부족하면 엽록소와 엽록체의 형성이 저해되어 마그네슘 결핍처럼 엽맥 사이의 엽육이 먼저 누렇게 변하며, 심하면 엽맥을 포함하여 잎 전체가 점차 하얗게 변하면서 괴사한다. 철은 늙은 잎에서 어린잎으로 옮겨가는 체내 이동성이 약하기 때문에 마그네슘 결핍과는 달리 어린잎에서부터 증상이 나타난다.

3. 비료의 종류

비료는 유기질비료와 무기질비료로 구분할 수 있다. 베란다와 같은 실내에서 야생화를 건실하게 키우기 위해서는 비료를 잘 이해하고 적절한 종류를 구비하여 적시에 적정량을 투여하는 것이 중요하다.

(가) 유기질비료

유기질비료는 소, 돼지, 닭의 분뇨(우분, 돈분, 계분), 뼈(골분), 생선 찌꺼기, 부엽, 깻묵(유박), 콩깻묵(대두박), 쌀겨(미강) 등의 동식물 잔해나 부산물을 부숙 또는 발효시킨 것이다. 이것은 처리 방법이나 과정에 따라 그 질에 차이가 많다.

(1) 고형 유기질비료

고형 유기질비료는 비효가 느리고 오래 가며 토양의 이화학적 성질을 개선하는 효과가 있다. 분재나 화초용으로 판매되는 국산 고형 유기질비료들은 유박(깻묵)을 어느 정도 숙성시킨 것이 대부분으로 값은 저렴하지만 충분한 발효와 분해가 이루어지지 않아 다소 냄새가 나고 성분이 명확하게 표기되어 있지 않다. 충분히 발효되지 않은 고형 유기질비료를 화분 위에 얹어 두면 아무리 방충망을 쳐 두었더라도 어느 틈으론가 파리들이 침투하여 이 비료 덩이에 알을 까는 아주 난처한 상황이 자주 발생한다. 그러므로 고형 유기질비료는 충분히 발효, 숙성되어 냄새가 거의 없는 것을 구입하여야 한다. 그러나 효능이 좋고 가격이 저렴한 제품을 찾는 것은 쉽지 않은 일이다. 일부 수입품은 냄새가 거의 없고 성분이 명기되어 있지만 상당히 고가인 것이 단점이다.

전혀 발효를 시키지 않은 생 원료로 만든 것들도 있는데, 이런 제품을 화분 위에 올려두면 부패가 진행되면서 점차 고약한 냄새를 풍겨 파리를 불러들이고 가스 발생, 농도장해 등 여러 가지 부작용을 초래할 수 있으니 실내원에에서는 절대 사용해서는 안 된다.

◈ **고형 유기질비료** A. 일본에서 수입되어 시판되는 고형 유기질비료로 인산의 함량이 높다. B. 깻묵을 주원료로 만든 국산 고형 유기질비료. 이런 비료는 대개 질소의 함량이 상대적으로 높다.

(2) 유기질액비

고형 유기질비료를 물에 우려내어 만든 액체비료인 유기질액비는 비효가 신속하게 나타나고 물에 희석하여 편리하게 사용할 수 있으므로 이상적인 비료라 할 수 있다. 하지만 충분한 발효와 분해가 이루어지지 않은 유기질액비는 냄새가 몹시 고약하므로 베란다 등의 실내원예에서 사용하기 부적절하다. 충분히 발효된 질 좋은 액비는 냄새가 전혀 없고 비효도 좋으며 다양한 무기질비료와 혼용할 수 있으므로 효과적으로 사용할 수 있다. 보통 난 전용으로 판매되는 유기질액비들이 질이 좋고 냄새가 없으며 성분도 명확하게 표기되어 있지만 가격이 너무 비싸다. 시중에서 판매되는 값싼 고형 유기질비료를 이용하여 질 좋은 유기질액비를 만드는 방법을 〈5. 유기질액비 만들기〉에서 소개하였다.

(3) 원예용 퇴비

만일 마음에 드는 고형 유기질비료를 구할 수 없다면 원예용 퇴비를 구입하여 사용하는 것이 가격도 저렴하고 양도 많으며 비효도 좋아 효과적이다. 퇴비는 가축 분뇨를 나무를 분쇄한 거친 톱밥과 섞어 발효시킨 것이 보통이지만 어박(기름을 짜고 남은 생선 찌꺼기), 맥주 찌꺼기 등 다른 유기물을 발효시킨 제품도 있다. 퇴비도 역한 냄새가 나지 않는 제품을 선택하는 것이 좋다.

퇴비는 분갈이를 실시할 때 배양토에 섞어주거나 화분 위에 덧거름으로 올려준다. 배양토에 섞어줄 때는 배양토 용적의 5~10% 정도가 적당하며 그 이상은 넣지 않도록 한다. 퇴비를 너무 많이 넣으면 과비의 우려가 있고 또 배수를 방해하여 오히려 역효과가 나기 때문이다. 덧거름으로 사용하는 경우에는 화분 위에 몇 숟가락 올려두거나 혹은 표토를 헤치고 화분 가장자리를 따라 넣어주고 다시 표토를 덮어준다.

◈ **원예용 퇴비** 왼쪽: 가축 분뇨를 주원료로 만든 퇴비로서 검은색을 띤다. 오른쪽: 어박과 맥주 찌꺼기를 주원료로 만든 원예용 퇴비이다. 하얗게 보이는 것은 유익한 방선균이다.

(4) 목초액

목초액은 나무를 태울 때 발생하는 연기가 응결된 것으로 수분이 약 80~90%이고 나머지 10~20%는 유기화합물로 이루어져 있다. 유기화합물의 주 성분은 초산이며 그 외에도 각종 유기산과 알코올, 페놀류, 에스테르류, 알데하이드 등 200여 종의 유기물을 포함하고 있다. 목초액은 pH 3 정도의 강한 산성이지만 토양에 뿌리면 점차 약알칼리성으로 변하면서 토양을 중화시켜 식물의 생육을 촉진한다.

목초액을 1:500~1:1,000 정도로 묽게 희석하여 사용하면 토양의 산도 개선, 토양 미생물의 증식 및 활동 촉진, 병원균의 번식 억제, 병충해에 대한 저항력 증강, 발근, 뿌리의 생장 및 광합성 촉진, 비료와 농약의 효과 증대 등 식물의 생육에 도움이 되는 다양한 효과를 볼 수 있다. 또한 수돗물과 섞으면 유리염소를 제거하고 물 분자를 작게 쪼개어 물의 이화학적 성질을 개선하는 효과도 있다. 또한 농도를 강하게(1:5~1:20) 사용하면 살균 및 살충 효과가 있어 소독용이나 해충 퇴치제로 이용할 수 있다. 그러나 목초액에는 타르, 벤조피렌, 중금속, 메탄올 등의 독성 물질이 포함되어 있으니 충분히 정제되거나 숙성된 목초액을 구입하여 노란색의 맑은 웃물만을 희석하여 사용하는 것이 좋다.

목초액의 효능과 관련하여 필자의 야생화 스승이신 원평 이재걸 화백 댁에서 목격한 일화를 소개한다. 이 댁에서는 겨울 난방용으로 톱밥 펠렛을 태우는 난로를 들여놓고 겨우내 난로를 가동하였다. 이 난로의 연통 밑에는 여러 종류의 야생화 화분이 있었는데 연통에서 목초액이 떨어지자 그 밑에 통을 받쳐두었다. 이 통 속의 목초액은 시간이 지남에 따라 눈비에 의해 다소 희석되었으며

◈ **목초액의 효과** A, B: 은꿩의다리가 예년(A)에 비해 목초액을 뒤집어 쓴 그 다음해(B)에 깜짝 놀랄 만큼 많은 꽃을 피웠다. C, D: 꼭지연잎꿩의다리 역시 예년(C)에 비해 목초액을 뒤집어 쓴 그 다음해(D)에 초세가 눈에 띄게 좋아졌다. E, F: 무늬비비추(E)와 땅비싸리(F)도 목초액을 뒤집어 쓴 다음 왕성하게 성장하고 많은 꽃을 피웠다. 소장자 이재걸.

양이 많아지자 주변의 화분으로 튀어 나갔다. 그래서 주변의 화분이 희석된, 그렇지만 상당히 강한 목초액을 겨우내 받아먹은 셈이 되었다. 화분이 온통 새까맣게 변한데다 봄이 되어도 새잎들이 보이지 않자 필자를 비롯해서 이 화분을 본 사람들은 모두 그 야생화들이 죽었을 것이라고 생각하였다. 그러나 다소 늦게 새잎이 나와 자라기 시작하더니 점차 좋아져 오히려 그 전해보다 훨씬 더 세력이 좋아지게 되었다. 이러한 사실은 목초액을 상당히 진하게 주더라도 식물에 해롭지 않으며 나중에는 오히려 식물의 생육을 촉진하는 효과가 있음을 나타내는 것이다.

(나) 무기질비료

무기질비료는 뿌리가 직접 흡수할 수 있는 형태의 무기질 성분을 화학적 공정을 거쳐 합성한 것으로 **화학비료**라고도 한다. 무기질비료는 질소, 인산, 칼리 등 유효성분의 함량이 높고 일정하며 속효성이라는 장점이 있지만, 과비의 염려가 있고 장기간 사용하면 토양의 산성화를 유발한다는 단점도 있다. 무기질비료로는 기본적으로 원예용 제4종 복합비료를 구비해 두는 것이 좋다. **제4종 복합비료**는 비료의 3요소와 미량원소를 고루 포함하고 있고 액비가 많기 때문에 효과도 좋고 사용하기에도 편리하다. 일반적으로 널리 사용되는 원예용 제4종 복합비료는 하이포넥스(Hyponex)이다. 무기질 액비는 일반적으로 3요소의 비율이 비슷한 것과 인산의 함량이 높은 것으로 각각 하나씩 마련해 놓으면 유용하다.

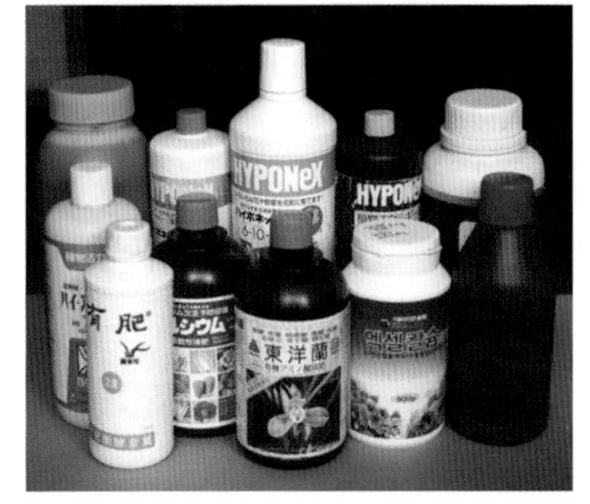

◈ 각종 무기질 및 유기질액비

구비해 둘 필요가 있는 또 한 가지의 무기질비료는 인산의 함량이 높은 고형 복합비료이다. 인산은 개화, 결실에 꼭 필요한 요소이면서 동시에 식물의 초기 생육에도 중요하게 작용하는데 나중에 주는 덧거름의 효과가 적기 때문에 밑거름으로 주는 것이 좋다. 따라서 고형 인산비료를 분갈이 할 때 화분 속에 뿌리와 접촉할 수 있도록 넣어주면 지속적인 효과를 기대할 수 있다. 고형 인산비료로는 마감프-K와 마가모가 널리 쓰인다. 둘 다 인산의 함량이 높은 복합비료로서 인산(40%) 이외에 마그네슘(15%), 질소(6%), 칼리(6%) 등의 다량원소와 기타 미량원소도 포함하고 있다.

보다 전문적인 수준의 비배관리를 원한다면 3요소 중 특정 성분의 함량이 높은 무기질액비 또는 분말 비료를 각각 구비해 놓고 계절별로 상황에 맞게 사용하도록 한다. 이외에도 피복복비와 미량요소비료를 구비하고 있으면 유용하다. **피복복비**는 복합비료를 물이 투과되지 않는 재료로 피복하여 알갱이 형태로 만들어 놓은 것으로 화분 위에 올려두면 물을 줄 때마다 조금씩 스며 나와 서서히 효과를 나타낸다. 피복복비에는 오스모코트(Osmocote)나 뉴트리코트(Neutricote) 등이 있다. **미량원소비료**로는 철분비료인 메네델(menedael)과 아연과 철이 주성분인 아이언나이트(ironite) 등이 있다.

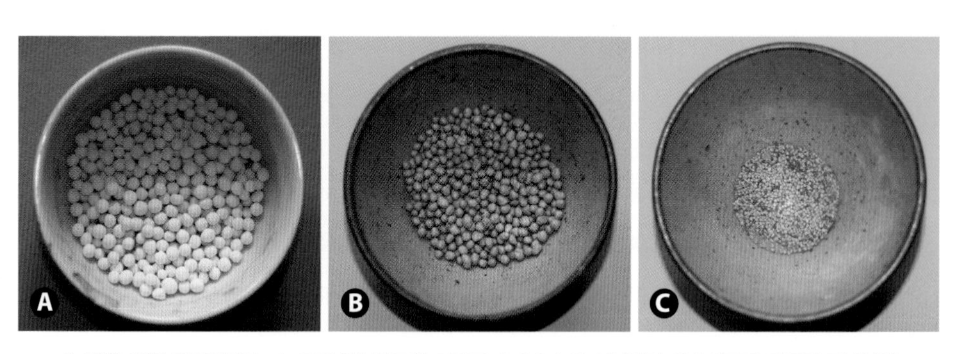

◈ **각종 고형 무기질비료** A. 고형 인산비료인 마가모. B. 3요소의 성분비가 유사하도록 제조된 피복복비 뉴트리코트. C. 고형 미량원소비료 아이언나이트.

4. 시비 관리

베란다에서는 대부분의 경우 햇빛이 모자라기 때문에 식물의 생육이 만족스럽지 못한 경우가 많다. 따라서 충실한 비배관리를 통해 이러한 단점을 커버하도록 노력하는 것이 중요하지만 지나친 시비는 도리어 화를 부를 수 있으므로 식물의 상태를 정확하게 파악하고 적정한 시비를 할 수 있도록 노력해야 한다. 비배관리를 잘하면 확실하게 효과를 나타내는 것들도 있지만 또 비료의 효과가 나타났는지를 잘 알 수 없는 것들도 있기 때문에 적절한 시비 수준을 알기 위해서는 많은 경험이 필요하다. 기본적으로 비료는 분갈이를 할 때 화분 속에 미리 넣어두는 밑거름(基肥)과 차후에 추가하는 덧거름(追肥)으로 구분할 수 있다.

(가) 밑거름

밑거름으로는 비효가 서서히 나타나는 완효성 비료를 사용하는 것이 좋고, 무기질비료와 유기질비료 모두 밑거름으로 쓸 수 있다. 밑거름으로 이용되는 대표적인 무기질비료는 마감프-K, 마가모 같은 고형 인산비료가 있고, 분갈이 때 뿌리와 직접 접촉할 수 있도록 소량을 넣어주면 된다. 깻묵 등으로 만든 거의 모든 고형 유기질비료는 화분 속에 넣으면 불완전한 발효로 인한 가스가 발생하여 특히 혹서기에 식물에게 치명적인 손상을 입힐 가능성이 크므로 밑거름으로는 적합하지 않다. 그러나 퇴비나 부엽 등의 재료는 밑거름으로 사용할 수 있다. 퇴비는 반드시 잘 부숙되어 냄새가 나지 않는 것으로 사용해야 하며 분갈이 시 배양토에 5~10% 정도를 섞어 쓰거나 또는 숟가락으로 화분 속에 몇 군데 작은 무더기를 이루도록 넣어준다. 부엽은 분해되는 과정에서 냄새가 거의 나지 않는 재료이므로 가스 발생의 위험이 상대적으로 적어 밑거름으로 쓸 수 있다. 부엽에 여러 가지 재료를 혼합하여 둥글게 환을 빚어 말려 놓으면 배수를 방해하지 않으면서도 밑거름으로 유용하게 쓸 수 있는데, 필자는 이를 영양볼이라 부르며 즐겨 사용한다. 영양볼 만드는 방법을 다음에 나오는 〈6. 영양볼 만들기〉에서 자세하게 설명하였다.

(나) 덧거름

대개 분갈이는 몇 년에 한 번 실시하고 또 배양토는 양분이 별로 없는 마사토나 화산토를 주로 사용하므로 밑거름만으로는 만족할만한 양분 공급을 해주기 어렵다. 이를 보충하기 위하여 시기별로 또는 식물의 생육 상태에 따라 추가해 주는 것이 덧거름이다. 덧거름은 화분 위에 올려두는 완효성 고형비료인 치비와 속효성 물비료인 액비로 구분할 수 있다.

치비(置肥)로 사용하는 것은 유기질 고형비료(덩이비료) 또는 무기질 피복복비이며 이들은 한 번 올려놓으면 물을 줄 때마다 비료 성분이 서서히 녹아나와 몇 개월간 비효가 지속된다. 유기질 고형비료는 반드시 발효가 잘 되어 냄새가 거의 나지 않는 것을 사용해야 한다. 무기질 피복복비는 비료의 3요소가 고루 들어가 양분의 균형이 잘 잡힌 것을 선택하여 올려두고 비효의 지속 기간을 확인하여 적시에 교환하여 준다. 또 아이언나이트와 같은 미량원소비료는 작은 알갱이 형태로 만들어진 고체비료이므로 치비로 화분 위에 소량을 흩뿌려 놓으면 미량원소 공급에 보탬이 된다.

액비(液肥)는 비료의 효과가 신속하게 나타나므로 계절별로 필요한 성분이 조화롭게 포함된 것을 적절하게 주면 식물의 성장, 개화, 결실에 매우 유용하다. 액비 역시 무기질액비와 유기질액비로 구분할 수 있다. 무기질액비로는 제4종 복합비료가 대표적이며 메네델과 같은 미량원소비료도 액비 형태로 시판된다. 또한 알갱이나 분말로 이루어진 가루비료들은 필요한 만큼 정확한 양을 저울로 계량한 다음 물에 녹여 액비로 사용한다. 유기질액비는 비료의 3요소 외에도 다양한 미량원소를 포함하고 있어 식물 재배에는 가장 이상적인 비료라고 할 수 있다. 유기질액비는 반드시 완전히 발효가 이루어져 냄새가 전혀 나지 않는 것을 사용해야 안전하다.

(다) 비료 주는 법

액비는 진하게 가끔씩 주는 것보다 묽게 자주 주는 것이 훨씬 효과적이다. 비료를 너무 진하게 주면 농도장해를 일으켜 오히려 식물에 해롭다. 일반적으로 무기질액비는 포장에 기재된 사용법을 참고하되 보편적으로 1:1,000으로 희석하여 주는 것을 원칙으로 한다. 분말로 된 비료를 1:1,000의 비율로 물에 녹여 사용할 때는 비료의 무게(g)와 물의 용적(ml) 비가 1:1,000이 되도록 희석하여 사용한다. 즉, 10g의 비료를 물 10,000ml(10리터)에 녹여 사용하면 1:1,000이 된다. 분말 비료를 사용할 때는 매번 무게를 재는 것이 귀찮아 자주 안 주게 되는 경향이 있으므로 적당한 무게의 소포장으로 미리 나누어 두었다가 하나씩 꺼내 쓰면 편리하다. 유기질액비는 보통 엷은 보리차 또는 맥주 색깔이 나도록 희석하여 사용하면 문제가 없으니 미리 그런 희석 비율을 파악해 두도록 한다.

사용하는 액비의 종류가 많은 경우에는 서로 다른 두 종류의 액비를 혼합하여 시비하면 수고를 덜 수 있다. 보통 유기질액비와 무기질액비를 각각 하나씩 혼합하여 주는 것이 좋다. 비료를 혼합하면 용질의 농도가 올라가므로 혼합하는 비율에 맞추어 더 묽게 희석해야 한다. 예를 들면 따로 쓸 때 1:1,000으로 사용하는 비료 두 종류를 섞어 사용할 때는 각 비료를 1:2,000으로 섞어야 혼합액 용질의 최종 희석 비율이 1:1,000이 된다.

두 종류의 비료를 섞었을 때 침전물이 생기면 특정 화학반응이 일어나 불용성 물질을 형성한 것이므로 그런 조합은 피해야 한다. 특히 목초액을 유기질액비와 섞으면 불용성 침전물이 빠른 속도로 생겨나는 경우가 많다. 그러므로 목초액은 다른 비료와 섞지 말고 따로 주는 것이 좋다. 또 두 종류의 비료를 섞었을 때 처음에는 침전물이 생기지 않는 것처럼 보이지만 시간이 흐르면서 나중에 침전물이 생기는 경우도 자주 있다. 그러므로 두 종류의 비료를 섞어서 줄 때에는 미리 섞어두지 말고 사용하기 직전에 섞는 것이 좋다.

식물은 종류에 따라 비료의 요구량이 다르다. 그렇다고 해서 액비를 줄 때 화분마다 달리 주기도 어렵다. 그러므로 액비는 똑같이 주되 비료의 요구도가 높은 다비식물(많은 꽃을 피우는 식물이나 양지식물)에는 밑거름과 화분 위에 올려두는 치비를 넉넉하게 준다. 그리고 치비는 유효 기간이 경과하면 제 때에 잘 교환해 주도록 한다.

비료를 주는 일은 매번 계량을 하고 농도를 맞춰 물뿌리개로 뿌려주어야 하는 번거로운 일이므로 열의가 없으면 비료가 많아도 사실상 별로 자주 주지 않게 된다. 그러므로 계절별로 비료의 종류, 비료의 조합, 시비 빈도 등에 대한 상세한 계획을 미리 세우고 여기에 맞춰 시비를 진행하려고 노력하는 것이 좋다. 시비에 대한 기록을 남겨 이를 각 식물들의 생육 및 개화 상태의 변화와 연관시켜 보면 시비의 효과를 효율적으로 판단할 수 있다. 이는 또 차후의 시비 계획을 수립하는 데 있어서도 유용한 자료가 된다.

(라) 계절별 시비법

겨울의 휴면기를 제외하면 식물의 생활환은 잎, 줄기, 뿌리 등 영양기관이 생장하는 영양생장기와 내년의 새로운 개체로 자라날 겨울눈(冬芽, 동아)이 만들어지고 꽃눈형성이 일어나는 생식생장기로 대별된다. 식물마다 생활환이 조금씩 다르긴 하지만 대체로 봄에는 영양생장이, 여름~가을에는 주로 생식생장이 일어난다. 식물은 생활환에 따라 필요로 하는 양분이 다르므로 계절에 따라 비료의 요구도도 달라진다. 일반적인 시비의 원칙은 영양생장기인 봄에는 주로 질소 성분이 많은 것을, 생식생장기인 가을에는 주로 인산과 칼리의 함량이 높은 비료를 주는 것이다. 7~8월의 혹서기와 겨울의 혹한기에는 비료를 주지 않는다. 자세한 것은 뒤에 나오는 〈바. 베란다 야생화의 계절별 관리법〉을 참고하라.

5. 유기질액비 만들기

식물의 건실한 성장을 도모하고 배양토의 이화학적 성질을 양호하게 유지하기 위해서는 무기질비료보다는 유기질비료를 주는 것이 좋다. 특히 양질의 유기질액비는 다루기 편리하고 벌레를 불러들이지도 않으며 비효가 신속하게 나타나므로 매력적인 비료이지만 품질, 가격, 냄새 등에서 만족할만한 것을 찾기가 몹시 어려운 것이 현실이다. 만약 질 좋은 유기질액비를 저렴하게 구할 수 없다면 직접 만들어 볼 수도 있다. 약간의 불편을 감수한다면 베란다를 포함하여 가정에서도 제법 질이 좋은 유기질액비를 만들 수 있다. 쉽게 구입할 수 있는 고형 유기질비료를 이용하여 유기질액비를 만드는 과정을 다음에 소개한다.

(가) 유기물의 분해 과정: 부패와 발효

냄새가 나지 않는 유기질액비를 만드는 방법은 사실 그렇게 복잡하지 않다. 유박(깻묵) 덩이를 물에 담가 비료 성분을 우려내고, 냄새를 없애기 위하여 기포발생기로 공기를 주입하면 되는 것이다. 유박을 물에 담그면 보통 부패균에 의해 유기물이 부패하면서 불완전하게 분해되며, 이 과정에서 각종 아민, 황화수소, 메탄 등 악취를 풍기는 가스가 발생하므로 고약한 냄새가 난다. 유기물이 불완전하게 분해되어 있는 이런 냄새나는 액비를 식물에 주면 화분 속에서 유기물의 분해가 마저 진행되면서 유독한 가스가 발생하여 식물에 치명적인 가스장해를 일으킬 가능성이 높다. 더욱이 베란다에서 이런 비료를 주면 냄새가 바로 집안으로 스며들어오기 때문에 도저히 사용할 수가 없다.

부패균은 대부분이 혐기성 세균, 즉 산소가 없는 환경에서 생존하는 세균이기 때문에 부패를 방지하기 위해서는 공기를 충분히 공급해 주어야 한다. 공기를 공급해 주면 부패균의 활성이 감소하는 반면 산소를 좋아하는 호기성 세균의 활성이 높아지면서 이들에 의해 호기성 발효가 일어나 유기물의 분해가 진행된다. 이때도 이산화탄소와 같은 가스가 발생하긴 하지만 악취가 나는 가스 성분은 그다지 발생하지 않으므로 역한 냄새는 별로 나지 않는다.

(나) 냄새 없는 유기질액비 만드는 방법

물에 유박을 넣고 처음부터 기포발생기를 가동하여 공기를 주입하면 기포가 너무 많이 발생하여 하룻밤 사이에 물의 대부분이 거품이 되어 넘쳐흘러 버린다. 이것은 아마도 유기물의 분해가 전혀 이루어지지 않은 상태에서 공기가 투입되어 호기성 발효가 격렬하게 일어나기 때문으로 추정된다. 물이 거품이 되어 넘쳐나는 것을 방지하기 위해서는 공기를 주입하기 전에 미리 어느 정도 분해를 진행시켜 두는 것이 좋다. 이 과정에서 유용미생물균(**Effective Microorganisms**; **EM**)을 이용하면 도움이 된다. EM은 방선균, 광합성세균, 유산균, 효모, 누룩균 등 동식물 및 토양에 유익한 미생물 80여 종을 모아 배양한 것으로 자연 및 유기농업과 토양 개량에 사용하기 위하여 개발된 것이다. 또한

EM은 토양 중에 원래 존재하는 유용한 미생물을 활성화시키고 다른 미생물들의 작용도 유익한 방향으로 일어나도록 유도한다고 알려져 있다.

EM을 이용하여 액비를 만들기 위해서는 우선 물과 유박을 넣은 통에 EM 용액을 넣고 1개월간 방치하면서 1차 발효를 시킨다. EM에 포함된 유용미생물은 호기성 발효와 혐기성 발효에 모두 관여할 수 있는데, 이 경우에는 공기를 주입하지 않으므로 부패와 동시에 혐기성 발효가 일어날 것으로 생각된다. 부패는 주로 단백질을 분해하는 과정이고 그 과정에서 바람직하지 않은 부산물이 나와 악취가 나고 때로는 유독한 산물이 생성되지만, 발효는 주로 탄수화물(당분)을 분해하는 과정이며 그 결과 동식물에게 이로운 산물이 만들어진다. 부패가 같이 일어나므로 당연히 고약한 냄새가 발생한다.

이어서 2차 발효를 위해 EM을 다시 넣고 기포발생기를 한 달간 가동하여 공기를 주입한다. 따라서 2차 발효에서는 호기성 세균이 활성화되면서 호기성 발효가 부패와 더불어 진행된다. 이때는 이미 1차 발효 과정을 거친 다음이라 양동이에서 흘러넘치는 격렬한 기포 발생은 일어나지 않는다. 2차 발효 후 기포발생기를 제거하고 5개월간 뚜껑을 덮어 보관하면서 비료 성분을 우려낸다.

그 후 찌꺼기를 거르고 기포발생기를 지속적으로 투입하여 최종 발효를 진행한다. 기포와 냄새가 완전히 사라지기까지는 2~3개월 정도의 기간이 소요된다. 이렇게 냄새가 완전히 사라진 액비는 유기물의 분해가 거의 완전하게 일어나 안전하며 비료에 가장 민감한 난초류에 주어도 아무런 문제가 없다.

만일 이러한 과정을 베란다에서 진행한다면 냄새와 기포발생기의 소음이 이웃에게 불편을 초래할 수도 있다는 점을 유념하고 피해를 주지 않도록 주의를 기울여야 한다. 이 모든 과정을 직접 다 하는 것이 어렵다면 냄새는 나지만 충분히 농도가 높은 저렴한 유기질액비를 구입하여 EM과 기포발생기로 발효를 시키면 시간을 절약하고 수고를 덜 수 있다.

① 유박 2리터를 양파자루에 넣고 입구를 단단히 묶는다.

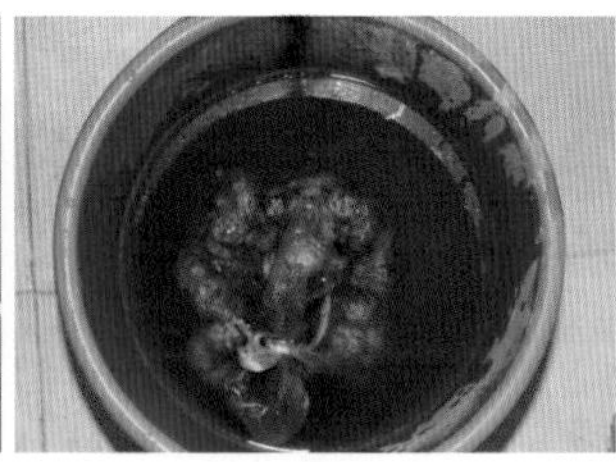

② 유박 자루를 양동이에 넣고 물 10리터를 투입한다.

③ 유용미생물군(EM) 용액 1리터를 넣고 한 달간 방치하면서 1차 발효를 시킨다.

④ 한 달 후 표면에 검은 막이 생긴다.

⑤ 휘저어보면 심한 냄새가 올라오고 속의 액체는 아직 짙은 갈색이다.

⑥ 2차 발효를 위해 EM 용액 1리터를 넣어준다.

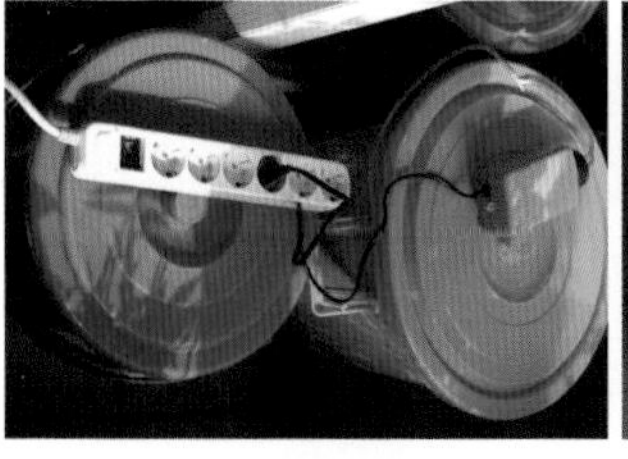

⑦ 기포발생기로 공기를 주입하면서 한 달간 2차 발효를 진행시킨다.

⑧ 2차 발효 후 5개월간 비료성분을 우려낸다. 한 달 후 EM에 의해 표면에 하얀 막이 형성된다.

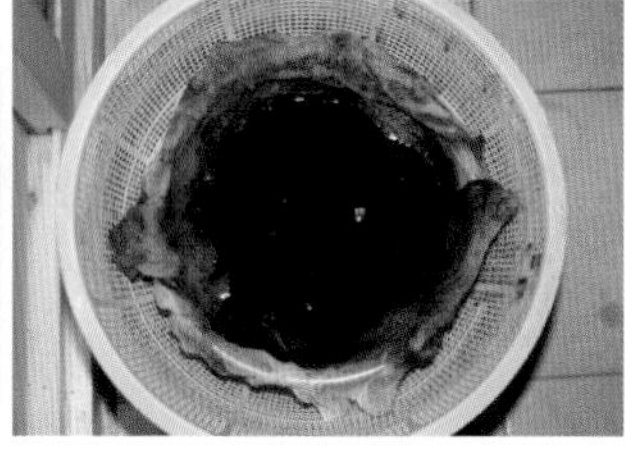

⑨ 유박을 꺼내고 액비를 거즈로 걸러 찌꺼기를 제거한다. 액비의 농도가 높아져 검은색으로 변하였다.

⑩ 다시 기포발생기를 2~3개월간 계속 가동하면 거품이 더 이상 쌓이지 않고 냄새가 완전히 사라진다.

⑪ 완성된 유기질액비(오른쪽)와 사용 시의 농도(왼쪽). 엷은 보리차 색깔이 나도록 희석하여 사용한다.

6. 영양볼 만들기

(가) 부엽

대부분의 고형 유기질비료는 가스장해의 위험이 있어 밑거름으로 사용하기 곤란하지만 부엽은 분해 과정에서 냄새와 가스가 거의 발생하지 않아 상대적으로 안전하며 밑거름의 재료로 이용할 수 있다. 부엽은 낙엽이 적당하게 분해된 것을 일컫는데 비료용으로 쓰기 위해서는 참나무, 밤나무, 떡갈나무, 도토리나무 등 활엽수의 낙엽으로 만들어진 부엽이 적당하다. 활엽수의 부엽은 가볍고 비료 성분이 풍부하며 다공질이라 통기성과 배수성이 좋다. 또한 약알칼리성이라 산성 토양의 산도를 개량하고 토양미생물의 활동을 활발하게 해 주어 토양의 물리적, 이화학적 성질을 개선해 주는 효과가 있다. 소나무와 같은 침엽수의 낙엽은 상당히 강한 산성을 띠고 다른 식물의 발근을 억제하는 테레핀유를 포함하고 있으므로 일반적으로는 비료의 재료로 적합하지 않다고 볼 수 있다. 그러나 침엽수 부엽으로 만든 영양볼도 산성 토양을 좋아하는 일부 난과 식물에 대해서는 효과가 있을 것으로 생각한다.

(나) 영양볼

가루 상태의 퇴비나 부엽을 밑거름으로 직접 넣으면 영양 상태가 양호해지므로 뿌리의 발육이 왕성해져 처음에는 식물의 생육이 좋아진다. 하지만 곧 화분이 뿌리로 가득 차게 되므로 통기성과 배수성이 급속히 나빠져 나중에는 오히려 발육이 불량해지게 된다. 이러한 단점을 보완하기 위해서는 통기성과 배수성을 해치지 않도록 밑거름으로 쓰이는 재료를 경단처럼 덩어리로 만들어 넣어 줄 필요가 있다. 아래에 부엽을 주재료로 하여 밑거름으로 쓸 수 있는 고형 덩이비료를 만드는 법을 소개하였으며, 앞으로 이것을 **영양볼**이라 부르기로 한다.

(다) 영양볼 만드는 방법

활엽수의 부엽은 야산의 어느 곳에서나 쉽게 만날 수 있는데 계곡과 접하고 있는 경사면에 쌓여 있는 부엽이 채취하기 수월하다. 낙엽이 두껍게 쌓여 있는 부분을 파헤쳐보면 그 깊은 곳에 분해가 한창 진행되고 있는 부엽이 존재한다. 이러한 부엽을 집어 냄새를 맡아보면 특유의 기분 좋은 흙냄새만 날 뿐 고약한 냄새는 전혀 나지 않는다. 이러한 부엽을 채취하여 이물질을 제거하고 체를 이용하여 잘게 부순 다음 믹서기로 갈아 더욱 잘게 분쇄해 준다.

이렇게 잘게 분쇄한 부엽 분말에 다른 재료를 혼합하여 영양볼을 만든다. 보통 부엽 분말 50%, 원예용 퇴비 30%, 피트모스 10%, 혼합생명토 10%의 비율로 섞는다. 원예용 퇴비는 비효를 증진시키기 위하여 넣으며 반드시 냄새가 나지 않는 것을 써야 한다. 피트모스는 영양볼의 pH 조절과 경단의 경도 유지를 위해 넣는다. 일반적으로 활엽수의 낙엽으로 이루어진 부엽은 알칼리성을 띠는 것으로 알려져 있으므로 산성을 띠는 피트모스를 혼합하면 이를 중화시키는 효과가 있다. 또 피트모스는 일단 굳으면 상당히 딱딱해지므로 나중에 영양볼 경단을 만들면 쉽게 부서지지 않아 통기성과 배수성을 높이는데 도움이 된다. 혼합 생명토는 그 점성으로 인하여 재료들을 결속시켜 경단으로 빚을 수 있도록 해주며, 아울러 피트모스와 함께 영양볼 경단이 일단 굳으면 쉽게 부서지지 않도록 해준다.

상당량의 퇴비를 넣었기 때문에 숙성 과정에서 약간의 냄새가 발생할 수 있다. 특히 수분이 많은 상태로 보관하면 냄새가 더 심해진다. 그러므로 가급적 안전한 영양볼을 만들기 위해서는 배합한 재료들에 EM 용액을 넣어 2~3개월 정도 발효를 시키는 것이 좋다. EM을 투입하면 2~3주 후에 방선균을 비롯한 유용미생물에 의해 재료의 표면에 하얀 막이 형성되는데 이것으로 발효가 잘 진행되고 있음을 알 수 있다. 수분이 너무 많지 않은 상태로 플라스틱 채반과 같은 것에 담아 공기가 잘 통하도록 하여 발효, 숙성시키면 더 좋다.

2~3개월의 발효 과정이 끝나면 작은 밤톨 크기로 둥글게 경단을 만들어 바짝 건조시키는데, 실외에서는 햇볕과 바람이 좋으면 2~3일이면 충분하다.

① 낙엽 층의 깊은 곳에는 한창 분해가 진행 중인 부엽이 존재한다.

② 부엽을 채취해 온다. 하얀 거미줄처럼 보이는 것은 유익한 방선균이다.

③ 부엽을 쳇눈 지름 1cm인 쳇불에 대고 문질러 작은 크기로 분쇄한다.

④ 일차 분쇄한 부엽을 믹서기로 더 잘게 갈아준다.

⑤ 잘게 분쇄한 부엽 분말의 부피(50%)를 측정한다.

⑥ 원예용 퇴비의 부피(30%)를 측정한다.

⑦ 피트모스(pH 5.0)의 부피(10%)를 측정한다.

⑧ 모든 재료들을 혼합 용기에 넣는다.

⑨ 믹서기에 사용했던 물을 붓고 골고루 버무린다.

⑩ 1차 발효를 위해 EM 용액을 넣는다.

⑪ 1개월간 1차 발효를 시킨다. 2~3주가 지나면 표면에 하얀 막이 형성된다.

⑫ 혼합생명토를 최종 부피의 10%가 되도록 섞는다.

⑬ 다시 EM을 넣고 총 3개월간 2차 발효를 시킨다.

⑭ EM을 섞고 처음 1개월간은 양동이에 보관한다.

⑮ 2차 발효 시작 2주 후에 산도를 측정하였더니 pH 7.69였다.

⑯ 나중 2개월간의 2차 발효는 플라스틱 체반에서 진행한다.

⑰ 그 동안 체반 밑에 받친 용기에 검은색 액체가 고인다.

⑱ 발효가 끝나면 밑에 고인 액체를 재료에 넣고 반죽한다.

⑲ 작은 밤톨 크기로 경단을 빚는다.

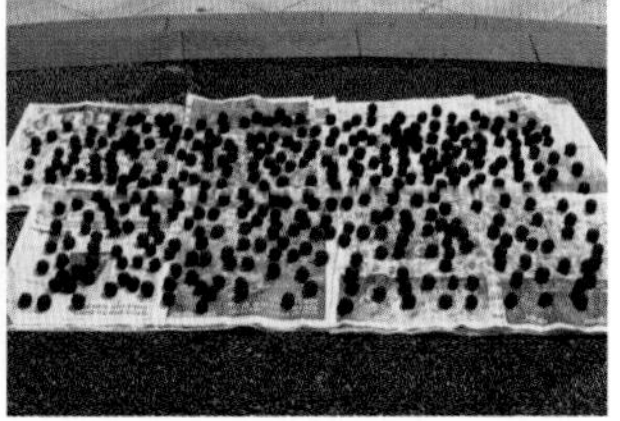

⑳ 신문지 위에 경단을 널어 실외에서 말린다.

㉑ 완전히 건조시킨 영양볼.

불완전하게 건조되면 보관 중 곰팡이가 생길 수도 있으므로 완전하게 건조시키는 것이 중요하다. 완전히 건조시킨 영양볼은 플라스틱 용기나 비닐 봉투 등에 담아 보관한다.

이렇게 만들어진 영양볼은 부엽이 주재료이기 때문에 가벼울 뿐 아니라 오랫동안 부서지지 않고 경단의 형태를 유지하고 있으므로 화분의 통기성과 배수성을 해치지 않는다. 또한 완효성으로 과비의 위험이 없고 비효가 오랫동안 지속된다. 일단 한 번 완전히 건조시킨 영양볼은 여러 해 동안 두고두고 사용할 수 있다.

7. 잿물 만들기

(가) 잿물의 특성과 효능

잿물은 가을에 인산과 특히 칼륨을 보충해 주기 위하여 주는 비료이다. 또한 잿물은 알칼리성을 띠고 있으므로 화분의 산성화된 배양토를 중화시키는 효과도 있다. 초목의 칼륨은 연소되는 과정에서 열에 의해 산화칼륨(K_2O)으로, 또는 이산화탄소와 결합하여 탄산칼륨(K_2CO_3)으로 변환된다. 따라서 칼륨은 재에서 산화칼륨이나 탄산칼륨의 형태로 존재하며 그 함량은 재의 5~7%에 달한다. 산화칼륨과 탄산칼륨은 모두 수용성이라 물에 잘 녹으며 물과 반응하여 수산화이온(OH^-)을 생성하므로 잿물이 알칼리성을 띠게 된다. 또한 재에는 산화칼슘(CaO)이 2~5%, 인산이 2~3% 정도 포함되어 있고 그 외에도 다양한 성분이 포함되어 있다.

(나) 잿물 만들기에 필요한 재의 조건

잿물을 만드는 용도로 쓰이는 재는 불완전 연소되어 검은색을 띤 것이 좋으며, 완전 연소되어 희거나 밝은 회색빛이 나는 재가 많이 포함된 것은 별로 좋지 않다. 왜냐하면 재료가 너무 고온에서 타면 칼륨(K)이 규소(Si)와 결합하여 물에 녹지 않는 불용성 규산칼륨(K_2SiO_3)을 형성하여 잿물의 비효를 떨어뜨리기 때문이다.

도시에서는 재를 구하는 것이 쉽지 않지만 그래도 도시 근교의 숯 공장에 가면 참나무의 나뭇재를 구할 수 있다. 숯 공장에서는 나뭇재 외에도 상품으로 판매하기 어려운 숯 부스러기 따위를 농토 개량용으로 저렴하게 판매하기도 하고, 또 숯을 재단하면서 나온 숯가루도 판매한다. 이들은 불완전하게 연소된 것들이라 나뭇재에 섞어 쓰면 좋은 효과를 기대할 수 있다. 또한 볏짚, 왕겨, 콩깍지 등 농작물을 태운 검은 재도 잿물 만들기에 좋은 재료이다. 석유나 다른 공업용 기름과 같이 유독한 성분이 포함된 나무로 만든 재는 식물에 해로울 수 있으니 재를 구할 때 원재료에 주의를 기울여야 한다.

(다) 잿물 만드는 방법

숯 공장에서 구한 참나무 재를 이용한 잿물 제조 및 이용법을 아래에 예시하였다. 잿물을 만들기 위해 우선 물에 재를 섞는데 이때 재의 양이 물의 1/40이 되도록 한다. 예를 들면 물 10리터에 재 250ml의 비율로 섞는다. 더욱 강한 잿물을 원한다면 재의 양을 더 늘려도 된다. 재를 물에 탈 때는 양동이에 물을 가득 채우고 뚜껑을 닫아 잿물이 공기와 접촉하지 못하도록 하는 것이 좋다. 왜냐하면 잿물이 공기와 접촉하면 산화되어 pH가 떨어진다고 알려져 있기 때문이다. 이틀 정도 지나면 대부분의 재는 바닥에 가라앉고 일부 가벼운 것들만 떠 있게 되므로 필요할 때 이런 부유물을 걸러 제거하고 맑은 윗물만을 따로 모아 사용한다. 윗물을 사용한 다음 바닥에 가라앉아 있는 재에 다시 물을 부어 2차 잿물을 만들어 일정 기간 후에 사용하고, 또다시 물을 부어 3차 잿물을 만들어 사용해도 된다. 사용 시에는 원액을 그대로 사용해도 되고 잿물:물=1:2 정도로 희석하여 주어도 된다.

(라) 시간 경과에 따른 잿물의 산도 변화

시간이 지남에 따라 잿물의 산도가 어떻게 변하는지를 알아보기 위하여 이렇게 만든 잿물의 pH를 측정하여 보았다. 시료는 3차에 걸쳐 채취하였다. 1차 시료로는 250ml의 재를 10리터의 물에 섞고 즉시 채취한 것을 사용하였다. 2차 시료로는 1차 시료를 채취했던 잿물(1차 잿물)을 2일 후에 윗물을 걷어 사용한 다음 바닥에 가라앉은 재에 다시 물을 부어준 지 하루 후에 채취한 것을 사용하였다. 3차 시료로는 2차 시료를 채취했던 잿물(2차 잿물)을 2일 후에 같은 방법으로 사용한 다음 다시 물을 가득 부은 지 하루 후에 채취한 것을 사용하였다. 모든 시료를 채취할 때는 잘 휘저어 재도 같이 포함되도록 하였다. 모든 시료는 채취일로부터 2주간 그 표면이 공기에 노출되도록 보관하면서 pH를 9회(시료 채취 후 1, 2, 3, 4, 5, 6, 7, 10 및 14일째)에 걸쳐 측정하였다.

① 참나무 재 250ml를 측정한다.

② 10리터 양동이에 재 250ml를 넣고 물을 가득 채운다. 이것이 1차 시료이다.

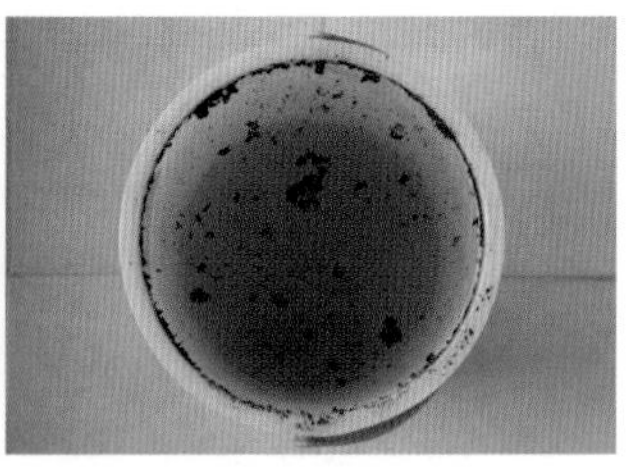

③ 이틀이 지나면 대부분의 재가 바닥에 가라앉는다.

④ 물 위에 떠 있는 것들을 스타킹 혹은 천을 이용하여 걸러준다.

⑤ 부유물을 제거한 상태. 이 맑은 웃물을 별도의 양동이에 옮겨 담는다.

⑥ 맑은 잿물만을 모아 그대로 혹은 더 희석하여 사용한다.

⑦ 가라앉은 재에 다시 물을 가득 붓고 뚜껑을 닫아 둔다. 하루가 지난 후 이것을 잘 휘저어 재와 함께 채취한 것이 2차 시료이다. 1~2주 후 이 2차 잿물의 웃물을 수거하여 그대로 혹은 희석하여 사용한다.

1차 시료의 pH는 2일째에 10.4로 가장 높았으며 시간이 흐름에 따라 급격히 떨어져 14일째에는 6.9까지 내려갔다. 이 같은 결과는 맨 처음 우려낸 1차 잿물은 공기와의 접촉에 민감하게 반응하여 급격하게 pH가 떨어짐을 나타낸다. 이와는 대조적으로 2차 시료의 pH는 2주 내내 9.7~10.2의 범위에 있었고 시간이 흘러도 pH가 감소하지 않았다. 3차 시료의 pH는 2일째에 9.4였으며 시간이 흐름에 따라 서서히 감소하여 7일째에 8.5, 14일째에는 8.2까지 내려갔다. 이것으로 보아 두 번째 및 세 번째로 우려낸 2차 및 3차 잿물은 1차 잿물처럼 공기와의 접촉에 그다지 민감하지 않으며 2주 동안 pH가 비교적 높게 유지됨을 알 수 있었다. 특히 2차 잿물은 pH가 2주 내내 높게 유지되어 pH가 가장 안정적인 상태의 잿물이라고 생각되었다.

이렇게 1~3차 잿물 원액의 pH 변화가 차이를 보이는 이유는 명확하게 알 수 없었다. 다만 잿물에는 산화칼륨과 탄산칼륨 외에도 pH에 영향을 미칠 수 있는 다양한 금속이온 및 음이온 성분이 포함되어 있는데 아마도 이런 성분의 용해도 차이에 따라 시기별로 잿물의 화학적 조성이 약간씩 달라져 상이한 화학반응이 일어났기 때문이라 추정되었다.

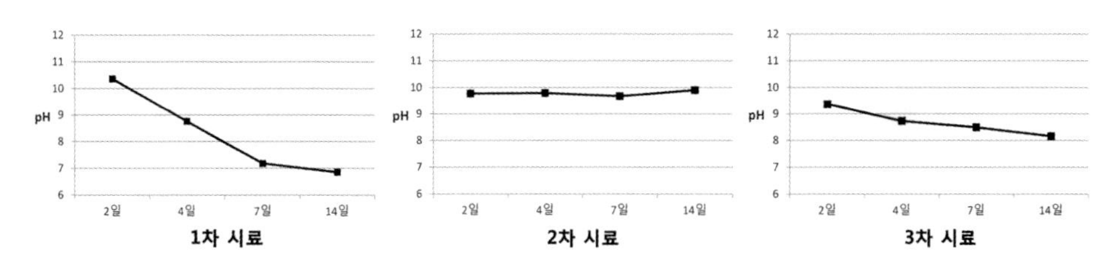

◈ 시간 경과에 따른 잿물의 pH 변화

(마) 잿물 주는 방법

이러한 측정 결과를 다음과 같이 실제 비배관리에 적용시켜 볼 수 있다. 우선 잿물은 공기와의 접촉에 민감하여 시간이 흐름에 따라 pH가 떨어지는데 이러한 현상은 1차 잿물에서 특히 현저하다. 따라서 잿물을 만드는 과정에서 반드시 물을 가득 채우고 양동이의 뚜껑을 닫아 공기와 접촉하지 않도록 조치한다. 1차 잿물은 2일째에 pH가 가장 높고 시간의 흐름에 따라 pH가 급격히 감소하므로 가급적 빨리 사용하되 되도록 2일째에 사용한다. 2차 및 3차 잿물은 시간 경과에 따른 pH의 변화가 별로 없거나 서서히 떨어지므로 그전 잿물을 준 후 적당한 간격(1~2주)을 두고 사용한다. 잿물은 물로 더 희석하여 주어도 무방하다. 잿물:물=1:2로 희석하면 잿물마다 차이가 있긴 하지만 대체로 pH 1 정도 감소하는 경향을 보인다.

이렇게 3차 잿물까지 우려내어 사용한 재는 굳이 버릴 필요가 없고, 이 재에다 새로운 재를 추가하여 새로운 잿물을 1차~3차에 걸쳐 다시 만든다. 사용한 재를 버리지 말고 계속 새로운 재를 추가하는 방식으로 가을 동안 잿물을 반복적으로 만들어 사용한다. 겨울이 되어 잿물을 줄 필요가 없어지면 그때 한꺼번에 버리도록 한다.

잿물이 알칼리성을 띠는 주된 이유는 산화칼륨과 탄산칼륨이 분해되면서 생긴 산소이온(O_2^-)과 탄산이온(CO_3^{2-})이 물과 반응하여 수산화이온(OH^-)을 형성하기 때문이며 칼륨이온 자체는 잿물의 pH 변화와 직접적인 관계는 없다. 그러므로 잿물의 pH가 떨어졌다고 해서 칼륨의 농도가 떨어졌다고는 보기 어렵다. 산화칼륨과 탄산칼륨은 물에 잘 녹는 수용성이므로 칼륨의 농도는 일반적으로 신선한 재를 오래 우려낼수록 높다고 볼 수 있다. 그러므로 pH는 개의치 않고 칼륨 공급원으로서 잿물을 사용한다면 오랫동안 우려낸 1차 잿물이 가장 비효가 높을 것으로 생각된다.

만일 높은 농도의 칼륨비료를 얻고자 하는 목적으로 플라스틱 양동이에 다량의 재와 함께 물을 넣고 수개월이 넘도록 오래 보관하면 각종 물질이 녹아나와 농축되고 종래에는 플라스틱 양동이마저 녹여버리면서 고약한 냄새를 풍기게 된다. 그러므로 고농도의 잿물을 만들기 위해 플라스틱 용기에 다량의 재를 넣고 물을 부어 수개월 이상 오래 보관하는 것은 피해야 한다.

바. 베란다 야생화의 계절별 관리법

베란다에서 야생화를 성공적으로 키우기 위해서는 베란다라는 독특한 환경이 식물에 미치는 영향을 잘 이해해야 한다. 아울러 자신이 배양하고 있는 식물의 생태적인 특성을 잘 파악하고 그 특성에 맞도록 계절별로 베란다의 환경을 조절하고, 또 햇빛, 물, 바람, 양분 등의 제반 조건을 식물의 요구에 맞도록 계절별로 적절하게 관리해 주는 것이 필요하다.

1. 봄 관리법

(가) 옮겨심기

겨우내 창문을 모두 닫고 지낸 베란다에서는 2월에 접어들면 화분 속에서 새순들이 움직이기 시작하여 빠른 것들은 2월 중순이면 벌써 머리를 내밀기 시작한다. 그러나 아직 바깥에는 매서운 추위가 이어지고 있으므로 창문 바로 앞에 놓인 화분들은 얼지 않도록 조심해야 한다. 분갈이가 필요한 화분들은 2월 중순부터 분갈이를 시작할 수 있다. 이른 봄에 꽃이 피는 것들은 꽃이 피기를 기다렸다가 꽃이 진 후에 분갈이를 시행하는 것이 좋다. 다른 봄꽃들은 이른 봄 또는 꽃이 진 다음에 옮겨 심는다. 여름·가을에 꽃이 피는 종류들도 봄에 옮겨 심는 것이 좋다.

(나) 온도 관리와 창문 개방

3월에 접어들어 야간에도 영상의 기온을 유지하게 되면 적절한 시점에 베란다의 외부 창을 모두 개방한다. 그러나 꽃샘추위가 늦게 찾아오기도 하므로 초봄에는 일기예보에 귀를 기울여 밤에 기온이 영하로 내려가는 날에는 창문을 닫는 것을 잊지 말아야 한다. 초봄에는 아직 온도가 생육적온보다 낮은 날이 많으므로 가뜩이나 햇빛이 부족한 베란다에서는 광합성량이 부족하다. 만일 광합성량을 올리고 싶으면 낮에는 외부 창을 닫아 온도를 높이고, 밤에는 창을 열어 호흡률을 떨어뜨려 양분의 소모를 줄이도록 관리한다. 주야로 창문을 여닫는 것이 귀찮으면 베란다의 외부 창을 개방하는 시기를, 예를 들면 3월 하순쯤으로, 다소 늦춘다. 다만 그럴 경우 너무 웃자랄 수 있으므로 이를 경계한다.

(다) 물주기

아직 추위가 남아 있어 베란다 창문을 열지 못하는 이른 봄에는 1주일에 1~2회 정도 물을 주면 충분하다. 외기의 온도가 충분히 올라 바깥쪽 창문을 모두 개방하게 되면 처음엔 2~3일에 1회 정도로 물을 주다가 5월에 접어들어 점차 기온이 오르면 1~2일에 1회 물을 준다. 봄에는 대체로 아침 일찍 물주기를 하는 것이 무난하지만 낮의 기온이 크게 상승하는 4월 중순~5월 초순부터는 저녁에 물을 주는 것이 좋다.

(라) 비료주기

새싹이 움직이는 3월 초순~중순부터는 비료도 주기 시작한다. 봄에는 질소 성분이 많은 복합비료를 위주로 시비하되 너무 웃자람이 심하여 질소가 많은 비료를 주는 것이 부담이 되면 3요소의 성분 비율이 비슷한 복합비료를 주로 사용한다. 질소에 비해 칼륨이 모자라면 문제가 생길 수도 있으니 칼리 함량이 높은 비료도 매달 1회 정도 주는 것이 좋다. 아울러 이따금씩 인산 성분이 높은 복합비료를 시비하면 식물의 초기 발육과 여름·가을꽃의 화아(꽃눈) 성숙에 도움을 줄 수 있다. 가급적 유기질액비도 주는 것이 좋으며 무기질 복합비료와 번갈아 사용하든지 아니면 같이 섞어서 사용하면 효과적인 비배관리를 할 수 있다. 또한 유기질 고형비료나 무기질 피복복비를 치비로 얹어두면 시비의 횟수를 줄일 수 있다. 이외에도 목초액, 칼슘비료, 철분비료 등이 있으면 간혹 섞어준다. 다른 비료 대신 목초액을 자주 주는 것도 좋은 대안이다.

비료를 주는 횟수는 기온이 오르기 전에는 1~2주에 1회 정도로 하고, 기온이 올라 주간의 온도가 생육적온 내에 들어오면 매주 1~2회 또는 그 이상의 빈도로 엷은 액비를 시비한다. 비료는 묽게 자주 주는 것이 진하게 가끔 주는 것보다 더 효과적이다. 그러므로 더 자주 주고 싶으면 농도를 더 묽게 하여 준다. 그러나 지나친 시비는 안 주느니만 못하니 항상 과비가 되지 않도록 조심하는 것이 좋다.

2. 여름 관리법

(가) 옮겨심기

6월에는 낮의 온도가 많이 올라가지만 아직 아침, 저녁으로는 선선한 날이 많으니 5월과 비슷하게 관리한다. 봄에 분갈이를 하지 못한 것 또는 새로이 구한 식물의 옮겨심기는 6월 중으로 마치도록 하되 가급적 여름철의 옮겨심기는 피하는 것이 좋다. 특히 7, 8월의 혹서기에는 절대 옮겨심기를 해서는 안 된다.

(나) 온도 및 통풍 관리

6월 중순 이후로 7월 중순까지는 장마가 이어지는데 이때는 무덥고 습하므로 특히 과습하지 않도록 통풍 관리에 만전을 기한다. 장마가 끝나면 본격적인 여름 혹서기에 접어들면서 고온이 지속되고 밤에도 온도가 떨어지지 않는 열대야가 자주 발생한다. 이때는 가능한 한 온도를 낮추어 주는 쪽으로 초점을 맞추어 관리한다.

여름에 접어들어 기온이 30℃가 넘는 날이 많아지면 생성되는 양분은 급감하는 대신 소모되는 양분은 크게 증가하므로 식물이 쉽게 허약해진다. 더욱이 실외에 비해 봄에 활동을 더 일찍 개시한 베란다의 식물들은 노화현상이 실외보다 빨리 시작되는 경향이 있는데 여름의 고온은 노화를 촉진하는 주요 인자로 작용한다. 따라서 여름철에는 온도를 떨어뜨려 가능한 한 생육적온에 가깝게 유지하는 것을 일차적인 목표로 삼아 관리한다.

여름에는 베란다의 바깥쪽 창뿐 아니라 거실이나 방 쪽의 창문도 모두 열고 또 거실 너머 반대편 베란다의 창문도 모두 열어 최대한의 통풍을 시켜주도록 한다. 원활한 통풍은 과습을 방지하여 뿌리 썩음과 병충해의 발생을 경감시키고, 증산작용을 원활하게 하여 물과 양분의 상승을 촉진하며, 줄기를 경화시키고 뿌리 활동을 자극하여 식물을 튼튼하게 만든다. 통풍이 불량하면 흰가루병, 진딧물, 깍지벌레, 응애와 같은 병충해가 발생하기 쉽고 특히 장마철에는 곰팡이가 쉽게 발생한다. 만일 원활한 통풍을 시켜주기 어렵다면 선풍기를 틀어

주거나 바닥에 물을 뿌려 온도를 낮추어 주도록 한다. 또한 남향의 베란다처럼 너무 강한 햇빛이 들어오면 블라인드 등으로 부분적인 차광을 실시하여 온도를 낮추고 잎이 타는 일사현상을 예방한다.

여름철 온도 관리에서 특히 신경을 써야 하는 것은 야간의 고온과 35℃가 넘는 초고온이다. 야간의 고온은 높은 호흡률을 야기하여 다량의 양분을 소비케 하고 체온을 올려 각종 대사 작용에 관여하는 효소의 활성을 떨어뜨려 식물을 허약하게 만드는 주범이다. 그러므로 열대야가 발생하는 밤에는 여러 대책을 강구하여 온도를 떨어뜨리도록 노력한다.

몹시 무더운 날 거실과 베란다 사이의 창을 닫고 거실의 에어컨을 가동하면 베란다의 온도가 35℃를 넘길 수 있다. 온도가 35℃를 초과하면 총광합성량이 급감하는 한편 호흡률은 급증하므로 식물이 급격히 쇠약해진다. 만일 이런 상태가 지속되면 체내 효소가 변성되어 기본적인 생명현상을 유지할 수 없게 되고 체온이 급상승하여 생존이 위협받게 된다. 따라서 어떤 경우든 베란다의 온도가 35℃를 넘지 않도록 조치해야 한다. 베란다 바닥에 물을 뿌리고 선풍기를 돌려주면 기화열로 인해 몇 도 정도의 온도는 떨어뜨릴 수 있다.

(다) 물주기

온도가 상승하여 증산작용이 활발해지면 수분을 더 많이 공급해 주어야 하고, 또 창문을 모두 열어 통풍이 잘되면 화분이 빨리 마르므로 물을 더 자주 주어야 한다. 여름철에는 야간의 온도를 낮추어 호흡작용을 억제해야 양분의 소모를 막을 수 있으므로 저녁에 물을 주는 것이 바람직하다. 그러므로 여름에는 1일 1회 저녁에 관수하는 것이 원칙이다. 그러나 비가 오는 날에는 물을 매일 줄 필요가 없다. 특히 장마철에는 화분이 마르는 속도가 느리므로 표토의 건조 상태를 보아가면서 물주는 간격을 늘려준다. 여름철 아침에 물을 주는 것은 보춘화나 병아리난초와 같은 일부 난과 식물에게는 상당히 해로울 수 있다. 왜냐하면 아침에 물을 준 다음 강한 햇빛을 받으면 신아(新芽, 새싹)에 고인 물방울이 마치 볼록렌즈처럼 빛을 모아 연약한 신아의 온도가 급상승하고 그로 인해 신아가 물러져 빠지는 연부병이 발생할 수도 있기 때문이다. 그러므로 여름철의 아침 물주기는 피해야 한다.

(라) 비료주기

6월에는 생육적온이 유지되는 기간이 길기 때문에 5월과 비슷하게 매주 1~2회 또는 그 이상의 빈도로 시비를 한다. 여름에 접어들면 많은 식물에서 화아분화가 일어나고 겨울눈이 형성되기 시작한다. 그러므로 이에 대비하기 위하여 질소비료를 줄이고 인산의 함량이 높은 복합비료를 더 자주 준다. 질소비료와 인산비료를 1:2 정도의 비율로 주도록 한다. 아울러 유기질액비, 목초액, 칼리비료, 칼슘비료 등도 5월과 유사한 빈도로 준다.

7, 8월의 고온기에는 대부분의 식물이 화아분화와 겨울눈 형성을 제외하면, 일시적인 휴면에 들어간다. 이 시기에는 증산작용을 통해 체온을 떨어뜨리는 일이 중요하므로 뿌리는 물을 흡수하는 데에 집중하여 상대적으로 영양분을 활발하게 빨아들이지 않게 된다. 이런 시기에 시비를 계속하면 화분 속에 비료 성분이 축적되어 가스 발생이나 농도장해 등의 피해가 발생할 수 있다. 그러므로 혹서기에는 비료를 일체 주지 않는다. 이른봄에 올려둔 치비는 여름이 되면 비료 성분이 많이 빠져 나갔기 때문에 굳이 치울 필요는 없다. 그러나 늦봄에 올려둔 치비가 있다면 제거하는 것이 좋다. 특히 피복복비는 온도가 올라가면 비료 성분의 용출이 증가하므로 늦은 봄에 올려둔 것이 있다면 가급적 제거하도록 한다.

3. 가을 관리법

(가) 옮겨심기

9월에 접어들면 아직 한낮의 열기는 뜨겁지만 아침저녁으로는 선선한 기운을 느낄 수 있다. 가을에는 기온이 내려가면서 다시 생육적온에 해당하는 기간이 증가하므로 분갈이가 필요한 것들은 옮겨심기를 시작한다. 가을에 너무 늦게 옮겨 심으면 뿌리가 활착이 되지 않은 상태로 겨울을 맞게 되어 혹한을 견디기 어려울 수도 있다. 따라서 가을의 옮겨심기는 가급적 10월 중으로는 마치도록 한다.

(나) 온도 및 창문 관리

창문은 야간의 외기 온도가 영하로 내려가기 직전까지는 열어두었다가 영하로 내려가게 되면 적절한 시점에 닫도록 한다. 혹한기를 버틸 내한성을 길러주기 위해서는 늦가을~초겨울 사이에 다소간의 추위를 겪도록 하는 것이 좋으므로 외기의 온도가 영하로 내려간다고 해서 바로 창문을 닫을 필요는 없다. 보통 -5℃ 정도까지는 견딜 수 있으니 야간 온도가 -5℃ 미만일 때는 창문을 완전히 닫지 말고 약간 열어두어 추위를 겪도록 한다.

또한 겨울을 대비하여 화분의 배치를 다시 점검해 본다. 외부 창문의 바로 앞에 놓인 화분들은 자칫 얼기 쉬우므로 이런 곳에는 내동성이 강한 화분을 놓는다. 남부지방에서 자생하는 난대성 식물이나 뿌리에 저수조직을 가지고 있어 물을 저장하는 난과 식물은 동해에 취약하므로 보다 안쪽으로 배치한다.

(다) 물주기

가을의 물주기는 대체로 봄의 물주기와 역순으로 진행하면 무난하다. 가을에 접어들면 낮의 기온이 높고 햇빛이 강하며 맑고 건조한 날이 많으므로 초가을에는 여름과 비슷하게 매일 1회 물을 준다. 그러나 아침저녁으로 기온이 점차 서늘해지면 베란다의 거실 쪽 창문을 닫게 되므로 통풍이 잘 이루어지지 않아 대기가 건조하더라도 화분이 마르는 속도가 느려진다. 이에 따라 물주는 간격을 늘려 2~3일에 1회 정도로 물을 주다가 겨울이 가까워져 외부 창까지 닫게 되면 1주일에 1~2회 정도로 준다. 늦더위가 남아 있는 동안에는 가을에도 여름과 같이 저녁에 물을 주다가 조석으로 추워지고 겨울이 다가오면 물주는 시간도 아침으로 바꾸도록 한다.

(라) 비료주기

가을은 다음 해의 개화와 충실한 생육을 위하여 체력을 비축하는 기간이므로 비배관리에 특히 신경을 써야 하는 시기이다. 봄에 얹어 두었던 치비들은 효력을 다하였을 테니 9월 초순에 새로운 것으로 교체해 준다. 가을은 많은 식물에서 꽃눈과 겨울눈이 분화, 성숙하는 시기이므로 인산이 풍부한 복합비료를 위주로 시비한다. 아울러 다가올 겨울을 대비하여 뿌리를 튼튼하게 만들고 내동성을 길러야 하므로 칼륨이 많은 비료도 넉넉하게 준다. 칼륨은 칼리 성분이 많은 복합비료와 잿물을 통해 공급할 수 있다. 잿물을 주면 산성화된 배양토를 중화시키는 효과도 기대할 수 있다. 가을에도 유기질액비를 무기질 복합비료와 번갈아 또는 혼합하여 사용하면 훨씬 균형 잡힌 비배관리를 할 수 있다. 때때로 목초액을 추가하면 생육에 보탬이 되며, 다른 비료 대신 목초액을 자주 주어도 좋은 효과를 기대할 수 있다.

가을의 충분한 비배관리는 다음 해의 충실한 새싹과 꽃눈을 만드는 중요한 작업이므로 소홀함이 없도록 해야 한다. 아직 고온이 남아 있는 9월 초순에는 매주 1회 정도로 시비하다 기온이 떨어지면서 생육적온에 드는 기간이 길어지면 매주 1~2회 또는 그 이상으로 빈도를 올려 묽은 비료를 자주 준다. 기온이 더 떨어지면 다시 시비 간격을 늘려 주되 11월 중순이 지나 겨울이 다가오면 중지한다.

4. 겨울 관리법

(가) 온도 관리

초겨울에 외기의 온도가 0℃에서 -5℃ 사이에 있을 때는 창문을 약간 열어 두어 추위에 적응시킨다. 겨울이 깊어지면서 -5℃ 이하로 내려가는 날이 생기기 시작하면 베란다의 외부 창문을 모두 닫는다. 외기의 온도가 영하로 떨어지더라도 베란다 창호가 잘 갖추어져 있고 햇빛이 어느 정도 드는 곳이라면 대부분의 베란다는 대개 영상의 기온을 유지한다. 그러나 -10℃ 이하로 내려가는 강추위가 찾아오면 창문 바로 앞이나 해가 별로 들지 않는 곳 등은 영하로 내려가기도 한다. 그러므로 추위에 약한 난대성 식물이나 상록성 식물, 동해를 입기 쉬운 난과 식물 등은 보다 안쪽으로 배치하여 외부 창문으로부터 떨어뜨려 놓는 것이 좋다. 또 내동성을 가진 식물이라 하더라도 작은 분에 심겨진 것은 더 심하게 얼어 동해를 입기 쉬우므로 보다 안쪽에 놓는다.

겨울에는 태양의 고도가 낮아지므로 베란다 앞을 가리는 다른 건물이 없다면 다른 계절보다 더 많은 햇빛이 들어온다. 따라서 남향의 베란다에서는 겨울에도 한낮의 기온이 크게 올라간다. 겨울철 한낮의 고온은 식물의 휴면을 방해하고 뿌리의 호흡률을 증가시켜 식물을 허약하게 만든다. 그러므로 만일 낮의 온도가 너무 높게 올라가면 외부 창문을 약간 열어 환기를 시켜줄 필요가 있다. 다만 밤에는 온도가 언제라도 크게 떨어질 수 있으므로 창문 닫는 것을 잊지 말아야 한다.

(나) 동해와 그 대처법

밤에 온도가 내려가 창문 앞의 화분이 약간 얼더라도 어느 정도의 내동성을 가진 식물이라면 웬만한 추위는 견딜 수 있다. 그러므로 특별한 조치를 취할 필요는 없으며 낮에 자연스럽게 해동되도록 한다. 만일 강추위가 찾아오면 바깥쪽 창문 바로 앞에 놓인 화분이 심하게 얼 수 있다. 대부분의 야생화는 낙엽성이라 겨울에는 지상부가 없는 관계로 동해의 여부를 판단하기가 어려우며, 따라서 배양토의 어는 정도를 가지고 동해의 여부를 추정해 볼 수밖에 없다. 그러므로 강추위가 계속되면 창문 바로 앞에 위치한 화분의 배양토를 만져보고 또 화분을 들어 보아 어느 정도 얼었는지 파악해 보도록 한다. 상록성 식물의 경우에도 대부분의 경우 동해의 피해가 바로 눈에 보이는 것은 아니므로 배양토의 상태를 보고 동해의 여부를 판단한다.

만일 배양토가 심하게 얼어서 동해가 우려되면 차가운 물을 주어 서서히 해동시키도록 한다. 화분이 얼었다고 해서 따뜻한 물을 주어 급격히 녹이면 세포막이 더욱 쉽게 파괴되면서 오히려 독이 될 수 있다. 화분이 심하게 얼면 부피가 팽창하면서 배양토가 들떠서 뿌리가 끊어지기도 하고 화분 속에 공간이 생겨 뿌리가 심하게 마를 수도 있다. 겨울에는 물을 자주 주지 않으므로 배양토가 들뜬 채로 화분을 오랫동안 방치하면 식물이 자칫 말라 죽을 수도 있다. 그러므로 한 번 심하게 얼었던 화분은 차가운 물을 넉넉하게 주어 충분히 해동을 시키고 가끔씩 배양토를 다독여 주거나 화분 벽을 가볍게 쳐서 들뜬 배양토가 제자리를 찾도록 해 준다.

그러나 너무 심하게 얼면 대부분의 경우 회복 불가능한 치명적인 피해를 당하게 된다. 그러므로 심하게 얼지 않도록 미리 예방하는 것이 최선의 방책이다. 특히 작은 화분은 결빙으로 인한 피해를 더 크게 당할 수 있으므로 자리를 옮기는 등 동해를 입지 않도록 미리 조치해 두는 것이 좋다. 낮은 온도에서 구운 화분은 심하게 얼면 배양토의 팽창력을 감당하지 못해 터지는 경우도 있으니 조심한다. 고온에서 구운 화분일수록 터질 확률은 낮아진다.

(다) 물주기

겨울에는 외기의 온도가 낮고 창문을 모두 닫아 두기 때문에 베란다의 습도가 높고 화분은 매우 더디게 마른다. 그러므로 겨울에는 물을 자주 줄 필요가 없으며 기본적으로 1주일에 1회 주는 것을 원칙으로 한다. 야간에는 온도가 크게 떨어지므로 저녁에 물을 주는 것은 좋지 않으며 되도록 따뜻한 날을 골라 오전 중에 주는 것이 좋다. 겨울이 깊어져 한파가 계속되면 물을 준지 일주일이 지나도 마르지 않는 화분이 많으므로 2주에 1회 정도까지 간격을 늘려도 무방하다. 2주 간격으로 물을 주는 경우 너무 마를까 봐 걱정이 되면 중간에 물뿌리개를 이용하여 상대적으로 많이 말라 있는 화분에만 물을 주는 부분 관수를 실시한다. 2월에 들어서면 다시 1주일에 1회 정도로 주다가 기온이 올라가는 2월 중순부터는 1주일에 1~2회 정도로 횟수를 늘려준다. 주는 물의 양은 표토의 건조 상태에 따라 조절하되, 가끔씩은 화분 밑으로 흘러나오도록 충분히 주도록 한다.

(라) 옮겨심기와 비료주기

겨울에는 옮겨심기와 시비를 하지 않는 것이 원칙이다. 베란다에서는 2월 중순부터 식물들이 서서히 움직이기 시작하므로 이때부터 분갈이를 시작할 수 있다.

사. 병충해 방제

일단 발생한 병충해를 방치하게 되면 식물체 전체가 고사할 수도 있고, 또 주변 식물로 넓게 퍼져나가 광범위한 피해를 당할 수도 있으니 병충해에 대해서는 반드시 적극적으로 대처해야 한다. 그렇지 않으면 식물체를 모두 고사시키고 급기야 식물에 대한 흥미를 잃어버릴 수도 있다. 일반적으로 식물에서 발생하는 병충해는 세균, 곰팡이 및 해충에 의한 것으로 대별할 수 있다.

1. 세균 및 곰팡이 병

세균성 질환은 보통 난초류에서 새촉 밑동이 흑갈색으로 썩어 악취가 나고 결국 물러져 빠지는 연부병이 가장 문제가 된다. 이 병은 고온다습한 시기에 새촉에 물이 고여 발생한다. 연부병이 발생하면 환부를 도려내고 농용 스트렙토마이신을 처리한다. 야생화류에서 나타나는 세균성 질환은 흰가루병, 흑반병, 흑점병 등이지만 큰 문제가 되는 경우는 별로 없다. 흰가루병은 잎이나 줄기에 하얀 반점이 생기며 방치하면 많은 잎으로 퍼지는 병으로 햇빛이 부족한 환경에서 고온다습한 시기에 발생한다. 트리후빈, 지오판, 훼나리 등을 살포한다. 세균성 질환을 예방하기 위해서는 톱신, 다이젠 M, 벤레이트와 같은 살균제를 정기적으로 살포해 주는 것이 좋다. 세균성 질환의 발병이 드물고 베란다에서 농약을 다루는 것이 꺼려지면 예방 차원에서 혹서기 전에 한번 정도 살균제를 뿌려주도록 한다.

곰팡이는 습도와 온도가 높은 장마철에 햇볕이 모자라고 통풍이 잘 되지 않으면 발생하는데, 표토, 발효가 덜된 고형 유기질비료, 이끼 등에 자주 발생하며 식물체에 생기는 경우도 있다. 곰팡이가 발생한 화분의 수가 적으면 곰팡이를 걷어내고 바람이 잘 통하고 햇빛이 잘 드는 곳으로 화분을 옮기도록 한다. 그러나 곰팡이 발생 면적이 넓으면 전용 약제를 살포해야 한다. 백견병은 뿌리 근처에 하얀 곰팡이가 생기는 병으로 고온다습한 시기에 발생한다. 흰색 실 모양의 균사가 뿌리 사이에 배양토와 함께 엉겨붙어 있고, 나중에는 갈색의 균핵이 생겨 붉은 조 알처럼 뭉쳐진다. 일단 발병하면 뿌리가 썩고 잎이 시들면서 식물 전체가 고사하므로 치명적이다. 백견병은 퇴치하기가 힘들기 때문에 발견되면 전체를 소각하는 것이 좋다. 토양을 통해 전염되므로 배양토를 반드시 모두 버려야 한다.

2. 해충

베란다에서 야생화를 키울 때 가장 큰 문제를 일으키는 것은 해충이다. 봄이 되어 기온이 올라가면 해충의 활동도 시작된다. 베란다에 자주 출몰하는 해충으로는 민달팽이, 공벌레, 깍지벌레, 진딧물, 응애 등이 있다.

(가) 응애

응애는 식물체 사이에 하얀 거미줄을 치고 서식하는 아주 작은 거미처럼 생긴 해충으로 빨리 구제하지 않으면 식물의 즙을 빨아먹어 식물체 전체를 죽일 수도 있다. 응애는 고온건조하면 발병하는데, 일단 한번 발병하면 그 다음해에도 나타나는 경향이 있으므로 반드시 응애 전용 약제를 구입하여 반복 살포해야 한다. 응애는 크기가 워낙 작아 잘 식별할 수 없으니 외관상 박멸된 것처럼 보여도 일부가 잎의 뒷면 등에 숨어서 잠복해 있을 수 있다. 그러므로 응애 전용 약제(시미치온, 아기루, 게루센)를 1주 간격으로 2~3회 연속으로 살포해 주는 것이 좋다. 물을 줄 때 잎과 줄기에 다소 강하게 물을 뿌려주면 응애를 떨어뜨리는 효과가 있다.

(나) 진딧물

진딧물은 식물체에 붙어 즙을 빨아먹어 성장과 개화에 문제를 일으킨다. 진딧물은 수시로 발병하지만 델타린, 메소밀, 프로펜 등 웬만한 약재로도 손쉽게 구제할 수 있다. 진딧물은 새로 자라는 연한 가지나 잎 또는 꽃줄기에 발생하는데 겉보기에는 별 피해를 주지 않는 것처럼 보이지만 진딧물이 붙은 꽃대에서 핀 꽃은 크기와 수가 현저하게 줄어드는 등 피해가 제법 크다. 진딧물은 개미와 공생관계를 이루고 있으므로 진딧물이 생기면 눈에 보이지 않더라도 어딘가에 개미가 있다고 판단해야 한다. 개미를 퇴치하는 약은 약국에서 손쉽게 구입할 수 있으며, 이를 개미가 지나다니는 길목에 붙여두면 개미들이 알아서 물고 가서 효과적으로 없앨 수 있다.

(다) 깍지벌레(개각충)

깍지벌레는 작은 따개비처럼 단단한 등껍질을 가지고 있는 삿갓모양 또는 반구형의 작은 벌레로 잎과 줄기에 빈대처럼 들러붙어 즙을 빨아먹는다. 깍지벌레는 흰색과 같이 눈에 잘 띄는 색을 하고 있는 것들도 있지만, 어떤 것들은 눈에 잘 띄지 않는 관계로 많이 퍼져서 병징이 뚜렷해진 다음에야 발견되는 경우도 흔하다. 식물체가 한참 성장해야 하는 시기에 이유 없이 잎이 시들거나 낙엽이 지면 응애나 깍지벌레가 있는지 눈여겨 살펴보아야 한다.

깍지벌레는 증식률이 높아 잘 퍼지고 흡입력이 왕성하여 식물체 전체에 심각한 피해를 입히므로 발견 즉시 구제해야 한다. 깍지벌레는 살충제에 대한 저항성이 높아 죽이기 쉽지 않은 해충의 하나이지만 메티다티온 유제(상품명 수프라사이드) 또는 메티다티온 수화제(상품명 하이킹)를 사용하면 효과적으로 구제할 수 있다. 고독성 농약인 수프라사이드는 판매가 금지되어 구하기 어려우나 하이킹은 쉽게 구입할 수 있다.

(라) 공벌레

공벌레는 민달팽이와 더불어 쉽게 박멸되지 않고 끈질기게 나타나는 해충의 하나로 쥐며느리처럼 생겼는데 약간 세게 건드리면 둥글게 몸을 말아 죽은 척하는 특징이 있다. 공벌레는 이끼의 밑을 파먹거나 식물체의 연약한 어린 순이나 뿌리줄기를 갉아먹어 피해를 준다.

공벌레도 살충제에 대한 저항성이 높아 잘 듣는 약제들이 별로 없지만 수프라사이드나 하이킹을 사용하면 효과적으로 구제할 수 있다. 공벌레는 대단히 민첩하여 위험을 감지하면 살충제가 닿지 않는 오목한 틈새나 구석 또는 화분 밑바닥으로 신속하게 대피하므로 효과가 좋은 살충제를 살포하더라도 완전히 박멸하는 것은 쉽지 않다. 그러므로 공벌레를 박멸하기 위해서는 효과 있는 살충제를 1주 간격으로 2~3회 또는 그 이상 연속적으로 살포하는 것이 중요하다.

◈ **공벌레** 공벌레는 대단히 민첩하고 다소 세게 건드리면 몸을 둥글게 말아 죽은 척한다.

(마) 민달팽이

달팽이에는 집이 없는 민달팽이와 집이 있는 집달팽이가 있는데 문제가 되는 것은 민달팽이이다. 민달팽이는 낮에는 주로 화분 밑바닥이나 표토 밑의 음습한 곳에 숨어 있다가 밤에 나와 활동하는데 식욕이 왕성하여 많은 식물의 잎과 줄기를 갉아먹고, 작은 식물체의 경우에는 줄기 전체를 잘라버려 치명적인 해를 입히기도 한다. 또 표면이 점액으로 덮여 있으므로 혐오감을 주며 기어 다닌 자국이 남아 보기에도 별로 좋지 않다.

◈ **민달팽이** 베란다 원예에서 가장 자주 출몰하는 해충이 민달팽이이다.

가장 효과적인 민달팽이 퇴치 방법은 먹이에 농약 성분을 흡수시킨 유인제를 살포하는 것이다. 달팽이 유인제는 지속적으로 많은 양을 뿌려주어야 효과가 있으므로 큰 통에 든 것을 구입하여 꾸준하게 뿌려주는 것이 좋다. 달팽이 유인제는 굳이 화분 위에만 놓으려 하지 말고 손으로 집어 화분대 위에 전체적으로 골고루 흩뿌려 주도록 한다. 보통 1~2주 간격으로 2~3회 또는 그 이상 지속적으로 투여하여야 눈에 띄는 효과를 볼 수 있다. 그렇지만 유인제를 자주 뿌려도 보통 완전히 없어지지는 않는다. 그러므로 유인제를 꾸준히 살포하면서 한편으로는 면밀하게 관찰하여 보이는 대로 핀셋으로 잡아주는 수밖에 없다.

사철란처럼 민달팽이의 피해가 극심한 종류들은 별도의 달팽이 회피대를 만들어서 그 위에 올려두고 관리하면 효과적으로 민달팽이의 접근을 차단할 수 있다. 그러나 달팽이 회피대를 만들었다고 해서 늘 민달팽이로부터 안전한 것은 아니다. 원래부터 잠복하고 있던 놈들도 있을 수 있고, 길게 자라난 풀이 달팽이 회피대와 접촉하면 나중에 이를 타고 잠입하기도 한다. 따라서 달팽이 회피대

◈ **달팽이 회피대** 물을 채운 수반 속에 벽돌로 받침대를 세우고 그 위에 화분대를 만들어 화분을 얹어 두도록 고안한 것이 달팽이 회피대이다. 벽돌은 반드시 수반의 벽과 떨어뜨려 놓아야 한다. 화분대가 수반의 벽으로부터 물에 의해 격리되어 있으므로 정상적으로는 민달팽이가 침입할 수 없다.

도 정기적으로 점검하여 만일 민달팽이가 있으면 잡아내고 달팽이 유인제를 뿌려두어야 한다.

(바) 지렁이

만일 석부작을 많이 소장하고 있다면 해충은 아니지만 지렁이의 존재가 문제가 될 수도 있다. 지렁이는 석부작에 사용된 생명토 속에서 발생하는데 죽은 이끼를 교체하는 과정에서 새로운 이끼에 알이 묻어 들어와 정착하는 것 같다. 석부작과 같은 한정된 공간에서 살아가는 지렁이는 생명토를 먹고 석부작의 안팎으로 배설을 하여 생명토가 계속 유실되게 만든다. 이렇게 유실되는 토양은 물을 줄 때마다 밑으로 떨어져 베란다 바닥을 몹시 지저분하게 만들고 에어컨 배수관을 막아 문제를 일으킬 수도 있다. 또 지렁이가 석부작이나 화분의 밖으로 넘어 나와 바닥을 기어 다니다 말라죽기 때문에 바닥을 지저분하게 만든다. 지렁이는 제충국, 메티다티온 등 일부 살충제를 토양에 스며들도록 충분히 뿌리면 죽일 수 있다. 하지만 베란다에 그렇게 많은 양의 살충제를 자주 뿌릴 수는 없는 노릇이기 때문에 지렁이를 완전히 없애는 것도 몹시 어려운 일이다.

3. 병충해 방제법

병충해가 발생하면 우선 정확한 진단과 처방을 할 수 있어야 하지만 병충해의 종류가 대단히 다양하므로 취미가들이 병충해를 정확하게 진단하는 것은 결코 쉽지 않은 일이다. 만일 정확한 정보를 얻을 수 없으면 휴대폰으로 사진을 찍어 농약상에 가서 보여주고 자문을 받아 필요한 약제를 구입하는 것이 가장 정확하고 빠른 길이다.

약제를 확보하였으면 이를 올바로 사용해야 한다. 농약은 정확한 희석비율로 사용하는 것이 무엇보다도 중요하다. 이를 위해서는 무게나 부피를 정확하게 계량하여야 한다. 계량 도구 없이 눈대중으로 농약을 희석해서는 절대 안 된다. 정확한 비율로 희석한 농약은 분무기를 사용하여 살포하는데, 식물체의 모든 부분, 특히 잎의 뒷면까지 농약이 골고루 묻도록 뿌리는 것이 좋다. 농약을 뿌릴 때는 반드시 마스크와 장갑을 착용하고 농약 살포가 끝나면 옷을 바로 벗어서 세탁하도록 한다.

세균이나 해충들은 농약에 대해 내성을 키울 수 있기 때문에 동일한 농약을 반복해서 사용하면 내성이 생겨 나중에는 잘 듣지 않게 된다. 그러므로 자주 발생하는 병충해에 대해서는 해당 약제를 두 종류 이상 구비해 놓고 하나씩 번갈아 사용하는 것이 좋다.

참고문헌

1. 국립수목원. 국가생물종지식정보시스템(NATURE). http://www.nature.go.kr
2. 김기선, 박권우, 박윤점, 손기철, 이종석, 이창후, 정병룡, 주영규, 최병진. 한국원예학회 편, 신제 생활원예. 향문사. 1999.
3. 한동욱, 김기성, 김자원, 박권우, 박재복, 배종향, 송근준, 윤평섭, 이두형, 이용범, 이정식, 이창후, 정재훈. 생활원예. 도서출판 서일. 1998.
4. 박노복, 정연옥. 울타리 안에서 기르는 야생화 재배와 이용. 푸른행복. 2009.
5. 임선욱. 비료학: 식물영양 공급 원리와 그 사용법. 일신사. 2005.

V. 계절별 야생화 재배와 감상

봄꽃

새끼노루귀

족도리풀

앵초

깽깽이풀

윤판나물

큰천남성

새우난초

큰애기나리

자란

석곡

둥굴레

은방울꽃

바위미나리아재비

여름 · 가을꽃

꼭지연잎꿩의다리

흰대극

돌양지꽃

꽃장포

병아리난초

닭의난초

사철란

바위떡풀

둥근잎꿩의비름

산구절초

석창포

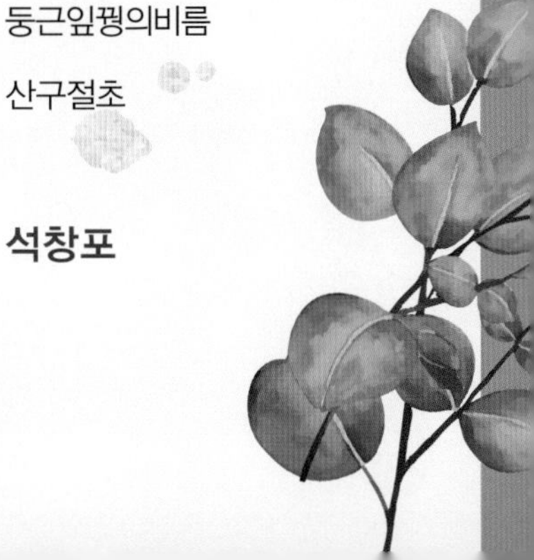

봄꽃

새끼노루귀

- **분류** 미나리아재비과
- **생육상** 다년생 초본/한국 특산식물
- **분포** 남부 및 중서부 해안 지방과 섬
- **자생환경** 낙엽활엽수림 아래의 비옥한 곳
- **높이** 7~15cm

◆ **관리특성**

식재습윤도	●◐○
광량	●◐○
관수량	●●○
시비량	●●○
개화율	●●◐
난이도	●◐○

	연중 관리	1	2	3	4	5	6	7	8	9	10	11	12
생활환*	출아	◑	●										
	영양생장	◑	●	●	●	●	●						
	개화		◑	●									
	겨울눈 형성							●	●				
	화아분화							●	●				
	생식생장							●	●	●	●	●	
	낙엽									●	●		
	휴면	◐										●	●
작업	옮겨심기				●	●	○			●	●	○	
	액비 시비			●	●	●	●			●	●	◐	
	치비 교환			●						●			

* 모든 식물의 생활환은 중부지방에서 겨울(12~2월) 동안 창문을 닫고 따뜻하게 관리한 동남향 베란다 환경을 기준으로 하였다. 자생지에서 봄(3~5월)에 꽃이 피는 것과 봄부터 피기 시작하여 초여름까지 이어지는 것을 봄꽃으로 분류하였다. 생활환 표에 나타낸 개화기는 베란다에서 꽃이 피는 시기를 나타낸 것이다.

겨울이 물러가면서 산기슭에 눈이 녹기 시작하면 바람꽃과 복수초가 앞다투어 피어나 봄을 반기고, 이들이 물러난 자리를 작지만 화려하게 장식하는 꽃이 노루귀류이다. 노루귀류의 속명인 *Hepatica*는 간(liver)을 뜻하는 그리스어 hepar에서 유래하였는데 이는 세 갈래로 갈라진 잎의 각 열편(裂片, 갈래조각) 모양이 간과 닮았기 때문이다. 우리말 노루귀는 솜털에 덮여 뾰족하게 올라오는 새순의 모습이 노루의 귀와 흡사하다고 하여 붙여진 이름이다. 뿌리가 달린 노루귀 전초의 생약명을 장이세신(獐耳細辛)이라 하여 민간에서 두통이나 치통 등에 진통제로 쓰거나 화농성 피부질환에 찧어 발랐는데 '장이(獐耳)'가 '노루의 귀'라는 뜻이니 우리말은 아마도 생약명에서 유래한 듯하다.[1]

우리나라에 자생하는 노루귀류에는 전국 각처에 분포하는 노루귀(***Hepatica asiatica* Nakai**), 주로 남부지방의 해안가와 섬에 자생하는 새끼노루귀(***H. insularis* Nakai**), 그리고 울릉도에서 나는 섬노루귀[***H. maxima* (Nakai) Nakai**]의 세 종이 있으며, 새끼노루귀와 섬노루귀는 우리나라에만 자생하는 한국 특산종이다. 세 종 모두 잎의 형태는 유사하지만 잎의 크기가 달라 새끼노루귀(길이 1~2cm, 너비 2~4cm)가 가장 작고 섬노루귀(길이 8cm, 너비 15cm 내외)가 가장 크며 노루귀(길이 5cm, 너비 5~8cm 내외)는 그 중간 크기이다.[2,3]

◈ **섬노루귀(왼쪽), 노루귀(중간), 새끼노루귀(오른쪽)의 잎 비교**

새끼노루귀는 주로 남쪽 바닷가와 섬지방의 낙엽활엽수림 밑에서 자생한다. 새끼노루귀는 자생지에서는 3월 말~4월에 걸쳐 꽃이 피고 베란다에서는 이보다 다소 이르게 3월 초순~중순경에 꽃이 핀다. 보온이 잘되고 햇빛이 넉넉하게 들어오는 환경에서는 2월 하순에 개화하기도 한다. 뿌리에서 모여 올라오는 꽃줄기의 끝에 난형의 총포가 세 장이 달리고 그 위에 1개의 꽃이 위를 향해 핀다. 꽃줄기가 올라오면서 곧이어 잎도 따라 올라오므로 새끼노루귀는 대체로 꽃과 잎이 같이 나온다고 볼 수 있다. 꽃은 여러 개의 흰색 또는 노란색의 수술과 암술로만 이루어져 있고 꽃잎은 없다. 꽃잎처럼 보이는 것은 실제로는 꽃받침잎으로 보통 6~8장으로 이루어져 있지만 이보다 더 많아 9~13장으로 이루어진 경우도 드물지 않다. 새끼노루귀 꽃받침잎의 색은 흰색인 경우가 가장 많고 분홍색도 꽤 발견되지만 보라색은 거의 없는 것으로 보인다. 이와는 대조적으로 노루귀의 화색은 보통 흰색, 보라색, 분홍색의 빈도순으로 나타난다.

일본에는 4종의 노루귀가 자생하지만 꽃과 잎에 변이가 일어난 원예품종이 무수하게 개발되어 엄청나게 다채롭고 화려한 독보적인 원예 분야를 구축하고 있다. 천변만화하는 일본 노루귀 꽃의 변이는 홑꽃과 겹꽃으로 구분된다. 홑꽃에서는 꽃받침잎의 수가 늘어난 것(9장 이상인 것을 다변화라고 함), 수술의 꽃밥이 퇴화한 것, 수술이 퇴화하고 암술만 있는 것, 꽃받침잎의 형태가 변한 것

◈ **새끼노루귀의 꽃** 노루귀류의 꽃에서 사람들이 보통 꽃잎이라 생각하는 것은 꽃받침잎이다. 새끼노루귀 꽃받침잎의 색깔은 보통 흰색 또는 분홍색이다.

◈ **노루귀의 꽃** 노루귀의 화색은 흰색, 보라색, 분홍색으로 새끼노루귀보다 더 다양하다. 우리나라 노루귀류의 꽃에서도 꽃받침잎의 수가 9장 이상인 다변화(B, C), 빗살모양의 가는 줄무늬가 있는 산반화(D), 수술이 퇴화한(웅퇴화) 꽃(E) 등 일부 변이가 제법 관찰된다.

등의 변이가 있는데 우리나라의 노루귀류에서도 유사한 변이가 제법 발견된다. 겹꽃은 수술이나 암술의 일부 또는 전부가 꽃잎으로 변한 것으로 무궁무진한 변이 개체가 개발되어 있다.[4] 우리나라에서도 우리의 노루귀류를 바탕으로 원예 개발이 이루어져 많은 노루귀 원예 품종이 나왔으면 하는 바람이다. 이를 위해서는 우수한 성질을 가진 노루귀 변이 품종을 발굴하고 분화 재배 기법을 확립하여 널리 보급할 필요가 있다.

잎은 꽃에 뒤따라 뿌리에서 모여 올라오는 잎자루의 끝에 달리는데 양면에 털이 나 있고 전체적으로는 삼각형에 가까운 모습이며 세 개의 열편으로 갈라져 있다. 각 열편은 마름모꼴에 가까운 난형으로 기부가 서로 붙어 있으며 갈라진 윗부분은 삼각형 모양이다. 짙은 녹색 바탕의 잎에는 보통 옅은 백록색 줄무늬가 두 줄로 나 있는데 봄에는 이 줄무늬가 뚜렷하지만 자라면서 점차 녹색이 차 들어와 여름이 되면 무늬가 상당히 옅어지는 경향이 있다.

◈ **새끼노루귀 화분 작품** 베란다(왼쪽)와 비닐온실(오른쪽)에서 재배한 새끼노루귀 화분 작품. 소장자 임일선(오른쪽).

◈ **노루귀(왼쪽) 및 섬노루귀(오른쪽) 화분 작품** 섬노루귀의 꽃에서는 꽃잎처럼 보이는 꽃받침잎의 밑에 있는 3개의 총포가 상당히 큰 것이 특징이다(오른쪽).

생육특성

우리나라에 자생하는 세 종의 노루귀 중 노루귀와 섬노루귀는 성질이 까다로워 화분에서 재배하는 것이 쉽지 않은 경우가 많지만 새끼노루귀는 분 재배에 대한 적응성이 좋아 화분에서 배양하기가 상대적으로 수월하다. 새끼노루귀는 대체로 봄에 매우 일찍 움직이기 시작하는 식물이다. 겨우내 창문을 닫아둔 동남향 베란다의 경우 빠른 것들은 1월 중·하순부터 움직이기 시작하며, 대부분의 경우 2월 중에 꽃줄기와 잎자루가 솟아난다. 보통 꽃줄기가 먼저 나와 길게 자라나며 곧 이어 잎자루도 뒤따라 나와 신장하기 시작한다. 꽃은 이르면

◈ **새끼노루귀의 출아** 새끼노루귀를 1월 하순(왼쪽)과 2월 중순(오른쪽)에 관찰한 모습. 길게 자란 것들이 꽃줄기이고 짧은 것들이 잎자루이다.

2월 하순부터 피기 시작하여 3월 초순~중순 사이에 개화한다.

노루귀류는 너무 습하면 꽃줄기와 잎자루가 너무 길게 늘어나고, 반면에 밑동 주변이 너무 건조하면 잎자루가 마르면서 고사하기 쉬우므로 물관리가 쉽지 않다. 화분 속이 너무 과습하지 않으면서 밑동 주변은 건조하지 않도록 관리한다. 만일 자꾸 잎자루가 마르면서 고사하는 경향이 있으면 밑동 주변의 표토에 경질적옥토 세립을 몇 숟가락 얹어준다. 민달팽이가 잎자루를 갉아먹어 잎자루가 마를 수도 있으니 그 원인이 어떤 것인지 잘 파악해야 한다.

여름에 접어들면 밑동의 잎자루 사이에서 겨울눈(冬芽, 동아)이 형성되고 가을, 겨울을 거치면서 점차 굵어진다. 비슷한 시기에 꽃눈(花芽, 화아)의 분화도 일어나는 것으로 생각된다. 8월에 접어들면 잎이 하나둘 점진적으로 갈변하면서 고사하기 시작하며 보통 9~10월 중에 대부분의 잎이 죽는다. 그러나 세력이 좋으면 12월 초까지 잎이 살아 있는 경우도 있다.

◈ **새끼노루귀의 겨울눈** 8월 초순(왼쪽)과 이듬해 1월 하순(중간, 오른쪽)에 관찰한 새끼노루귀의 겨울눈이다. 겨울눈은 8월이 되면 쉽게 구분될 정도로 커진다(왼쪽, 화살표). 가을, 겨울을 거치면서 상당히 굵어진 겨울눈에서 2월 초순을 전후로 꽃줄기가 먼저 자라고(오른쪽, 화살표머리) 바로 뒤따라 잎도 나온다.

노루귀와 새끼노루귀는 자생지에서는 꽃줄기가 똑바로 서서 꽃이 위를 향하는 경우가 많지만 분에서 재배하면 꽃줄기가 늘어나면서 옆으로 눕는 현상이 자주 발생한다. 이 두 종을 분화로 재배하는 경우 가장 아쉬운 점이 바로 이것이다. 비교적 높이가 높은 화분에 아래쪽으로 다소 깊게 내려 심고 물공간을 많이 남겨두면 꽃줄기가 옆으로 드러눕는 단점을 어느 정도는 커버할 수 있다.

꽃 하나하나의 자태와 색깔은 아름답지만 꽃의 크기가 작고 꽃줄기가 옆으로 드러눕는 점 때문에 소량을 심으면 꽃이 피어도 분화로서는 별로 볼품이 없다. 따라서 관상성을 높이기 위해서는 많은 개체를 모아 심는 것이 좋다.

옮겨심기

새끼노루귀는 이른 봄에 꽃이 피는 종류의 하나이므로 봄에 꽃이 진 직후인 4~5월 중에 옮겨 심는 것이 가장 무난하다. 봄에 분갈이를 하지 못하였다면 9~10월 중에 실시한다. 부득이한 경우라면 6월이나 11월 중에 옮겨 심어도 큰 문제는 없다. 분갈이를 한지 약 3~4년 정도 지나 뿌리가 화분에 가득 차면 꽃 달림이 나빠지기 시작하는데 이때가 분갈이의 적기이다.

배양토는 중간 정도의 습윤도를 가지도록 준비한다. 높이 10cm 내외의 5~6호(직경 15~18cm) 화분을 기준으로 하여 마사토 소립을 50% 내외, 나머지는 보수성이 높은 화산토로 구성한다. 화분이 이보다 더 크면 마사토의 비율을 올려 더 건조하게 심고, 이보다 더 작으면 화산토의 비율을 높여 보습성을 높여 준다. 옮겨 심을 때 새끼노루귀의 밑동을 수태로 감싸주면 후에 밑동 주변이 쉽게 마르는 것을 보완할 수 있다. 새끼노루귀의 뿌리는 상당히 가늘기 때문에 분갈이를 하는 동안 마르지 않도록 신경 써야 한다. 또한 새끼노루귀처럼 가는 뿌리를 가진 식물을 심을 때는 탈수를 예방하기 위해 배양토에 미리 물을 뿌려 적당히 젖은 상태로 사용하는 것이 좋다. 새끼노루귀는 비옥한 것을 선호하므로 분갈이 시에 밑거름을 다소 넉넉하게 넣어주도록 한다.

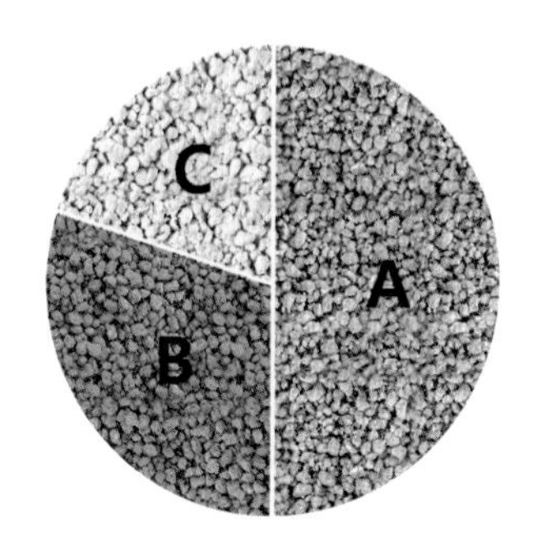

◈ **화분: 5.7호(직경 17cm), 높이 8cm**

◈ **배양토 구성**

A: 마사토 소립 50%

B: 경질적옥토 소립 30%

C: 경질녹소토 소립 20%

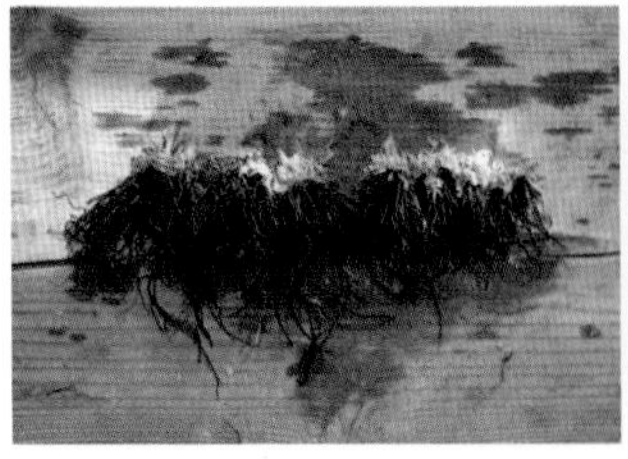

① 뿌리를 정리하고 밑동을 수태로 감는다(11월).

② 배수층을 약 10% 정도 넣는다.

③ 배양토를 적절한 높이까지 넣는다.

④ 화분의 가장자리를 따라 영양볼을 몇 개 넣는다.

⑤ 뿌리를 펼쳐서 식물을 화분 속으로 넣는다.

⑥ 고형인산비료를 화분 가장자리를 따라 약간 넣는다.

⑦ 배양토를 더 넣고 핀셋으로 찔러 준다.

⑧ 영양볼을 몇 개 더 넣어 준다.

⑨ 배양토를 마저 채우고 화분 벽을 몇 번 쳐준다.

⑩ 화분 가장자리에 피복복비를 약간 흩뿌려 준다.

⑪ 미량원소비료를 약간 올려 준다.

⑫ 팻말을 꽂고 물을 충분히 준다.

◈ 이듬해 봄에 개화한 모습

화분 두는 곳

자생지에서는 초봄에 다소 많은 햇빛을 받다가 점차 주변의 키 큰 식물에 가려지게 되는 환경에서 자란다. 따라서 공간에 여유가 있다면 봄에는 햇빛이 좋은 곳에 두었다 여름에는 그늘진 곳으로 옮겨주도록 한다. 하지만 화분이 많아지면 철마다 화분을 옮기는 것이 쉽지 않게 된다. 그럴 경우에는 반그늘에 두고 주변에 키가 커지는 식물을 배치하면 자연스럽게 여름에는 그늘진 환경에 놓이게 된다. 새끼노루귀는 남부지방에서 자라는 식물이므로 중부지방에서는 겨울에 외부 창문으로부터 약간 떨어진 안쪽에 화분을 두도록 한다.

물주기

물주기는 계절별 관수요령에 따라 관리하되 성장기에 물이 부족하면 잎자루가 마르거나 발육이 나빠지므로 물을 넉넉하게 주도록 신경 쓴다. 잎의 성장이 완료된 후에는 화분의 표면이 마르면 준다. 너무 습하게 관리하면 잎줄기가 늘어나면서 옆으로 드러누워 관상 가치가 떨어지므로 과습하지 않도록 주의를 기울인다.

거름주기

새끼노루귀는 비교적 비옥한 환경에서 자라므로 옮겨 심을 때 밑거름을 다소 넉넉하게 넣어 주고 분갈이 후에도 거름을 충분히 주어 관리하는 것이 좋다. 웃거름으로 얹어 두는 치비를 넉넉하게 올려 두고 3월과 9월에 새것으로 교환해 준다. 액비는 베란다 전체 시비 관리에 준해서 준다.

❋ 번식

새끼노루귀는 포기나누기와 실생(實生)번식으로 증식시킬 수 있다. 포기나누기는 옮겨 심을 때 늘어난 포기를 적당한 크기로 나누어 심는 것이다. 분갈이를 한지 오래된 것들은 뿌리가 서로 얽혀 한 덩어리가 되어 있으므로 포기를 나누는 것이 쉽지 않지만 얽혀 있는 뿌리 사이에 박힌 배양토를 모두 털어내고 포기를 나누는 것이 좋다.

◈ **새끼노루귀의 포기나누기** 왼쪽: 뿌리가 심하게 얽혀 있더라도 살수기로 물을 강하게 분사하면 뿌리 사이에 박힌 배양토를 빼낼 수 있다. 중간: 포기를 나눌 지점을 선정하여 물을 계속 분사하면서 얽힌 뿌리를 풀어주면 포기가 나누어진다. 오른쪽: 포기를 모두 나눈 상태.

베란다에서는 대체로 식물의 결실이 잘 이루어지지 않아 실생번식을 시키는 것이 쉽지 않다. 또 공간적인 문제도 있기 때문에 씨를 뿌려 증식시키는 일은 현실적으로 제한이 많다고 할 수 있다. 하지만 새끼노루귀는 베란다에서도 결실이 잘되므로 실생번식을 시도해 볼 만하다.

◈ **새끼노루귀의 실생번식** 새끼노루귀의 씨는 별사탕처럼 생겼으며(왼쪽), 익으면 쉽게 떨어진다(중간). 떨어진 씨는 얼마 지나지 않아 발아한다(오른쪽, 4월 하순에 관찰한 모습).

개화 후 약 2개월 정도 지나면 종자가 성숙하며 5~6월에 이를 채종하여 작은 화분이나 포트에 직접 파종(직파)하는 것이 좋다. 만일 별도로 씨를 뿌리는 것이 여의치 않으면 꽃 핀 화분에 그냥 방치해도 된다. 새끼노루귀의 씨는 과육이 없고 각각의 씨가 얇은 껍질에 하나씩 따로따로 싸여 있는 수과(瘦果)이다. 수과는 익어도 껍질이 갈라지지 않는 폐과(閉果)의 일종이므로 새끼노루귀의 씨는 익으면 껍질에 싸인 채 떨어진다. 발아율이 좋기 때문에 화분 여기저기에 저절로 떨어진 것들을 그대로 두면 잘 발아한다. 이렇게 얻은 모종은 나중에 별도로 모아 심거나 혹은 그대로 두었다 분갈이를 할 때 어린 것들을 따로 모아 독립시켜 가꾼다. 보통 발아 3~5년 후에 개화주로 성장한다.

병충해 방제

노루귀류는 뿌리혹선충의 피해가 심하므로[5] 분갈이를 실시할 때 뿌리에 작은 혹 모양의 팽대부가 보이면 모두 제거하고 반드시 깨끗한 배양토를 사용한다. 또한 잎자루와 잎은 민달팽이가 갉아먹는 피해를 당하기도 하므로 그런 현상이 발견되면 화분 밑바닥이나 주변을 수색하여 민달팽이를 찾아 반드시 제거하도록 한다.

◈ **민달팽이 식해** 새끼노루귀 밑동에서 잎자루에 붙어 이를 갉아먹는 민달팽이(화살표).

참고문헌

1. 이우철. 한국식물명의 유래. 일조각. 2005.
2. 국립수목원. 국가생물종지식정보시스템 (NATURE). http://www.nature.go.kr
3. 이창복. 원색 대한식물도감. 향문사. 2014.
4. Hisashi Hironobu, Koyama Ukio, Naito Yokio, Tomizawa Masami. NHK 취미원예 가드닝 시리즈. 전문가에게 배우는 야생화 기르기 1. 봄. 부희옥 감수. Green Home. 2010.
5. 유동림. 표준영농교본-138: 우리 꽃 기르기. 농촌진흥청. 2003.

봄꽃

족도리풀

- **분류** 쥐방울덩굴과
- **생육상** 다년생 초본
- **분포** 전국
- **자생환경** 습윤한 계곡의 반그늘지고 비옥한 곳
- **높이** 13~20cm

관리특성

항목	정도
식재습윤도	●●○
광량	●○○
관수량	●●○
시비량	●●◐
개화율	●●◐
난이도	●◐○

연중 관리		1	2	3	4	5	6	7	8	9	10	11	12
생활환	출아		●										
	영양생장		●	●	●	●	●						
	개화			●	◐								
	겨울눈 형성							●	●				
	화아분화							●	●	●			
	생식생장							●	●	●	●	●	
	낙엽											●	
	휴면	●											●
작업	옮겨심기		◑		◑	●	○			●	●	○	
	지지대 설치				●	●							
	액비 시비			●	●	●	●			●	●	◐	
	치비 교환			●						●			

한국산 족도리풀속(*Asarum*)의 분류에 대하여는 학자 간에 이견이 많아 2~19종으로 분류된 바 있다. 여기서는 족도리풀, 자주족도리풀, 금오족도리풀, 개족도리풀, 무늬족도리풀, 털족도리풀, 각시족도리풀의 일곱 분류군으로 구분한 오병운 교수의 분류를 따랐다.[1]

족도리풀(***A. sieboldii***)은 꽃의 모양이 부녀자가 예복을 갖추어 입을 때 머리에 쓰던 족두리와 닮았다고 하여 붙여진 이름으로[2] 전국 각처의 산지에서 자라는 다년생 초본이다. 보통 습윤한 계곡의 반그늘지고 비옥한 곳에서 자라며 때로 양지쪽에서도 발견된다. 족도리풀은 땅 속을 얕게 옆으로 기어가는 뿌리줄기를 가지고 있고 여기서 뿌리와 잎이 나온다. 뿌리줄기에는 많은 마디가 있고 뿌리는 주로 마디에서 내리며 제법 굵은 편이다. 원줄기는 없고 대개 두 장의 잎이 뿌리줄기의 끝에 어긋나게 달린다. 잎자루의 길이는 13~20cm 정도이고 보통 털이 있으나[1] 없는 경우도 있다. 잎은 녹색으로 끝이 뾰족한 심장형이

◈ **족도리풀 각 부분** 왼쪽: 족도리풀 전초. 뿌리줄기는 가지를 치고 각 가지의 끝에서 두 장의 잎이 나오며 그 사이에 꽃자루가 붙어 있다. 오른쪽: 자생지의 족도리풀.

며 길이가 6~12cm, 폭이 7~12cm이고 뒷면에 털이 많으며 표면에는 엽맥에만 짧은 털이 있다.[1] 그러나 뒷면 맥 위에만 잔털이 있다는 기재도 있다.[3]

꽃은 자생지에서는 4~5월경에 피지만 동남향 베란다에서 재배하면 보통 3월~4월 초순 사이에 개화한다. 꽃은 뿌리줄기 끝에서 나온 꽃자루의 꼭대기에 하나가 달리는데 꽃잎처럼 보이는 것은 실제로는 꽃받침이고 꽃잎은 없다. 꽃받침은 보통 자주색 내지 자갈색이고 간혹 녹색 또는 황색인 경우도 있다. 꽃받침은 기부가 하나로 합쳐져 꽃받침통(악통)을 이루고 있으며 이것이 중배 부른 단지 모양으로 족두리와 유사하게 생겼다. 옆을 보고 있는 꽃받침의 윗부분은 세 개의 꽃받침조각(악편)으로 갈라진다. 각 꽃받침조각은 둥근 삼각형으로 너비가 길이와 비슷하거나 더 넓고, 가장자리는 흔히 물결모양을 이룬다. 꽃받침조각은 뒤로 젖혀지는 경우보다 편평하거나 앞으로 휘는 경우가 더 많으며, 꽃받침조각의 끝부분은 흔히 가장자리가 뒤로 말리면서 뾰족해진다. 꽃받침통의 입구를 둘러싸는 꽃받침조각의 기부는 다른 부분보다 더 짙은 자주색을 띠고 있기 때문에 꽃받침통의 입구는 진한 자주색 고리로 둘러싸여 있는 것처럼 보인다. 암술과 수술은 꽃받침통 속에 있으며 12개의 수술은 6개씩 2열로 배열되어 있다. 개화 초기에 바깥쪽 열의 수술이 충분히 자라나오지 않으면 안쪽 열에 있는 6개의 수술만 보이기도 한다. 암술대는 6개이고, 각 암술대(화주) 윗부분의 바깥쪽 면은 새의 부리 모양으로 돌출되어 있는데 이를 **화주돌기**라 한다. 각 화주돌기는 표면에 있는 얕은 세로고랑에 의해 두 부분으로 구분되지만 둘로 갈라지지는 않는다. 화주돌기의 중앙을 지나는 세로고랑의 아래 가쪽 끝에는 구형의 **암술머리**(주두)가 달려 있다.

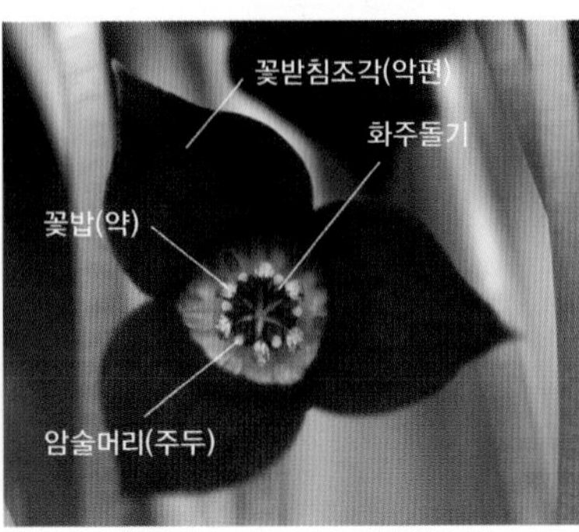

◈ **족도리풀 꽃의 구조**

족도리풀과 유사한 종으로는 금오족도리풀과 자주족도리풀이 있으며 둘 다 한국 특산종이다. 금오족도리풀(***A. patens***)은 경기도, 충청도 등 일부 중부지방에서도 나지만 주로 남부지방에 자생하는 종으로 꽃받침조각이 족도리풀의 그것보다 더 크고 편평하며, 길이가 너비보다 길어 타원형이고, 끝부분도 뾰족해지지 않는다. 또한 화주돌기가 가장 길어 열매 성숙기에 흔히 꽃받침통 밖으로 노출되고 끝이 두 갈래로 갈라지기도 한다.

자주족도리풀(***A. koreanum***)은 백두대간을 따라 산 정상부나 능선에 분포하며 생육 초기에는 잎이 자주색이므로 뚜렷하게 구분되나 성장하면서 자주색이 점차 사라져 족도리풀과 유사해 진다. 보통 꽃받침통과 꽃받침조각이 동속식물 종 중 가장 크고, 꽃받침조각의 가장자리가 심하게 뒤로 말려 선단부가 원뿔형을 이루는 경우가 많다는 점이 특징이다.

개족도리풀과 무늬족도리풀은 잎에 무늬가 들어가는 종으로 둘 다 소형종이고 한국 특산종이다. **개족도리풀**(***A. maculatum***)은 제주도를 포함한 남부지

◈ **자주족도리풀** 처음에는 잎이 짙은 자주색이지만(왼쪽) 개화와 더불어 점차 자주색이 사라지고(중간) 녹색으로 변해간다(오른쪽).

◈ **자주족도리풀 화분 작품**
개화하면서 자주색이 거의 사라졌다. 소장자 김진성.

방의 낮은 산지에서 자생하며, 짙은 녹색의 두꺼운 잎에 뚜렷한 백록색 반점이 있지만 무늬가 없는 경우도 있다. 개족도리풀은 식물체가 소형이라 베란다에서 키우기 좋고 후육질의 잎에 무늬가 들어 있어서 관상가치가 높은 식물이다. 꽃은 족도리풀 꽃에 비해 훨씬 단정하며 크기가 더 작아서 앙증맞고 귀여운 느낌을 풍긴다. 식물명의 앞에 붙는 '개-'는 "하찮거나 질이 떨어진다."는 뜻이 아니라 "비슷하지만 다르다."라는 의미를 가진 접두어이다.[2]

무늬족도리풀(***A. versicolor***)은 중부 및 남부지방 산지의 계곡 주변에서 자라며 밝은 녹색의 얇은 잎에 희미한 백록색 반점이 있지만 간혹 없는 경우도 있다. 또한 꽃받침통과 꽃받침조각에 미세한 흰 점이 있다. 무늬족도리풀은 잎자루의 길이와 잎의 크기가 모두 그다지 크지 않은 종으로 잎에 백록색 반점이 있다는 점에서 개족도리풀과 유사하다. 차이점은 무늬족도리풀의 잎이 더 얇고 녹색이 더 밝고 옅으며 백록색 무늬도 더 희미하다는 것이다.

털족도리풀과 각시족도리풀은 꽃받침조각이 뒤로 젖혀지고 심하면 꽃받

◈ **개족도리풀** 왼쪽: 개족도리풀의 꽃받침조각은 뒤로 말리거나 끝이 비틀리지 않으므로 꽃이 단정하다. 중간: 비닐 온실에서 충분한 광선을 주어 재배한 작품. 소장자 김병기. 오른쪽: 베란다에서 재배한 작품. 햇빛이 모자라 키가 커져서 꽃이 더 잘 보인다.

침통에 밀착할 정도로 젖혀지는 특징을 가지고 있는 종으로 잎자루의 길이에는 변이가 많으나 잎의 크기는 대체로 족도리풀보다 작다. 털족도리풀(*A. mandshuricum*)은 북부와 중부지방에서 자라며 잎자루와 잎의 양면에 모두 털이 많은 것이 보통이지만 지역에 따라 양적인 차이가 있다. 이 종은 꽃받침조각이 뒤로 젖혀지고 꽃받침통의 입구가 흰색 또는 그와 유사한 색을 띤다는 점이 특징이다. 꽃받침조각이 뒤로 젖혀지지 않고 편평하게 수평으로 펴진 것들도 관찰되는데 이는 아마 꽃의 성숙 단계에 따라 꽃받침조각이 뒤로 젖혀지는 정도에 차이가 있기 때문에 나타나는 일시적인 현상으로 추정된다. 털족도리풀은 전체적으로 그렇게 크지 않고 잎도 작아 베란다에서 키우기에 적합한 종이다. 각시족도리풀(*A. misandrum*)은 중부 및 남부지방에서 자생하며 대체로 털족도리풀과 유사하지만 잎자루와 잎의 뒷면에 털이 없다는 것이 차이점이다.

◈ **무늬족도리풀**

족도리풀속 식물은 뿌리에 매운 맛이 있어서 한방에서는 뿌리를 포함한 전

◈ **털족도리풀**

털족도리풀은 잎자루와 잎의 뒷면에 털이 밀생하고 꽃받침통의 입구가 흰색인 점이 특징이다.

초를 세신(細辛)이라 하며 발한, 거담, 거풍, 진통, 진해, 온폐 등의 효능이 있어 두통, 소화불량, 축농증, 치통, 비통 등의 치료에 사용한다. 은단의 재료로 이용되며 약초꾼들은 치약 대신으로 족도리풀 뿌리를 이용하여 양치질을 하기도 한다.

◈ **털족도리풀 화분 작품**

생육 특성

족도리풀류는 반음지에서 잘 자라는 식물이므로 동향~동남향 베란다에서 키우기에 적합한 종이다. 특히 개족도리풀, 무늬족도리풀, 털족도리풀 및 각시족도리풀과 같은 소형 종은 공간을 많이 차지하지 않기 때문에 더욱 알맞다고 할 수 있다. 족도리풀류는 비배관리만 잘하면 꽃도 잘 피고 꽃의 모양과 색깔이 독특할 뿐 아니라 꽃의 수명도 제법 길어서 즐거움을 안겨준다. 꽃의 색깔도 개체변이가 많아 다양하게 나타나므로 여러 종류를 수집한다면 재미있게 즐길 수 있을 것이다.

족도리풀은 베란다에서 상당히 일찍 움직이는 식물 중의 하나로 동남향의 베란다에서는 2월 초순~중순부터 새싹이 움직이기 시작한다. 초봄까지 문을 닫아두면서 비교적 따뜻하게 관리하는 경우 3월이면 꽃이 핀다. 족도리풀의 꽃은 수명이 상당히 길어 3월부터 피어서 4월 초순까지 이어지는 것이 보통이다.

3월까지는 잎자루가 꼿꼿하게 서 있지만 4월이 되면 잎자루가 계속 자라면서 옆으로 약간 휘게 된다. 물을 너무 많이 주거나 햇빛이 모자란 그늘에 두면 잎자루가 웃자라면서 길게 늘어나고 조직이 연약해져 종래에는 옆으로 퍼지면서 드러눕는 잎자루가 생기기도 한다. 너무 많은 줄기가 심하게 드러누우면 지지대를 세우고 끈으로 묶어 쓰러지지 않도록 해야 주변의 식물을 덮지 않는다. 밑동이 건조해지면 잎자루가 더 쉽게 퍼지고 일찍 마르는 것들도 생기므로 화분의 표면이 건조해지지 않도록 하는 것이 좋다.

여름을 지나면서 뿌리줄기의 끝에서 새로운 뿌리줄기가 자라나면서 그 끝에 겨울눈이 형성되는 것을 볼 수 있다. 이와 더불어 여름~초가을에 걸쳐 화아분화가 일어날 것으로 생각된다. 따라서 가을의 비배관리를 충실하게 해야 꽃달림이 좋아진다. 족도리풀은 11월에 접어들면 낙엽이 지기 시작한다. 봄에 족도리풀보다 더 일찍 움직이기 시작하는 개족도리풀은 한여름에 고온이 지속되면 8월부터 하나둘 낙엽이 지기도 한다.

◈ **족도리풀의 겨울눈 형성 및 출아** 왼쪽: 8월 초순에 관찰한 족도리풀의 겨울눈(화살표). 오른쪽: 겨울눈은 다음 해 2월 초순이 되면 움직이기 시작한다(화살표).

옮겨심기

족도리풀은 이른 봄에 개화하는 식물이므로 꽃이 지고 난 다음인 4월 중순~5월 사이에 옮겨 심는 것이 가장 좋다. 하지만 이 시기에는 지상부가 길게 자라서 다소 거추장스러울 수도 있다. 이것이 싫으면 지상부가 크게 자라기 전인 2월 하순에 옮겨 심도록 한다. 봄에 분갈이를 하지 못하였다면 9~10월에 옮겨 심는다. 매 3년마다 한 번씩 옮겨 심는 것을 원칙으로 하되, 식물에 비해 다소 큰 화분에 심었다면 옮겨심기의 주기를 좀 더 길게 잡아도 된다.

족도리풀은 비교적 습윤한 환경을 좋아하므로 식재는 다소 습하게 구성하고 물 빠짐이 좋도록 한다. 높이 10cm 정도의 5~6호(직경 15~18cm) 화분을 기준으로 마사토의 비율을 40% 내외로 하고 나머지는 보수성이 높은 화산토로 구성한다. 화분의 크기가 이보다 더 커지면 과습을 피하기 위하여 마사토의 비율을 더 높인다. 족도리풀은 밑동 부분이 건조해지면 잎자루가 옆으로 드러눕고 심하면 말라죽는 잎이 나오기도 하므로 뿌리줄기가 완전히 덮이도록 다소 깊게 심는 것이 좋다. 심을 때 뿌리줄기를 포함하여 밑동부분을 수태로 감아주면 보습 효과가 있어 잎자루가 마르는 현상을 예방할 수 있다. 심을 때 밑거름을 충분히 넣어주는 것이 개화에 도움이 된다.

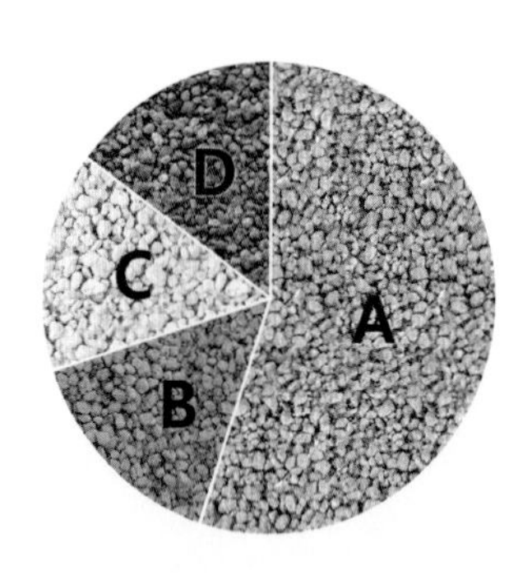

◈ **화분: 7호(직경 21cm), 높이 23cm**

◈ **배양토 구성**

A: 마사토 소립 55%
B: 경질적옥토 소립 15%
C: 경질녹소토 소립 15%
D: 동생사 소립 15%

① 뿌리를 정리하고 밑동과 뿌리줄기를 수태로 감싼다.

② 배수층을 약 10% 정도 넣는다.

③ 배양토에 원예용 퇴비를 약 10% 정도 첨가한다.

④ 퇴비와 섞은 배양토를 적절한 높이까지 넣는다.

⑤ 식물을 넣고 높이가 적절한지 가늠해 본다.

⑥ 화분 가장자리를 따라 영양볼을 몇 개 넣어 준다.

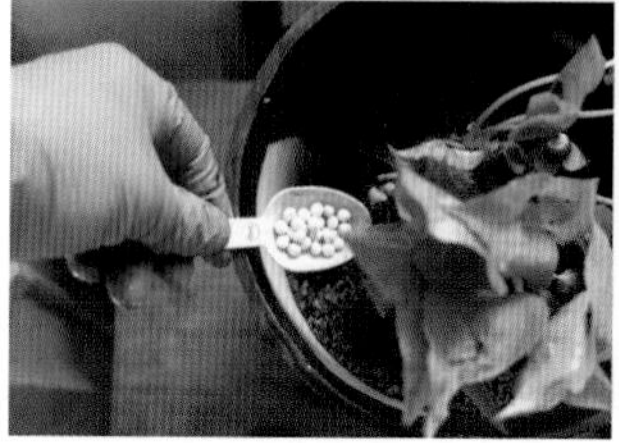

⑦ 화분 가장자리를 따라 고형 인산비료를 약간 넣는다.

⑧ 화분 높이의 약 70~80%까지 배양토를 채운다.

⑨ 배양토가 잘 들어가도록 피복 철사로 찔러 돌린다.

⑩ 다시 영양볼 몇 개를 화분 가장자리에 넣어 준다.

⑪ 화분 높이의 90%까지 배양토를 채우고 화분 벽을 가볍게 몇 번 쳐 준다.

⑫ 피복복비를 화분 가장자리를 따라 다소 넉넉하게 올려 준다.

⑬ 미량원소비료를 올려 준다.

⑭ 팻말을 꽂고 맑은 물이 흘러나올 때까지 물을 흠뻑 준다. 약 1주일 정도 그늘에서 관리하면서 처음 2~3일간은 매일 물을 준다. 그 후 제 자리를 찾아 올려두고 정상관리에 들어간다.

◈ **옮겨심기 후의 변화** 분갈이 후 1년(왼쪽), 2년(중간) 및 4년(오른쪽)이 경과한 모습. 큰 화분에 심어서 옮겨심기의 주기를 길게 잡았다.

 화분 두는 곳

족도리풀은 주로 계곡이나 산지의 나무그늘에서 자라는 반음지성 식물이므로 햇빛이 그리 많이 들지 않는 곳에 두어도 된다. 계절별로 화분을 옮겨 줄 공간적인 여유가 있다면 이른 봄에 새싹이 나와 꽃이 필 때까지는 햇빛을 충분히 주고 그 이후로는 반그늘에 둔다. 만일 분갈이를 해주었는데도 꽃이 잘 달리지 않는다면 햇빛을 더 많이 받을 수 있는 자리로 옮겨준다. 특히 늦여름~초가을 사이의 화아분화기에 2~3주 정도 햇빛을 충분히 주어 관리하면 꽃달림이 좋아질 수 있다. 개족도리풀은 남쪽지방에서 자라는 식물이므로 중부지방에서 재배하는 경우에는 겨울에 찬 기운을 피할 수 있도록 창으로부터 약간 떨어진 자리에 두도록 한다.

 물주기

족도리풀속 식물은 비교적 습윤한 환경에서 자라는 것들이 많으므로 물은 충분히 주는 것이 좋다. 물주는 횟수는 계절별 관수 방법에 따르되 매회 넉넉하게 물을 준다. 만일 심을 때 너무 건조하게 심었거나 또는 물을 충분히 주지 않으면 밑동부분이 쉬 건조해져 잎자루가 더 쉽게 옆으로 퍼져 드러눕게 되고, 그 결과 잎자루가 일찍 마르면서 가을이 되기 전에 잎이 고사하는 경우도 생긴다. 이런 현상이 관찰되면 경질적옥토 세립이나 이끼로 표토를 덮어 주면 잎이 시드는 증상이 개선된다.

◈ 잎자루가 자주 마르는 경우 밑동을 경질적옥토 세립으로 덮어 주면 그런 현상이 개선된다.

거름주기

자생지의 족도리풀은 부식질이 많은 점질양토에서 잘 자라는 성질이 있으므로 비료를 충분히 주는 것이 좋다. 햇빛이 모자란 베란다에서는 비배관리를 소홀하게 하면 꽃이 잘 피지 않게 된다. 따라서 액비를 충실하게 주고 치비 교환을 게을리 하지 않는 것이 좋다. 액비는 전체적인 비배관리에 준하여 주되 매회 충분히 주도록 한다. 충실한 비배관리를 위해서는 3월과 9월에 치비를 새것으로 교환해 주는 것을 잊지 않도록 한다. 적당한 치비가 없으면 봄·가을로 원예용 퇴비를 표토 가장자리에 몇 숟가락 얹어 주어도 괜찮다.

번식

포기나누기와 실생으로 번식한다. 큰 포기를 이루는 것들은 봄에 옮겨 심을 때 자연스럽게 나누어지는 부분에서 포기를 가른다. 그런 부분이 없으면 포기를 움직여 보아 가장 약한 부분을 찾아 뿌리줄기를 잘라 나누어 심는다.

꽃을 그대로 두면 베란다에서도 결실이 잘 이루어진다. 족도리풀류의 열매는 종자를 20개 정도 가지고 있는 장과형의 열매이고 끝에 꽃받침조각이 달려 있다. 장과(漿果)란 포도와 같은 열매로 익어도 벌어지지 않는다. '장과형'인 족도리풀류의 열매는 완전히 익으면 껍질에 균열이 생겨 갈라지는 경우도 있고 갈라지지 않는 경우도 있다. 열매가 갈라지지 않더라도 씨앗은 꽃받침조각 사이로 열려 있는 꽃받침통의 입구를 통해 쏟아져 나온다. 씨앗이 화분 밖으로 떨

◈ **족도리풀류의 열매와 자연 발아** 꽃받침조각이 붙어 있는 족도리풀의 열매(왼쪽)와 자연 발아(중간) 및 개족도리풀의 자연발아(오른쪽).

어지지 않도록 열매를 거두어 화분 속으로 들여 놓으면 씨앗이 자연적으로 떨어져 이듬해 봄에 발아가 잘 이루어진다. 베란다에서는 이르면 1월 하순부터 씨앗이 발아하는 것을 관찰할 수 있다. 이것을 가을에 별도의 화분에 옮겨 심거나 혹은 그대로 두었다 나중에 분갈이를 할 때 어린 개체를 따로 모아 심는다.

병충해 방제

족도리풀의 잎은 민달팽이가 상당히 좋아하는 먹이 중의 하나이다. 민달팽이가 잎을 갉아먹더라도 다 자란 잎은 큰 피해를 당하지는 않는다. 그러나 겨울눈은 피해가 크다. 겨울눈이 민달팽이에 의해 식해(食害)를 당하면 장차 잎이

◈ **족도리풀 겨울눈의 민달팽이 식해** 민달팽이가 족도리풀의 겨울눈을 갉아먹은 것이 발견되면(왼쪽) 그 주변에는 반드시 민달팽이가 잠복하고 있다(중간). 이런 피해를 당하면 나중에 잎이 크게 훼손된 채 나온다(오른쪽).

될 많은 부분이 손상되어 나중에 나오는 잎이 보기 흉해진다. 그러므로 겨울눈에 민달팽이 식해 흔적이 발견되면 주변을 수색하여 민달팽이를 찾아 없애야 한다.

◈ 털족도리풀에 낳은 애호랑나비 알

족도리풀속 식물은 애호랑나비 애벌레의 식충식물이므로 이 나비는 족도리풀류에 알을 낳는다. 자생지가 아니라도 노지 또는 문을 열어둔 비닐하우스에서 재배한 모종에는 애호랑나비의 알이 붙어 있을 수 있다. 따라서 이른 봄에 모종을 구입할 때는 이런 알이 붙어 있는지 잘 살펴볼 필요가 있다. 애호랑나비가 알을 낳은 모종을 가져다 키우면 시커먼 애벌레가 부화되어 나와 잎을 모두 먹어버린다. 설령 애벌레가 잎을 몽땅 먹어치워도 그 족도리풀이 죽지는 않는다. 다만 세력을 회복하여 다시 꽃을 피울 수 있을 때까지는 여러 해가 걸린다.

참고문헌

1. 오병운. 한국산 족도리풀속의 분류학적 재검토. 한국식물분류학회지. 38(3): 251-270, 2008.

2. 이우철. 한국 식물명의 유래. 일조각. 2005.

3. 이영노. 새로운 한국식물도감. 교학사. 2007.

봄꽃

앵초

- **분류** 앵초과
- **생육상** 다년생 초본
- **분포** 전국
- **자생환경** 습기 많은 골짜기나 냇가
- **높이** 10~25cm

◆ **관리특성**

식재습윤도	●●○
광량	●◐○
관수량	●●○
시비량	●●○
개화율	●●○
난이도	●◐○

연중 관리		1	2	3	4	5	6	7	8	9	10	11	12
생활환	출아		◑	◐									
	영양생장		◑	●	●	●	●						
	개화			●									
	겨울눈 형성							●	●				
	화아분화								●	●			
	생식생장							●	●	●	●	●	
	낙엽							●					
	휴면	●	◐						●	●	●	●	●
작업	옮겨심기		◑		●	●	○			●	●	○	
	액비 시비			●	●	●	●			●	●	◐	
	치비 교환			●						●			
	낙엽 제거							●					

앵초(***Primula sieboldii* E. Morren**)는 앵초과 앵초속(*Primula*)에 속하는 다년생 초본으로 꽃이 아름답기 때문에 외국에서는 다수의 원예종이 개발되어 속명인 프리뮬러라는 이름 아래에 다양한 품종 명을 붙여 판매하고 있다. 속명인 *Primula*는 첫째 또는 처음을 뜻하는 라틴어 primus에서 유래한 것으로 앵초가 봄에 꽃을 일찍 피우기 때문에 붙여진 것이다. 앵초는 전국의 습기가 많은 산지의 골짜기나 냇가, 물이 잘 빠지는 습지 주변에 무리지어 자생하는데[1~3] 붉은색 꽃이 예뻐 많이 남획된 관계로 지금은 대규모 군락지를 찾아보기 어렵게 되었다.

지하부에는 옆으로 벋어나가는 뿌리줄기가 있고 여기로부터 다수의 가느다랗고 하얀 잔뿌리가 사방으로 퍼져나간다. 뿌리줄기의 끝에서 모여 나는 잎은 잎자루 끝에 하나씩 달리며 식물체 전체에 가늘고 부드러운 털이 밀생한다.

◈ **앵초의 뿌리줄기와 잎** 왼쪽: 9월 초순에 관찰한 앵초의 지하부. 옆으로 벋는 뿌리줄기에서 많은 뿌리가 자라나고, 뿌리줄기의 끝에는 겨울눈(화살표)이 붙어 있다. 오른쪽: 앵초의 잎.

잎자루의 길이는 잎몸과 비슷하거나 3~4배 정도까지 긴 경우도 있으며 쉽게 부러진다. 잎의 모양은 계란모양 또는 타원형으로 맥을 따라 주름이 잡혀 있어 표면이 우글쭈글하다. 가장자리는 얕게 갈라지며 각 갈래에는 불규칙한 가는 톱니가 있다.

꽃은 자생지에서는 4월에 피는 것이 보통이지만 베란다에서 재배하면 3월에 개화한다. 꽃줄기는 높이 15~40cm 정도로 자라면서 잎 위로 솟아오르고 그 끝에 피침형의 총포편이 돌려나며 그 위에 7~20개의 꽃이 산형으로 달린다. 각각의 꽃은 2~3cm 길이의 소화경 끝에 달려 있다. 꽃잎은 아래쪽에서는 합쳐져 통부를 형성하고 위쪽에서는 5개로 갈라져 수평으로 퍼지며 각각의 꽃잎 모양은 하트형이다. 통부의 입구는 흰색의 고리처럼 보이며 그 속에 암술과 수술이 위치한다. 꽃잎의 색깔은 일반적으로 홍자색이지만 짙은 홍자색으로부터 옅은 홍자색, 분홍색, 그리고 흰색에 이르기까지 다양하다. 흰색 꽃이 피는 것을 흰앵초(***P. sieboldii* f. *albiflora* Y.N.Lee**)라 하여 별개의 종으로 간주한다.[1,2] 자생지에서는 흰색을 포함하여 다양한 화색을 보이는 개체가 같은 장소에 혼재하고 있으며, 이들 사이에 자유로운 교배가 일어나고 있는 것으로 보인다. 따라서 흰색 꽃이 피는 개체를 별도의 종으로 간주하는 것이 타당한 것인지에 대해서는 다소 의문이 든다.

수술은 5개, 암술은 1개이며 통부에 숨어 있으므로 겉에서는 보이지 않는다. 앵초는 꽃에 따라서 암술과 수술의 길이가 서로 다른데 이런 현상을 **이형예**(異形蘂)**현상**이라 하며, 암술이 길고 수술이 짧은 것을 **장주화**, 암술이 짧고 수술이 긴 것을 **단주화**라고 한다. 이형예현상은 자가수정을 피하기 위한 수단의 하나로 이형화 사이의 수분(장주화×단주화)에서는 수정이 잘 이루어지지만 동형화 사이의 수분(장주화×장주화, 단주화×단주화)에서는 수정이 잘 이루어지지

◈ **앵초의 꽃** 화색은 짙은 홍자색~흰색 사이에서 다양한 변이를 보인다.

◈ **앵초 및 흰앵초 화분 작품** 두 작품 모두 햇빛을 충분히 받고 자란 것들이다. 소장자 주경수(왼쪽), 선우타순(오른쪽).

◈ **앵초 석부작** 베란다에서 재배한 것으로 햇빛이 모자라 다소 웃자랐다.

않으며 이를 이형예불화합성이라 칭한다.

유사종에는 설앵초, 좀설앵초, 큰앵초 등이 있다. 설앵초와 좀설앵초는 소형이고 잎 뒷면이 희거나 노란색 가루로 덮여 있는 것이 다른 종과 구분되는 특징이다.[4] 설앵초(***P. modesta* var. *hannasanensis* T. Yamaz.**)는 전국의 높은 산 돌틈에 자생하며 주로 돌과 이끼가 있는 습기 있는 곳에서 자란다. 잎은 뿌리에서 촘촘하게 모여 나며 주걱형~타원형이고 밑부분이 갑자기 좁아지면서 잎자루의 날개로 계속된다. 잎의 뒷면은 흰 연두색 내지 은황색 가루로 덮여 있고 가장자리에는 톱니가 있다. 5~6월에 홍자색 꽃이 산형화서(繖形花序) 로 달린다. 설앵초는 고산식물이지만 평지에서도 잘 자라는데, 특히 햇볕을 충분히 주어 재배하면 꽃줄기가 짧고 탄탄해지며 화색도 잘 발현된다. 크기가 작아 평분이나 돌에 모아 심으면 멋진 작품을 만들 수 있는 소재이다. 그러나 햇빛이 모자란 베란다에서 재배하면 꽃줄기가 늘어나고 화색의 발색도 미흡해지는 경향이 있다.

좀설앵초(***P. sachalinensis* Nakai**)는 주로 한반도 북부지방의 고산 습지에 자생하며 설앵초보다 더 소형이다. 잎은 거꿀피침형으로 좁고 길며 밑이 점진적으로 좁아지므로 잎자루로 볼 수 있는 부분이 없다. 가장자리에는 거의 톱니가 없으며 뒷면은 노란색 가루로 덮여 있고 6~7월에 개화한다.

큰앵초(***P. jesoana* Miq.**)는 전국의 깊은 산 반그늘의 습기 많은 숲속이나 습지에서 자란다. 잎은 손바닥 모양의 둥근 신장형으로 가장자리가 얕게 7~9갈

◈ **설앵초 작품** 두 작품 모두 햇볕이 좋은 비닐 온실에서 자라 많은 꽃을 피워 올렸다. 소장자 김병기.

◈ **큰앵초 화분 작품** 소장자 주경수(왼쪽), 박금진(오른쪽).

래로 갈라지고 각 갈래에는 불규칙한 톱니가 있다. 5~6월에 피는 꽃은 홍자색이고 꽃줄기에 1~4층으로 달린다.[1~3] 고산성인 큰앵초는 재배하는 것이 쉽지 않은 편에 속한다.

생육 특성

앵초는 화려한 색상의 예쁜 꽃을 피우기 때문에 인기 있는 야생화 중의 하나이다. 성질도 대체로 강건하므로 재배에 큰 어려움이 없는 것이 보통이다. 그러나 해가 모자라면 너무 웃자라고 연약해지므로 베란다에서 작품성 있게 재배하는 것은 의외로 만만치 않다. 일반적으로 내습성과 내한성은 강하지만 내서성과 내건성은 약한 편이다. 따라서 고온 건조한 환경이 지속되면 세력이 떨어지는 경향이 있다.

겨울에 문을 닫아둔 동남향의 베란다에서는 앵초의 신아가 2월 말부터 본격적으로 움직이기 시작한다. 3월이 되면 잎이 빠른 속도로 커지며 잎이 전개되는 것과 동시에 꽃대도 나와 꽃이 피기 시작한다. 여러 주를 모아 심은 분에서는 각 개체들이 시차를 두고 개화하므로 3월 말~4월 초까지도 꽃이 피는 개체를 볼 수 있다. 2월 하순부터 창을 열어 차게 관리하면 3월 하순에 새순이 올라온다. 앵초의 영양생장은 일장의 영향을 많이 받으며 장일 조건에서는 생장을 계속하는 성질이 있다.[5] 꽃이 진 후에도 잎이 얼마간 계속 자라는 것은 이 때문이다. 햇빛이 모자란 환경에서 물을 많이 주어 관리하면 너무 웃자라 볼품이 없어지고 심하면 넘어지면서 주변의 다른 식물을 덮게 된다. 그러므로 봄철에는 가급적 햇빛을 많이 받을 수 있도록 관리하는 것이 좋다.

◈ **앵초의 출아** 겨울에 계속 창문을 닫아둔 베란다에서 2월 초순(왼쪽)과 3월 초순(오른쪽)에 관찰한 앵초의 신아.

여름철이 가까워지면서 기온이 25℃를 넘어서고 또 단일 조건이 만들어지면 생장을 멈추고 휴면에 돌입한다.[5] 베란다에서는 보통 7월 중에 대부분의 잎이 낙엽이 진다. 낙엽이 지면서 지상부는 휴면에 들어가지만 지하부에서는 활발한 생식생장이 일어나면서 내년을 준비한다. 여름 동안 뿌리줄기가 새롭게 신장하면서 옆으로 벋어나가고 그 끝에 내년의 신아로 자라날 겨울눈이 형성된다. 이와 유사한 시기에 화아분화도 같이 일어날 것으로 생각된다. 석부작에서는 새로 신장하는 뿌리줄기가 표면으로 빠져나오는 경우가 자주 있으므로 수시로 관찰하여 마르지 않도록 배양토나 이끼로 덮어주도록 한다. 가을을 거치면서 겨울눈은 느리지만 지속적으로 성장하다 겨울을 맞는다. 앵초는 개화에 필요한 저온(4℃ 이하) 요구기간이 약 2개월 정도라고 알려져 있으므로[5] 겨울에는 가급적 차게 관리하는 것이 개화에 유리하다.

◈ **앵초의 겨울눈** 7월 말에 관찰한 앵초의 겨울눈(화살표).

옮겨심기

앵초는 베란다에서는 대개 3월에 개화하므로 꽃이 진 직후인 4월이 옮겨심기의 적기이다. 지상부가 본격적으로 움직이기 전인 2월 하순도 분갈이에 적당한 시기이다. 이때를 놓쳤다면 5월이나 9~10월에 옮겨 심는다. 가급적 개화기의 분갈이는 피하는 것이 좋지만 그 해의 꽃을 개의치 않는다면 3월에 옮겨 심는 것도 큰 문제는 없다. 앵초는 새 뿌리줄기에서 새로운 뿌리가 내리는 한편 묵은 뿌리는 죽는 성질이 있는데, 이 죽은 뿌리가 썩으면서 가스장해와 같은 부작용을 일으킬 수 있다. 따라서 너무 오랫동안 분갈이를 하지 않으면 좋지 않으며 적어도 3년 마다 한 번씩 옮겨 심도록 한다.

1. 앵초 화분 심기

앵초는 습기가 많은 것을 좋아하는 성질을 가지고 있으므로 식재의 구성은 다소 습하게 하고 화분도 다소 큰 것을 사용하도록 한다. 높이 15cm 내외의 7호 화분을 기준으로 할 경우 마사토의 비율을 40% 내외로 하고 나머지는 보습성이 높은 화산토로 구성한다.

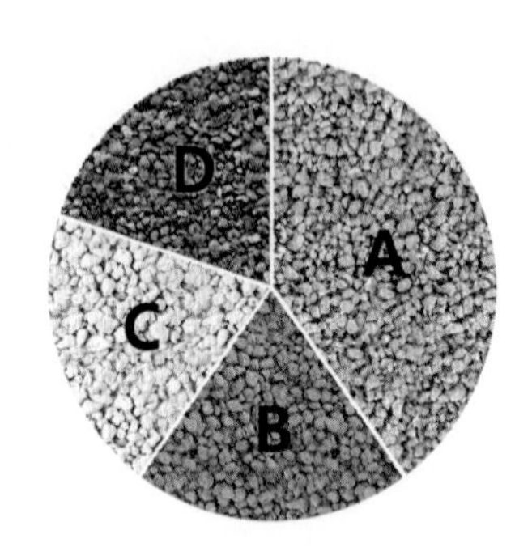

◈ **화분: 7호(직경 21cm), 높이 15cm**

◈ **배양토 구성**

A: 마사토 40%(중립 10%, 소립 30%)

B: 경질적옥토 소립 20%

C: 경질녹소토 소립 20%

D: 동생사 소립 20%

① 죽은 부분을 잘라내고 엉킨 뿌리를 풀어 정리한다.

② 묵은 촉을 잘라낸 절단부에 상처보호제를 바른다.

③ 배수층(10%)을 넣고 그 위에 적당량의 배양토를 넣는다.

④ 식물을 뒤집어 뿌리를 펼친 다음 중심부에 식재를 올려놓고 핀셋으로 찔러 준다.

⑤ 밑바닥을 손으로 막고 뒤집어 화분 속으로 집어넣고 뿌리를 거두어들인다.

⑥ 뿌리가 주로 위치하는 화분의 가장자리에 영양볼과 고형 인산비료를 넣는다.

⑦ 배양토를 더 넣고 피복 철사로 찔러 돌린다.

⑧ 배양토를 마저 넣고 표면에 비료를 흩뿌린다.

⑨ 팻말을 꽂고 물을 충분히 준다.

◈ 약 2개월 후에 개화한 모습

2. 설앵초 화분 심기

설앵초는 베란다에서 4월에 개화하므로 5~6월이 옮겨심기의 적기이며 가을이나 이른 봄의 옮겨심기도 가능하다. 뿌리가 몹시 가늘어 건조함을 견디는 힘이 약하므로 식재는 다소 습하게 구성한다. 또한 식물체의 크기가 작으므로 작은 분에 심는 것이 좋다. 식재의 구성은 3~4호 분을 기준으로 하여 마사토의 비율을 30~40% 정도로 하고 나머지는 보수성이 좋은 화산토를 사용한다. 보습력이 좋으면서도 잘 말라 기화열로 화분 내의 온도를 떨어뜨리는 성질이 있는 동생사나 에조사를 용토에 섞어주면 여름철의 고온을 견디는데 도움이 된다.

고산식물인 설앵초는 저지대에서 키우면 특히 여름밤의 고온을 견디지 못해 녹아버리는 현상이 자주 일어난다. 그러므로 햇볕이 잘 들고 바람이 잘 통하는 장소에 두는 것이 좋다. 설앵초는 꽃이 진 다음 성장을 계속하는데 밑동 부분이 위쪽으로 자라 올라가면서 뿌리가 노출되는 성질이 있다. 이것을 그대로 방치하면 자칫 마를 수 있으므로 여름~가을에 걸쳐 노출된 뿌리를 배양토로 덮어주는 것이 좋다.

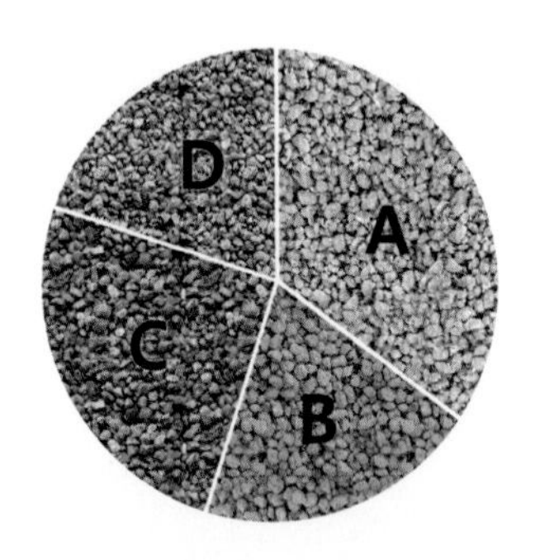

◈ **화분 : 3.3호(직경 10cm), 높이 5cm**

◈ **배양토 구성**

A : 마사토 소립 35%
B : 경질적옥토 소립 20%
C : 동생사 소립 25%
D : 에조사 소립 20%

① 배수층을 한 층 넣고 그 위에 배양토를 약간 넣는다.

② 설앵초의 뿌리를 펼쳐서 배양토 위에 올린다.

③ 고형 인산비료와 영양볼을 약간 넣어 준다.

④ 배양토를 마저 넣고 화장토로 경질적옥토 세립을 약간 올려 준다.

⑤ 피복복비와 미량원소비료를 약간 올려 준다.

⑥ 팻말을 꽂고 물을 충분히 준다.

◈ **이듬해 4월 말에 개화한 모습** 햇빛이 모자란 베란다에서 재배하면 꽃대가 다소 웃자라고 꽃의 발색이 미흡한 경향을 보인다.

◈ **설앵초의 뿌리 노출** 8월 초순에 관찰한 설앵초로서 신아에서 내린 새로운 뿌리가 노출되어 있다(왼쪽). 이것은 보이는 대로 배양토로 덮어주도록 한다(오른쪽).

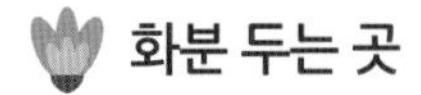

화분 두는 곳

앵초는 기본적으로 반음지성 식물이므로 반그늘에서 재배하는 것이 원칙이다. 다만 한창 성장하는 시기에 햇빛이 부족하면 웃자라서 잎자루가 길게 늘어나면서 드러눕는 등 볼품이 없어지므로 봄에는 바람이 잘 통하고 햇빛을 다소 많이 받는 장소에 두도록 한다. 그러나 고온기에 접어들면 강한 햇볕에 잎이 타면서 낙엽이 일찍 지는 성질이 있으므로 5월 중순 이후로는 그늘로 옮긴다. 철마다 옮기는 것이 여의치 않으면 계속 반그늘에 두고 키우되 잎이 늘어나는 정도를 보고 두는 장소를 결정하도록 한다. 동절기에는 겨울눈이 마르지 않도록 관리하며 차가운 장소에 두는 것이 개화에 유리하다.

물주기

건조하면 세력이 약해지므로 물은 매번 충분히 주는 것을 원칙으로 한다. 다만 꽃이 진 후 잎이 웃자라는 경향이 있으므로 잎의 성장 상태를 체크해 가면서 물주는 양을 조절해 준다.

거름주기

개화율이 높고 많은 꽃을 피우므로 다소 비옥하게 관리하는 것이 좋다. 옮겨 심을 때 밑거름을 넉넉하게 넣어주고 계절별로 주는 액비를 거르지 않는다. 또한 봄·가을로 치비를 넉넉하게 올려준다.

번식

실생, 포기나누기, 뿌리꽂이 등으로 번식시킬 수 있으며 베란다에서는 주로 포기나누기로 번식시킨다. 앵초는 묵은 뿌리줄기가 거기서 자라난 뿌리와 함께 죽어버리므로 덩어리 진 큰 포기를 형성하지 않는다. 옮겨 심을 때 검게 죽은 묵은 뿌리를 제거하고 새로운 뿌리줄기를 모아서 화분의 크기에 맞게 적당히 나누어 심는다. 뿌리꽂이로 번식시키고자 할 때는 포기를 나눌 때 일부 뿌리를 잘라 자른 자리가 표면에 보이도록 삽상(揷床)에 뉘어 심으면 새로운 묘를 얻을 수 있다.

병충해 방제

무름병, 잿빛곰팡이병, 탄저병의 피해가 알려져 있지만 화분에서 재배하는 경우에는 별로 발병하지 않는다. 다만 초파리의 애벌레가 뿌리줄기를 침범하면 식물체가 고사하기도 하므로 밑동을 잘 살펴 충해로 의심되는 증상이 보이면 살충제를 살포한다.[5]

참고문헌

1. 국립수목원. 국가생물종지식정보시스템(NATURE). http://www.nature.go.kr
2. 이영노. 새로운 한국식물도감. 교학사. 2007.
3. 이창복. 원색 대한식물도감. 향문사. 2014.
4. 이창복. 「원색 대한식물도감 검색표」. 향문사. 2014.
5. 송정섭. 표준영농교본-138: 우리 꽃 기르기. 농촌진흥청. 2003.

봄꽃

깽깽이풀

◆ **분류** 매자나무과

◆ **생육상** 다년생 초본

◆ **분포** 전국

◆ **자생환경** 다소 습윤하고 반 그늘진 계곡 입구의 동향 사면

◆ **높이** 20~30cm

◆ **관리특성**

항목	정도
식재습윤도	●●○
광량	●◐○
관수량	●●○
시비량	●●○
개화율	●◐○
난이도	●●◐

연중 관리		1	2	3	4	5	6	7	8	9	10	11	12
생활환	출아			●									
	영양생장			●	●	●	●						
	개화			●									
	겨울눈 형성							●	●				
	화아분화							●	●	●			
	생식생장							●	●	●	●	●	
	낙엽								●				
	휴면	●	●							●	●	●	●
작업작업	옮겨심기				●	●	○						
	액비 시비			●	●	●	●			●	●	◐	
	치비 교환			●						●			
	낙엽 제거								●				

깽깽이풀[*Jeffersonia dubia* (Maxim.) **Benth. & Hook.f. ex Baker & S.Moore**]은 매자나무과 깽깽이풀속에 속하는 여러해살이풀로서 거의 전국에 자생한다.[1] 본 속에 속하는 식물은 세계적으로 2종밖에 없으며 그중 한 종이 우리나라를 비롯한 동아시아에 분포하고 있고, 다른 1종[*Jeffersonia diphylla* (L.) Pers; 가칭 미국깽깽이풀]은 북아메리카 동부에 자생한다.[2,3] 보라색 꽃이 무척 아름다운 이 식물은 과거에는 비교적 흔하게 분포하였으나 지금은 남채로 말미암아 자생지가 크게 감소하

◈ **깽깽이풀 전초** 잔뿌리가 매우 많은 것이 특징이다.

였다. '깽깽이'의 사전적 의미가 '해금'이나 '앙감질(깨금발 뛰기)'과 관계가 있기 때문에 깽깽이풀 이름의 유래를 이에 관련시킨 여러 가지 그럴듯한 말들이 인터넷에 광범위하게 떠돌고 있지만 그 유래가 명확하게 알려져 있지는 않다.[4]

뿌리줄기에서 나오는 원뿌리는 단단하고 여기서 수많은 잔뿌리가 나와 크게 발달한다. 원줄기는 없고 옆으로 짧게 벋는 뿌리줄기(근경)에서 잎과 꽃이 모여난다. 깽깽이풀은 지역형별로 독특한 형질을 가지고 있으며 봄에 올라오는 잎과 꽃의 전개 양상도 자생지에 따라 서로 다르게 나타난다. 북위 38° 보다 남쪽에 자생하는 것들은 잎보다 꽃이 먼저 올라와 피며 꽃이 많이 달리는 다화성이므로 관상 가치가 높다. 반면에 그보다 북쪽에서 자라는 개체들은 보통 크기가 크고 잎과 꽃이 동시에 올라와 펼쳐지며 꽃의 수가 적어 상대적으로 관상 가치가 낮다고 알려져 있다.[1] 그러나 일부 북쪽지방에서도 남부지방의 개체와 유사한 형질을 보이는 것들이 발견된다고 한다.

◈ **깽깽이풀 꽃과 잎의 전개 양상** 왼쪽: 꽃이 먼저 올라와 피었고 적자색 잎은 아직 펴지지 않은 채 아래쪽에 머물러 있다. 꽃의 수가 매우 많다. 오른쪽: 잎이 꽃과 동시에 올라와 펼쳐졌다.

잎은 뿌리줄기에서 모여 올라오는 긴 잎자루 끝에 하나씩 달린다. 봄에 처음 나오는 깽깽이풀의 잎은 잎자루, 꽃줄기와 더불어 모두 적자색을 띠고 있으나 성장하면서 점차 녹색으로 바뀐다. 잎은 끝부분이 오목하게 파인 하트형, 즉 신장상 심장형이라는 독특한 모양을 하고 있다. 잎자루가 붙는 잎의 기부는 하트의 바닥처럼 깊게 함입되어 있고 잎의 끝부분도 콩팥이나 강낭콩처럼 약간 안쪽으로 패여 있다. 그러므로 잎의 가운데 부분이 잘록하고 이를 중심으로 잎의 양쪽 부분이 서로 대칭을 이루는 특이한 형태를 하고 있다. 미국깽깽이풀 학명의 종소명 '*diphylla*'는 '쌍잎'이란 뜻이고, 영어 이름도 '쌍둥이 잎(twinleaf)'이다. 이러한 용어는 모두 잘록한 가운데 부분을 중심으로 좌우 양쪽에 잎이 각각 하나씩 달린 것처럼 대칭으로 보이는 데에서 유래하였다.[2] 잎의 가장자리는 둔한 거치가 있어 물결모양을 이루고 있다. 꽃이 지고 난 다음 잎자루가 자라면서 잎도 같이 커지는데 잎자루는 다 자라면 높이가 30cm에 이르고 잎의 크기도 7~10cm 정도로 커진다. 깽깽이풀의 잎은 얼핏 보면 연잎과 비슷하게 생겼고 물을 주어도 연잎처럼 물에 젖지 않으므로 북한에서는 산련(山蓮)풀이라 부른다.

◈ **깽깽이풀의 잎과 꽃** 왼쪽: 깽깽이풀의 5월 중순경 모습으로 잎이 모두 초록색으로 변하였다. 잎의 가운데가 잘록한 독특한 모양을 하고 있다. 오른쪽: 꽃잎은 보통 6장이고 대부분의 꽃에서 수술의 수는 8개가 아니라 6개이다.

꽃은 자생지에서는 주로 4월에 피지만 창문을 닫고 겨울을 따뜻하게 보낸 베란다에서는 3월 하순경에 개화한다. 뿌리줄기에서 올라오는 높이 20cm 내외의 꽃줄기 끝에 한 송이씩 달리는 꽃은 6~8개의 꽃잎으로 이루어져 있고 지름은 약 2~3cm 정도이다. 수술은 8개, 암술은 1개이다.[1] 꽃은 보라색으로 매우 고상한 색상과 염려(艶麗)한 자태를 지니고 있지만 아쉽게도 수명이 무척 짧아 만개하면 곧 꽃잎의 연결부가 약해지면서 쉽게 떨어져버리고 만다. 참으로 가인박명(佳人薄命)이라 아니할 수 없다. 깽깽이풀의 화색은 짙은 보라색에서부터

열은 보라색까지 상당히 다양하다. 꽃이 크고 모양이 단정하며 화색이 짙은 것이 좋은 개체라고 할 수 있다.

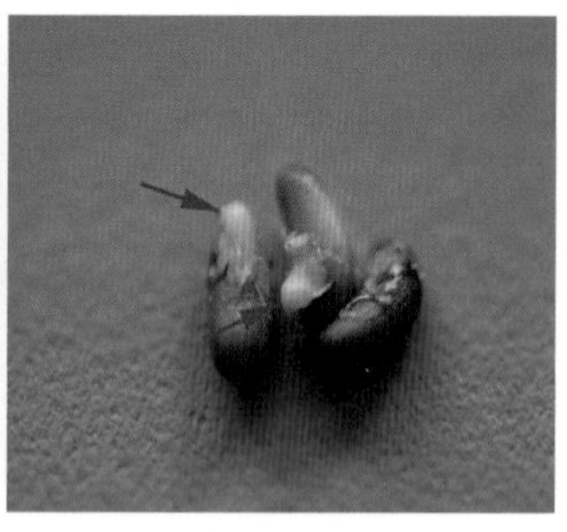

◈ **깽깽이풀의 씨** 굳은 기름덩어리처럼 보이는 것이 엘라이오좀(화살표)이다.

열매는 골돌로서 넓은 타원형이고 엘라이오좀(**elaiosome**)이라고 하는 단백질과 당분이 풍부한 지방덩어리가 붙어 있어 개미 등의 곤충이 씨를 잘 물어간다. 따라서 자연 상태에서는 깽깽이풀이 개미와 같은 매개충의 활동범위 내에서 일정한 크기의 군락을 형성하는 경우가 많다.[1,3] 또 개미의 이동로로 추정되는 경로를 따라 깽깽이풀이 한 줄로 길게 자생하는 경우도 있다고 한다.[5] 베란다에서도 간혹 깽깽이풀 화분과 멀리 떨어진 다른 화분이나 석부작에서 깽깽이풀의 어린 개체가 출현하기도 하는데 아마도 씨가 같은 방식으로 옮겨졌기 때문일 것으로 생각된다.

◈ **깽깽이풀 화분 작품**

깽깽이풀의 뿌리줄기를 9~10월에 캐서 말린 것을 황련(黃蓮)이라 하며 한방에서 건위·지사·항균제 등으로 사용한다. 원래 황련은 미나리아재비과의 황련속(*coptis*)에 속하는 다른 식물로 중국과 일본이 원산지이다. 깽깽이풀은 황련의 대용으로 쓰이는데, 이를 원래의 황련과 구분하기 위하여 토황련, 모황련(毛黃蓮), 조황련(朝黃連) 혹은 선황련(鮮黃連)이라고도 부른다. 뿌리는 황색을 내는 천연염료로 사용되기도 한다.[1,3,6]

생육 특성

깽깽이풀은 봄볕이 잘 드는 계곡 입구의 동향 사면 풀밭이나 낙엽성 잡목림 아래에서 노루귀 등과 함께 자생한다. 보통 약간 습윤하고 서늘하며 반 그늘진 곳을 선호하는 성질이 있다. 또 보수성이 좋고 비옥한 진흙성 토양에서 자생한다.[1,3] 그러므로 화분에서 배양할 때도 전체적으로 이와 유사한 환경을 만들어 주는 것이 좋다. 다만 화분에 심을 때는 진흙처럼 고운 입자의 식재를 너무 많이 사용하면 통기성을 크게 해쳐 좋지 않으므로 보수성과 통기성이 모두 좋도록 심는다.

봄에 꽃과 잎이 같이 올라와 펼쳐지거나 혹은 꽃이 잎보다 먼저 올라와 피고 난 다음 잎의 본격적인 성장이 이루어진다. 겨우내 창문을 닫아 두었던 동남향 베란다에서는 보통 3월 초순부터 꽃과 잎이 나오기 시작하여 3월 말에 개화한다. 2월 하순부터 창문을 열어 늦겨울과 초봄을 차게 지낸 베란다에서는 3월 말에 출아하여 4월 초·중순에 개화한다.

한여름의 고온기가 도래하면 하나둘 낙엽이 지기 시작하면서 지상부가 점진적으로 모두 말라버린다. 베란다에서는 보통 8월초부터 잎이 지기 시작하여 여름을 나면서 대부분의

◈ **깽깽이풀의 출아** 겨울을 차게 관리한 베란다에서 3월 하순에 깽깽이풀의 신아와 꽃줄기가 자라는 모습.

◈ **깽깽이풀의 낙엽** 8월 초순에 관찰한 깽깽이풀. 일부 잎이 누렇게 변한 것이 보인다.

잎이 고사한다. 베란다 환경이나 식물의 상태가 좋지 않으면 7월 초부터 낙엽이 지는 경우도 있다. 환경이 좋은 노지나 자생지에서는 가을까지 잎이 떨어지지 않고 그대로 유지되기도 한다. 화분에서도 내년의 건실한 성장과 개화를 위해서는 지상부가 가급적 오랫동안 유지되는 것이 좋다.

보통 7~8월 사이에 금년 개체의 밑동에서 겨울눈이 형성되며 비슷한 시기에 화아분화도 일어날 것으로 추측된다. 잎이 떨어지면서 지상부는 휴면에 들어가지만, 생식생장에 필요한 양분을 공급해 주기 위해 지하부는 겨울이 올 때까지 정중동(靜中動)의 활동을 이어간다. 그러므로 잎이 모두 떨어진 다음에도 겨울눈과 꽃눈의 충실한 분화와 성숙을 위해서 비배관리에 신경을 써서 관리해 주어야 한다. 겨울눈은 가을·겨울을 거치면서 점진적으로 성숙해지지만 성장 속도가 느리기 때문에 눈에 띄게 커지지는 않는다.

◈ **깽깽이풀의 겨울눈** 왼쪽: 8월 초순에 관찰한 깽깽이풀의 겨울눈(화살표). 오른쪽: 이듬해 1월 하순에 관찰한 깽깽이풀의 겨울눈(화살표). 색깔이 녹색에서 붉은색으로 바뀌었지만 크기는 별로 커지지 않았다.

옮겨심기

깽깽이풀은 베란다에서는 3월 말경에 꽃이 피므로 꽃이 진 직후인 4~5월에 옮겨 심는 것이 가장 무난하다. 잎이 충분히 자라 굳어지는 6월까지는 옮겨 심어도 괜찮지만 이 기간을 제외한 다른 시기의 옮겨심기는 가급적 피하는 것이 좋다. 왜냐하면 깽깽이풀은 이식을 싫어하는 대표적인 식물 중의 하나이기 때문이다. 가을에 분갈이를 하면 이듬해 봄의 출아율과 개화율이 상당히 감소하는 경향이 있다. 이른 봄의 옮겨심기도 왕성하게 올라오는 연약한 신아와 꽃대를 다칠 수 있으므로 그다지 바람직하지 않다. 깽깽이풀은 뿌리가 크게 발달하므로 얼핏 재배가 수월할 것으로 생각하기 쉬우나 이식을 싫어하는 습성이 있어 성공적으로 재배하는 것이 쉽지 않은 종의 하나이다.

깽깽이풀은 보습성이 좋은 진흙성 토양에서 자생하므로 식재는 다소 습윤하게 구성한다. 그러나 진흙성 토양에서 자생한다고 해서 입자가 매우 가는 배양토를 사용하는 것은 통기성과 배수성을 크게 해치므로 화분에는 적합하지 않다. 또 뿌리가 크게 발달하는 식물이기 때문에 큰 화분에 심는 것이 좋다. 높이가 20cm 정도 되는 6~7호(직경 18~21cm)의 큰 화분을 기준으로 하여 마사토 소립의 비율을 50% 내외로 하고 나머지는 경질적옥토나 경질녹소토와 같은 화산토 소립으로 구성하면 무난하다. 화분의 크기가 이보다 작아지면 마사토의 비율을 줄이고 보수성이 좋은 화산토의 비율을 높여주는 것이 좋다. 비옥한 것을 좋아하므로 밑거름을 넉넉하게 넣어준다. 배양토에 퇴비를 10% 정도 혼합해 주는 것도 좋다. 통기성을 높이고 싶으면 마사토의 비율 중 소립 대신 중립을 약 10% 정도 포함시킨다.

깽깽이풀은 잔뿌리가 많이 나와 그물처럼 촘촘하게 얽히기 때문에 옮겨 심는 작업이 쉽지 않다. 심하게 얽혀 있는 뿌리 사이에 박혀 있는 기존의 흙을 모조리 털어내면 새 배양토를 뿌리 사이에 채워 넣는 작업이 상당히 어려워진다. 빈 공간을 없애려고 너무 심하게 쑤셔대면 뿌리가 상하거나 늘어날 가능성이 높고, 새 배양토를 대충 집어넣으면 빈 공간이 많이 생겨 말라죽기 쉽다. 또 이식을 싫어하므로 뿌리를 과감하게 자르는 일도 조심스럽다. 그러므로 옮겨 심을 때 가급적 뿌리를 많이 건드리지 말고 배양토도 깊이 박혀 있는 것을 무리해서 빼내지 않도록 한다.

땅에서는 깽깽이풀의 뿌리가 크게 자라지만 화분에서는 그 성장속도가 그렇게 빠르지는 않은 것 같다. 또 이식을 싫어하는 습성이 있으므로 너무 자주 분갈이를 하는 것도 부담이 된다. 그러므로 준비한 식물에 비해 다소 큰 화분에 옮겨 심고 식물의 상태와 물 빠짐의 정도를 살펴보면서 4~5년마다 옮겨 심도록 한다.

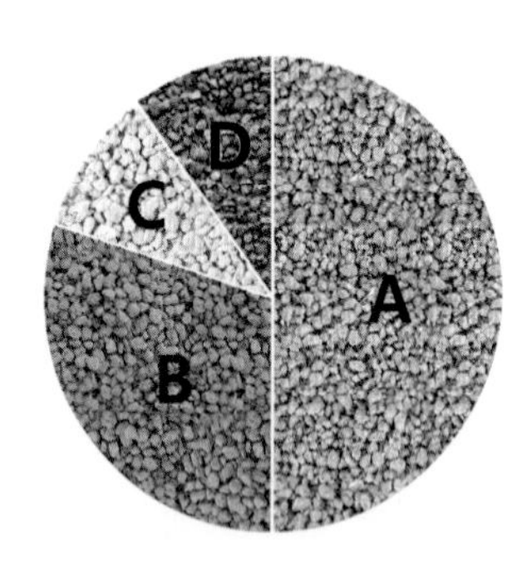

◈ **화분: 5.5호(직경 16.5cm), 높이 24cm**

◈ **배양토 구성**

A: 마사토 소립 50%

B: 경질적옥토 소립 30%

C: 경질녹소토 소립 10%

D: 동생사 소립 10%

① 4월 하순에 깽깽이풀 2포트를 구입하였다.

② 부담을 최소화하기 위해 주변부의 흙만 털어낸다.

③ 화분의 높이가 높으므로 배수층을 약 20% 넣는다.

④ 퇴비를 10% 가량 첨가한 배양토를 화분의 절반 높이까지 넣는다.

⑤ 식물을 손으로 잡고 높이를 맞춘 상태에서 배양토를 더 넣는다.

⑥ 가장자리를 따라 영양볼을 넉넉하게 넣어 준다.

⑦ 배양토를 더 넣은 다음 고형 인산비료를 넣는다.

⑧ 다시 영양볼을 더 넣어 준다.

⑨ 밑동이 흐트러져 노출된 부분을 수태로 감아준다.

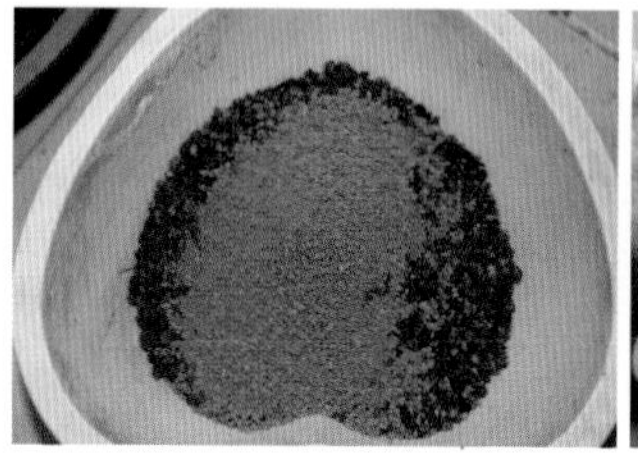

⑩ 배양토에 경질적옥토 세립을 10% 추가하여 화장토를 만든다.

⑪ 화분 맨 위쪽 약 20% 정도를 보습력이 높은 화장토로 덮어준다.

⑫ 피복복비와 미량원소비료를 얹고 팻말을 꽂은 다음 물을 충분히 준다.

◈ **옮겨 심은 지 2년 후 봄에 개화한 모습.** 세력이 붙고 많은 수의 꽃이 달리려면 좀 더 기다려야 할 것으로 보인다.

 화분 두는 곳

반그늘에서 배양하는 것을 원칙으로 하되, 봄에는 오전 햇빛을 충분히 볼 수 있는 곳에서 키우는 것이 좋다. 동남향 베란다에서는 햇볕을 다소 많이 받는 곳에 두어도 큰 문제가 없다. 깽깽이풀은 강한 직사광선을 받으면 잎이 누렇게 타는 경향이 있으므로 남향 베란다에서는 강광이 드는 곳에 두지 않도록 한다. 깽깽이풀은 보통 큰 화분에 심기 때문에 될 수 있으면 바람이 잘 통하는 곳에 두어 화분의 통기성을 높여주도록 한다.

물주기

깽깽이풀은 습윤한 환경을 선호하고 수분이 모자라면 잎이 쉽게 시드는 습성이 있으므로 성장기에는 물을 매번 충분하게 주는 것을 원칙으로 한다. 만일 화분이 크면 과습의 우려가 상존하므로 기상 상태와 화분의 건조도를 참고하여 가끔씩 관수량을 줄여서 주는 것도 필요하다. 꽃이 피어 있을 때, 특히 만개하였을 때는 물줄기를 약하게 조절하여 꽃이나 꽃줄기에 직접 닿지 않도록 조심해서 준다. 왜냐하면 활짝 핀 깽깽이풀 꽃은 조금만 흔들려도 꽃잎이 쉽게 떨어지기 때문이다. 깽깽이풀의 잎자루는 속이 비어 있는 관계로 상당히 연약하여 물줄기가 세면 쉽게 꺾이는 경향이 있으므로 꽃이 진 다음이라도 물을 세게 주지 않도록 조심한다. 잎이 모두 떨어진 가을에는 물을 너무 많이 주지 않도록 한다. 잎이 모두 떨어져 증산작용을 할 수 없으므로 화분 속의 물이 쉽게 마르지 않기 때문이다. 그렇다고 해서 너무 박하게 주면 좋지 않다. 뿌리가 크게 발달할 뿐 아니라 이 기간에 겨울눈 형성과 화아분화 및 성숙이 진행되고 있으므로 어느 정도의 수분 공급이 필요하기 때문이다.

분갈이를 한 다음 정상적으로 물 관리를 하였지만 잎자루가 처지면서 마르는 경향을 보이면 너무 건조하게 심었다고 판단할 수 있다. 이런 경우에는 경질적옥토 세립 몇 숟가락을 밑동 주변에 얹어주면 쉬 마르는 것을 방지하는데 보탬이 된다.

거름주기

봄, 가을로 주는 액비는 전체적인 시비관리에 준하여 실시한다. 깽깽이풀은 유기질이 풍부한 비옥한 토양에서 자생하므로 시비를 다소 많이 하는 것이 좋다. 특히 잎이 일찍 지는 성질을 가지고 있으므로 잎이 달려있는 동안 충실한 시비관리를 해야 한다. 따라서 3월 초에 피복복비와 덩이비료를 넉넉하게 올려

준다. 덩이비료가 없으면 퇴비를 숟가락으로 떠서 몇 군데 얹어주어도 좋다. 가을에는 잎이 없으므로 거름을 줄 필요가 없을 것처럼 보이지만 광합성을 하지 못하기 때문에 내년 신아 및 화아의 충실한 준비를 위해 적당한 시비가 필요하다. 따라서 가을에 주는 인산, 칼리 위주의 액비도 빠뜨리지 말고 주고, 9월 초에는 덩이비료를 새로운 것으로 교환해 준다. 다만 잎이 없으므로 가을 비료가 지나쳐서 과비가 되지 않도록 주의한다. 필요할 경우 배양토를 약간 덜어내고 고형 인산비료를 뿌리 근처에 넣어주는 것도 가을 비료를 주는 좋은 방법이다.

번식

분갈이 시에 적당한 크기로 포기를 나누어 심는다. 포기를 나누지 않고 하나의 큰 덩어리로 키우면 증식 속도가 점차 떨어지므로 포기가 커지면 분주하는 것이 증식에 도움이 된다. 옮겨 심을 때 자연스럽게 분리되는 부분이 있으면 그 곳에서 포기를 나눈다. 그런 곳이 없으면 연결이 약한 곳에서 분주한다. 포기를 너무 잘게 나누면 꽃이 잘 달리지 않으므로 너무 작게 나누는 것은 피하도록 한다.

베란다에서의 종자 번식은 쉬운 일이 아니지만 깽깽이풀은 베란다에서도 비교적 결실이 잘되는 종이므로 여유 공간이 있다면 시도해 볼만하다. 5월이 지나면 열매가 노랗게 익는데 이때 채취하여 그늘에서 말린다. 채취 시기가 늦어지면 열매가 터져 씨앗이 떨어져 버린다. 짙은 갈색으로 익은 씨앗은 채종 즉시 파종한다. 8월까지 파종하면 이듬해 봄에 발아할 확률이 높지만 9월 이후에 파종하면 이듬해의 발아율이 급격하게 떨어진다. 씨앗을 뿌려 얻은 모종에서 꽃을 보기까지는 3년 이상의 시간이 걸린다.[3]

병충해 방제

병충해는 별로 없지만 베란다에서 통풍이 불량하면 여름에 흰가루병이 발생하기도 한다. 흰가루병이 발생한 개체는 낙엽이 더 일찍 지는 경향이 있다. 흰가루병은 잎의 표면에 하얀 밀가루와 같은 미세한 반점이 다수 출현하는 병으로 베란다와 같이 바람이 잘 통하지 않는 환경에서 자주 발생한다. 흰가루병은 깽깽이풀뿐 아니라 다른 식물에서도 얼마든지 발생하므로 예방 차원에서 톱신이나 다이젠M과 같은 살균제를 여름이 되기 전에 베란다 전체에 살포해 주는 것이 좋다.

참고문헌

1. 국립수목원. 국가생물종지식정보시스템(NATURE). http://www.nature.go.kr.
2. 국립생물자원관. 한반도 생물자원 포털(SPECIES KOREA). http://www.nibr.go.kr/species/home/main.jsp.
3. 정정학. 표준영농교본-138: 우리 꽃 기르기. 농촌진흥청. 2003.
4. 이우철. 한국식물명의 유래. 일조각. 2005.
5. 정연옥, 박노복, 곽준수, 정숙진. 야생화도감. 봄편. 푸른행복. 2010.
6. 네이버(NAVER) 지식백과. http://terms.naver.com.

봄꽃

윤판나물

- **분류** 백합과
- **생육상** 다년생 초본
- **분포** 중부 이남 지방
- **자생환경** 토양이 비옥하고 반그늘진 산지
- **높이** 30~60cm

관리특성

항목	정도
식재습윤도	●○○
광량	●◐○
관수량	●●○
시비량	●●○
개화율	●●◐
난이도	●○○

	연중 관리	1	2	3	4	5	6	7	8	9	10	11	12
생활환	출아			●									
	영양생장			●	●	●	●						
	개화			◑	●								
	겨울눈 형성							●	●				
	화아분화							●	●				
	생식생장							●	●	●	●	●	
	낙엽										◑	●	
	휴면	●	●										●
작업	옮겨심기		◑	◐		●	○			●	●	○	
	액비 시비			●	●	●	●			●	●	◐	
	치비 교환			●						●			

윤판나물(***Disporum uniflorum* Baker**)은 백합과의 애기나리속에 속하는 다년초로서 주로 중부지방 이남의 산지에 자생한다.[1] 속명 *disporum*은 그리스어 di(둘)와 sport(종자)의 합성어로서 씨방의 각 방에 2개의 난자가 들어 있는 것에서 유래하였다. 주로 산록의 숲속 반그늘진 곳에서 자라며 유기질이 풍부한 비옥한 땅을 좋아한다.

지하부는 짧은 뿌리줄기(근경)와 여기서 사방으로 뻗어나가는 상당히 굵은 하얀 뿌리로 이루어져 있다. 높이는 30~60cm정도로 아파트 베란다에서 키우기에는 다소 큰 편에 속하지만 줄기가 빳빳하여 넘어지는 일이 없으므로 별 문제없이 키울 수 있다. 여러 장의 엽초 같은 잎으로 덮여 있는 원줄기의 아랫부분은 상당히 굵으며 위로 갈수록 점차 가늘어지고 윗부분에서는 여러 개의 가지로 갈라진다. 어린 개체나 발육이 빈약한 개체의 가느다란 줄기는 가지를 치지 않는 경우가 많다. 잎은 엽병이 없고 줄기와 가지에 어긋나게 달리며 끝이 뾰족

◈ **윤판나물의 줄기와 잎** 줄기의 윗부분은 여러 개의 가지로 갈라진다. 줄기와 가지에 어긋나게 달리는 잎은 엽병이 없고 끝이 뾰족한 타원형이다.

한 타원형이다. 잎에는 3~5개의 잎맥이 뚜렷하게 식별된다.

꽃은 자생지에서는 4~6월에 피며 동남향 베란다에서는 보통 3월 말~4월 사이에 개화한다. 보통 1~3개의 꽃이 각 가지의 끝에서 아래를 향해 달리며, 각각의 꽃은 짧은 소화경을 가지고 있다. 꽃은 황색으로 길이는 2cm 정도이며 길쭉한 통 혹은 종 모양이다. 통형 꽃이라고는 하지만 꽃잎을 형성하는 각각의 화피열편은 서로 분리되어 있다. 화피열편은 6개로 도피침형이며 소화경에 붙어 있는 쪽인 밑부분은 폭이 좁고 서로 밀접하게 겹쳐져 있어 통 모양을 이룬다. 아래쪽을 향해 늘어진 화피열편의 끝부분은 폭이 넓고 약간 밖을 향해 벌어져 있다. 아래를 보고 핀 꽃의 끝부분이 벌어져 있는 것은 꽃의 밑에 붙어서 위를 보고 꿀을 빨아야 하는 곤충이 꽃잎을 잘 붙들 수 있도록 식물이 진화한 결과이다. 화피열편의 맨 끝은 다소 뾰족하지만 그다지 날카롭지는 않다. 수술은 6개이며 암술은 화피열편과 길이가 비슷하고 끝이 3개로 갈라진다. 영양상태가 좋으면 대부분의 가지에 보다 많은 수의 꽃이 달리지만 발육상태가 부진하면 꽃이 달리는 가지의 수도 적어지고 꽃의 수와 크기도 줄어든다.

열매는 장과로서 둥글거나 타원형이고 지름 약 1cm 정도이며 7~8월경에 검은색으로 익는다. 아파트에서 재배하는 경우 대부분의 열매가 작고 타원형이

◈ **윤판나물(왼쪽)과 윤판나물아재비(오른쪽)의 꽃 비교** 왼쪽: 윤판나물의 꽃은 노란색이고 화피열편의 끝이 덜 날카롭다. 오른쪽: 윤판나물아재비의 꽃은 백록색이고 화피열편의 끝이 약간 더 날카롭다.

◈ **윤판나물의 열매와 씨**

며 가을이 되면 쭈글쭈글해지는데, 이런 열매는 씨가 없는 쭉정이이다. 씨가 들어 있는 열매는 크고 가을이 와도 쭈글쭈글해지지 않는다.

애기나리속에는 윤판나물 외에도 윤판나물아재비, 애기나리, 큰애기나리가 포함되어 있는데,[1] 윤판나물류는 애기나리류와는 꽃의 형태가 판이하므로 쉽게 구분할 수 있다. 애기나리속에 속하는 식물에서는 무늬를 가진 개체가 자주 발견되므로 무늬종을 수집하는 것도 재미있다. 윤판나물아재비(***D. sessile*** **D.Don**)는 제주도, 울릉도, 가거도에 주로 분포하며, 소화경에 연결된 화피열편의 아랫부분은 미색, 백색, 또는 푸른빛을 띤 미색이나 백색이고 끝부분은 녹색이며 끝이 날카롭게 뾰족하므로 윤판나물과 구분된다.[2]

윤판나물의 어린잎과 줄기는 식용, 뿌리와 줄기는 약용으로 쓰인다. 4월경에 어린 순을 채취하여 소금물에 삶아 우려낸 뒤 무침, 볶음, 국으로 먹는데 부드럽고 맛은 좋으나 많이 먹으면 설사를 한다. 근경과 뿌리를 캐어 말린 것을 석죽근(石竹根)이라 하며 윤폐(潤肺), 지해(止咳), 건비(健脾), 소적(消積)의 효능이 있다.[3]

◈ **윤판나물아재비 무늬종 화분 작품** 황록색의 산반호(散斑縞) 무늬가 잘 들어 있는 우수종이다. 윤판나물아재비치고는 소형에 속하는 품종이다. 소장자 전성연.

생육 특성

윤판나물은 내한성과 내음성이 강하고 원래 성질이 강건한 식물이므로 베란다에서 재배하기에 그다지 어렵지 않은 식물이다. 특히 꽃달림이 매우 좋아 햇볕이 다소 부족한 자리에 두고 키워도 매년 어김없이 꽃을 잘 피워주는 기특한 식물이다. 그러나 작은 분에 심거나 오랫동안 분갈이를 하지 않으면 꽃의 수와 크기가 줄어드는 경향을 보인다. 단점이라면 키가 상당히 크다는 것인데 줄기가 단단하므로 좀처럼 옆으로 넘어지지는 않는다. 다만 베란다에서는 햇빛이 들어오는 방향으로 줄기가 심하게 휘어질 수 있다. 그러므로 때때로 화분을 돌려주어 줄기가 휘어지는 것을 방지해주도록 한다.

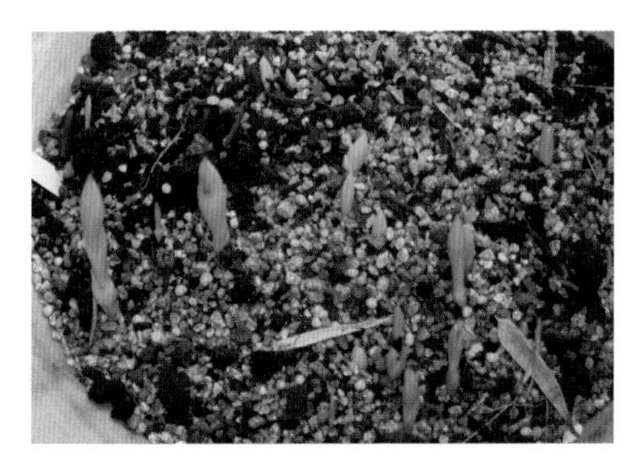

◈ **윤판나물의 출아** 윤판나물의 신아는 붓을 거꾸로 세워 놓은 것과 같은 독특한 모습을 하고 있다.

동남향의 베란다에서 겨울에 따뜻하게 관리하면 보통

3월 초순에 신아가 올라온 다음 빠른 속도로 자라 3월 말~4월 사이에 개화한다. 겨울에 차게 관리하면 3월 하순에 신아가 출아한다. 꽃이 진 다음 7~8월에 묵은 주의 기부로부터 새로운 뿌리줄기가 발달하고 그 끝에서 내년의 새로운 개체로 자라날 겨울눈에 형성된다. 비슷한 시기에 화아분화도 같이 이루어질 것으로 생각된다. 또한 가을을 지나면서 새로 자라난 뿌리줄기에서 새로운 뿌리가 왕성하게 자라난다. 그러므로 가을의 충실한 비배관리는 다음해 신아의 건실한 성장과 충실한 개화를 위해 매우 중요하다. 10월 말부터 잎이 황변하며 낙엽이 지기 시작한다.

겨울을 지나면서 지난해의 묵은 주와 더불어 묵은 뿌리줄기는 모두 고사한다. 이에 따라 여러 해 동안 재배하더라도 윤판나물의 뿌리줄기는 길어지지 않으며, 매년 짧은 뿌리줄기가 형성되었다 죽는 것을 되풀이한다. 이와 더불어 뿌리도 매년 새롭게 갱신된다. 새로 자라난 뿌리줄기에서 매년 가을에 새로운 뿌리가 왕성하게 발달하는 한편, 지난해의 묵은 뿌리는 묵은 뿌리줄기와 함께 고사하는 것이다. 뿌리줄기의 수명이 짧기 때문에 윤판나물을 화분에서 재배하면 증식률이 그다지 높지 않은 편이다. 증식률을 높이기 위해서는 하나의 묵은 주에서 두 개 또는 그 이상의 새로운 뿌리줄기가 나올 수 있도록 비배관리를

◈ **윤판나물의 지하부와 겨울눈** 왼쪽: 2월 말에 관찰한 윤판나물 지하부의 모습. 묵은 뿌리줄기(붉은색 화살표) 끝에 달렸던 묵은 주(붉은색 화살표머리)로부터 새로운 뿌리줄기(푸른색 화살표)가 자라나오고 그 끝에 겨울눈(푸른색 화살표머리)이 형성되었다. 묵은 주, 뿌리줄기 및 뿌리는 모두 고사하였다. 오른쪽: 묵은 주와 뿌리줄기를 제거한 모습. 새 뿌리줄기에서 다수의 하얀 새 뿌리가 자라나왔다.

잘하는 것이 중요하다.

매년 전년도의 묵은 뿌리가 고사하므로 죽은 뿌리가 계속 화분 속에 축적되는 현상이 일어난다. 윤판나물은 매년 새로운 뿌리의 발달이 왕성하므로 시간이 지날수록 고사한 뿌리도 더 많이 축적된다. 따라서 너무 오랫동안 분갈이를 하지 않으면 이 죽은 뿌리들이 배수를 방해하여 배수성과 통기성을 떨어뜨리고 무더운 여름에는 가스장해를 일으킬 수도 있다. 이를 피하기 위해서는 적절한 간격으로 분갈이를 해주는 것이 꼭 필요하다.

옮겨심기

윤판나물의 개화기는 3월 말~4월이므로 꽃이 진 후인 5월이 옮겨심기의 적기이다. 그러나 윤판나물은 키가 크므로 지상부가 잘 발달되어 있는 시기에 분갈이를 하면 다소 거추장스러울 수 있다. 이를 피하고 싶으면 지상부가 크게 자라기 전인 2월 말~3월 초 사이에 옮겨 심는다. 이 시기에 분갈이를 하더라도 개화에 크게 영향을 주지는 않는다. 물론 옮겨심기가 꽃에 미치는 영향을 개의치 않으면 2월 말~6월 사이의 어느 시점이라도 옮겨심기가 가능하다. 봄의 분갈이를 놓쳤다면 9~10월 사이에 옮겨 심는다. 전술한 바와 같이 윤판나물의 지난해 묵은 뿌리는 고사하면서 축적되어 배수를 방해하므로 너무 오랫동안 분갈이를 하지 않으면 좋지 않다. 뿌리의 발육이 매우 왕성하므로 매년 옮겨 심어야 한다는 견해도 있지만 그럴 필요는 없으며 대략 3년을 주기로 하여 옮겨 심으면 무난하다. 식물체에 비해 다소 큰 분에 심었다면 분갈이 주기를 이보다 더 늘려 잡아도 괜찮다.

윤판나물은 줄기가 높게 자라기 때문에 넓은 분에 다소 깊게 심는 것이 넘어질 염려가 없고 보기에도 좋다. 습윤한 토양 환경을 좋아하지만 화분에 심을 때는 키가 너무 커지지 않도록 배양토를 다소 건조하게 구성하도록 한다. 또 뿌리의 발육이 왕성하여 매년 죽는 뿌리도 많이 나오므로 오래되면 배수가 급격히 불량해질 가능성이 높아 배수가 잘되도록 심어야 한다. 보통 높이 15cm 내외의 8~9호(직경 24~27cm) 화분을 기준으로 마사토를 70% 내외로 하고 나머지는 보수성이 높은 화산토로 구성하면 무난하다. 마사토 중립을 약간 포함시키면 배수성과 통기성을 높이는데 도움이 된다. 이러한 배합은 습윤한 것을 좋아하는 윤판나물에는 적당하지 않을 것으로 생각하기 쉬우나 화분의 크기가 크므로 배양토를 다소 건조하게 구성해도 쉽게 마르지 않는다. 옮겨 심을 때 죽은 뿌리는 반드시 모두 제거하도록 한다.

키를 더 낮추고 싶으면 마사토의 비율을 더 늘려서 배양토를 구성해도 된다. 그런데 윤판나물은 물이 부족하면 줄기가 옆으로 휘어지는 경향이 있으므로 배양토를 너무 건조하게 구성하면 물주기를 건너뛸 때 줄기가 옆으로 휘면서 넘어가는 빈도가 잦아진다. 따라서 이를 방지하고자 물을 보다 많이 그리고 자주 주게 되며, 그 결과 키를 낮추는 것이 어려워진다. 결국 잘 마르는 배양토를 사용하여 건조하게 심더라도 높이를 낮추는 것은 생각만큼 쉽지 않다.

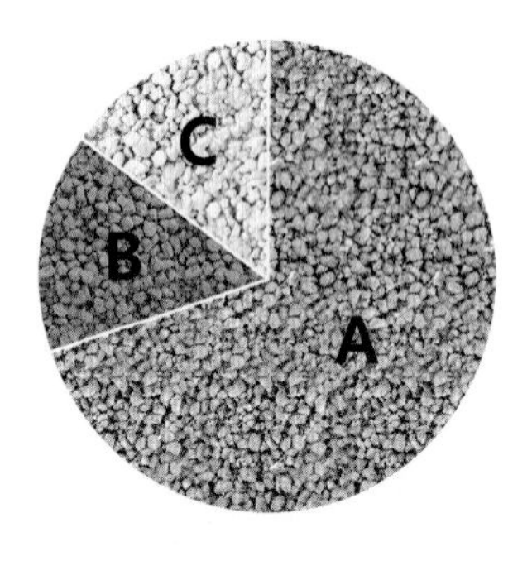

◈ **화분: 9호(직경 27cm), 높이 16cm**

◈ **배양토 구성**

A: 마사토 70%(중립 10%, 소립 60%)

B: 경질적옥토 소립 15%

C: 경질녹소토 소립 15%

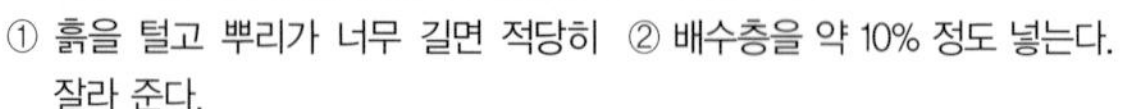

① 흙을 털고 뿌리가 너무 길면 적당히 잘라 준다.

② 배수층을 약 10% 정도 넣는다.

③ 배양토를 약간 넣고 그 위에 식물을 올린다.

④ 영양볼 적당량을 화분 가장자리에 넣어 준다.

⑤ 약간의 고형 인산비료를 뿌리 사이에 넣어 준다.

⑥ 배양토를 마저 넣고 대나무젓가락으로 잘 찔러 준다.

⑦ 피복복비를 화분 가장자리에 적당량 올려 준다.

⑧ 미량요소비료를 화분 가장자리에 약간 흩뿌린다.

⑨ 팻말을 꽂고 물을 충분히 준다.

◈ **옮겨심기 이후의 변화** 분갈이 후 1개월(왼쪽), 3년(중간), 4년(오른쪽)이 경과한 모습. 증식 속도가 그다지 빠르지 않다는 것을 알 수 있다. 큰 분에 심었기 때문에 분갈이 주기를 다소 길게 잡았다.

화분 두는 곳

이른 봄부터 꽃이 피기까지는 빛을 많이 받는 곳에 두었다가 그 이후로는 통풍이 잘되는 반그늘에 옮겨주는 것이 이상적이지만 좁은 베란다에서 큰 화분을 철마다 옮기는 것은 상당히 부담이 되는 일이다. 다행스럽게 윤판나물은 계속 반그늘에 두어도 꽃이 잘 피기 때문에 바람이 잘 통하는 반그늘에 두도록 한다. 키가 크게 자라는 관계로 성장기에는 줄기가 빛이 들어오는 방향으로 휘어지기 쉽다. 이를 방지하기 위해서는 줄기의 성장 방향을 자주 관찰하면서 수시로 화분을 돌려주어야 한다. 그러한 수고를 덜기 위해서는 빛이 들어오는 방향이 다소 모호한 위치, 예를 들면 에어컨 실외기의 바로 뒷부분과 같은 자리에 두도록 한다. 그런 위치는 빛이 옆에서 들어오기는 하지만 주로 화분보다 위쪽으로부터 들어오기 때문에 줄기가 휘어지는 정도가 훨씬 덜하다. 작은 분에 심은 것, 너무 건조하게 심은 것들은 바람이 많이 불거나 물주기를 건너뛰는 경우 때때로 수분 부족 상태가 되어 줄기가 휘어지기도 한다. 그러므로 그런 화분의 경우에는 바람이 직접 통하는 곳에는 두지 않도록 한다. 내한성은 강하기 때문에 겨울에 온도가 낮게 내려가는 자리에 두어도 큰 문제는 없다.

물주기

윤판나물은 수분을 좋아하는 식물이므로 생장기간 중에는 하루에 1회씩 충분히 물을 준다. 전체적으로 물을 주는 횟수와 방법은 계절별 관수 요령에 따르되 매번 물을 충분히 주도록 한다. 바람이 많이 불거나 때때로 물주기를 건너뛸 때 줄기가 휘면서 옆으로 넘어가는 현상이 일어나면 너무 작은 분에 심었거나 너무 건조하게 심었거나 혹은 평소에 물을 적게 주는 경향이 있다는 것을 나타낸다. 그런 화분에는 향후 물을 좀 더 많이 주거나 또는 이끼나 경질적옥토 세립으로 표토를 덮어주면 빨리 마르는 것을 예방할 수 있다.

거름주기

윤판나물은 비옥한 토양에서 잘 자라는 경향이 있으므로 비료를 충분히 주는 것이 좋다. 땅에서 재배하는 경우에도 보습성이 좋고 비옥도가 높은 토양에서 생육상태가 좋다. 개화율이 좋아 웬만하면 꽃을 잘 피우지만 옮겨 심은 지 오래되면 꽃의 수와 크기가 감소하는 경향이 있으므로 오래된 화분은 특히 비배관리에 신경을 쓰도록 한다. 충실한 시비를 위해 액비와 치비를 모두 사용하는 것이 바람직하다. 액비는 화분마다 달리 주기가 어려우므로 베란다 전체 관리에 따른다. 치비는 각 화분마다 덩이비료를 올려두는 것이므로 화분마다 변화를 주어 관리할 수 있다. 윤판나물은 비옥한 토양 환경을 선호하므로 매년 3월과 9월에 새로운 치비로 교환해 주는 것을 잊지 않도록 한다. 적당한 고형비료가 없으면 원예용 퇴비를 화분 가장자리에 몇 숟가락 올려두는 것으로 대신해도 좋다.

번식

10월경에 종자를 채취하여 과육을 분리한 다음 즉시 파종하면 발아가 잘 된다. 별도의 화분에 파종해도 되고 공간이 없으면 기존 화분에 파종해도 무관하다. 실생묘는 3년이면 개화한다.[3]

병충해 방제

병해충 피해는 거의 발견되지 않는다.

참고문헌

1. 국립수목원. 국가생물종지식정보시스템(NATURE). http://www.nature.go.kr
2. 현진오, 나혜련. 국립생물자원관 한반도 생물자원 포털.
3. 서종택. 표준영농교본-138: 우리 꽃 기르기. 농촌진흥청. 2003. https://species.nibr.go.kr

봄꽃

큰천남성

- **분류** 천남성과
- **생육상** 다년생 초본
- **분포** 남부지방, 남해와 서해의 도서지방
- **자생환경** 비옥하고 반그늘진 계곡이나 산지
- **높이** 엽병의 길이 15~25cm

◆ **관리특성**

식재습윤도	●○○
광량	●○○
관수량	●○○
시비량	●●◐
개화율	●●◐
난이도	●◐○

연중 관리		1	2	3	4	5	6	7	8	9	10	11	12
생활환	출아		◑	◐									
	영양생장		◑	●	●	●	●						
	개화			◑	●								
	겨울눈 형성							●	●	●			
	화아분화							●	●	●			
	생식생장							●	●	●	●	●	
	낙엽									●	●		
	휴면	●	◐									●	●
작업	옮겨심기		◑	◐		○	○			○	●	○	
	액비 시비			●	●	●	●			●	●	◐	
	치비 교환			●						●			

천남성속(天南星屬) 식물은 종류에 따라 우리나라 남부지방 또는 전국의 습윤한 계곡 그늘진 곳에 널리 자생하며, 이국적인 분위기의 독특한 꽃을 피우는 인상적인 야생화이다. 천남성속의 속명 *Arisaema*는 'Arum(식물명)의'라는 뜻을 가진 그리스어 'aris'와 '혈액'을 의미하는 'haima'의 합성어로서 핏빛 점무늬 또는 얼룩무늬가 있다는 뜻이다.

천남성류의 기본적인 구조는 종류마다 다르지 않으며 공통적인 특징을 가지고 있다. 지하부는 위아래로 납작한 편구형의 구경(알뿌리)으로 이루어져 있고 그 윗부분에서 수염뿌리가 사방으로 뻗어나간다. 이 수염뿌리는 매년 봄에 새로 자라나며 휴면기를 거치면서 죽어 없어진다. 크기가 큰 구경에는 새롭게 발생한 새끼 구경들이 작은 혹 모양으로 붙어 있는데 이런 모습이 마치 호랑이의 발바닥과 비슷하다고 하여 천남성을 호장(虎掌)이라고도 부른다. 새끼 구경은 어느 정도 성장하면 어미 구경으로부터 자연적으로 분리된다.

◈ **천남성속 식물의 구경** 왼쪽: 큰천남성의 구경. 어미에 붙어 있는 새끼 구경에서도 새순이 자라나고 있다(화살표). 오른쪽: 중국이 원산지인 분홍천남성의 구경으로 호랑이의 발바닥과 유사하다. 화살표머리는 새끼 구경을 가리킨다.

구경에서는 굵은 줄기가 위로 자라나는데 이것은 진짜 줄기가 아닌 가짜 줄기로서 위경(헛줄기)이라고 하며, 뱀 무늬를 닮은 핏빛 얼룩무늬가 있는 2~3장의 얇은 초상엽(인엽, 비늘잎)으로 싸여 있다. 위경에는 1개 또는 2개의 엽병(잎자루)이 붙어 있고, 엽병의 끝에는 소엽(작은잎)이 달려 있는데 소엽편은 3장, 5장 또는 그 이상으로 19장까지도 달린다. 소엽에는 가느다란 소엽병이 붙어 있기도 하고 없는 경우도 있다. 꽃이 핀 개체에서는 1개의 화경(꽃자루)이 위경 또는 엽병의 기부에 달려 있다.

천남성류에서 잎은 엽병과 소엽을 합친 것을 가리킨다. 엽병은 1개 아니면 2개이므로 천남성속 식물은 잎이 1개인 것(1엽성)과 2개인 것(2엽성)으로 구분된다. 두루미천남성과 무늬천남성은 1엽성이고, 둥근잎천남성과 천남성은 1엽성과 2엽성이 모두 있으나 1엽성이 우세하다. 점박이천남성, 눌맥이천남성, 섬남성은 미개화주에는 1엽성도 있

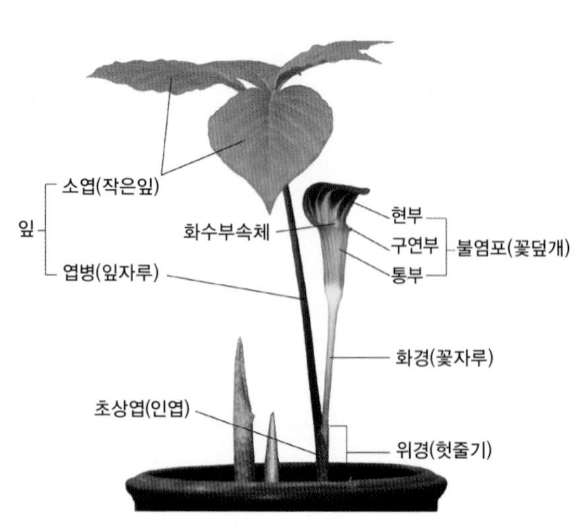

◈ **천남성속 식물 지상부의 구조** 개화한 둥근잎천남성의 모습이다. 엽병이 하나이므로 이 개체는 잎이 하나인 1엽성이다.

으나 개화주는 모두 2엽성이고, 큰천남성은 모두 2엽성이다.[1]

꽃은 화경의 끝에 하나씩 달린다. 화경의 바로 위에는 보통 단성화군으로 이루어진 육수화서가 붙어 있고, 그 위쪽에 원주형, 곤봉형, 또는 채찍모양의 화수부속체라는 구조가 붙어 있다. 그런데 육수화서와 대부분의 화수부속체는 독특한 형태의 불염포(꽃덮개)라는 일종의 포엽으로 감싸여 있어서 겉에서는 보이지 않는다. 사람들은 보통 불염포를 꽃이라고 생각하지만 사실 이것은 꽃을 덮고 있는 덮개일 뿐 꽃이 아니다. 불염포는 통부와 현부로 이루어져 있다. 통부는 불염포의 아래쪽 부분으로 육수화서와 대부분의 화수부속체를 통 모양으로 감싸고 있다. 따라서 통부를 벌리거나 제거하기 전에는 육수화서를 이루는 실제 꽃을 볼 수가 없다. 통부의 입구 언저리를 구연부라하며 대개 밖으로 벌어져 있고 때로는 뒤로 심하게 말리는 경우도 있다. 현부는 통부에서 위쪽, 앞쪽으로 연장되면서 통부 입구와 화수부속체를 위쪽에서 지붕처럼 덮고 있는 부분으로, 그 끝부분은 보통 앞을 향해 뾰족하게 돌출되어 있고 때로는 앞, 위쪽으로 솟아 있거나 앞, 아래쪽으로 늘어지기도 한다. 현부는 비가 올 때 빗물이 통부 속으로 들어가는 것을 방지하는 지붕의 역할을 하지 않을까 생각된다.

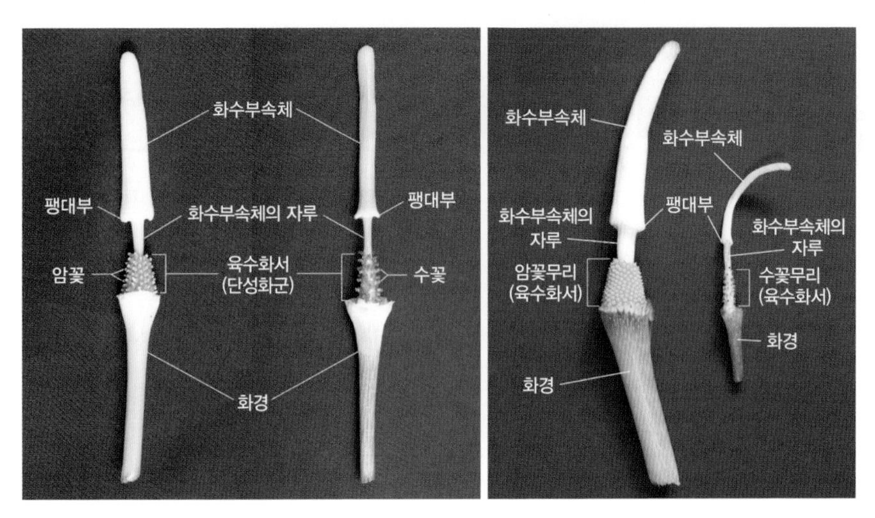

◈ **불염포를 제거하고 관찰한 천남성속 식물 꽃의 구조** 왼쪽: 둥근잎천남성의 꽃. 각각의 암꽃은 미색 또는 흰색으로 아주 작고, 녹색의 작은 옥수수 알처럼 보이는 것이 씨방이다. 오른쪽: 큰천남성의 꽃. 암꽃은 크기가 크고 수꽃은 크기가 작다는 점에 주목하라.

천남성류의 실제 꽃은 매우 작고 화경의 위쪽, 화수부속체의 아래쪽에 여러 개가 군집을 이루면서 육수화서로 붙어 있다. 천남성류의 꽃은 이가화로서 종에 따라 암꽃과 수꽃이 하나의 꽃에 달리는 양성화가 피기도 하지만, 대부분의 경우 암꽃과 수꽃이 따로 달리는 단성화가 핀다. 암꽃이 달린 육수화서는 보통 짧고 통통한 소형 옥수수 모양이다. 수꽃이 달린 육수화서는 암꽃무리보다 가늘고 작은 돌기가 달린 원기둥형 수세미 모양이다. 각각의 수꽃은 1~5개의 수술을 가지고 있다. 양성화가 달리는 경우에는 아래쪽에 암꽃무리가 있고 위쪽에 수꽃무리가 존재한다. 육수화서에 연결되는 화수부속체의 기부는 흔히 약간 팽창되어 팽대부를 형성한다. 화수부속체는 종에 따라 가느다란 원기둥 모양의 잘록한 자루(병, 柄)를 통해 육수화서에 붙기도 하고, 자루 없이 화수부속체가 직접 육수화서에 붙기도 한다.[1] 열매는 장과로 구형이며 옥수수처럼 열리고 익으면 녹색에서 붉은색으로 변한다.

◈ **천남성속 식물의 열매** 큰천남성의 열매로서 옥수수처럼 생겼으며 처음에는 녹색이었다가 익으면서 점차 붉은색으로 변한다.

천남성류의 꽃과 관련해서는 두 가지 재미있는 현상이 발견된다. 하나는 큰 개체에서는 암꽃이, 작은 개체에서는 수꽃이 핀다는 것이다(따라서 대부분의 경우 암꽃이 크고, 수꽃은 작다). 이것은 천남성이 성장하면서 성을 전환하기 때문에 빚어진 결과이다. 천남성은 처음에는 수그루로 출발하였다가 나중에 암그루로 전환하며, 이렇게 성을 전환하는 이유를 크기의 이점으로 설명할 수 있다. 익으면 붉게 변하는 천남성의 열매는 옥수수처럼 매우 커다랗기 때문에 열매를 맺기 위해서는 대단히 많은 양분이 소요된다. 구경이 작은 개체에 열매가 달리면 그쪽으로 너무 많은 양분이 몰리므로 에너지가 고갈되어 개체 자체의 생존이 위험해진다. 따라서 구경이 작은 어린 개체는 종자 결실에 소요되는 비용을 회피하고자 거의 모두 수그루이다. 천남성이 성장하여 구경의 크기가 충분히 커지면 그 이점을 씨앗을 만들어 자손을 퍼뜨리는 일로 돌리기 위하여 암그루로 전환한다. 이와 같이 동물이나 식물이 크기의 이점을 누리기 위한 목적으로 성전환을 하는 것을 '크기 이점 모델'이라고 하며, 천남성은 '크기 이점 모델'이라는 생태학적 이론의 대표적인 예로 가장 많이 연구된 식물 종이다.[2]

다른 하나는 천남성류 암꽃의 불염포에는 구멍이 없지만, 수꽃의 불염포에는 구멍이 뚫려 있다는 것이다. 이 구멍은 정면에서 보면 잘 식별되지 않고 옆에서 봐야 잘 보이는데, 왜냐하면 이것이 불염포의 통부를 이루는 양쪽 판이 정면에서 서로 겹쳐지는 부분 맨 아래쪽에 옆으로 뚫려 있기 때문이다. 이 구멍은 수꽃으로부터 곤충이 빠져나가는 출구라는 주장이 제기되어 있다. 이 주장이 의하면 수꽃으로 들어온 곤충은 이 구멍을 통해 꽃가루를 묻힌 상태로 빠져나갈 수 있지만, 암꽃에는 출구인 구멍이 없는 관계로 속으로 들어온 곤충은 수정을 시킨 다음 빠져나가지 못하고 그 속에서 죽고 만다는 것이다.[3]

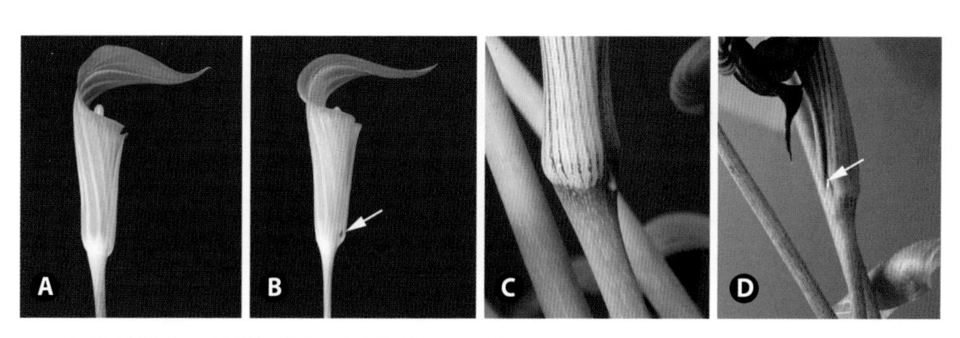

◈ **천남성류 수꽃의 불염포 통부 아랫부분에 뚫린 구멍** 둥근잎천남성(A, B)과 큰천남성(C, D)의 암꽃(A, C)과 수꽃(B, D). 암꽃에는 구멍이 없고 수꽃에는 구멍(화살표)이 있다. 이 구멍은 안쪽으로 갈수록 작아지는 깔때기 모양으로 바깥쪽에서 안쪽을 향해 뚫려 있고 크기가 매우 작다.

그런데 이 구멍은 거의 대부분의 곤충은 통과하기 어려울 정도로 그 크기가 너무 작아서 과연 이 구멍으로 곤충이 빠져나갈 수 있을까 하는 의구심이

들게 한다. 더욱이 필자는 수꽃 속으로 들어온 작은 곤충이 맨 아래쪽의 구멍으로 빠져나가는 것이 아니라 자신이 들어온 통로인 불염포 통부의 위쪽 입구로 빠져나간다는 것을 직접 확인한 바 있다. 이러한 사실은 수꽃에 뚫려 있는 구멍이 곤충의 탈출구가 아니라는 강력한 증거이다. 또한 이러한 관찰은 아래쪽에 구멍이 없는 암꽃의 경우에도 곤충이 위쪽 입구로 얼마든지 빠져나갈 수 있다는 것을 강하게 시사한다.

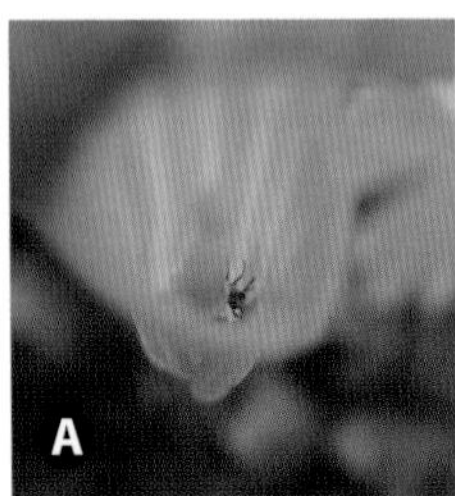

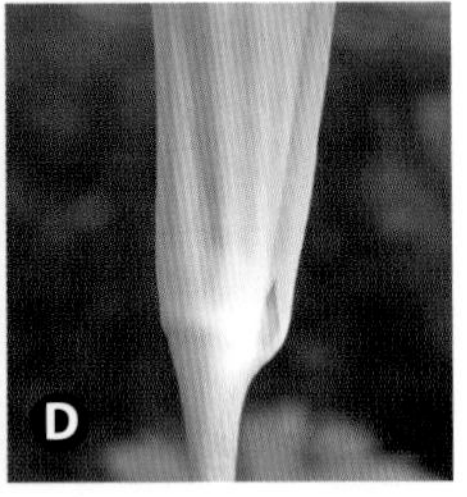

◈ **둥근잎천남성 수꽃에 들어간 곤충의 탈출** 우연히 들여다 본 둥근잎천남성 불염포 통부의 속에서 탈출하려고 버둥거리는 작은 곤충을 발견하였다. 이 곤충은 통부의 벽을 타고 기어오르려고 여러 번 시도하였으나 미끄러지면서 쉽게 기어오르지 못하였다(A). 그러나 결국 통부의 위쪽으로 빠져나와(B), 꽃가루를 잔뜩 묻힌 상태로 탈출에 성공하였다(C). 이 꽃은 아래쪽에 구멍이 있는 수꽃이었다(D).

만일 곤충의 탈출구가 아니라면 이 구멍의 기능은 무엇일까? 가장 그럴 듯하고 가능성이 높아 보이는 가설은 수분에 필요한 최적의 꽃가루 상태를 유지시키기 위하여 평소에는 바람이 들어오는 통풍구로 이용되고, 비가 올 때는 지붕(현부) 옆으로 들이치는 빗물이 빠지는 배수공으로 기능하지 않을까 하는 것이다. 빨대를 이용하여 불염포 속으로 물을 집어넣어 보면 물이 들어가는 즉시 이 구멍을 통해 아주 원활하게 잘 빠지는 것을 확인할 수 있으며, 이를 통해 이 구멍이 우수한 배수공으로 기능한다는 이 가설의 일부를 증명할 수 있다.

만일 수꽃으로 들어온 곤충은 이 구멍을 통해 탈출하고 암꽃 속으로 들어온 곤충은 구멍이 없어 탈출하지 못한다고 가정하면, 수꽃의 속에는 곤충의 사체가 없어야 하고 반면에 열매가 맺힌 암꽃의 속에는 곤충의 사체가 반드시 들어 있어야 할 것이다. 그러나 실제로 곤충의 사체는 암꽃뿐만이 아니라 수꽃에

◈ **수꽃에 뚫린 구멍의 배수 성능** 왼쪽: 천남성류 수꽃의 통부 입구를 통해 빨대를 이용하여 물을 집어넣으면 물이 즉시 아래쪽에 뚫린 구멍을 통해 연속적으로 빠르게 배출되어 이 구멍이 우수한 배수공임을 확인할 수 있다. 오른쪽: 흰떡천남성에서는 평소에도 수꽃의 구멍을 통해 액체 성분이 흘러나온다. 이 액체는 아마도 곤충을 유인하기 위한 분비물로 과다하게 나온 것들이 이 구멍을 통해 배출되는 것으로 보인다. 빗물도 이와 마찬가지로 이 구멍으로 배출될 것이다.

서도 발견된다. 이것은 구멍의 유무에 관계없이 천남성 꽃을 찾은 일부 곤충이 탈출하지 못하고 그 속에서 생을 마감한다는 것을 나타낸다.

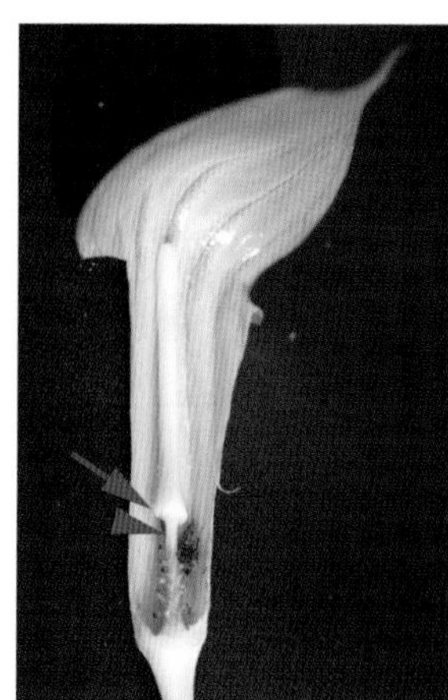
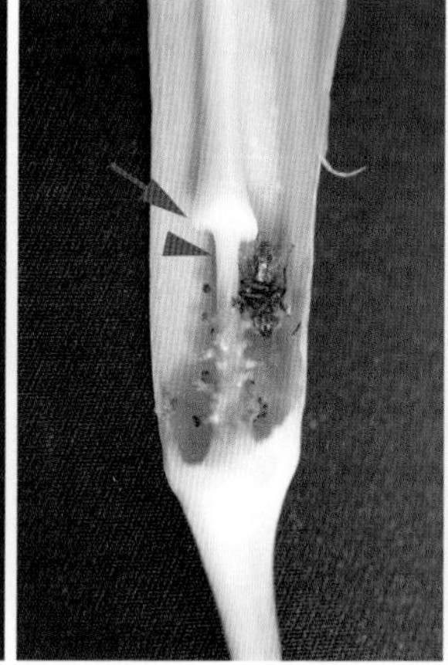

◈ **둥근잎천남성의 불염포 통부 속에서 발견된 곤충의 사체** 둥근잎천남성 수꽃(왼쪽, 중간)과 암꽃(오른쪽)에서 발견된 곤충의 사체. 중간 사진은 왼쪽 사진의 일부를 확대한 것이다. 두 곤충 모두 화수부속체 기부의 팽대부(화살표)에 의해 좁아진 공간을 빠져나가지 못했기 때문에 갇혀 죽은 것으로 추정된다. 화살표머리는 화수부속체의 자루이다.

위에서 보여준 바와 같이, 암꽃에서든 수꽃에서든, 구연부로 둘러싸인 통부의 위쪽 입구를 통해 불염포 속으로 들어온 곤충은 도로 통부의 위쪽 입구를 통해 꽃을 빠져나가는 것으로 보인다. 이때 화수부속체, 특히 그 기부의 팽대부가 탈출을 방해하는 주요한 요소로 작용한다. 화수부속체의 아래쪽에 존재하는 화수부속체의 자루(柄)는 가늘기 때문에 그만큼 불염포 통부 속의 공간이 넓다. 따라서 암꽃 또는 수꽃무리 주변에서 곤충은 비교적 자유롭게 위아래로 움직이면서 꽃가루를 묻히거나 수분을 시킬 수 있다. 볼일을 마친 곤충이 꽃을 빠져나가려면 위쪽으로 올라가야 하는데 화수부속체 기부의 팽대부가 그 주변의 공간을 병목처럼 좁히고 있어 곤충이 자루 주변의 넓은 공간으로부터 쉽게 빠져나오지 못한다. 곤충이 이 좁은 길목을 빠져나가려고 몸부림치는 과정에서 암술 또는 수술과의 접촉 빈도가 증가하고 그 결과 더 많은 꽃가루가 묻거나 수분될 확률이 높아지는 것이다.

결론적으로 화수부속체, 특히 그 팽대부는 그 형태와 공간적인 위치로 보아 곤충을 더 오래 붙들어 두기 위하여 곤충이 위쪽으로 탈출하는 것을 방해하도록 진화한 구조이다. 꽃 속으로 들어온 곤충은 화수부속체의 팽대부가 막고 있는 관문을 통과하지 못하면 결국 죽게 된다. 곤충의 사체가 구멍의 유무에 상관없이 암꽃과 수꽃 모두에서 발견되는 것은 바로 이 때문이다. 만일 수꽃의 아래쪽에 뚫려있는 구멍이 곤충의 탈출구로 진화하였다면 수꽃에서는 화수부속체, 특히 그 팽대부가 존재할 이유가 없다. 왜냐하면 수꽃을 방문한 곤충들은 아래쪽의 탈출구로 꽃을 빠져나가므로 위로 올라갈 필요가 없고, 따라서 수꽃은 곤충의 위쪽 탈출을 방해하는 화수부속체와 그 팽대부를 굳이 만들어둘 필요가 없기 때문이다. 그럼에도 불구하고 수꽃이 화수부속체와 그 팽대부를 진화시켰다는 것은 수꽃의 아래쪽에 뚫려있는 구멍이 곤충의 탈출

◈ **수노인** 칠복신(七福神) 중의 하나로 도교에서 인간의 행복과 장수를 주관하는 신이다.[5] 수성노인도(작자미상), 출처-국립중앙박물관

구가 아니라는 신뢰할만한 반증이기도 하다.

천남성(天南星)이라는 명칭은 천남성속 식물의 둥글넓적한 구경의 생약명에서 유래한 것이다. 『본초강목』은 '천남성은 그 뿌리가 하얗고 둥근 것이 마치 남쪽의 노인성(老人星)과 같다고 해서 붙여진 이름으로 줄여서 남성(南星)이라고 한다'라고 하여 천남성의 명명 유래를 밝히고 있다. 여기서 얘기하는 뿌리는 천남성의 구경(알뿌리)을 가리킨다. 현대 천문학에서 노인성은 밤하늘에서 시리우스에 이어 두 번째로 밝은 별인 카노푸스(Canopus)이다. 이 별은 천구 남극에 가까이 위치하므로 남반구에서는 잘 보이지만 북반구의 고위도 지역에서는 보이지 않고 위도가 낮은 곳에서는 지평선 근처에서 볼 수 있다. 노인성은 동양에서는 인간의 수명을 관장하는 별로 믿어져 왔는데 잘 보이지 않기 때문에 이 별이 보이면 매우 상서로운 징조로 여겨 국가에 고하도록 하였고, 또 이 별을 본 사람은 오래 살 수 있다고 믿었다.[4]

중국에서는 노인성이 머리가 몸의 거의 절반이나 될 정도로 비정상적으로 길고 도사와 같은 차림새를 한 괴이한 노인으로 현신하여 나타난다는 설화가 전해진다.[5] 따라서 노인성은 남극노인(南極老人), 남극노인성(南極老人星), 수성인(寿星人), 수노인(寿老人) 등으로도 불리어 왔다. 중국에서는 기묘하게 길쭉한 대머리를 가진 수노인의 초상이 가구, 목각 공예품, 도예품, 각종 직물 등에 자주 그려져 있는 대단히 친숙한 존재이다. 천남성의 둥글넓적한 구경을 세워서 옆에서 보면 수노인의 머리처럼 길쭉하게 보인다. 아마도 천남성이라는 이름은 하늘에 떠있는 진짜 별이 아니라 기묘하게 크고 길쭉한 대머리를 가진 수노인으로부터 기원했는지도 모를 일이다.

천남성의 영어 명칭은 'Jack-in-the-pulpit'인데 이는 천남성류의 꽃 모양이 설교단에서 설교하는 목사의 모습과 흡사한 데서 유래한 이름이다. 'Pulpit'은 그리스도교 성당의 내부 혹은 외부에 설교자를 위해 높게 설치한 설교단을 가리키는 단어이다.

천남성속은 화수부속체의 형태, 잎의 수, 위경과 엽병의 길이, 소엽편의 수와 무늬, 불염포의 형태 등을 기준으로 분류하지만 그 형질의 변이가 심하여 분류체계 설정에 많은 혼란이 있어 왔다고 한다. 따라서 일부 종에 대해서는 문헌이나 도감에 따라 상이한 내용들이 기재되어 있고, 종 검색표의 내용도 책에 따라 달라 상당히 혼란스럽다. 여기서는 천남성속 식물에 대한 연구를 집대성한 고성철 교수의 견해[1]를 기준으로 하되 부분적으로는 이창복 교수의 도감[6,7]과 국가생물종지식정보시스템[8]을 참고로 하였다.

우리나라에 분포하는 천남성속 식물은 우선 화수부속체의 형태에 따라 두 그룹으로 대별된다. 하나는 화수부속체가 원주형 또는 곤봉형으로 불염포보다 짧은 그룹(천남성절)이고 다른 하나는 화수부속체가 채찍모양으로 불염포 밖으로 길게 나오는 그룹(무늬천남성절)이다. 전자에는 큰천남성, 둥근잎천남성, 천남성, 섬남성, 점박이천남성, 눌맥이천남성이 포함되고, 후자에는 무늬천남성, 두루미천남성, 그리고 섬천남성이 포함된다.

화수부속체가 원주형 또는 곤봉형인 천남성절에 속하는 종들에서는 화수부속체가 나출되나 불염포 밖으로 길게 나오지는 않으며 그 기부에는 자루(柄)가 있다. 꽃은 이가화로 단성화가 달린다. 천남성절에서는 큰천남성과 둥근잎천남성을 제외한 나머지 종에 대한 기술이 매우 혼란스럽고 문헌에 따라 이견이 있는 경우가 많은데, 이는 각 종을 구분하는 형질이 연속적인 변이를 보여 뚜렷한 한계선을 정하기 어렵기 때문이라고 한다. 천남성절에 속하는 종에 대한 검색표[1]는 다음과 같다.

1. 소엽편은 3장 또는 5장이고, 불염포의 현부는 투구모양이거나 건상(수건 모양)이다.
    2. 소엽편은 3장이고, 불염포의 현부는 투구모양이다. ———— 큰천남성
    2. 소엽편은 3장 또는 5장이고, 불염포의 현부는 건상이다.
        3. 소엽편은 전연이다. ———— 둥근잎천남성
        3. 소엽편은 거치연이다. ———— 천남성
1. 소엽편은 5~19장이고, 얼룩무늬가 있거나 없다.
    4. 소엽편에 얼룩무늬가 있으며, 화수부속체가 곤봉형이다. ———— 섬남성

4. 소엽편에 얼룩무늬가 없으며, 화수부속체가 원주형 또는 곤봉형이다.

5. 화수부속체가 원주형이다. ——————————— 점박이천남성

5. 화수부속체가 곤봉형이다. ——————————— 눌맥이천남성

큰천남성[***Arisaema ringens*** (Thunb.) **Schott**]은 남부 지방의 숲이나 계곡에 자생하는 종으로 광택이 나는 커다란 잎과 독특한 꽃모양이 남국의 이국적인 느낌을 풍기는 식물이다. 키도 상당히 크고 잎도 대형인 관계로 공간이 좁은 베란다에서 키우기에는 다소 부담스러우나 그 성질은 베란다에 잘 어울리는 식물이다. 큰천남성의 넓은 잎은 햇빛이 모자란 환경에서 광선을 효율적으로 이용할 수 있도록 진화한 결과이므로 햇빛이 모자란 베란다에서도 잘 적응한다. 또한 위경이 단단하여 넘어지는 경우가 거의 없다.

◈ 큰천남성 자화(왼쪽) 및 녹화(오른쪽) 화분 작품

구경에서 올라오는 위경은 짧고 핏빛 그물무늬를 가진 초상엽으로 싸여 있다. 큰천남성은 2엽성으로 위경에서 두 개의 잎이 마주나며 엽병은 위경보다 훨씬 길다. 엽병의 끝에 붙어 있는 소엽편은 크고 3장이며 소엽병은 없다. 각 소엽편은 마름모꼴에 가까운 넓은 계란형으로 가장자리는 매끈하며 끝은 실처럼 가늘고 길다. 소엽편의 표면은 녹색으로 광택이 나고 뒷면은 백록색이다.

◈ **큰천남성의 꽃** 큰천남성의 꽃은 자화(왼쪽, 중간)가 일반적이지만 불염포의 구연부가 녹색을 띠는 녹화(오른쪽)도 간혹 발견된다.

꽃은 자생지에서는 4~6월에 피고, 동남향 베란다에서는 3월 하순부터 4월 사이에 개화한다. 불염포의 통부에는 자주색 또는 녹색 줄이 흰색 줄과 교대로 존재하며 이 줄들은 모두 현부의 끝부분까지 잘 이어져 있다. 보통 통부에 자주색 줄이 있더라도 현부에서는 녹색 줄로 바뀐다. 구연부는 흑자색인 경우가 일반적이지만 녹색을 띠는 녹화도 간혹 발견된다. 구연부는 넓게 밖으로 젖혀지고 현부의 가장자리를 따라 위쪽, 앞쪽으로 연장되어 있으므로 옆에서 보면 귓바퀴처럼 생겼다. 현부의 가장자리를 따라 앞으로 계속된 부분은 현부의 앞쪽에서 양쪽 것이 서로 만나 가면처럼 꽃의 정면을 덮으면서 밑으로 늘어져 있고 아래쪽 끝은 뾰족하다. 따라서 현부는 앞에서 보면 얼굴 가리개가 있는 독특한 투구모양을 하고 있다. 녹화에서는 녹색에 미세한 자색선이 가미되어 있는 경우가 대부분이지만 드물게 구연부를 포함하여 불염포 전체가 자색이 전혀 없이 순수한 녹색으로만 이루어져 있는 경우도 있으며, 이를 소심이라 하여 진중하게 여긴다.

둥근잎천남성(***A. amurense* Maxim.**)은 넓은잎천남성[*A. robustum* (Engl.) Nakai]이라고도 하며 전국적으로 분포한다. 1엽성 또는 2엽성이지만 1엽성이 우세하다. 소엽편은 3장 또는 5장이 새 발 모양으로 배열한다. 소엽편의 가장자리는 전연, 즉 매끈하고, 파도모양으로 굴곡이 지는 경우도 있다. 5~6월에 개화하며 불염포의 통부는 흰색 선을 가진 녹색, 현부는 녹색이며 때로 안쪽에 자주색이 든다. 화수부속체는 곤봉형 또는 원주형이다. 둥근잎천남성은 높이가 15~30cm 정도로 작아 베란다에서 키우기에 적합한 종이다. 어린 개체의 경우 햇빛이 들어오는 쪽으로 쉽게 구부러지지만, 충분히 성숙하면 위경과 엽병이 굵어지면서 상당히 경화되어 별로 많이 휘지 않는다. 둥근잎천남성에서는 무늬종이 출현하는 빈도가 상당히 높으므로 무늬종을 수집하면 재미있게 즐길 수 있다.

◈ **둥근잎천남성** 성숙한 둥근잎천남성은 거의 대부분이 5장의 소엽편으로 이루어져 있으며 얼핏 보면 산삼과 비슷하게 생겼다(왼쪽, 중간). 둥근잎천남성에서는 무늬종이 자주 출현한다(오른쪽).

천남성(***A. amurense* Maximowicz f. *serratum* Nakai**)은 천남성속 식물 중 가장 혼란스러운 분류군이다. '天南星'이라는 식물명은 중국과 일본에서도 사용하고 있는 명칭인데 나라마다 다른 종을 지칭하고 있다.[1] 우리나라에서도 학자에 따라 서로 다른 종을 천남성이라 불러 왔기 때문에 상당한 혼란이 있는 종이다. 가장 널리 받아들여지는 견해는 천남성을 둥근잎천남성의 품종(forma)으로 간주하는 것이며, 소엽편에 톱니 모양의 거치가 있는 것이 둥근잎천남성과의 차이점이다. 품종명인 '*serratum*'은 '톱니모양의'라는 뜻이다. 천남성에서도 무늬종이 자주 출현한다.

◈ **천남성** 소엽의 가장자리에 거치가 있어 거칠거칠하다는 점이 둥근잎천남성과의 차이점이다. 거치의 형태는 다양하다(왼쪽, 중간). 천남성 무늬종은 높은 관상 가치를 가지고 있다(오른쪽).

◈ **점박이천남성** 위경이 길고 위경과 엽병에 농녹색 얼룩무늬가 들어 있다. 새 발 모양으로 배열하는 5~19장의 소엽편을 가지고 있고, 꽃은 둥근잎천남성의 꽃과 유사하며 화수부속체는 원주형이다.

점박이천남성(***A. peninsulae*** **Nakai**)은 전국에 분포하며 높이 20~80cm로서 개체에 따라 크기에 차이가 많다. 위경이 길기 때문에 보통 둥근잎천남성이나 천남성보다 키가 훨씬 크다. 잎은 2엽성이지만 미개화주는 1엽성이다. 각 잎은 새 발 모양으로 배열하는 5~19장의 소엽편으로 이루어져 있다. 위경과 엽병에 백색, 백록색, 농녹색, 또는 자색의 얼룩무늬가 있는 경우가 많아 점박이천남성이라 한다. 그러나 위경과 엽병에 얼룩무늬가 없는 경우도 있다. 불염포의 형태와 색은 둥근잎천남성과 유사하며 화수부속체는 원주형이나 윗부분이 가늘다. 눌맥이천남성[***A. peninsulae* f. *convolutum* (Nakai) Y.S.Kim & S.T.Ko**]은 점박이천남성의 품종으로 기본종과는 화수부속체가 곤봉상인 것으로 구분된다.

◈ **눌맥이천남성** 화수부속체가 곤봉형이다.

섬남성(***A. takesimense* Nakai**)은 우산천남성이라고도 하며 한국 특산종으로 울릉도에 분포한다. 2엽성이지만 미개화주에는 1엽성도 있다. 소엽편은 5~19장이 새 발 모양으로 배열한다. 잎 표면에는 주맥을 따라 세로로 백록색의 긴 반점무늬가 있기도 하고 없기도 하다. 소엽편에 반점이 없는 개체는 점박이천남성과 유사하지만 꽃에서 차이가 나므로 구분할 수 있다. 섬남성의 불염포는 점박이천남성처럼 바탕색이 녹색인 경우도 있지만 특징적으로 짙은 자색을 띠는 개체가 자주 발견된다. 현부는 수평을 유지하거나 드물게는 비스듬하게 서 있기도 하지만 독특하게 90° 이상 완전히 숙이고 있는 경우도 자주 있다. 화수부속체는 곤봉형이다. 많은 사람들이 섬남성과 섬천남성을 구분하지 못하고 같은 종으로 생각하는 경향이 있지만 두 종은 서로 다른 종이다. 또 두 종을 혼동하여 섬남성을 섬천남성으로 잘못 알고 있는 경우도 있다.

화수부속체가 길게 자라 불염포 밖으로 나오는 무늬천남성절에는 무늬천남성, 두루미천남성 및 섬천남성이 있다. 여기에 속하는 종에서는 화수부속체의 기부에 자루가 없고 꽃은 이가화로 단성화 또는 양성화가 달린다. 이중 유일한 2엽성인 섬천남성(***A. negishii* Makino**)의 존재에 대해서는 학자 간에 이견이 있어왔으며 현재는 한국에는 존재하지 않는 것으로 추정된다.[1] 무늬천남성과 두루

◈ **섬남성** 점박이천남성과 흡사하지만 소엽편에 백록색 반점무늬가 있다는 점과 꽃의 형태에서 차이가 난다.

미천남성은 기본적으로 위경과 엽병의 길이를 가지고 구분할 수 있다. 무늬천남성은 위경이 엽병보다 훨씬 짧은 반면 두루미천남성은 위경이 엽병보다 훨씬 길다.

무늬천남성(*A. thunbergii* Blume)은 남부 도서지방에 자생하는 종으로 잎은 보통 1엽성이지만 2엽성 군락이 존재하는 도서지역도 있다고 한다.[1] 위경은 매우 짧고 엽병은 이보다 훨씬 길며 전체적으로 높이가 30~60cm이다. 소엽편은 9~17장(보통 9~11장)가 새 발 모양으로 배열한다. 잎의 표면은 농녹색이며 주맥을 따라 회녹색 반점무늬가 있기 때문에 무늬천남성이라 불린다. 이 반점은 섬남성이나 흰떡천남성의 반점과 흡사하다. 그러나 섬남성과 흰떡천남성의 소엽편은 무늬천남성의 그것보다 너비가 더 넓고 녹색이 옅으며 광택이 없는 반면, 무늬천남성의 소엽편은 폭이 더 좁고 표면에 윤채가 돌아 구분할 수 있다. 특히 광택이 나는 소엽편의 표면이 짙은 녹색을 나타내므로 회녹색 반점과 뚜렷한 대비를 이루어 대단히 세련된 자태를 보인다. 그러나 소엽편에 회녹색 반점이 없는 경우도 있다.

화경은 10~20cm로서 엽병보다 훨씬 짧아서 꽃이 잎의 아래쪽에서 핀다. 꽃은 이가화로 단성화가 달리며 4~5월에 개화한다. 불염포의 통부는 담자색 또

◈ **무늬천남성 화분 작품** 무늬천남성은 잎에 회녹색 반점무늬가 들지만 없는 경우도 있다. 소장자 김병기(왼쪽), 정숙희(오른쪽).

는 흰색으로 흑자색 반점이 있고, 구연부는 흑자색으로 반곡한다. 현부는 흑자색으로 앞으로 약간 숙었고 끝이 매우 가늘고 길다. 화수부속체의 기부는 황색으로 비후하고 주름 같은 돌기가 있다. 화수부속체의 끝부분은 흑자색이며 특징적으로 채찍처럼 가늘고 긴데, 전체적으로 대어를 걸어 크게 휘어진 낚싯대처럼 보인다. 키도 그리 크지 않고 위경과 엽병이 모두 튼튼하므로 잘 휘어지지 않아 베란다에서 키우기 적합한 종이다.

◈ **무늬천남성과 두루미천남성의 꽃 비교** 왼쪽: 무늬천남성의 꽃으로 불염포의 현부와 화수부속체가 흑자색이고 불염포 밖으로 빠져나온 화수부속체의 끝부분은 활 또는 낚싯대처럼 휘어져 있다. 오른쪽: 두루미천남성의 꽃으로 불염포와 화수부속체가 녹색이며 밖으로 빠져나온 화수부속체는 앞위쪽으로 뻗거나 위쪽으로 직립한다.

무늬천남성은 엽자(葉姿)가 수려하고 꽃의 모양이 독특하여 인기를 모으는 종이다. 그런데 유감스럽게도 일부 상인들이 무늬천남성을 '흑두루미천남성'이라는 잘못된 명칭으로 판매하고 있다. 이로 인해 많은 야생화 동호인들, 심지어 일부 상인들까지도 명칭을 잘못 알고 있으며, 여러 야생화 전시회에서 무늬천남성을 흑두루미천남성이라는 잘못된 이름으로 전시하고 있다. 불염포의 색깔이 흑자색을 띠고 있고 화수부속체가 두루미천남성처럼 가늘고 길게 돌출하여 그런 이름을 붙인 것으로 보인다. 하지만 무늬천남성의 꽃은 잎의 아래쪽에서 피고 화수부속체는 낚싯대처럼 휘어 있기 때문에 전체적인 모습이 두루미와는 전혀 닮지 않았다. 원래의 식물명을 잘 알아보지도 않고 임의로 작명하여 유통시키고, 또 확인해 보지도 않고 잘못된 명칭으로 전시하는 행위는 반드시 삼가야 할 것이다.

◈ 두루미천남성 화분 작품

두루미천남성(***A. heterophyllum* Blume**)은 전국에 분포하지만 흔하게 발견되는 종은 아니다. 비옥하고 습기가 그다지 많지 않은 풀밭이나 밝은 숲에서 자란다. 두루미천남성은 무늬천남성과는 반대로 위경이 엽병(13~19cm)보다 훨씬 길고, 전체적으로 높이가 50~70cm 정도이다. 잎은 1엽성이고, 소엽편은 7~19장이 새 발 모양으로 배열하며 모두 녹색이다. 꽃은 이가화로 단성화 또는 양성화가 달리며 5~6월에 개화한다. 화경은 녹색이고 길이는

◈ **흰떡천남성(왼쪽, 중간)과 분홍천남성(오른쪽) 화분 작품** 흰떡천남성은 화수부속체가 눈처럼 희고 공처럼 부풀어 오른 끝부분이 하얀 찹쌀떡과 같다. 분홍천남성은 현부가 분홍색이며 다른 천남성류보다 다소 늦게 5~7월에 개화한다.

25~37cm이다. 불염포의 통부와 현부는 대체로 모두 녹색이다. 화수부속체는 담녹색으로 현부 밖으로 채찍처럼 길게 뻗고 직립한다. 꽃이 피었을 때의 전체적인 모습이 두루미가 날개를 펴고 하늘 높이 날아가는 것처럼 보이므로 그런 이름을 얻었다.

근래에는 일부 외국산 천남성류들도 수입되어 유통되고 있으니 이를 수집하여 다양한 이국적인 꽃을 즐겨볼 수도 있다. 세계적으로 가장 많은 종류의 천남성이 자생한다고 알려진 일본에는 약 50여종이 분포하는데, 일부는 우리나라의 천남성과 유사하지만 **흰떡천남성(*A. sikokianum*)**과 같은 일부 종은 우리나라 천남성에서는 볼 수 없는 무척 특이한 꽃을 피운다. 중국의 운남성이나 사천성에 자생하는 **방향천남성(*A. odoratum*)**이나 **분홍천남성(*A. candidissimum*)** 등도 색다른 맛을 느끼게 해주는 천남성들이다.

민간에서는 곪은 상처, 뱀이나 곤충에 물린 데 또는 류머티즘 발병 부위 등에 천남성의 구경을 찧어 바르거나 가루를 만들어 뿌렸다. 그러나 천남성류는 대단히 강한 독성물질을 다양하게 함유하고 있는 식물이므로 함부로 사용하면 안 된다. 잎에는 호모겐티신산(homogentisic acid)과 옥살산칼슘(calcium oxalate)이 포함되어 있는데 먹으면 이 성분들이 점막을 자극하여 강한 아린 맛이 난다. 옥살산칼슘은 알레르기와 같은 가려움증을 일으키는데 특히 호흡기도의 부종을 유발하며 심하면 호흡장애로 사망에 이르게까지 한다.[9] 따라서 대부분의 초식동물들도 본능적으로 천남성을 먹지 않는다. 염소를 방목한 일부 섬에서는 많은 식물들이 큰 피해를 입지만 천남성 종류들은 염소들이 먹지 않아 번성한다고 한다. 하지만 잎을 만지거나 꺾기만 해도 가렵고 알레르기 반응이 일어난다는 것은 상당히 과장된 것이다. 잎이나 잎자루가 손, 팔, 얼굴 등의 피부에 닿아도 아무런 문제를 일으키지 않는다. 다만 잎자루를 꺾을 때 그 절단면에서 스며 나오는 즙이 피부나 점막에 묻으면 따끔거리며 알레르기 반응을 일으킨다. 이럴 경우에는 즉시 흐르는 물로 씻어주도록 한다.

천남성은 한방에서 중풍에 걸려 손발이 마비되거나 말을 못할 때, 어린이 간질병, 심한 경련에 약으로 쓴다. **우담남성**(牛胆南星)은 천남성을 사용한 대표적인 한약의 하나로서 법제한 천남성가루와 소의 담즙을 섞어 찐 다음 소의 담낭에 넣어 그늘진 곳에 매달아 말린 것으로 경련을 진정시키고 담(痰)을 삭이며 열을 내리는 효과가 있어 경련, 소아의 경기 등에 쓴다.

생육 특성

천남성류는 원래 반음지에서 자생하는 식물이므로 동향~동남향 베란다에 잘 어울리는 식물이다. 꽃이 특이한 종이 많으므로 자생종뿐 아니라 흰떡천남성이나 분홍천남성과 같은 외국산의 여러 종을 수집하여 가꾸면 재미가 배가된다. 또 화기가 길어서 이국적인 꽃을 오래 감상할 수 있는 즐거움도 있다. 자생지에서는 천남성류가 일반적으로 습윤한 환경에서 서식하는 경우가 많다. 그러나 화분에서 재배하는 경우 천남성류의 굵은 구경은 대체로 습기에 약한 편이다. 무늬천남성이나 섬남성과 같은 일부 종들은 과습하면 여름 혹서기에 구경이 쉽게 녹을 수도 있으니 주의한다. 이를 방지하기 위해서는 보다 배수성이 좋게 심고 여름철 고온기에 직사광선을 피하고 과습하지 않도록 조심한다.

동남향 베란다에서 큰천남성의 새순은 보통 2월 중순부터 표토를 뚫고 나온다. 이른 봄까지 문을 닫아두고 따뜻하게 관리하는 경우 3월 초순이면 상당한 크기까지 자라고 3월 하순이면 잎이 거의 벌어진다. 그러나 2월 하순부터 창문을 열어두고 차게 관리하면 3월 하순까지도 별로 크게 자라지 못한다. 지상부의 성장에 맞추어 2월부터 구경의 윗부분에서 새로운 수염뿌리가 자라나기 시작하여 6월까지 생장을 지속한다. 꽃은 보통 3월 하순부터 4월 사이에 개화한다. 개화기가 상당히 길어 1개월 이상 지속된다.

큰천남성은 이르면 7월 하순~8월 초순 사이에 낙엽이 지면서 휴면에 들어가는 경우도 있지만 보통 9~10월 사이에 낙엽이 진다. 큰천남성은 직사광선에 약하기 때문에 여름에 강한 햇빛을 직접 받으면 잎이 빨리 시들고 그 결과 구경이 충분히 굵어지지 못한다. 따라서 직사광선을 피하고 충실한 비배관리를 하여 잎이 가급적 오래 붙어 있도록 하는 것이 세력을 올리는 길이다. 식물체가 화분에 충분히 적응하고 비배관리가 잘되면 10월까지도 잎이 붙어 있다. 겨울눈 형성과 화아분화가 언제 일어나는지는 불확실하지만 아마도 여름에서 초가을 사이에 일어날 것으로 생각한다. 지상부가 사라진 늦가을에는 증산작용을 통한 수분의 소비가 없어지므로 자칫 과습하기 쉽다. 습도가 많으면 구경이 썩기 쉬우므로 물을 많이 주지 않도록 주의한다. 가을에는 새끼 구경의 형성, 겨울눈과 꽃눈의 성장과 성숙이 일어나므로 비배관리를 게을리 하지 않는다. 따뜻한 남쪽지방에 자생하는 식물이므로 겨울에는 얼지 않도록 조심한다.

◈ **큰천남성의 출아** 큰천남성은 2월 중순부터 새싹(화살표)이 표토를 뚫는다(왼쪽). 따뜻하게 관리하면 3월 초순에 이미 상당한 크기로 자라고(중간), 3월 하순이면 대부분의 잎이 벌어진다(오른쪽).

옮겨심기

큰천남성은 잎이 매우 크기 때문에 지상부가 어느 정도 자란 이후에는 옮겨 심는 것이 상당히 번거롭다. 따라서 지상부가 아직 크게 자라지 않은 초봄(2월 하순~3월 중순)이나 낙엽이 진 다음인 10월이 분갈이의 적기이다. 번거로움을 감수한다면 꽃이 진 다음인 5월 또는 초가을인 9월에 옮겨 심어도 좋다. 6월, 11월의 분갈이도 가능하지만 개화기 동안의 분갈이는 피하도록 한다. 옮겨심기의 주기는 3~4년에 한 번 정도로 한다. 뿌리가 많이 자라는 성질을 가지고 있는 것은 아니지만 배수가 불량해지면 구경이 상할 수 있으니 가급적 분갈이 주기를 지키도록 한다.

큰천남성은 다소 습윤한 환경에서 자생하지만 화분에서 키울 때에는 식재 구성을 다소 건조하게 하는 것이 안전하다. 구경이 크고 위경, 엽병 등이 상당히 굵기 때문에 자체적으로 보유하고 있는 수분 함량이 많아 화분 속이 다소 건조해 지더라도 상당히 잘 견딜 수 있다. 높이가 높은 화분은 과습의 염려가 있으므로 높이가 낮은 화분을 사용하는 것이 좋다. 큰천남성은 구경이 굵고 잎도 크기 때문에 화분은 다소 큰 것이 좋다. 높이 10~15cm의 9~10호(직경 27~30cm) 화분을 사용한다고 가정하면 마사토의 비율을 70% 내외로 하고 나머지는 보습성이 좋은 화산토로 구성한다. 배수성을 높이기 위해 마사토의 1/3~1/2은 중립으로, 나머지는 소립으로 구성한다. 화분의 크기가 더 커지면 배수성을 더 높이는 방향으로 식재를 구성한다. 무늬천남성, 섬남성, 분홍천남성은 여름에 구경이 녹는 경우가 많으므로 더 건조하게 심는 것이 좋다.

만일 화분에서 빼낸 구경이 죽은 껍질처럼 보이는 것으로 둘러싸여 있으면 부패를 예방하기 위해 이러한 것들을 모두 깨끗하게 제거하는 것이 좋다. 구경을 톱신이나 다이젠M과 같은 살균제에 약 1시간 정도 담갔다가 심으면 병해의 발생을 예방하는 데 도움이 된다. 또 선충의 피해를 예방하기 위해 배양토에 토양살충제를 약간 섞어 주면 좋다. 심을 때 구경을 너무 깊게 심으면 과습의 피해가 우려되므로 얕게 심는다. 큰 구경의 경우 그 윗면이 표토 아래쪽으로 약 3~5cm 정도의 깊이에 위치하도록 하고, 작은 구경은 그보다 더 얕게 심는다. 천남성류는 비료에 강하기 때문에 심을 때 밑거름을 넉넉하게 넣어주도록 한다.

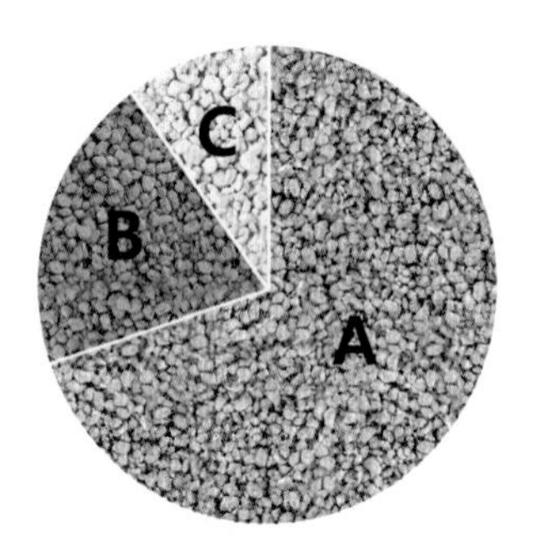

◈ **화분: 10호(직경 30cm), 높이 13cm**

◈ **배양토 구성**

A: 마사토 70%(중립 30%, 소립 40%)

B: 경질적옥토 소립 20%

C: 경질녹소토 소립 10%

① 화분에서 구경을 뽑아서 정리한다(3월 중순).

② 배수층(10%)을 넣는다.

③ 퇴비(10%)를 첨가한 배양토를 약간 넣는다.

④ 구경을 적절하게 배치한 다음 배양토를 더 넣는다.

⑤ 영양볼과 고형인산비료를 구경 주위로 충분히 넣는다.

⑥ 배양토를 더 넣고 영양볼을 다시 한 번 더 넣는다.

⑦ 배양토를 마저 채워 넣는다.

⑧ 피복복비와 미량원소비료를 올린다.

⑨ 팻말을 꽂고 물을 충분히 준다.

◈ **옮겨심기 후의 변화** 같은 해 4월(왼쪽)과 그 이듬해 4월(오른쪽)에 개화한 모습. 분갈이 이듬해에 영양상태가 눈에 띄게 좋아졌다.

화분 두는 곳

큰천남성의 넓은 잎은 어두운 숲속에서 가능한 한 더 많은 햇빛을 받을 수 있도록 진화한 결과이다. 따라서 햇빛이 별로 들지 않는 음지~반음지에 두도록 한다. 에어컨 실외기의 뒤편 또는 베란다의 거실 쪽에 면한 자리 등에 두어도 큰 문제가 없다. 강한 광선을 싫어하므로 남향의 베란다에서 재배하는 경우에는 직사광선을 피할 수 있는 곳에 두도록 한다. 위경과 엽병이 튼튼하고 굵어서 많이 휘지는 않지만 한 자리에서 움직이지 않고 키우면 햇빛이 들어오는 방향으로 약간 기울어진다. 그러므로 기울어진 정도를 보아가며 때때로 돌려주어야 똑바로 키울 수 있다. 또 잎이 크고 지상부가 옆으로 넓게 퍼지기 때문에 주변의 다른 식물들을 가릴 수 있다. 따라서 그런 피해가 가지 않도록 신경 쓴다. 벽에 가까이 붙여 두고 주변에 음지 식물이나 키가 큰 식물을 같이 두면 가리는 피해를 줄일 수 있다. 상대적으로 잎의 면적이 좁은 두루미천남성이나 무늬천남성 등은 보다 햇빛이 더 들어오는 곳에 두도록 한다. 겨울에는 얼지 않도록 창문에서 약간 떨어진 곳에 둔다.

물주기

습윤한 환경에서 자라지만 너무 습하면 구경이 썩을 수 있으므로 전반적으로 다소 건조한 듯하게 물 관리를 한다. 특히 큰 화분에 심은 것들은 마르는 속도가 더디므로 물을 너무 많이 주지 않는다. 그러나 2~3회에 한 번 정도는 밑으로 충분히 흘러내릴 때까지 물을 흠뻑 주어 분 속의 수분뿐 아니라 공기까지 교환해 주는 것이 좋다. 배양토의 표면이 마르는 정도나 식물의 상태를 보고 많이 말랐으면 물을 흠뻑 주고 덜 말랐으면 적게 주는 방식으로 관수의 강약을 리드미컬하게 조절한다. 예를 들어 관수 간격이 길어졌거나 바람이 많이 불어 수분이 모자라게 되면 엽병이 휘면서 잎이 아래로 약간 처지므로 이런 현상을 보이면 물을 듬뿍 준다. 장마철에 비가 계속되면 간격을 늘리고 물을 적게 준다. 낙엽이 진 다음에는 분이 마르는 속도가 더 더뎌지므로 관수량을 더 줄인다.

거름주기

천남성류는 개화율이 높아 비료를 충분히 주는 것이 좋다. 옮겨 심을 때 밑거름을 넉넉하게 넣고 계절별 시비 방법에 따라 충실한 비배관리를 시행한다. 액비는 전체적인 베란다 비배관리에 준하여 준다. 화학비료와 더불어 유기질 액비를 주는 것이 효과가 좋다. 치비는 넉넉하게 올려 두고 3월과 9월에는 새로운 것으로 갈아 주는 것을 잊지 않는다.

번식

어미 구경에서 자연적으로 분리된 새끼 구경의 수가 많아지면 옮겨 심을 때 별도의 화분에 한데 모아 심는다. 새끼 구경의 수가 그다지 많지 않고 화분의 수를 늘리고 싶지 않으면 어미 구경과 같이 심는다. 어미 구경으로부터 아직 분리되지 않은 새끼 구경을 굳이 나눌 필요는 없다.

보통 베란다에는 곤충이 들어오지 못하도록 방충망을 설치되어 있기 때문에 자연적인 결실은 거의 이루어지지 않는다. 만일 결실을 원한다면 붓을 이용하여 수꽃의 꽃가루를 암꽃에 묻혀 준다. 열매가 열리면 11월 중에 채취하여 즉시 파종한다. 이듬해 봄에 발아한 어린 묘는 일 년 후에 이식한다.

병충해 방제

천남성류를 키우다보면 작년까지도 잘 자라던 것이 겨울을 나고 봄이 되어도 전혀 새싹이 나오지 않거나 혹은 그중 일부만 새싹이 올라오는 것을 간혹 경험하게 된다. 그래서 배양토를 헤치고 살펴보면 구경이 멀쩡하지만 새싹을 올리지 못하는 경우도 있고, 구경이 썩어버린 경우도 있다. 전자의 경우에는 어떤 특정한 조건이 맞지 않아서 새싹을 올리지 못하는 것으로 추정되며 구경이 온전하기 때문에 그 이듬해에는 다시 새싹을 올리는 것이 보통이다.

문제는 구경이 썩는 것인데 그 원인은 보통 과습 또는 선충 매개 세균성 질환으로 추정해 볼 수 있다. 천남성류의 굵은 구경은 습기에 취약하기 때문에 너무 습하게 관리하면 점진적으로 물러지면서 썩기 쉽다. 특히 여름철 혹서기에 과습하면 구경이 쉽게 썩을 수 있으므로 물을 많이 주지 않도록 주의를 기울인다. 또한 천남성류의 구경은 선충이 매개하는 것으로 여겨지는 세균성 병해를 입기 쉽다고 알려져 있다. 그러므로 물 관리에 문제가 없었다고 생각되면 선충에 의한 피해를 의심해 봐야 한다. 썩은 구경 속이나 근처에 가느다랗고 길쭉한 벌레(선충)가 있다면 선충에 의한 감염의 피해라고 볼 수 있다. 선충의 피해를 예방하기 위해서는 분갈이의 주기를 잘 지키고 옮겨 심을 때마다 매번 깨끗한 새 배양토를 사용해야 한다. 보다 안전하게 관리하려면 옮겨 심을 때 구경을 살균제로 소독하고, 선충을 구제할 수 있는 토양살충제를 배양토에 섞어주도록 한다. 또 여름에 고온·건조하면 응애가 자주 발생한다.[10] 응애는 발견 즉시 해당 약제를 살포하여 구제해야 한다. 그렇지 않으면 큰 피해를 입기 쉽다.

참고문헌

1. 고성철. 한국관속식물종속지 (I). 심정기 등. 천남성속 (Taxonomy of *Arisaema* in Korea). 아카데미서적. 2000.
2. 애드리언 포사이스. 성의자연사. 진선미 옮김. 양문. 2009.
3. 다나카 하지메, 쇼자 아키코. 꽃과 곤충: 서로 속고 속이는 게임. 이규원 옮김. 곤충의 목숨을 대가로-천남성. 지오북. 2007.
4. 위키백과. 카노푸스. https://ko.wikipedia.org.
5. 마노 다카야. 도교의 신들. 이만옥 옮김. 도서출판 들녘. 2007.
6. 이창복. 원색 대한식물도감. 향문사. 2014.
7. 이창복. 원색 대한식물도감 검색표. 향문사. 2014.
8. 국립수목원. 국가생물종지식정보시스템 (NATURE). http://www.nature.go.kr.
9. 김원학, 임경수, 손창환. 우리 곁에서 치명적 유혹을 던지는 독을 품은 식물 이야기. 천남성. 문학동네. 2016.
10. 서종택. 표준영농교본-138: 우리 꽃 기르기. 농촌진흥청. 2003.

봄꽃

새우난초

- **분류** 난초과
- **생육상** 다년생 초본
- **분포** 전남, 전북(변산), 제주도, 경남(거제도), 충남(안면도)
- **자생환경** 습한 숲속 음지의 비옥한 곳
- **높이** 꽃줄기의 높이 15~50cm

◆ **관리특성**

식재습윤도	●◐○
광량	●◐○
관수량	●◐○
시비량	●●◐
개화율	●●○
난이도	●◐○

소장자 신진숙

연중 관리		1	2	3	4	5	6	7	8	9	10	11	12
생활환	출아		◑	◐									
	영양생장		◑	●	●	●	●						
	개화				●								
	2년차 잎 낙엽						●	●					
	겨울눈 형성							●	●				
	화아분화							●	●	●			
	생식생장							●	●	●	●	●	
	휴면	●	◐										●
작업	옮겨심기		◑	◐		●	○			●	●	○	
	액비 시비			●	●	●	●			●	●	◐	
	치비 교환			●						●			
	낙엽 제거						●	●					
	화아분화유도							●	●				
	지지대 설치					●	●						

새우난초류는 난초과 식물 중 가장 넓게 분포하고 있으며 세계적으로는 약 200여종, 우리나라에는 5종이 분포한다. 우리나라에는 기본종인 새우난초를 비롯하여 금새우난초, 큰새우난초, 여름새우난초 및 신안새우난초가 자생한다.[1]

새우난초(***Calanthe discolor* Lindl.**)는 우리나라 남부지방과 제주도를 포함하여 일부 남해 및 서해 도서지방에 자생하는 대형 지생란으로 주로 습한 숲속 음지의 비옥한 곳에서 발견된다. 새우난초의 속명인 *Calanthe*는 그리스어의 kalas(아름다운)와 anthos(꽃, 수술)의 합성어이며 종소명 *discolor*는 여러 가지 색이라는 뜻이다. 학명이 나타내듯이 새우난초류는 매우 아름다운 꽃을 가지고 있고 꽃의 색깔도 대단히 다채로워 원예화에 아주 알맞은 종이다. 대부분의 난

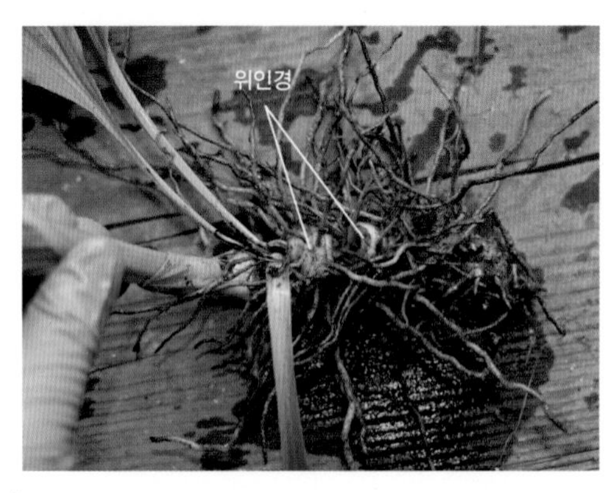

◈ **큰새우난초의 위인경** 새우난초류의 밑동에는 위인경이 염주처럼 연결되어 있다. 위인경의 위쪽에서는 잎이 자라나고 나머지 부위 곳곳에서는 수염뿌리가 자란다.

과 식물이 그러하듯이 새우난초는 꽃의 수명이 상당히 길고 또 일부 품종은 좋은 향기까지 풍겨 더욱 매력적이다. 일본에서는 오래전부터 수많은 새우난초 원예품을 개발하여 세계 각국으로 수출하고 있으며, 새우난초를 전문으로 배양하는 동호인과 단체가 활발하게 활동하고 있다.

새우난초류의 밑동 부분은 약간 부풀어 위인경(pseudobulb)을 형성하고 있다. 굵고 짧은 위인경은 보통 매년 한 개씩 늘어나면서 염주처럼 연결되어 있고 여기서 많은 수염뿌리가 난다. 영양상태가 양호하면 위인경이 두 개씩 늘어나는 경우도 많다. 우리말 '새우난초'는 같은 뜻의 일본 이름 '에비네(エビネ)'에서 유래하였으며 죽 이어져 있는 위인경의 모습이 마치 새우등처럼 보이기 때문에 그런 이름을 얻게 되었다.[2]

잎은 매년 2~3장이 나오며 길이 15~25cm, 너비 4~6cm 정도로 상당히 크다. 긴 타원형의 잎에는 세로로 많은 주름이 있고 가장자리는 물결모양이다. 잎은 두해살이로 첫 해에는 위인경에서 나와 곧게 자라지만 그해 가을~겨울을 지나면서 점차 옆으로 펴지기 시작하며, 다음 해에는 땅 위에 드러눕고 여름을 지나면서 점차 말라죽게 된다. 공간이 좁은 베란다에서 키우기에는 잎이 크고 길며 나중에는 옆으로 드러눕는다는 점이 새우난초의 흠이다. 그러나 1년차 잎은 잎줄기 조직이 단단하여 물을 세게 주어도 옆으로 자빠지는 일이 거의 없이 똑바로 서 있으므로 생각보다 공간을 그리 많이 차지하지는 않는다. 옆으로 눕는 2년차 잎이 보기 싫거나 주변의 다른 화분을 덮을 정도이면 지지대를 세우고 끈으로 묶어 준다.

꽃은 자생지에서는 4~5월에 걸쳐 피고 베란다에서는 보통 4월 초순~중순 사이에 핀다. 대개 10~20개의 꽃이 위인경에서 올라온 15~50cm 정도의 화경(꽃줄기)에 **총상화서**(꽃자루가 있는 꽃이 어긋나게 붙는 꽃차례)로 달린다. 꽃잎은 여느 난 꽃처럼 6장으로 이루어져 있는데 바깥쪽 3장은 꽃받침잎이고 안쪽에 있는 3장이 실제 꽃잎이다. 꽃받침잎은 위로 솟은 등꽃받침(배악편)과 양 옆으로 비스듬히 내려가는 곁꽃받침(측악편)으로 이루어져 있고, 꽃잎은 양 옆으로 비스듬히 올라가는 곁꽃잎(측화판)과 아래로 늘어진 입술꽃잎(순판)으로 이루어져 있다.

◈ **새우난초 꽃의 구조**

보통 난계를 포함하는 취미 원예계에서는 식물학적인 용어보다는 별도의 원예 용어를 더 자주 사용하므로 이를 알아두는 것이 도움이 된다. 우선 난계에서는 바깥쪽 3장인 꽃받침잎을 **외삼판**(外三瓣), 안쪽의 3장인 꽃잎을 **내삼판**(內三瓣)이라 부른다. 외삼판 중 등꽃받침을 **주판**(主瓣), 곁꽃받침을 **부판**(副瓣)이라 한다. 내삼판 중 곁꽃잎은 **봉심**(捧心)이라 하는데, 그렇게 부르는 이유는 춘란과 같은 심비디움 계열의 꽃에서 이것이 암술과 수술이 합쳐진 기둥 모양의 구조인 **예주**[蕊柱, **비두**(鼻頭), **꽃술대**]를 감싸 안고 있기 때문이다. 입술꽃잎은 내민 혀처럼 늘어져 있으므로 **설판**(舌瓣)이라고 부른다.

외삼판(꽃받침잎)과 봉심(곁꽃잎)의 색깔은 보통 자주색, 자갈색, 자녹색, 녹갈색이고 간혹 연녹색도 있다. 설판(입술꽃잎, 순판)은 대개 연한 분홍색 내지 자홍색을 띤 흰색이다. 설판은 3개로 깊게 갈라지고 가운데갈래(중앙열편)에는 3줄의 세로 능선이 있다. 꿀주머니인 거(距)는 길이 5~10mm로서 씨방의 아래쪽에서 이와 나란하게 뒤쪽으로 돌출되고 씨방을 포함한 꽃자루(소화경)보다 약간 짧다.

◈ **새우난초(왼쪽)와 금새우난초(오른쪽) 화분 작품** 모두 햇볕이 좋은 환경에서 재배한 것이다. 소장자 선우타순(왼쪽), 신진숙(오른쪽).

금새우난초(***C. sieboldii***)는 충남(안면도), 경북(울릉도), 전남(완도, 흑산도, 홍도), 제주도의 습한 숲속에서 자라며 꽃은 4~5월에 노란색으로 핀다. 금새우난초는 새우난초속 중에서 꽃이 가장 크고, 또 좋은 향기를 풍기는 유향 개체가 많다. 거는 상당히 굵고 길이가 짧아 씨방을 포함한 꽃자루 길이의 절반 정도에 불과하다.

여름새우난초(***C. reflexa***)는 제주도의 습한 숲속에서 자라고 꽃은 7~8월에 핀다. 설판을 제외한 화피는 연보라색으로 가늘고 거가 없다. 설판은 짙은 보라색으로 깊게 세 개로 갈라지며 가운데갈래는 쐐기꼴 또는 심장형으로 끝이 뾰족하다. 여름새우난초는 여름철의 고온에 약하여 재배가 까다로운 편이다.

큰새우난초(***C. bicolor***)는 제주도의 낙엽수림에 분포하며 여러 가지 특징이 새우난초와 유사하지만 설판을 제외한 화피의 색깔이 자갈색이나 녹갈색이 아닌 다양한 색이다. 큰새우난초는 새우난초와 금새우난초의 자연교잡종으로 이 종과 양친 종 사이의 역교배를 통해 연녹황색, 노란색, 주황색, 주홍색, 홍색, 자홍색 등 대단히 다양한 화색을 가지고 있다. 새우난초류의 원예적 잠재력과 가치를 높이 평가하는 이유는 바로 이 큰새우난초의 화색이 매우 다양하기 때문이다. 또한 많은 큰새우난초는 금새우난초와 마찬가지로 향긋하고 청량한 향을 풍기므로 더욱 높게 평가할 수 있다. 국가생물종지식정보시스템에는 큰새우난초를 제외한 4종만이 올라있으며[3] 이는 아마도 큰새우난초를 새우난초의 범주에 포함시켰기 때문인 것으로 보인다.

난에서는 주·부판에 다른 잡색이 섞이지 않고 설판에 흰색 이외의 어떠한 색도 들어가 있지 않은 것을 **소심**(素心) 또는 **순소심**(純素心)이라고 한다. 설판이 모두 하얗고 그 기부에만 약간의 색이 들어가 있으면 이것은 **준소심**(準素心)의

◈ **큰새우난초의 화색 변이** 큰새우난초의 화색은 자홍색으로부터 황색 사이에서 다양하게 나타나며 녹색을 띠기도 한다. 맨 오른쪽 개체는 준소심이다. 강원도 원주 최고자연 최용호씨 소장.

◈ **큰새우난초 화분 작품** 베란다에서 재배한 큰새우난초 주황화(왼쪽)와 홍화(오른쪽).

범주에 포함된다. 다른 색이 섞이지 않고 설판의 색이 모두 노랗거나 녹색인 경우도 준소심으로 간주한다. 소심은 하얗고 깨끗한 설판으로 인해 고결함과 순수함을 상징하며 높은 관상 가치가 있다고 본다. 새우난초류에서도 소심이나 준소심이 드물게 나타나며 높게 평가된다.

◈ **큰새우난초 화분 작품** 베란다(왼쪽)와 비닐온실(오른쪽)에서 재배한 큰새우난초. 베란다에서는 보통 부족한 광량으로 인해 홍색의 발현이 미흡한 편이다. 소장자 임일선(오른쪽).

생육 특성

여름의 고온에 취약한 여름새우난초를 제외하면 대부분의 새우난초류는 성질이 대동소이하며 베란다 환경에 무난히 적응하여 잘 자란다. 공간이 좁은 베란다에서 키우기에는 잎의 크기가 다소 큰 것이 부담이 될 수도 있지만 꽃의 자태와 화색이 아름답고 좋은 향기가 나는 유향종도 많으므로 이를 충분히 상쇄하고도 남는 매력적인 야생란이라 할 수 있다. 자생지에서는 상당히 그늘진 곳에서도 꽃을 잘 피우지만 베란다에서는 햇빛이 너무 모자라면 꽃이 잘 달리지 않는 경향을 보인다. 햇빛을 적당히 주고 또 비배관리를 충실하게 하면 꽃달림이 좋아지고 꽃의 수도 많아지며 증식도 잘 이루어진다.

겨울에 창문을 닫아둔 동남향 베란다에서 새우난초류의 신아는 2월 중순부터 움직이기 시작하며 2월 말이 되면 꽃줄기가 2~4cm 정도 신장한다. 3월을 거치면서 꽃줄기는 빠르게 성장하면서 신아의 위쪽으로 높이 자라나며 4월이 되면 개화하기 시작한다. 꽃은 꽃줄기의 아래쪽부터 피기 시작하여 위쪽으로 가면서 차례로 피어나며, 개화기는 2~3주 또는 그 이상으로 상당히 길다. 꽃줄기는 햇빛이 들어오는 방향으로 상당히 민감하게 휘어지므로 꽃대를 똑바로 유지하기 위해서는 화분을 자주 돌려주어야 한다. 새우난초류의 화색은 햇빛의 영향을 크게 받으므로 꽃이 피고 있는 동안에는 가능한 한 햇빛을 많이 주는 것이 좋다. 특히 큰새우난초의 적색, 홍색은 햇빛을 많이 받아야 잘 발현되며 햇빛이 부족하면 황색이 많이 나타난다.

새잎은 꽃이 처음 필 때는 그렇게 크지 않지만 점차 빠른 속도로 자라기 시작하여 꽃이 질 무렵이면 상당히 크게 자라난다. 봄에 새로 나온 잎은 처음에는 직립하지만 가을~겨울을 거치면서 점차 옆으로 퍼지기 시작한다. 새우난초의 잎은 상당히 크고 넓으므로 옆으로 누우면 주변의 식물을 덮어서 햇빛을 가리는 피해를 준다. 따라서 지지대를 세우고 끈으로 묶어서 잎이 드러눕지 못하도록 하는 것이 좋다. 새우난초류의 잎은 수명이 2년이며 여름에 접어들면 2년차 잎이 시들면서 낙엽이 지기 시작한다. 보통 6~7월 중에 모두 낙엽이 지므로 보이는 대로 고사한 잎을 제거하도록 한다.

봄에 전시회에 출품하는 경우 2년차 잎이 눈에 거슬리므로 봄에 미리 잘라버리는 경우도 드물지 않다. 만일 햇빛이 충분한 환경에서 재배한다면 2년차 잎을 봄에 미리 자르더라도 향후의 생육에 큰 지장을 초래하지는 않는다. 하지만 베란다처럼 해가 모자란 곳에서 재배하는 경우에는 가급적 이를 보존해 두는 것이 양분의 소실을 방지하는 길이다.

여름에 접어들면 2년차 잎이 지는 한편으로 작년 위인경의 기부에서는 겨울눈이 만들어진다. 충실한 비배관리를 통해 세력이 올라가 있으면 한 위인경에서 두 개의 새로운 겨울눈이 생기기도 하고 오래된 묵은 위인경에서도 겨울눈이 만들어져서 증식률이 눈에 띄게 높아진다. 새우난초의 화아분화는 7월~9월 사이에 걸쳐 일어난다고 알려져 있다.[4] 만일 작년도에 개화율이 높지 않았다면 이 시기에 화아분화를 유도한다. 식물은 환경이 척박해지면 본능적으로 종족번식을 위해 꽃눈을 만들기 때문에 물을 적게 주고 광량을 올리면 화아분화를 촉진하는 효과가 있으며 이를 **화아분화유도**라고 한다. 화아분화 초기(7월~8월 초)에 물주기를 가급적 억제하면 화아분화를 촉진하는 효과가 있다. 이 기간 중에는 물주기를 한두 번씩 건너뛰거나 또는 물을 박하게 주어 화분 속이 건조해지도록 한다. 또한 햇빛을 많이 볼 수 있는 자리에 두어 가급적 많은 햇빛을 받도록 한다.

9월 초가 되면 겨울눈이 표토를 뚫고 올라오기 시작하는데 화아분화가 이루어진 개체에서는 겨울눈 속에 꽃눈이 포함되어 있다. 9월부터 11월 사이에는 겨울눈과 꽃눈의 성장과 성숙이 이루어진다. 9월부터 비배관리를 잘하고 햇빛을 충분히 쪼여주면 겨울눈이 눈에 띄게 굵어지는 것을 볼 수 있는데 이러한 개체에서 이듬해 봄에 많은 수의 꽃이 달린다. 겨울눈의 크기가 작으면 이듬해 봄에 꽃이 피지 않거나 피더라도 꽃의 수가 적다.

◈ **큰새우난초의 겨울눈** 9월 초순(왼쪽)과 12월 초순(중간, 오른쪽)에 관찰한 큰새우난초의 겨울눈(화살표). 겨울눈이 굵을수록 꽃눈이 포함되어 있을 가능성이 높고 또 많은 수의 꽃이 달린다.

옮겨심기

여름새우난초를 제외한 나머지 새우난초류는 4월에 개화하므로 꽃이 진 직후인 5월 중에 옮겨 심는 것이 좋다. 2월 하순~3월 상순경 새순이 본격적으로 움직이기 직전에 옮겨 심는 것도 적당하다. 새우난초류의 잎은 상당히 크기 때문에 작업하기에 거추장스럽지만 이 시기에 옮겨 심으면 새잎이 펼쳐지기 전이라 작업하기가 더 편하다. 가을에는 9~10월 중으로 분갈이를 마치도록 한다. 한창 꽃이 피어 있는 4월의 개화기에는 옮겨심기를 삼가도록 한다. 옮겨심기는 3~4년 마다 한 번씩 실시하되 생육 상태와 개화 상태를 고려하여 결정한다.

화분에서 꺼낸 새우난초는 우선 위인경의 상태를 살펴본다. 위인경이 크고 깨끗한 것이 상태가 양호한 것이고 작고 모양이 불규칙하며 상처나 검은 반점이 있으면 그다지 좋지 않은 것이다. 위인경이 길게 연결되어 있으면 정아우세 현상으로 인해 오래된 위인경에서는 새촉이 잘 달리지 않기 때문에 길게 연결되어 있는 위인경을 4~5개 단위로 잘라 포기나누기를 시행한다. 포기를 나누고자 하는 지점에서 양쪽 위인경을 손으로 잡고 가볍게 비틀면 두 위인경 사이가 쉽게 분리된다. 잘 떨어지지 않아 칼이나 가위를 사용할 때에는 바이러스나 세균 등의 감염을 예방하기 위해 라이터불로 화염소독을 실시한 후 사용한다. 그 다음 새우난초의 뿌리를 정리한다. 뿌리에 들러붙어 있는 오래된 배양토를 털어내고 죽거나 썩은 뿌리들을 잘라준다.

새우난초는 습윤한 숲속에서 자라지만 화분에서 배양하는 경우에는 너무 습하게 심으면 뿌리가 상할 가능성이 높다. 그렇다고 너무 건조하게 심으면 생육이 불량해지므로 적절한 습도를 유지하면서 배수가 잘되도록 심는 것이 좋다. 높이 10~15cm 정도의 7호(직경 21cm) 화분을 기준으로 마사토의 비율을 50% 내외로 하고 나머지는 보습력이 높은 화산토로 배양토를 구성하면 무난하다. 화분의 크기가 이보다 더 커지면 마사토의 비율을 더 높이고 또 마사토 중립을 일부 섞어주면 과습을 방지하고 통기성을 확보하는데 도움이 된다. 새우난초는 잎이 대형이므로 다소 큰 화분에 심는 것이 좋다. 식물에 비해 너무 작은 화분에 심으면 증식률이 떨어지는 경향을 보인다. 새우난초는 비옥한 환경에서 자라는 식물이고 많은 수의 꽃을 피우므로 시비량이 많은 것이 좋다. 옮겨심기를 하면서 고형 인산비료, 영양볼, 퇴비와 같은 밑거름을 넉넉하게 넣어주면 개화와 생육에 많은 보탬이 된다.

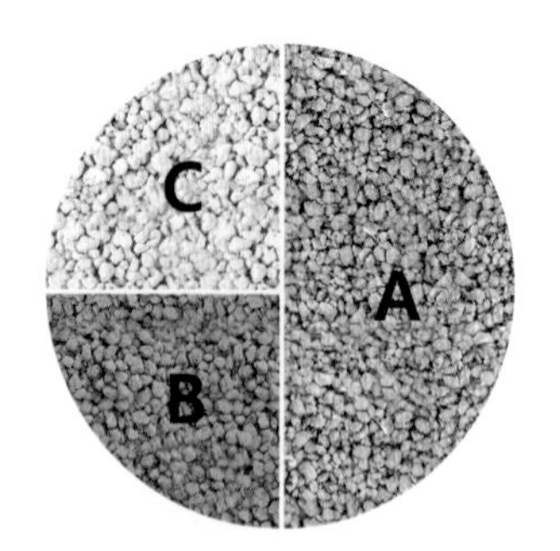

◈ **화분: 7호(직경 21cm), 높이 10cm**

◈ **배양토 구성**

A: 마사토 소립 50%

B: 경질적옥토 소립 25%

C: 경질녹소토 소립 25%

① 배수층(10%) 위에 배양토를 약간 넣는다.

② 식물을 넣고 높이를 맞추어 본다.

③ 영양볼 몇 개를 화분 가장자리를 따라 넣는다.

④ 고형 인산비료를 화분 가장자리에 넣는다.

⑤ 배양토를 더 넣고 다시 영양볼을 넣어준다.

⑥ 화분 높이의 약 80%까지 배양토를 더 채운다.

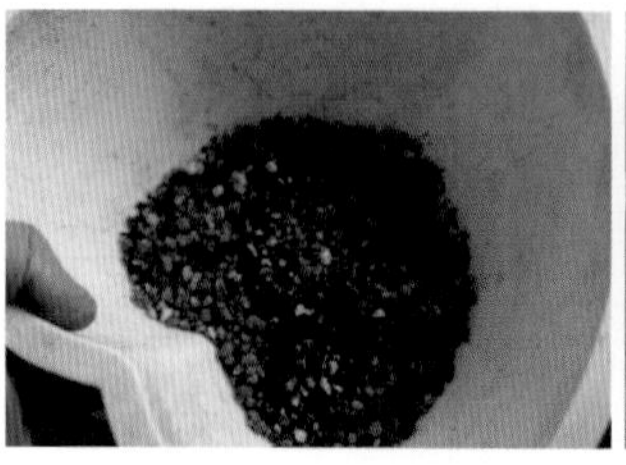

⑦ 배양토:퇴비=8:2로 배합하여 화장토를 만든다.

⑧ 화장토를 화분 위모서리 약 1cm 아래까지 덮어준다.

⑨ 피복복비와 미량원소비료를 약간 흩뿌려준다.

◈ **옮겨심기 이후의 변화** 분갈이 직후(왼쪽)와 3년 후(오른쪽)에 개화한 모습. 3년이 지나자 개체 수가 2배 정도 늘었고 세력이 좋아져 개화주의 수가 3배로 증가하였으며 달리는 꽃의 수도 많아졌다.

화분 두는 곳

자생지의 새우난초는 음지에서도 잘 자라 꽃을 피우지만 베란다에서는 햇빛이 부족하면 꽃이 잘 피지 않는다. 그러므로 햇빛을 적당히 받을 수 있는 반음지에 두도록 한다. 7, 8월에는 햇빛이 강하므로 강광이 들어오는 남향의 베란다에서는 잎이 타지 않도록 주의를 기울인다. 대주를 심은 큰 화분은 바람이 잘 통하는 곳에 두는 것이 중요하다. 만일 전해에 꽃이 잘 피지 않았다면 화아분화기에 햇빛이 더 잘 드는 곳으로 옮겨 주도록 한다. 새우난초류는 남쪽의 따뜻한 지방에서 자라므로 내한성이 약하여 겨울에 얼리면 동사하기 쉽다. 만일 바깥쪽 창문 바로 앞에 놓아둔 새우난초 화분이 있다면 겨울에 접어들어 외기의 온도가 영하로 내려가기 전에 더 안쪽으로 옮겨 둔다.

물주기

자생지의 새우난초는 습한 숲속에서 자라지만 베란다에서 분화로 키울 때에는 뿌리가 계속 습한 상태로 있는 것은 바람직하지 않다. 자생지에서는 습하다고 하더라도 통기가 원활하여 뿌리가 신선한 공기를 충분히 공급받을 수 있어 문제가 없다. 그러나 화분에 담긴 새우난초를 베란다에서 재배하는 경우에는 통기가 불량하기 때문에 화분 속이 지나치게 습하면 문제가 발생할 가능성이 높다. 따라서 항상 과습을 경계해야 한다. 다행스럽게도 새우난초는 비교적 습한 화분 환경에도 잘 적응하고 또 공중습도만 좋다면 상당히 건조하게 관리하여도 잘 자란다.

계절별 관수 방식에 맞추어 물을 주되 화분에 따라 적절히 조절하여 물을 주는 것이 필요하다. 화분의 크기가 작으면 매 관수마다 물을 충분히 준다. 화분의 크기가 9~10호 또는 그 이상으로 커지면 쉽게 마르지 않으므로 물을 줄 때 마다 매번 흠뻑 주면 자칫 과습 상태가 유발되어 나중에 문제를 일으킬 수 있다. 그러므로 큰 화분은 바람이 잘 통하는 자리에 놓고, 물은 표토의 건조 상태를 살펴가면서 리드미컬하게 주도록 한다. 큰 분의 경우에는 표토가 충분히 마르지 않았으면 때때로 물을 약하게 주거나 또는 물주기를 건너뛰고, 표토가 충분히 마르면 흠뻑 주는 방식으로 물 관리를 하는 것이 좋다.

거름주기

새우난초는 비옥한 환경을 선호하므로 비료를 충분히 주는 것이 좋다. 햇빛이 모자란 베란다에서는 비배관리가 좋지 않으면 꽃이 잘 달리지 않는 경향을 보인다. 따라서 옮겨 심을 때 밑거름을 넉넉하게 넣어 준다. 마가모나 마감프K 같은 고형 인산비료를 분갈이할 때 넣어 주면 개화에 큰 도움이 된다. 영양볼과 같이 밑거름으로 쓸 마땅한 유기질 덩이비료가 없으면 배양토에 원예용 퇴비를 약 10% 정도 섞어준다. 퇴비는 반드시 충분히 숙성되어 전혀 냄새가 나지 않는 것을 써야 한다.

액비의 시비는 전체적인 계절별 시비 방법에 따른다. 화아분화가 이루어지는 9월에 인산, 칼리가 많은 액비와 잿물을 주는 것은 이듬해의 개화에 큰 영향을 미치므로 특히 중요하다. 또 웃거름으로 얹어 두는 치비를 3월과 9월에 잊지 말고 새것으로 교환해 준다. 유기질 덩이비료를 웃거름으로 올려놓을 때는 꼭 충분히 발효, 숙성된 것만을 써야 한다. 난과 식물은 비료에 매우 민감하여 덜 숙성된 것을 사용하면 큰 피해를 당할 수 있다. 따라서 전혀 숙성시키지 않은 생 원료를 뭉쳐 만든 고형비료는 절대 사용해서는 안 된다.

좋은 비료를 효과적으로 사용하면 위인경의 크기도 눈에 띄게 커지고 그 수도 빠른 속도로 늘어난다. 양호한 비배관리를 통해 위인경의 크기가 증가하면 하나의 위인경에서 새촉이 2개씩 붙는 경우가 많아져 증식 속도가 빨라지고 각각의 꽃줄기에 달리는 꽃의 수도 크게 증가한다.

번식

포기나누기를 통해 번식시킨다. 번식이 목적이라면 위인경을 2~3개 단위로 나누어 심는다. 그러나 이렇게 작은 단위로 쪼개면 꽃이 피기까지 오랜 시간이 걸린다. 그러므로 빠른 개화를 원한다면 4~5개 단위로 다소 크게 포기를 나눈다.

병충해 방제

고온다습한 계절에 새 촉이 물러 빠지는 연부병이 발생할 수 있다. 연부병이 발생하면 즉시 발병 개체를 제거하고 농용 스트렙토마이신을 살포한다. 기타 탄저병, 흑반병, 갈반병 등의 병해가 발생할 수 있으며, 진딧물과 응애의 피해도 우려된다. 이러한 병충해는 주로 통풍이 불량하면 빈발하므로 바람이 잘 통하도록 늘 신경을 쓰는 것이 중요하다. 병충해가 발견되면 적용 약제를 구하여 가급적 발병 초기에 적극적으로 대처한다.

참고문헌

1. 이남숙. 한국의 난과 식물 도감. 이화여자대학출판부. 2011.
2. 이우철. 한국식물명의 유래. 일조각. 2005.
3. 국립수목원. 국가생물종지식정보시스템 (NATURE). http://www.nature.go.kr.
4. 고재영. 표준영농교본-138: 우리 꽃 기르기. 농촌진흥청. 2003.

봄꽃

큰애기나리

- **분류** 백합과
- **생육상** 다년생 초본
- **분포** 전국
- **자생환경** 반그늘진 숲 속의 유기질이 많고 물 빠짐이 좋은 곳
- **높이** 30~70cm

◆ **관리특성**

식재습윤도	●○○
광량	●○○
관수량	●◐○
시비량	●◐○
개화율	●●○
난이도	●◐○

	연중 관리	1	2	3	4	5	6	7	8	9	10	11	12
생활환	출아			●									
	영양생장			●	●	●	●						
	개화				●								
	겨울눈 형성							●	●				
	화아분화								●	●			
	생식생장							●	●	●	●	●	
	낙엽										◑	●	
	휴면	●	●										●
작업	옮겨심기		◑	◐		●	○			●	●	○	
	액비 시비			●	●	●	●			●	●	◐	
	치비 교환			●						●			
	지지대 설치				●	●							

큰애기나리[***Disporum viridescens*** (**Maxim.**) **Nakai**]는 윤판나물, 애기나리와 더불어 백합과(Liliaceae)의 애기나리속(*Disporum*)에 속하는 여러해살이풀로 전국 각처의 산지에 널리 분포한다. 큰애기나리와 애기나리는 주로 간접광이 드는 반그늘진 숲 속이나 낙엽수림 아래의 부엽이 두껍게 쌓여 유기질이 풍부하고 물 빠짐이 좋은 곳에서 보통 큰 무리를 이루어 자라는 경우가 많다. 애기나리속에 속하는 식물 종에서는 무늬종의 출현율이 상대적으로 높아 대규모 군락지에서는 간혹 무늬종을 발견하는 행운을 만날 수도 있다. 일반적으로 무늬종은 엽록소가 부족한 관계로 환경 변화에 대한 내성이 약해 자연에서는 도태되기 쉽다고 알려져 있으므로 이를 발굴하여 원예적으로 개발, 증식하는 것이 바람직하다.

큰애기나리의 줄기는 높이가 30~70cm 정도까지 자라며 아랫부분은 엽초 같은 잎으로 둘러싸여 있고 윗부분은 대개 2~3개의 가지로 갈라진다. 그러나 어린 개체의 줄기는 가지를 치지 않는 경우가 많다. 줄기와 가지에 어긋나게 달리는 잎은 긴 타원형으로 길이 6~12cm, 폭 2~5cm이며 잎자루가 없다. 잎에는 3~5개의 맥이 있고 가장자리와 뒷면의 맥 위에는 작은 돌기가 있다.[1]

◈ **큰애기나리의 줄기와 잎** 왼쪽: 줄기 윗부분은 보통 몇 개의 가지로 갈라진다. 중간: 타원형의 잎은 줄기와 가지에 어긋나게 달리고 잎자루는 없다. 오른쪽: 큰애기나리 무늬종.

◈ **큰애기나리의 꽃과 열매** 왼쪽: 세력이 좋은 개체의 가지 끝에 1~3개의 작은 꽃이 아래를 향해 달린다. 오른쪽: 베란다에서 달리는 열매는 거의 대부분이 크기가 작고 나중에는 쭈글쭈글해지는데 이는 모두 쭉정이이다.

꽃은 자생지에서는 5~6월에 피지만 겨우내 창문을 닫아둔 동남향 베란다에서는 4월 중에 개화한다. 꽃은 가지의 끝에서 아래를 향해 1~3개가 달리는데 모든 가지에 달리는 것은 아니며 세력이 좋은 일부 가지의 끝에만 달린다. 끝이 뾰족한 피침형 꽃잎 6장으로 이루어진 꽃은 전체적으로 작고 하얀 나리꽃을 닮은 형태를 하고 있으며, 흰색에 녹색이 가미되어 연한 녹색 또는 백록색을 띠고 있다. 수술은 6개이고 꽃밥은 노란색이다. 씨방은 둥글며 암술대는 씨방과 길이가 같고 끝이 3개로 갈라진다. 열매는 장과로서 둥글고 처음에는 녹색이었다가 8~9월경에 검은색으로 익는다. 베란다에서 재배하면 윤판나물의 열매처럼 큰애기나리의 열매도 쭉정이가 많이 생긴다. 뿌리줄기(근경)가 길게 옆으로 뻗어나가고 줄기의 밑동과 그 주변의 뿌리줄기에서 하얀 뿌리가 사방으로 퍼져나간다.

◈ **큰애기나리 무늬종 화분 작품** 베란다에서 재배하여 다소 웃자랐다. 소장자 김주석(오른쪽).

◈ **애기나리의 꽃과 잎** 왼쪽: 큰애기나리와 비교하여 꽃의 수가 적고 흰색이 더 강하다는 점이 차이점이다. 중간, 오른쪽: 애기나리 무늬종.

유사종으로는 애기나리와 금강애기나리가 있다. 애기나리(***D. smilacinum* A. Gray**)는 높이가 15~40cm로서 큰애기나리보다 더 소형종이고 잎도 더 작다. 또한 줄기의 윗부분이 거의 가지를 치지 않고, 꽃이 보통 1개, 드물게 2개로 더 적게 달리며, 씨방이 도란형이라는 점도 차이점이다.[1~3] 꽃은 큰애기나리보다 다소 일찍 피는데 자생지에서는 4~5월에, 동남향 베란다에서는 3월 말~4월 초 사이에 개화한다. 꽃의 색이 흰색이라 큰애기나리와 구분된다.[2]

◈ **애기나리 화분 작품** 비닐온실에서 재배한 애기나리 화분 작품으로 빛이 좋은 곳에서 재배하여 탄탄한 느낌을 주고 줄기도 곧게 잘 자랐다. 오른쪽 작품은 애기나리 무늬종이다. 소장자 박정순(오른쪽).

금강애기나리(***D. ovale* Ohwi**)는 애기나리와 비슷하지만 꽃잎 끝이 뾰족하고 뒤로 젖혀지며, 녹색이 도는 꽃잎에 자주색 반점이 있고, 열매는 약간 세모지고 붉은색으로 익는다는 점이 다르다. 또한 가지가 보다 많이 갈라지고, 잎과 줄기에 가시 돌기가 나타나며, 잎의 밑동은 줄기를 약간 감싼다는 차이점도 있다.

생육 특성

큰애기나리는 성질이 까다롭지 않고 강건하며 반 음지를 선호하는 식물이므로 베란다에서 재배하기에 적합하다. 꽃잎의 두께가 얇아 꽃의 수명이 그다지 길지는 못하지만 꽃도 잘 달리는 편이다. 줄기 위에 높게 매달린 흰색의 가녀린 꽃은 화려하지는 않지만 밤하늘의 별처럼 빛나는 아름다움을 발산한다. 한 가지 흠이라면 키가 다소 크게 자라는 것이다. 그러나 줄기가 의외로 강건하여 쉽게 넘어지지 않으므로 햇빛을 향해 휘는 정도만 잘 조절해 주면 무난하게 작품을 만들어 갈 수 있다.

동남향 베란다에서 초봄까지 문을 닫아두면서 따뜻하게 관리하는 경우 3월 초순이면 큰애기나리의 신아가 올라오는 것을 볼 수 있다. 이후로 줄기가 빠른 속도로 자라면서 잎들이 나오기 시작한다. 큰애기나리의 줄기는 상당히 단단하므로 베란다에서 재배하더라도 옆으로 넘어지는 경우는 거의 없다. 그러나 큰애기나리는 키가 상당히 큰 식물인데다 햇빛이 들어오는 방향으로 줄기가 쉽게 휘기 때문에 똑바로 키우기 위해서는 화분을 기울여 주거나 아니면 적절한 시점에 화분을 돌려주는 것을 잊지 말아야 한다. 만일 햇빛이 잘 들어오는 곳에 두고 그대로 오래 방치하면 줄기가 창문 쪽으로 심하게 기울어지게 된다. 줄기는 어느 정도 자라고 나면 굳어지므로 그 시기가 지나면 돌려주더라도 소용이 없다. 또한 성장 속도에 따라 줄기마다 경화 시기가 약간씩 차이가 있기도 하다. 따라서 돌려주는 시점이 적절하지 못하면 줄기가 사방으로 퍼지는 결과를 낳기도 한다.

◈ **큰애기나리의 겨울눈과 출아** 왼쪽: 2월 중순에 관찰한 큰애기나리의 겨울눈. 묵은 뿌리줄기의 대부분은 고사하여 일부 섬유질만 남아 있지만(붉은색 화살표머리), 맨 끝부분은 존속하며(푸른색 화살표머리) 그 끝에서 겨울눈이 발달한다(푸른색 화살표). 새로운 뿌리는 존속하는 뿌리줄기의 끝부분과 겨울눈의 밑동으로부터 발달한다. 오른쪽: 3월 초순에 새순이 솟아오르는 모습.

동남향 베란다에서 큰애기나리는 보통 4월 중에 개화한다. 꽃은 매년 잘 달리지만 꽃이 달리는 줄기의 수는 일반적으로 그다지 많지 않다. 꽃이 지고나면 뿌리줄기가 본격적으로 성장하기 시작한다. 뿌리줄기는 옆으로 길게 벋는 성질이 있으므로 작은 화분에서 키우는 경우에는 많은 뿌리줄기가 표토 위로 솟구쳐서 화분 밖으로 넘어 나가려는 경향을 보인다. 뿌리줄기가 공기 중에 노출되어 있으면 마르기 쉬우므로 가급적 화분 속으로 거두어들여야 한다. 전체를 모두 거두어들이기 힘들면 최소한 끝부분만이라도 반드시 거두어들여야 한다. 왜냐하면 뿌리줄기의 끝부분에서 이듬해에 새로운 개체로 자라게 될 겨울눈이 형성되기 때문이다.

◈ **큰애기나리의 뿌리줄기** 7월 초순에 관찰한 큰애기나리. 위로 솟구친 뿌리줄기(화살표)가 보인다.

여름동안 길게 신장한 뿌리줄기의 끝에서 겨울눈이 형성되고 늦여름부터는 화아분화도 일어날 것으로 추정된다. 아울러 가을의 생식생장기를 거치면서 겨울눈이 성숙하고 차츰 새로운 뿌리가 자라 나온다. 10월부터 서서히 낙엽이 지기 시작하여 11월에 모두 낙엽이 지지만 상태가 좋지 않으면 보다 일찍 잎이 떨어지기도 한다. 큰애기나리도 윤판나물처럼 겨울의 휴면기를 거치면서 묵은 주와 묵은 뿌리가 모두 고사하므로 오래되면 죽은 뿌리가 화분 속에 축적되면서 통풍불량, 배수장해, 가스장해 등 여러 문제를 일으킬 소지가 있다. 이를 피하기 위해서는 옮겨심기의 간격을 지키는 것이 중요하다. 또한 여름에 길게 자라났던 뿌리줄기도 겨울눈이 형성되는 맨 끝부분을 제외하면 겨울 휴면기를 거치면서 모두 고사한다.

◈ **큰애기나리 지하부의 모습** 3월 초순에 표토를 헤치고 관찰한 큰애기나리 지하부의 모습이다. 지난해의 묵은 주(붉은색 화살표)에서 뻗어 나온 묵은 뿌리줄기(붉은색 화살표머리)의 끝에 새로운 개체로 성장할 겨울눈(푸른색 화살표)이 붙어 있다. 겨울눈은 하나인 경우도 있고(왼쪽) 두 개가 형성되기도 한다(오른쪽). 겨울눈의 밑동에서 새 뿌리가 많이 자라나왔으며, 또한 새로운 뿌리줄기(푸른색 화살표머리)가 옆으로 자라기 시작하는 것도 볼 수 있다. 작년의 묵은 뿌리는 묵은 주와 함께 이미 고사하였고, 묵은 뿌리줄기도 대부분 죽어 없어지고 일부 섬유질만 남아 있다(붉은색 화살표머리).

옮겨심기

개화를 기준으로 판단하면 큰애기나리는 4월에 꽃이 피므로 꽃이 진 직후인 5월에 옮겨 심는 것이 좋다. 그러나 키가 크기 때문에 지상부가 발달해 있는 동안에 분갈이를 하는 것은 상당히 번거롭다. 또 줄기가 단단하다고는 하지만 굵기가 가늘기 때문에 옮겨 심는 과정에서 줄기가 구부러지거나 부러질 위험성이 있다. 그러므로 지상부가 크게 발달하기 전인 2월 중순~3월 중순 사이에 옮겨 심는 것이 가장 무난하다. 이 시기에 옮겨심기를 하여도 개화에는 큰 지장이 없다. 가을에는 9~10월 사이에 옮겨 심는다. 매 3년 마다 옮겨 심는 것을 원칙으로 한다.

큰애기나리는 분 재배에 대한 적응성이 좋고 번식력도 좋아 잘 늘어나는 경향이 있다. 그러나 옮겨 심은 지 오래되면 죽은 뿌리가 축적되면서 배수가 급격하게 나빠져 발육과 번식에 지장을 초래하므로 배수가 잘되도록 심어야 한다. 또 뿌리줄기가 길게 신장하는 성질이 있으므로 베란다 공간이 넉넉하다면 준비한 식물체에 비해 너비가 비교적 큰 화분에 심는 것이 증식에 보다 유리하다. 작은 화분에 심으면 증식 속도가 느려지는 경향이 있다.

◈ **큰애기나리 화분 작품의 변화** 옮겨 심은 지 2년(왼쪽), 3년(중간) 및 4년(오른쪽)이 경과한 모습. 분갈이 후 3년까지는 증식이 잘 되었지만 4년 후에는 그 전 해와 큰 차이를 보이지 않는다.

자생지의 큰애기나리는 습윤한 토양 환경을 선호하지만 화분에서 재배하면 과습에 상당히 취약하다. 따라서 배수성과 통기성이 좋도록 다소 건조하게 심는 것이 좋다. 높이 15cm 내외의 6~7호 화분을 기준으로 한다면 마사토의 비율을 60% 정도로 하고 나머지는 보습성이 높은 화산토로 배양토를 구성하면 무난하다. 키를 좀 더 낮추고 싶으면 배양토에 마사토 중립을 약간 포함시켜 배수성이 더욱 좋아지도록 한다. 화분의 크기가 이보다 더 크면 더 건조하게, 더 작으면 보다 습윤하게 배양토를 구성한다.

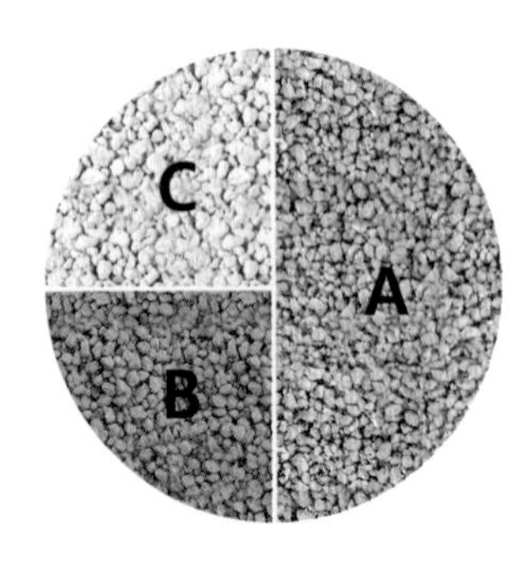

◈ **화분: 5호(직경 15cm), 높이 9cm**

◈ **배양토 구성**

A: 마사토 소립 50%

B: 경질적옥토 소립 25%

C: 경질녹소토 소립 25%

① 물에 담가 흔들어 뿌리를 정리한다(2월 중순).

② 배수층(10%) 위에 배양토를 봉긋하게 넣는다.

③ 뿌리를 펼쳐 화분 속으로 집어넣고 뿌리를 정리한다.

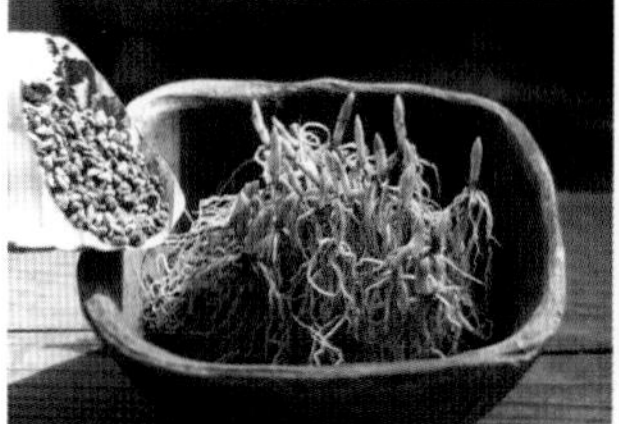

④ 배양토를 더 넣는다.

⑤ 영양볼과 고형 인산비료를 넣는다.

⑥ 배양토를 더 넣고 피복 철사로 쑤셔 돌려준다.

⑦ 배양토를 마저 채운다.

⑧ 피복복비와 미량요소비료를 흩뿌린다.

⑨ 팻말을 꽂고 물을 충분히 준다.

◈ **분갈이 3년 후의 모습** 작은 크기의 화분에 심었기 때문에 별로 늘어나지 않았다.

화분 두는 곳

큰애기나리는 반그늘에서 자라는 식물이므로 반그늘에 두면 무난하다. 에어컨 실외기의 바로 뒷부분과 같이 빛이 주로 위쪽으로 들어오는 자리에 두면 줄기가 훨씬 덜 휘므로 관리가 용이하다. 물론 양질의 빛을 충분히 받는 자리에 두면 훨씬 탄탄하게 자라고 키도 작아지며 꽃달림도 좋아진다. 대신 양성주광성에 의해 줄기가 창문 쪽으로 더욱 심하게 휘어진다는 문제가 발생한다. 따라서 빛이 좋은 자리에 두었다면 화분 돌려주는 것을 게을리 하지 않아야 한다. 이것이 귀찮으면 화분의 한쪽을 작은 돌조각 같은 것으로 고여서 화분이 창문 쪽으로 기울어지도록 한다. 그렇게 관리하면 화분을 똑바로 놓았을 때 줄기가 기울어지는 정도가 훨씬 경감된다.

물주기

물을 주는 횟수는 베란다 전체의 계절별 관수 요령에 따른다. 자생지의 큰애기나리는 다소 습윤한 환경을 선호하지만 화분 재배에서는 과습하면 뿌리가 쉽게 물러지는 경향이 있다. 따라서 물은 중간 정도로 주되 너무 습하거나 건조하지 않도록 준다. 애기나리류는 줄기가 가늘기 때문에 수분이 부족해지면 줄기가 시들면서 옆으로 넘어지기 쉽다. 그런 현상이 자주 일어나면 평소보다 물을 더 주거나 화분 표면을 이끼나 경질적옥토 세립으로 덮어준다. 큰애기나리의 줄기가 단단하기는 하지만 그다지 굵지는 않으므로 너무 세게 물을 주면 줄기가 꺾이거나 구부러지면서 옆으로 넘어지는 경우도 있다. 따라서 물을 줄 때 수압을 약하게 조절하거나 물줄기가 줄기에 직접 닿지 않도록 주의를 기울이도록 한다.

거름주기

계절별 시비는 베란다 전체의 비배관리에 따르며 대체로 중간 수준의 비배관리를 해주도록 한다. 큰애기나리는 매년 꽃은 잘 피지만 달리는 꽃의 수는 그렇게 많지 않다. 보통 세력이 좋은 일부 줄기에만 꽃이 달린다. 따라서 보다 많은 꽃을 보기 위해서는 세력이 좋은 개체의 수가 많아지도록 비배관리에 신경을 써야 한다. 생식생장기인 가을에 인산과 칼륨이 많은 비료를 충분히 주면 꽃달림이 좋아진다.

번식

각각의 포기가 자연적으로 분리되므로 별도의 포기나누기를 할 필요가 없다. 비배관리를 충실하게 하면 하나의 뿌리줄기 끝에 2개의 겨울눈이 달리는 빈도가 늘어나므로 증식률이 올라간다. 늘어난 개체를 옮겨 심을 때 적당히 나누어 심는다. 식물체에 비해 상대적으로 큰 화분에 심는 것이 증식에 유리하다. 9월경에 검게 익은 열매를 따서 과육을 분리하고 즉시 파종하면 발아가 잘 이루어진다. 별도의 화분에 씨를 뿌리는 것이 번거로우면 그냥 기존 화분에 뿌려도 무방하다.

병충해 방제

특별한 병충해는 발견되지 않는다.

참고문헌

1. 국립수목원. 국가생물종지식정보시스템(NATURE). http://www.nature.go.kr
2. 이창복. 원색 대한식물도감 검색표. 향문사. 2014.
3. 이동혁. 한국의 야생화 바로 알기. 봄에 피는 야생화. 이비락. 2014.

자란

- **분류** 난초과
- **생육상** 다년생 초본
- **분포** 전남의 서남해안과 인근 섬
- **자생환경** 해안 낮은 산지의 양지바른 풀밭
- **높이** 30~60cm

◆ **관리특성**

식재습윤도	●○○
광량	●●●
관수량	●○○
시비량	●●◐
개화율	●○○
난이도	●◐○

소장자 주경수

	연중 관리	1	2	3	4	5	6	7	8	9	10	11	12
생활환	출아		●										
	영양생장		●	●	●	●	●						
	개화				◑	◐							
	겨울눈 형성							●	●				
	화아분화										◑	◐	
	생식생장							●	●	●	●	●	
	낙엽											●	
	휴면	●											●
작업	옮겨심기		◑	●		◑	○			●	●	○	
	액비 시비			●	●	●	●			●	●	◐	
	치비 교환			●						●			
	화아분화 유도									◑	●		

자란은 우리나라에 자생하는 야생란 중 복주머니난초, 새우난초 등과 더불어 꽃이 크고 화색이 화려하여 인기 있는 종의 하나이다. 자란속에 속하는 식물은 세계적으로 약 9종이 알려져 있으며 주로 한국, 중국, 일본, 대만을 포함하는 동아시아 지역에 분포한다. 우리나라에는 자란[***Bletilla striata*** (**Thunb**) **Rchb. f.**] 1종이 주로 전라남도 서남해안과 인근 섬 바닷가 양지바른 수림 아래의 풀밭에 자생하고 있다.[1] 대개 바람이 잘 통하고 강한 광선을 받는 곳에서 자라며 자생하는 토양은 척박한 느낌이 나고 딱딱한 황토질인 경우가 많다.

자란은 상당히 크고(길이 2~4cm 정도) 다소 납작한 구형의 땅속줄기를 가지고 있다. 이 땅속줄기는 마치 염주처럼 줄지어 붙어 있고 겉은 노르스름하지만 쪼개보면 속은 하얗다. 뿌리는 땅속줄기로부터 사방으로 뻗어나가는 가느다란 수염뿌리로 이루어져 있다.

◈ **자생지의 자란** 자란은 전남 서남해안 바닷가의 낮은 산지에 분포하는데, 주로 소나무가 많은 밝은 잡목림 아래에 무리지어 자생한다(왼쪽). 또한 해변으로 직접 이어지는 산지 가장자리의 양지 바른 노출부에서도 자란 군락이 자주 관찰된다(오른쪽).

복주머니난초처럼 자란의 지하부에서는 지린내와 유사한 냄새가 난다. 땅속줄기로부터 위쪽으로 곧게 뻗어 올라간 줄기는 상당히 굵고 아랫부분이 2~3개의 잎싸개로 감싸여 있다. 잎은 보통 5~6장이 어긋나게 나오는데 아랫부분이 좁아지면서 줄기를 감싸고 있다. 자란의 줄기는 실제로는 동심원을 그리며 순차적으로 감싸여 있는 잎의 아랫부분에 의해 형성되며, 그 중심부에 꽃줄기가 위치한다. 잎은 끝이 뾰족한 긴 타원형으로 길이 20~30cm, 너비 2~5cm이며, 세로로 맥이 잘 발달하여 많은 주름이 있다. 잎의 가장자리에 무늬가 드는 복륜이 많이 유통되고 있는데 이것은 일본이 원산이라 알려져 있다.

꽃은 자생지에서는 5~6월에 피지만 베란다에서는 보통 4월 말~5월 초 사이에 피며, 줄기 중심부를 지나 올라오는 꽃줄기의 끝 부분에 3~7개가 총상화서로 달린다. 세력이 좋으면 약 50cm 정도까지 자라는 꽃줄기에 많은 수의 꽃이 달리지만 세력이 약하면 꽃줄기의 길이도 짧고 꽃의 수도 적게 달린다. 꽃은 보통 홍자색, 드물게 흰색이며 지름이 3cm 정도로 상당히 크다. 꽃의 포는 길이 1~3cm로 꽃이 피기 전에 1개씩 떨어진다. 주·부판(꽃받침잎)과 봉심(곁꽃잎)은 긴 타원형이고, 봉심은 양쪽으로 벌어진다. 설판(입술꽃잎)은 도란형으로 3개로 갈라진다. 가운데갈래는 끝이 둥글고 가장자리가 물결모양이며 5개의 세로 능선이 있다. 곁갈래는 가장자리가 위, 안쪽으로 말리면서 암술과 수술이 붙은 기둥 모양의 구조인 예주(꽃술대)를 감싼다. 자란은 크고 화려한 홍자색 꽃을 피

◈ **자란의 꽃** 자란의 꽃 색은 보통 홍자색이지만 드물게 백색인 경우도 있다. 자란의 꽃에서는 5개의 세로 능선이 있는 설판이 특징이다.

우고 또 중앙의 설판에 세로로 5개의 주름이 있어 매우 독특한 모습을 가지고 있다. 화려하고 특이한 꽃모양으로 말미암아 일부 초심자들은 이것이 우리나라의 꽃이 아닐 것이라고 생각하는 경우도 있다. 열매는 삭과로 긴 타원형이다.

자란의 종소명 '*striata*'는 라틴어 'striatus'에서 파생된 것으로 이 말은 '줄무늬가 있는'이라는 의미를 가지고 있다. 그 어간에 해당하는 'stria'는 '고랑' 또는 '수로'의 뜻을 가지고 있는데, 고랑이나 수로가 여러 개 있으면 줄무늬처럼 보이므로 'striatus'가 그런 의미로까지 발전된 것 같다. 자란 꽃의 설판에 있는 5개의 세로 능선은 독특한 줄무늬처럼 보인다. 또 자란의 잎은 맥을 따라 많은 주름이 잡혀 있어서 마치 줄무늬가 있는 것처럼 보인다. 이래저래 자란의 학명은 자란의 형태를 잘 나타내는 말로 지어진 것 같다.

◈ **자란 화분 작품** 햇빛이 좋은 주택의 발코니에서 재배한 자란 복륜의 개화 모습. 소장자 최윤규.

한방에서는 자란의 덩이줄기를 채취하여 말린 것을 백급(白芨)이라고 한다. 백급은 각혈, 토혈, 국부출혈에 사용하는 지혈제이며, 외상, 종기, 십이지장궤양, 위궤양 등에 사용하는 수렴제, 배농제로서 상처의 염증을 억제하고 새살을 돋게 한다. 이 외에도 억균, 혈압상승, 항암작용 등의 약리작용이 알려져 있지만 대중적으로 그렇게 널리 쓰이는 약재는 아닌 것 같다. 중국에서는 백급을 가슴앓이, 기침과 호흡곤란의 치료에 사용한다. 백급은 또 점질이 있어 고금(古琴)과 같은 중국 전통 악기의 비단 현을 만드는 데에도 사용된다.

생육 특성

자란은 보통 강한 햇빛을 많이 받을 수 있는 온실에서는 개화율이 높고 재배가 용이하다. 하지만 베란다에서는 만족할만한 수준으로 꽃을 피워내는 것이 쉽지 않은 종의 하나이다. 또 베란다용으로는 다소 키가 크기 때문에 재배하는 데 있어 약간의 부담을 느낄 수 있는 종이기도 하다. 하지만 햇빛이 잘 들어오는 남향의 베란다에서는 얼마든지 잘 키울 수 있다. 햇빛이 다소 모자란 곳에서는 가급적 많은 햇빛을 받을 수 있는 자리에 두고 비배관리를 잘하는 것이 좋다.

베란다에서는 자란의 새순이 다른 것들에 비해 상당히 일찍 움직이는 경향이 있다. 겨울을 따뜻하게 관리하면 빨리 자라는 것들은 2월 초순이면 이미 새순이 표토 위로 2~3cm 정도 자라나 있으며 3월 초순이 되면 잎이 벌어지기 시작한다. 3~4월을 거치면서 자란은 빠른 속도로 성장하는데 간혹 줄기의 중간 부분 일부가 한쪽으로 돌출되면서 휘어지는 현상이 발생하기도 한다. 이것은 잎의 아랫부분이 동심원 상으로 말려 형성된 줄기의 특성 때문에 생기는 현상으로 줄기의 바깥 부분을 이루는 잎이 줄기의 윗부분을 강하게 조이고 있기 때문에 일어난다. 줄기의 속 부분을 이루는 잎은 빠른 속도로 자라면서 길이가 늘어나는데 줄기의 윗부분이 조여져 있으므로 위쪽으로 자라지 못하고 줄기 옆으로 삐져나가게 되어 이런 현상이 발생하는 것이다. 따라서 이런 현상이 발견되면 속에 위치하는 꽃줄기(만일 있다면)와 잎을 안쪽에서부터 순서대로 손으로 잡고 지그시 힘을 주면서 위로 잡아 당겨 뽑아 올려주되 끊어지지 않도록 조심한다. 만일 성공적으로 처치가 이루어지면 줄기의 구부러진 부분이 펴지게 된다. 그래도 구부러진 줄기가 펴지지 않으면 부득이 줄기를 이루는 잎의 아랫부분을 세로로 절개해서 조이고 있는 것을 해소해 주어야 한다.

◈ **자란의 출아** 겨울을 따뜻하게 보낸 동남향 베란다에서 2월 초순(왼쪽)과 3월 초순(오른쪽)에 관찰한 자란의 모습. 겨울을 춥게 보내면 신아의 성장이 이보다 약 1달 정도 늦어진다.

자생지에서는 꽃이 5~6월에 피지만 겨울을 따뜻하게 보낸 동남향 베란다에서는 대개 4월 말에서 5월 초순 사이에 개화한다. 자란은 원래 강한 광선을 받는 곳에서 자라기 때문에 햇빛이 모자라면 개화율이 떨어지는 경향이 있다. 그러므로 강광을 많이 받을 수 있는 남향의 베란다가 자란 재배에 유리하다고 할 수 있다. 하지만 햇빛이 다소 부족한 베란다에서도 가능한 한 햇빛을 많이 보이고 비배관리를 충실하게 하면 충분히 상당수의 꽃을 볼 수 있다.

여름을 지나면서 올해의 땅속줄기로부터 새로운 땅속줄기가 자라나오며, 이 새로운 땅속줄기는 내년의 신아로 자라날 겨울눈을 가지고 있다. 땅속에 있어서 잘 보이지는 않지만 자란의 겨울눈은 상당히 일찍 여름부터 움직이기 시작하여 9월 말이 되면 성장이 빠른 것은 4~5cm 정도까지 자란다. 그러나 계속 자라는 것이 아니고 어느 정도까지 자란 다음 성장을 멈춘 상태로 겨울의 휴면기를 보내고 이듬해 봄이 오면 다시 성장을 계속한다. 남부지방의 화아분화 시기는 10월 중순에서 11월 상순경이라고 알려져 있으며[2] 베란다에서도 이와 유사할 것으로 생각된다. 겨울이 가까워지면서 온도가 떨어지면 낙엽이 지고 휴면에 들어가게 된다.

◈ **자란의 겨울눈** 9월 말에 관찰한 자란의 겨울눈으로 이미 상당한 크기로 자랐다.

옮겨심기

베란다에서 4월말~5월초 사이에 개화하는 자란의 옮겨심기는 꽃이 진 직후 또는 초봄이 옮겨심기의 적기이다. 따라서 신아가 움직이기 시작하는 2월 하순~3월 또는 꽃이 진 다음인 5월 중순~하순에 옮겨 심는다. 가을에는 9월에 옮겨 심는 것이 좋으며 늦어도 10월 중으로는 옮겨심기를 마치도록 한다. 가을에는 겨울눈이 이미 상당한 크기로 자라 있는데 이 겨울눈은 상당히 연약하여 쉽게 부러지므로 가을에 옮겨심기를 시행할 때는 겨울눈을 다치지 않도록 조심해야 한다. 자란은 뿌리줄기가 커서 화분을 빠른 속도로 채워나가므로 3년 마다 한 번씩 옮겨 심도록 한다.

자란은 상당히 메마른 토양에서 자라는 습성이 있으므로 주 식재도 건조하게 구성하는 것이 좋다. 자란은 굵은 땅속줄기를 가지고 있어 지하부가 상당히 크기 때문에 대체로 큰 화분을 사용하게 된다. 높이 15cm 내외의 9호 화분(직경 27cm)을 사용한다면 배양토의 구성을 마사토 70%, 화산토 30% 정도로 하면 적당하다. 또 마사토를 모두 소립으로만 사용하는 것보다 중립을 20~30% 정도 포함시키면 배수성과 통기성을 높이는 데 도움이 된다. 자란의 자생지가 솔밭인 것으로 보아 산성 토양을 선호하는 것으로 보이며 따라서 화산토는 경질녹소토 위주로 사용하도록 한다. 자란 자생지의 토양이 척박하다고는 하지만 베란다는 자생지에 비해 햇빛이 절대적으로 부족하기 때문에 영양 보충을 위해 밑거름은 충분히 넣어주는 것이 좋다.

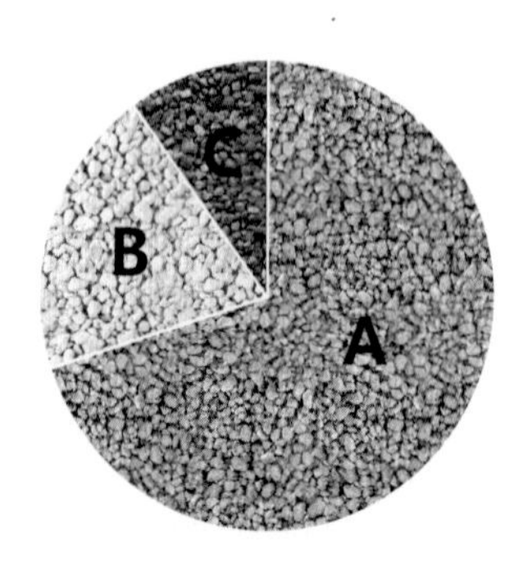

◈ **화분: 9호(직경 27cm), 높이 13cm**
◈ **배양토 구성**
A: 마사토 70%(중립 30%, 소립 40%)
B: 경질녹소토 소립 20%
C: 동생사 소립 10%

① 살수기로 물을 분사하여 묵은 식재를 모두 털어낸다(9월 말).

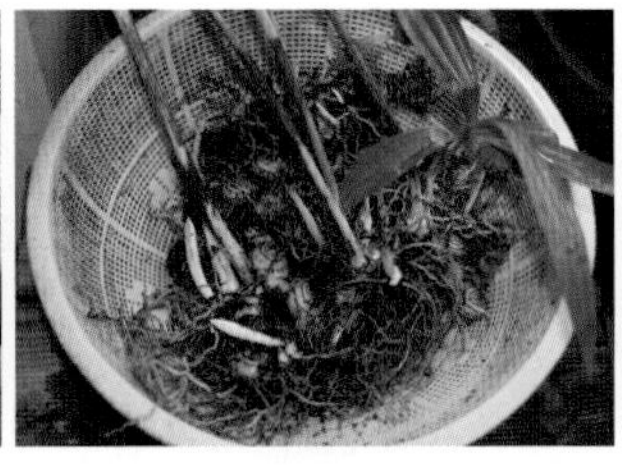

② 땅속줄기 4~5개를 한 단위로 하여 포기를 나누고 뿌리를 정리한다.

③ 배수층(10%) 위에 배양토를 적당한 높이까지 넣는다.

④ 높이를 맞추어 땅속줄기를 골고루 잘 배치한다.

⑤ 배양토를 추가하고 대나무젓가락으로 쑤셔준다.

⑥ 영양볼과 고형 인산비료를 넉넉하게 넣어준다.

⑦ 배양토를 더 넣고 식재가 고루 들어가도록 주먹으로 화분을 몇 번 쳐준다.

⑧ 다시 영양볼을 더 넣고 배양토를 마저 채운 다음 피복복비를 얹어 준다.

⑨ 미량원소비료를 흩뿌려 준 후 팻말을 꽂고 물을 충분히 준다.

◈ **이듬해 봄에 개화한 모습**

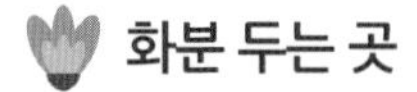

화분 두는 곳

자란은 강한 광선을 요하는 식물로서 햇빛이 모자라면 개화가 불량해지므로 햇빛이 많이 드는 곳이 두는 것이 좋다. 자란은 키도 크고 지하부도 크게 발달하는 관계로 보통 여러 촉을 큰 화분에 모아 심기 마련이다. 화분이 커지면 자연히 배수성과 통기성이 나빠진다. 이를 개선하기 위하여 식재를 건조하게 구성하여 심지만 그래도 과습하지 않도록 주의를 기울이는 것이 좋다. 따라서 통풍이 잘되는 자리에 두도록 한다. 여름에 창문을 모두 열어 놓았을 때 맞바람이 치는 장소라면 가장 이상적인 자리라고 할 수 있다.

자란은 남쪽지방에서 자라는 난대성 식물이므로 겨울의 추위에는 상당히 약하다. 다만 난대성 식물치고는 상당히 고위도까지 분포하므로 어느 정도의 추위는 견딜 수 있다. 겨울에 멀칭을 두껍게 해주면 중부지방에서도 노지 월동이 가능할 정도이다. 베란다에서도 어느 정도의 저온은 견딜 수 있지만 화분의 온도가 영하 5℃ 이하로 떨어지면 동해를 입기 쉽다. 동해를 심하게 입으면 대부분의 경우 고사하고, 동해를 약하게 입으면 새순이 늦게 올라온다. 심지어는 동해로 인해 8월에 새순이 올라오는 경우도 있다. 이런 개체들은 연약하게 자라며 다음 해에도 세력을 회복하지 못하고 결국 죽는 경우가 많다. 따라서 약하게나마 일단 동해를 입으면 개체 수가 점진적으로 감소하고 세력을 회복하는데 상당한 기간이 소요된다. 그러므로 중부지방에서는 겨울에 창문 바로 앞에 두지 않는 것이 좋다.

물주기

자란은 상당히 메마른 토양에서 사는 식물이므로 전체적으로 물을 다소 적게 주면서 건조하게 관리한다. 그렇다고 해서 매번 물을 적게 주는 것은 좋지 않다. 화분 속의 공기까지 교환될 수 있도록 충분하게 주는 것과 약하게 주는 것을 번갈아 하되 기상 상황과 베란다 환경에 따라 적절히 조절하여 물 관리를 시행한다. 자란은 10월 중순부터 화아분화가 이루어진다고 알려져 있으므로 만일 전년도에 개화율이 만족스럽지 않았다면 9월 하순~10월 사이에 1주일 정도 물을 끊어 화아분화를 유도하는 작업을 1~2회 정도 실시한다.

거름주기

자란을 햇빛이 약한 베란다에서 키우면 개화율이 떨어지므로 시비를 잘하는 것이 좋다. 따라서 계절별로 주는 액비를 빠뜨리지 말고 주고 치비 교환을 게을리 하지 않도록 한다. 필요할 경우 계절별로 적절한 액비를 엽면시비를 통해 공급해 준다.

번식

포기나누기를 통해 번식시킨다. 땅속줄기가 서로 연결되어 있으면 올해 새로 만들어진 맨 앞쪽 땅속줄기에서만 새촉이 붙고 그 뒤쪽에 있는 대부분의 땅속줄기에서는 새촉이 거의 생기지 않는다. 따라서 증식을 위해 서로 붙어 있는 땅속줄기를 분리해 줄 필요가 있다. 보통 4~5개를 한 단위로 하여 나누는 것이 좋다. 너무 잘게 쪼개면 새촉의 수는 더 늘지만 땅속줄기가 작아져 꽃달림이 좋지 않으며 개화주가 되기까지 시간이 많이 걸린다. 만일 많은 수의 새촉을 얻고자 하면 더 잘게 나누어 심는다.

병충해 방제

진딧물과 응애의 피해를 당하는 경우도 있지만 문제가 되는 큰 병충해는 별로 없는 편이다.

참고문헌

1. 이남숙. 한국의 난과 식물 도감. 이화여자대학출판부. 2011.
2. 박재옥. 표준영농교본-138: 우리 꽃 기르기. 농촌진흥청. 2003.

봄꽃

석곡

- **분류** 난초과
- **생육상** 상록성 다년생 초본
- **분포** 전남, 경남, 제주도
- **자생환경** 햇빛이 잘 드는 나무줄기나 바위 위
- **높이** 10~25cm

◆ **관리특성**

식재습윤도	●○○
광량	●●●
관수량	●○○
시비량	●●○
개화율	●◐○
난이도	●●○

연중 관리		1	2	3	4	5	6	7	8	9	10	11	12
생활환	출아			●									
	영양생장			●	●	●	●			○	○		
	개화					●	●						
	겨울눈 형성									●	●	●	
	화아분화							●	●	●			
	생식생장							●	●	●	●	●	
	휴면	●	●										●
작업	옮겨심기			●	●					●	●	○	
	액비 시비			●	●	●	●			●	●	◐	
	치비 교환			●						●			
	고아 분리 및 이식					●	●			●	●		
	화아분화 유도							●	●				

석곡[***Dendrobium moniliforme*** (**L.**) **Sw.**]은 해가 잘 드는 경사진 바위 위나 나무줄기에 붙어 자라는 상록성 착생란으로 한국, 중국, 일본, 대만 등에 분포하며 국내에서는 주로 전남, 경남, 제주도를 포함한 남해 도서지방에 자생한다.[1] 석곡의 속명인 덴드로비움(*Dendrobium*)은 나무를 뜻하는 그리스어 dendron과 생물을 의미하는 bios의 합성어로서 나무줄기에 붙어 자라는 석곡의 생태를 잘 나타내는 말이다. 또한 종소명인 *moniliforme*는 라틴어로 목걸이를 뜻하는데 마디는 가늘고 마디 사이는 통통한 석곡 줄기의 모양을 적절하게 표현하고 있다. 우리말 석곡(石斛)은 같은 명칭의 생약명에서 유래한 것이다.[2] 바위 위에서 대군락을 형성하는 석곡에 하얀 꽃이 만개하면 마치 돌이 하얀 쌀을 가득 담고 있는 것처럼 보여 곡식을 되는 그릇을 의미하는 휘 곡(斛)자를 써서 석곡이라 하였는지도 모르겠다.

◈ 석곡 전초

석곡의 원주형 줄기는 대나무처럼 많은 마디를 가지고 있는 것이 특징이다. 이 마디에 잎과 꽃이 모두 달린다.

줄기는 여러 개가 모여 나며 그 밑동은 서로 연결되어 있다. 가늘고 흰 뿌리는 줄기 밑동으로부터 사방으로 뻗어나가 돌이나 나무에 들러붙어 식물체를 고정시키는 역할을 한다. 곧게 서는 줄기는 높이 10~25cm정도이며 원기둥형의 다육질로서 대나무처럼 여러 개의 마디가 있다. 새로 나온 줄기는 녹색 또는 녹색을 띤 갈색이며 맑고 투명한 느낌이 난다. 묵은 줄기는 색깔이 점차 탁해지며 보통 갈색이고 오래되어 거의 수명을 다해 가면 쭈글쭈글해진다. 드물게 줄기의 색깔이 보릿대처럼 연한 황색을 띠는 경우도 있다. 잎은 줄기의 마디, 주로 줄기 윗부분의 마디에서 나오며 2~3년 정도 달려 있다 떨어진다. 따라서 오래된 줄기에는 잎이 없다. 줄기에 어긋나는 잎은 끝이 둔하고 넓은 선형 또는 가늘고 길쭉한 타원형이며 진

◈ **석곡의 꽃** 왼쪽: 석곡 꽃의 구조. 오른쪽: 석곡 꽃의 모양과 화색. 석곡은 일반적으로 백색 또는 분홍색의 꽃이 피며 그 형태와 화색에 있어 다양한 변이를 보인다.

녹색으로 광택이 있고 길이 3~6cm, 너비 5~10mm 정도의 크기이다.

5~6월에 피는 꽃은 새 줄기에는 달리지 않고, 1~3년 정도 묵은 줄기의 위쪽 마디에 보통 1~2개씩 달리지만 줄기가 크고 길면 여러 개의 꽃이 달린다. 베란다에서도 보통 5월 중순~6월 초순 사이에 개화한다. 꽃은 지름 3cm 정도로서 비교적 크고 백색 또는 분홍색이며 은은하고 달콤한 향기가 있다. 주·부판(꽃받침잎)과 봉심(곁꽃잎)은 긴 타원형이다. 설판(입술꽃잎, 순판)은 얕게 세 갈래로 갈라지지만 양쪽의 곁갈래가 위로 말리면서 설판의 기부가 전체적으로 원통형을 이루므로 앞에서 보면 세 개의 갈래로 나뉜다는 느낌은 별로 들지 않는다. 가장 긴 가운데갈래는 앞쪽, 아래쪽으로 늘어져 있으며 보통 연한 녹색을 띠는 그 기부에는 잔털이 밀생하고 타원형의 육상체가 돌출되어 있다. 설판은 뒤쪽으로는 부판과 연결되면서 턱처럼 생긴 거를 형성한다. 열매는 삭과로 타원형이다.

석곡의 꽃말은 고결함인데 이는 순백색의 향기로운 석곡 꽃과 아주 잘 어울리는 꽃말이다. 예로부터 풍류를 아는 문인들은 석곡 꽃이 피면 벗들을 초대하여 술잔 위에 석곡 꽃을 띄워 마시는 것을 즐겼다고 한다. 잔을 들이키면 석곡 꽃이 코끝에 닿아 그 향을 술과 함께 음미하는 것이다.

과거에는 석곡이 남부 도서지방을 중심으로 폭넓게 자생했다고 하는데 지금은 남채로 인해 자생지에서는 거의 찾아보기 힘들게 되었으며, 환경부 멸종위

◈ **석곡 반입석 석부작** 석곡의 뿌리는 습기에 상당히 취약한 반면 건조에는 매우 강하다. 이 작품처럼 석곡의 뿌리를 이끼로 덮어 연출하는 경우에는 물이 잘 빠질 수 있도록 돌의 볼록한 면에 석곡을 붙이면 과습을 피할 수 있다.

◈ **석곡 반입석 석부작** 석곡은 어느 정도 높이가 있는 돌에 석부작으로 만드는 것이 그 습성에도 맞고 보기에도 좋다.

기식물 II급으로 지정되어 있다. 자생지에서는 거의 사라졌지만 조직배양을 통해 여러 종류의 석곡이 대량 생산되고 있으므로 다양한 품종을 석곡 전문점뿐 아니라 일반 화원에서도 쉽게 구입할 수 있다. 동양의 석곡과 양란인 덴드로비움을 교잡시킨 품종도 많이 개발되어 붉은 적화를 비롯한 다채로운 화색의 품종이 다수 유통되고 있다. 또 동남아시아나 중국 남부와 같은 아열대 지방에 자생하는 석곡속 식물들도 일부 수입되어 유통되고 있다.

일본에서는 일찍부터 줄기, 잎, 꽃의 다양한 변이를 포함하는 무수한 원예품종이 개발, 명명되어 널리 보급되어 있으며, 이를 장생란이라 부른다. 상대적

◈ **석곡 평석 석부작** 길이가 긴 석곡은 넓은 평석에 연출해도 잘 어울린다. 단, 평석 작품에서는 과습을 피할 수 있도록 돌 위에서 뿌리를 마사토 중립으로 심고 그 위에 생명토를 얇게 발라 이끼를 붙인다. 바위손 등과 같은 착생식물과 합식하면 한층 더 자연스러운 작품을 만들 수 있다.

◈ **석곡 화분 작품** 왼쪽: 베란다에서 배양한 것으로 충실한 비배관리를 통해 많은 꽃을 피워 올렸다. 오른쪽: 비닐온실에서 강한 광선을 주어 배양한 것이다. 소장자 박병성.

으로 자생지가 좁은 우리나라에서는 원예 품종의 개발이 더디지만 일부 농장에서 토종 석곡을 이용한 원예 품종을 개발, 보급하고 있다. 석곡을 전문적으로 재배하는 난인들은 변이종이나 명명되어 있는 원예 품종을 수태로 감아 풍란분과 같은 소형 화분에 키우는 것이 보통이다. 전문적인 난인들은 별 다른 특징이나 변이가 없는 일반적인 석곡에 해당하는 무명품에는 별로 관심을 기울이지 않는다. 그러나 석곡 수집을 전문으로 하지 않는 야생화 취미가라면 가격이 저렴한 무명품을 구입하여 다양한 목부작이나 석부작을 만들어 즐길 수 있다. 석곡을 돌이나 나무에 붙여 오래 가꾸면 자생지의 석곡을 연상시키는 격조 있는 작품을 만들 수 있다.

석곡속 식물이 1종밖에 없는 우리나라와는 달리 많은 종이 자생하는 중국과 동남아시아에서는 석곡속 식물이 주로 약용으로 널리 이용되고 있고 그 외에도 식용이나 섬유용으로 다양하게 이용된다고 한다.

생육 특성

난대성 착생란인 석곡은 풍란류보다 더 고위도에서 자생하는 관계로 대체로 풍란보다 더 추위에 강하고 강건하다. 봄이 되면 줄기의 밑동에서 대기하던

◈ **죽엽석곡 석부작** 중국 세엽석곡(*D. hancockii*)의 한 종류인 죽엽석곡으로 줄기와 잎이 대나무와 같은 느낌을 풍기며 화형 좋은 극황색의 꽃을 피운다.

◈ **석곡의 신아** 6월 중순에 관찰한 석곡의 신아(화살표). 석곡 신아의 성장은 6월 하순까지 활발하게 진행되다 혹서기에 잠시 중단되며, 가을에 다시 성장을 재개한다.

겨울눈이 움직이면서 새로운 개체로 자라나기 시작하는데, 겨울에 창문을 닫아둔 동남향 베란다에서는 보통 3월부터 신아가 자라기 시작한다. 신아는 작년에 나온 줄기의 기부에 존재하는 겨울눈으로부터 형성되며, 보통 묵은 줄기의 기부에서는 신아가 잘 나오지 않는다. 일반적으로 4월부터는 꽃망울이 자라기 시작하며 5~6월 사이에 개화한다. 석곡은 개화기가 아니라도 조건이 맞으면 수시로 꽃이 피는 경향이 있어 봄뿐 아니라 가을 등에도 꽃이 피는 경우가 흔히 있다.

석곡의 신아는 6월까지 왕성한 성장을 계속한다. 봄철에 충실한 비배관리를 통해 여름이 되기까지 석곡의 신아를 충분히 성장시키는 것이 장차 다가올 개화와 증식을 위해 중요하다. 성장기 동안에는 뿌리가 활발하게 활동하며 길게 뻗어나간다. 이 기간에는 뿌리의 끝부분이 투명한 녹색을 띠고 있는데 여기에 생장점이 있다. 이 부분을 만지거나 건드리면 녹색의 생장점이 사라지면서 뿌리의 성장이 정지하므로 성장기에는 뿌리의 생장점을 건드리지 않도록 조심해야 한다.

한여름의 고온기에 접어들면 신아의 성장이 중지되고, 충실한 묵은 주에서는 화아분화가 일어난다. 7~9월 사이에 형성되는 꽃눈은 보통 1~3년 정도 묵은 줄기의 위쪽 마디에 달리고 겨울을 난 후 이듬해 5~6월에 개화한다. 그해에 새로 나온 신아와 너무 오래된 줄기에는 꽃눈이 생기지 않는다. 많은 꽃을 보길 원하면 화아분화를 유도하도록 한다. 장마가 끝나고 무더위가 시작될 무렵 약 1주일 정도 물을 끊고 가능한 한 햇빛을 많이 보이면 화아분화가 유도된다. 8월 중에 화아분화유도를 한차례 정도 더 실시하면 보다 효과적으로 꽃눈이 만들어진다.

◈ **석곡의 꽃눈과 겨울눈** 왼쪽: 12월 하순에 관찰한 석곡의 꽃눈(화살표). 화아분화가 일어난 개체에서는 잎이 붙어 있는 마디의 반대쪽에 꽃눈이 달린다. 오른쪽: 2월 초순에 관찰한 석곡의 겨울눈(화살표)으로 크기가 작아 잘 살펴보지 않으면 쉽게 눈에 띄지 않는다.

석곡의 신아는 봄에 1차 성장을 하고 여름에는 잠시 성장을 정지하였다가 가을에 다시 2차 성장을 한다. 그러나 가을에는 봄처럼 그렇게 활발하게 성장이 이루어지는 것은 아니다.

이 시기에 신아가 성숙해지면서 그 기부에서 내년의 신아로 성장할 겨울눈이 만들어진다. 그러나 이 겨울눈은 크기가 매우 작아 눈에 잘 띄지 않는다. 겨울눈은 가을~겨울을 지나면서 아주 느린 속도로 성숙해지며 2월 초순이 되면 1~2mm 정도로 자란다.

옮겨심기

석곡은 뿌리를 수태로 감아 풍란분에 키우는 것이 일반적이며 화분에 돌로 심어도 잘 자란다. 그렇지만 석곡은 착생란이므로 그 생태에 맞게 돌이나 나무에 붙여 가꾸는 것이 잘 어울린다. 옮겨심기는 신아가 충분히 자라나기 전인 3~4월이 적기이다. 꽃이 피고 뿌리가 왕성하게 자라는 5~6월에는 분갈이를 피하는 것이 좋다. 봄의 옮겨심기를 놓쳤다면 9~10월 중에 옮겨 심는다. 가을의 옮겨심기는 뿌리가 본격적으로 움직이기 전인 9월 초순에 실시하는 것이 보다 바람직하다. 수태나 돌을 이용하여 화분에 심은 경우에는 3~4년 마다 옮겨 심는다. 입석에 붙인 석부작의 경우에는 옮겨 심을 필요가 없다. 속에 마사를 넣고 표면을 이끼로 덮어 만든 평석 석부작의 경우에는 상태를 보아 필요할 경우 옮겨 심도록 한다. 그러나 이 경우에도 오랫동안 옮겨 심지 않아도 큰 문제는 없다.

1. 화분 심기

소량의 석곡을 작은 화분에 심을 때는 수태를 사용하여 다소 봉긋하게 올려 심는다. 분 바닥에는 굵은 돌이나 숯으로 배수층을 만들고 그 위에 뿌리를 수태로 가볍게 감아 화분 속으로 집어넣는다. 수태를 너무 단단하게 감으면 배수성과 통기성을 해치므로 너무 단단해지지 않도록 주의를 기울인다. 올려 심는 것이 어려우면 작은 토분을 뒤집어 놓은 상태에서 그 위에 뿌리를 펼치고 이를 수태로 감는다. 화분 속으로 집어넣을 때는 토분과 같이 넣어도 되고 토분을 빼고 넣어도 된다. 많은 양의 석곡을 큰 화분에 심을 때는 배수성과 통기성이 좋도록 굵은 크기의 마사토를 단용하는 것이 좋다.

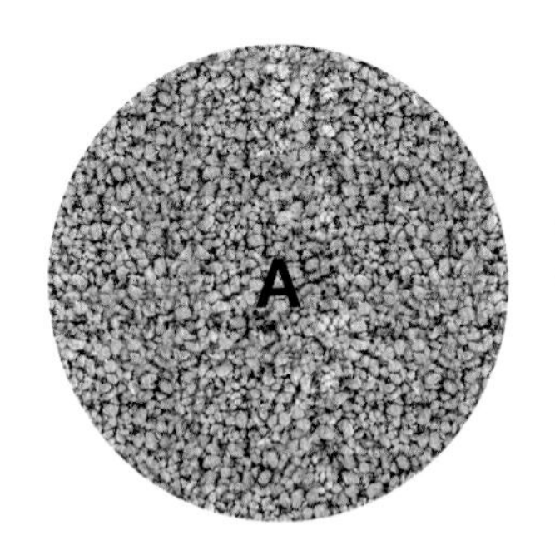

◈ 화분: 6호(직경 18cm), 높이 10cm
◈ 배양토 구성
A: 마사토 100%(대립 70%, 중립 30%)

2. 석부작 만들기

석곡을 돌이나 나무에 붙여 기르는 방식에는 두 가지가 있다. 하나는 별도의 토양 없이 석곡을 나무나 돌에 직접 붙이는 방식으로 보통 석곡 바닥이나 뿌리에 순간접착제를 발라 붙이거나 실로 묶어 고정시킨다. 이렇게 붙인 것들은 뿌리가 노출되어 있고 오래되면 뿌리가 자연스럽게 돌이나 나무의 표면에 밀착하면서 뻗어나간다. 다른 하나는 생명토를 이용하여 붙이는 방식이다. 후자의 방식으로 만든 것들은 보통 표면에 이끼를 붙이므로 뿌리는 이끼 밑에 위치하게 된다. 이렇게 붙인 작품은 오래되면 이끼가 자연스럽게 활착하면서 자연미와 품격을 갖춘 수준 높은 작품이 되지만 생명토와 이끼로 인해 전자에 비해 뿌리가 습한 상태에 있으므로 과습하지 않도록 물 관리를 잘해야 한다.

생명토를 이용한 석부작을 만드는 경우 이끼를 붙여 자연스럽게 살리는 것이 작품의 격을 좌우하는 중요한 요소 중의 하나가 된다. 그러므로 경험을 통해 자신의 환경에 잘 맞는 이끼를 찾아내도록 한다. 적당한 햇빛을 받는 반그늘에서 잘 사는

◈ 실방울이끼

이끼를 선택하되 너무 두껍거나 잎이 조밀하게 나는 이끼는 쓰지 않는 것이 좋다. 이끼가 모자라면 작품 전체를 덮지 않고 듬성듬성 모자이크를 해주어도 된다. 환경이 맞으면 이끼가 살아나면서 작품을 자연스럽게 덮게 된다. 필자가 석부작의 이끼 모자이크에 주로 사용하는 것은 잎이 가늘고 줄기는 많은 가지를 치며 핀셋으로 집어 올리면 쉽게 각 개체가 분리되는 성질을 가진 실방울이끼 [***Forsstroemia japonica*** (**Besch.**) **Paris**]이다.[3]

① 오래된 목부작에서 떼어낸 석곡을 준비하였다.

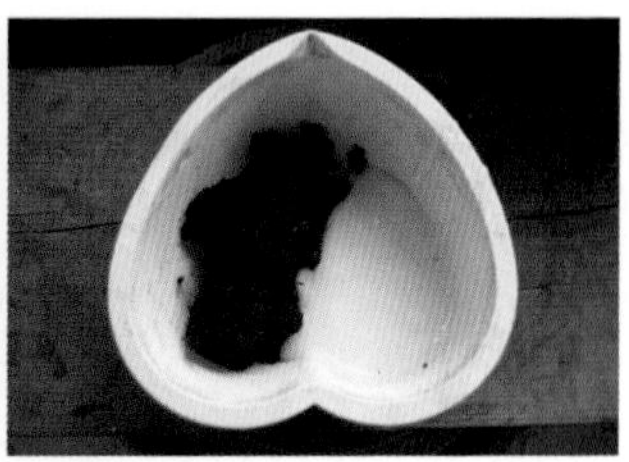

② 석곡을 미리 돌에 놓아보고 붙일 자리를 결정한다.

③ 생명토:밀가루풀을 1:1로 혼합하여 점도를 높인다.

④ 버터나이프를 이용하여 돌에 생명토를 펼쳐 바른다.

⑤ 분쇄한 고형 인산비료를 생명토 위에 뿌린다.

⑥ 석곡을 뒤집어 밑면의 요철과 공간을 확인한다.

⑦ 이 공간을 채워주기 위하여 마사토(중립):생명토를 6:4로 혼합한다.

⑧ 밑면의 공간에 생명토로 버무린 마사토를 채워 넣은 석곡을 돌에 올려놓는다.

⑨ 나머지 식물들도 차례로 동일한 방법으로 원하는 자리에 배치한다.

⑩ 노출된 뿌리를 생명토로 덮어 돌에 부착시킨다.

⑪ 뿌리 고정 작업이 끝나면 이끼 모자이크를 실시한다.

⑫ 완성된 모습. 며칠 후 생명토가 마르면 물을 준다.

◈ **옮겨심기 후 시간 경과에 따른 변화** 왼쪽: 이듬해 봄에 개화한 모습. 오른쪽: 4년 후의 모습. 베란다에서 많은 개체들이 새로 자라나와 작품의 전체적인 모습이 크게 달라졌다. 새로 자라나온 것들은 크고 많은 잎을 달고 있다.

화분 두는 곳

개화율을 높이기 위해서는 충분한 햇빛을 받을 수 있는 곳에 두는 것이 좋다. 석곡의 뿌리는 건조에는 매우 강하지만 습한 것에는 몹시 취약하므로 통풍이 잘되는 곳에 두어야 한다. 또한 석곡은 남쪽 지방에서 자라는 난대성 식물이므로 겨울철에는 온난한 기후를 좋아한다. 그러므로 겨울에는 얼지 않도록 관리하는 것이 좋다.

물주기

생명토를 사용하지 않고 만든 목부작이나 석부작은 물이 잘 빠지므로 매번 물을 충분히 주어도 괜찮다. 그러나 생명토로 덮은 석부작이나 화분에 심은 것들은 뿌리에 대한 과습의 염려가 있으므로 상대적으로 물을 적게 주는 것이 좋다. 계절별로 물을 주는 횟수는 베란다 전체 물 관리에 준하되 물을 좀 박하게 주거나 가끔씩 물주기를 건너뛰도록 한다. 장마가 끝난 다음에는 약 1주일 정도 물을 끊어 화아분화를 유도한다.

거름주기

석곡은 햇빛이 좋으면 비료를 별로 주지 않아도 잘 자라지만 햇빛이 충분치 못한 베란다에서는 적절한 비배관리가 꼭 필요하다. 봄·가을로 주는 액비는 베란다 전체 관리에 준한다. 봄의 질소 비료는 충분한 영양생장을 위해 필요하고 가을의 인산, 칼리 비료는 생식생장과 내한성의 향상에 보탬이 된다. 관수를 대신하여 묽은 액비를 자주 엽면시비 해 주는 것도 물을 적게 주면서 비료를 충분하게 공급해 주는 좋은 방법 중의 하나이다. 3월과 9월에 유기질 덩이비료 혹은 피복복비를 잊지 말고 올려 두도록 한다. 난과 식물의 개화율은 비료의 영향을 많이 받으며 석곡도 마찬가지이다. 충분한 햇빛과 더불어 충실한 비배관리를 해야 많은 꽃을 볼 수 있으며, 그렇지 않으면 꽃이 잘 피지 않거나 피더라도 수가 적은 것이 보통이다.

번식

포기나누기, 삽목, 고아 분리를 통해 번식시킨다. 석곡의 신아는 작년에 새로 나온 줄기의 기부에서 발생한다. 세력이 좋으면 묵은 줄기에서 신아가 발생하는 경우도 있지만 정아우세현상으로 말미암아 묵은 줄기에서는 일반적으로 신아가 잘 형성되지 않는다. 정아우세현상을 타파하여 묵은 줄기에서도 신아를 받으려면 봄이나 가을에 포기나누기를 실시한다. 밑동이 쭉 연결되어 있는 석곡을 보통 4~5촉을 한 단위로 하여 포기를 나눈다. 빠른 증식을 원한다면 2~3촉을 한 단위로 하여 잘게 쪼개 심으면 보다 많은 신아를 얻을 수 있다. 그러나 이 경우에는 세력이 약해지므로 신아가 충분히 자라지 못하며 세력을 회복하여 꽃을 피우기까지는 여러 해가 걸린다.

◈ **석곡의 고아** 석곡의 고아(화살표)는 손으로 잡고 비틀면 쉽게 떨어지므로 어느 정도 자라면 떼어내어 따로 심어준다.

또한 오래된 묵은 줄기를 분리하여 눕혀 놓고 수태로 살짝 덮은 다음 물관리를 잘하면 새촉을 얻을 수 있다. 새순은 눕혀 놓은 줄기의 마디에서 나오는데 그 출현 빈도가 그리 높은 것은 아니다. 또 다른 증식 수단은 고아를 이용하는 것이다. 고아(高芽)란 묵은 줄기 윗부분의 마디에 달리는 꽃눈이 신아로 바뀐

◈ **고아 옮겨심기** 왼쪽: 충분히 자란 고아를 떼어내어 한데 모은다. 너무 어린 것은 더 자라도록 그대로 둔다. 너무 늦게 떼어내면 뿌리가 주변에 들러붙어 떼는 것이 힘들어질 수도 있다. 오른쪽: 고아는 수태로 감아 화분에 키워도 되고 석부작의 옆에 보식하여도 된다. 석부작에 보식할 때는 뿌리를 펼치고 알루미늄철사를 구부려 뿌리를 고정시킨다(화살표).

것으로 석곡이 환경에 적응하는 현상의 하나로 생각된다. 베란다에서는 고아가 상당히 흔하게 나타나는 경향이 있다. 고아는 충분히 자란 다음에 떼어내어 따로 심는 것이 좋다.

병충해 방제

고온다습하고 통풍이 불량하면 병충해가 발생한다. 흑반병, 탄저병, 바이러스 감염이 알려져 있다. 달팽이가 잎을 갉아먹기도 하지만 치명적이지는 않다. 깍지벌레, 응애, 진딧물 등의 피해가 발생하기도 하며 병충해가 발견되면 즉시 관련 약제를 살포하여 구제해야 한다.

참고문헌

1. 이남숙. 한국의 난과식물 도감. 이화여자대학출판부. 2011.
2. 이우철. 한국식물명의 유래. 일조각. 2005.
3. 국립생물자원관. 선태식물 관찰도감. 지오북. 2015.

봄꽃

둥굴레

- **분류** 백합과
- **생육상** 다년생 초본
- **분포** 전국 각처의 산지
- **자생환경** 물 빠짐이 좋고 토양이 비옥한 반그늘 또는 양지
- **높이** 30~60cm

◆ **관리특성**

식재습윤도	●◐○
광량	●●○
관수량	●◐○
시비량	●●◐
개화율	●●◐
난이도	●○○

	연중 관리	1	2	3	4	5	6	7	8	9	10	11	12
생활환	출아			●									
	영양생장			●	●	●	●						
	개화				●								
	겨울눈 형성								●	●			
	화아분화									●	●		
	생식생장							●	●	●	●	●	
	낙엽							●	●				
	휴면	●	●							●	●	●	●
작업	옮겨심기			●		●	○			●	●	○	
	액비 시비			●	●	●	●			●	●	◐	
	치비 교환			●						●			
	낙엽 제거							●	●				

둥굴레[***Polygonatum odoratum* var. *pluriflorum* (Miq.) Ohwi**]는 백합과의 다년생 초본으로 한국, 일본, 중국 등지의 동아시아에 주로 자생한다. 우리나라에서는 전국 각처 산지의 양지바른 곳에서 반그늘까지 널리 분포하는 강인한 종이다. 둥굴레속을 나타내는 속명 *Polygonatum*은 그리스어 polys(많은)와 goun(무릎, 마디)의 합성어인 polygonaton에서 파생된 것으로 뿌리줄기에 마디가 많은 것에서 유래하였다. 종소명 *odoratum*은 '향기가 있는'이라는 뜻이고, 변종명 *pluriflorum*은 '많은 꽃이 피는'이라는 뜻이다. 둥굴레의 꽃은 잎겨드랑이마다 1~2개씩 달리므로 한 주에 여러 개의 꽃이 달리는 것은 사실이다. 그러나 실제로는 꽃의 크기가 작고 잎겨드랑이에서 아래로 늘어져 달리므로 잎에 가려 잘 보이지 않아 많은 꽃이 핀다는 느낌을 받기는 어렵다.

30~60cm정도까지 자라는 줄기는 가지를 치지 않으며 뿌리줄기로부터 솟아오른 줄기의 아랫부분은 곧추서지만 위쪽으로 갈수록 옆으로 약간 휘어진

다. 줄기의 중간 위쪽으로는 6줄의 세로로 돌출된 능선(稜線; 능각, 稜角)이 있어 손으로 만지면 이를 느낄 수 있다. 줄기에 두 줄로 달리는 긴 타원형 잎은 양쪽으로 어긋나게 달리고 잎자루(엽병)가 없으며 길이가 5~10cm, 폭이 2~5cm 정도이다.

◈ **둥굴레의 줄기와 잎** 줄기는 위쪽으로 갈수록 한쪽으로 약간 휘어지며 중간 위쪽으로 꽃이 달린다. 이 개체는 일부 잎에 가는 빗살무늬와 더불어 흰색의 굵은 줄무늬가 나타나는데 원예적으로는 이러한 무늬를 산반호(散斑縞)라 칭한다.

꽃은 자생지에서는 5~7월에 피지만 동남향 베란다에서는 4월 중순~하순 사이에 개화하고 꽃의 수명은 그다지 길지 못하다. 줄기 중간부분 위쪽으로 1~2개씩 잎겨드랑이에 달리는 꽃은 길이 15~20mm 정도의 통형으로 끝부분만 갈라져 있으며 밑부분(소화경에 가까운 부분)은 백색, 끝부분은 녹색이다. 밑으로 처지는 소화경에는 포가 없으며 두 개의 꽃이 피는 경우 각 소화경의 밑부분이 합쳐져서 하나의 화경을 이루어 줄기에 붙는다. 수술은 6개로 통부의 윗부분에 붙어 있고 수술대에는 털이 없고 잔돌기가 있다. 꽃밥은 길이 4mm로서 수술대와 길이가 거의 같다. 열매는 둥근 장과로서 9~10월경에 검은색으로 익는다. 지하부는 옆으로 번어나가는 굵은 육질의 황백색 뿌리줄기로 이루어져 있고 여기서 가는 수염뿌리가 사방으로 뻗어나간다.[1]

우리나라에 자생하는 둥굴레속 식물로는 이창복 박사의 도감에 9종[2] 국립수목원의 국가생물종지식정보시스템에 18종[1]이 기재되어 있다. 줄기에 잎이

3~5개씩 돌려나는 층층둥굴레(***P. stenophyllum* Maxim.**)를 제외하면 둥굴레류는 모두 잎이 줄기에 어긋나게 양쪽으로 붙고 소화경에 붙는 포가 없는 것과 있는 것으로 크게 대별된다.[3]

◈ **둥굴레의 꽃** 수줍은 듯 잎에 가려 아래쪽을 향해 벌어지는 둥굴레의 꽃은 시골 처녀 같은 순수하고 소박한 꽃이다. 꽃의 모양은 다소 길쭉한 종 모양인데 은방울꽃처럼 세련된 도회풍의 종이 아니고 옹기항아리 같이 수수하고 질박한 느낌이 나는 종이다.

소화경에 포가 없는 것에는 둥굴레를 포함하여 각시둥굴레, 죽대, 진황정, 왕둥굴레, 산둥굴레 등이 있다. 각시둥굴레(***P. humile Fisch.* ex Maxim.**)는 둥굴레보다 크기가 작고 줄기가 전체적으로 곧추서며, 잎 뒷면과 수술대에 젖꼭지 같은 돌기가 있다. 죽대(***P. lasianthum* Maxim.**)는 둥굴레와는 달리 수술대에 털이 있고 소화경은 비스듬하게 위를 향하다 활처럼 늘어지며 꽃은 1~3개가 달리고 잎에는 짧은 엽병이 있다. 진황정(***P. falcatum* A. Gray**)은 줄기에 능선이 없고, 잎은 피침형으로 둥굴레보다 폭이 좁고 매우 짧은 엽병이 있으며, 3~5개가 달리는 꽃의 화통 기부는 소화경처럼 좁아지면서 소화경에 연결된다. 수술이 9개인 점도 둥굴레와 다른 점이다. 왕둥굴레[***P. robustum* (Korsh.) Nakai**]는 전체적으로 크기가 크고 꽃이 2~5개씩 달린다. 산둥굴레(***P. thunbergii* Morr. & Decne.**)는 잎 뒤에 유리조각 같은 돌기가 있고 1~2개씩 달리는 꽃의 길이는 20~25mm로 둥굴레보다 더 크다.

한편 둥굴레의 잎에 흰 줄무늬 또는 얼룩무늬가 들어 있는 것을 무늬둥굴레(***P. odoratum* var. *pluriflorum* f. *variegatum* Y.N.Lee**)라고 하여 별도의 종으로 보는 견해도 있다.[1,4] 무늬둥굴레는 잎에 무늬가 발현된다는 점을 제외하면 다른 특징은 둥굴레와 동일하다. 그러한 무늬는 비단 둥굴레뿐만이 아니라 각시둥굴레, 왕둥굴레, 용둥굴레 등 다른 둥굴레류에서도 얼마든지 나타날 수 있다. 만일 무늬가 있는 것을 별도의 종으로 보는 관점을 동일하게 적용한다면 이들도 모두 무늬각시둥굴레, 무늬왕둥굴레, 무늬용둥굴레 등등 별도의 종으로 구분해야 할 것이다. 그러나 둥굴레 잎에 나타나는 것과 같은 성질의 무늬는 둥굴레뿐 아니라 난초과의 심비디움계에 속하는 보춘화속 식물[보춘화(원예명으로는 춘란), 한란 등]을 비롯하여 풍란, 나도풍란, 석곡, 은방울꽃, 애기나리류, 윤판나물류 등등 여러 종의 식물군에서 광범위하게 나타나는 개체변이이다. 특히 난초과 식물에서는 다양한 종류의 무늬종이 원예적으로 폭넓게 개발되어 있고 이들 중 관상가치가 높은 것들은 명명되어 널리 유통되고 있지만, 이들을 품종(races)으로만 구분할 뿐 원종과 다른 별도의 종(species)으로 동정하지는 않는다. 그러므로 그러한 무늬가 과연 별도의 종을 구분하는 기준이 될 만한 형질인가에 관해서는 재고해 볼 필요가 있다고 생각한다.

좌우지간에 둥굴레속 식물에서는 잎에 무늬가 드는 개체가 자주 발견되므로 이들을 수집해 보는 것도 재미있는 일이다. 야생에서 발견되는 무늬는 대부분의 경우 그 후대에는 잘 나타나지 않거나 혹은 몇 년 정도 지속되다가도 점차 없어지는 등 그 발현이 고정되지 않거나 불안정한 경향이 있다. 따라서 무늬종은 무늬의 고정 여부가 품종의 우열을 결정하는 중요한 요건의 하나이다. 경험에 의하면 둥굴레 무늬의 고정성은 비교적 높은 것으로 생각된다. 시중에 널리 유통되는 무늬둥굴레 백복륜(흰갓줄무늬)은 일본에서 개발되어 수입된 것이라고 알려져 있다.

소화경에 포가 있는 것에는 통둥굴레, 종둥굴레, 용둥굴레, 목포용둥굴레, 안면용둥굴레 등이 있다. 통둥굴레와 종둥굴레는 얇은 종이와 같은 막질의 포를 가지고 있는데, 통둥굴레(***P. inflatum* Kom.**)는 줄기 상부에 능각이 있는 반면, 종둥굴레(***P. acuminatifolium* Kom.**)는 능각이 없다. 용둥굴레, 목포용

◈ **각시둥굴레 자생지와 석부작** 왼쪽: 넓고 경사진 너럭바위 위에서 자생하는 각시둥굴레. 이러한 자연 생태는 각시둥굴레가 석부작에 잘 어울리는 종이라는 것을 나타낸다. 오른쪽: 각시둥굴레 석부작. 각시둥굴레는 키가 작아 베란다에서 재배하기에 적합한 종이다. 성질이 강건하여 어떤 방식으로 재배해도 잘 자라며, 줄기가 전체적으로 똑바로 서 있기 때문에 둥굴레에 비해 더 정돈된 느낌을 준다.

◈ **각시둥굴레 화분 작품** 유리온실(왼쪽)과 비닐온실(오른쪽)에서 재배한 각시둥굴레 화분 작품. 햇볕을 잘 쪼이면 탄탄해지고 많은 꽃이 피며, 강한 광선을 많이 받을수록 키가 더 작아진다. 소장자 전성연(왼쪽), 임일선(오른쪽).

둥굴레 및 안면용둥굴레는 잎처럼 생긴 엽질의 포를 가지고 있다. 용둥굴레[***P. involucratum*** **(Franch. & Sav.) Maxim.**]는 담녹색의 꽃이 잎겨드랑이에 2개씩 달리고, 암술이 수술보다 길며, 포는 난형으로 소화경의 밑(화경의 끝)에 달린다. 안면용둥굴레(***P. desoulavyi*** **Kom.**)는 용둥굴레와 유사하지만 포가 피침형으로 용둥굴레의 그것보다 폭이 좁고 소화경의 중·상부에 붙는다. 목포용둥굴레(***P. cryptanthum*** **H.Lev. & Vaniot**)는 잎겨드랑이에 2~3개의 꽃이 달리는데 길이가 13mm로서 용둥굴레의 절반 크기이고 색깔도 황록색이며, 암술이 수술보다 짧고, 소화경, 포 및 잎의 뒷면에 유리조각 같은 돌기가 있다. 목포용둥굴레와 안면용둥굴레는 그 명칭에 지명이 들어가 있어 얼핏 이들은 그 지역에 국한하여 서식할 것이라는 생각이 들지만 사실은 전국적으로 분포한다.[1-4]

◈ **용둥굴레** 화경의 끝에 달려 있는 넓은 난형의 포는 엽질(잎과 같은 성질)이고 그 속에 담녹색의 꽃이 2개씩 달려 있다. 소화경은 포에 덮여 있어 겉에서는 보이지 않는다.

구수한 맛을 내는 차로 개발되어 널리 알려져 있는 둥굴레속 식물의 뿌리줄기는 점성이 있고 단맛을 가지고 있는데 이를 말린 것을 옥죽(玉竹)이라 하여 식용 또는 약용으로 이용한다.[1] 둥굴레는 그 잎의 모양이 대나무와 닮았으며 뿌리줄기도 대나무 뿌리처럼 마디가 많기 때문에 옥죽이라는 명칭을 얻었다고 한다. 둥굴레의 뿌리줄기는 성질이 평하고 맛이 달며, 음기 또는 습한 기운을 돋우어 마르거나 건조한 것을 습윤하게 하고 분비물이 나오도록 하여 갈증을 멎게 하는 효능이 있다. 또 열병으로 입이 마르고 인후가 건조할 때, 마른기침을 하면서 가래가 적을 때, 가슴이 뛰고 답답할 때 그리고 당뇨병에 사용한다.[5]

생육 특성

둥굴레는 양지바른 곳을 좋아하지만 반그늘에서도 잘 자라는 습성을 가지고 있으므로 베란다에서 키우기에 적합한 종의 하나이다. 특히 각시둥굴레처럼 키가 작은 종이나 용둥굴레처럼 독특한 꽃이 피는 종 또는 특이한 무늬를 가진 종류를 키운다면 한층 더 재미있고 다양하게 즐길 수 있다. 둥굴레는 성질이 강건하여 잘 자라므로 비배관리를 충실하게 하면 쉽게 늘어나고 꽃도 잘 피어 매년 실망시키지 않고 기대에 부응해 준다. 꽃이 크고 화려하지는 않지만 소박한 야생의 아름다움을 전해주는 식물로서 너무 흔해 홀대하기 쉬우나 키우다보면 오래된 친구 같은 느낌을 주는 친근한 야생화이다.

둥굴레는 봄에 베란다에서 새순이 올라오는 시기가 다소 늦은 편에 속한다. 동남향의 베란다라면 3월 중순~하순경부터 새순이 신장하기 시작한다. 일반적으로 자생지에서는 4월 초순~중순 사이에 출아한다. 둥굴레는 무엇보다도 줄기가 빳빳하기 때문에 다소 그늘진 곳에서 키우더라도 좀 크게는 자랄지언정 옆으로 넘어지는 일이 없어서 좋다. 다만 줄기가 자라면서 옆으로 휘기 때문에 대주의 경우 너무 웃자라면 주변의 화분을 가릴 수 있다. 너무 옆으로 퍼지거나 한쪽으로 기울면 끈으로 묶어주도록 한다.

◈ **둥굴레의 출아와 겨울눈** 왼쪽: 동남향 베란다에서 재배하는 둥굴레 화분의 3월 하순 모습으로 새순이 이제 막 자라나오고 있다. 오른쪽: 10월 하순에 관찰한 둥굴레 지하부의 모습. 새롭게 자라나온 뿌리줄기의 끝에 하얀 겨울눈이 붙어 있다. 뿌리줄기는 황백색이고 여기에서 사방으로 다수의 수염뿌리가 자라나간다.

겨우내 창문을 닫아둔 동남향 베란다에서는 꽃이 4월경에 달리며 개화율은 상당히 좋은 편이다. 여름에 접어들면 지하에서는 생식생장의 일환으로 뿌리줄기(근경)의 형성 및 성장이 개시될 것으로 생각된다. 둥굴레의 지상부는 수명이 그다지 길지 않아서 베란다에서는 7월 중순부터 하나둘씩 잎이 지기 시작하여 8월 중순까지 대부분의 잎과 줄기가 고사해 버린다. 노지에서도 9월 하순이면 지상부가 모두 시든다.[6] 이렇게 하면(夏眠)을 하는 종류들은 잎이 너무 일찍 떨어지면 자칫 뿌리줄기의 발육이 불량해져 다음해의 성장에 지장을 초래할 수도 있으니 화분 두는 곳을 조절한다든지 하여 잎이 가급적 늦게 떨어지도록 노력하고 또 잎이 지고 난 다음에도 충실한 관리가 필요하다.

지상부가 시든 다음에는 땅속에서 뿌리줄기의 성장과 비대가 본격적으로 이루어지므로 잎이 없다고 하더라도 물주기와 비배관리를 게을리 해서는 안 된다. 평석 석부작의 경우에는 가을이 오면 옆으로 신장하는 뿌리줄기들이 석부작을 덮고 있는 이끼의 표면이나 돌의 가장자리로 뚫고 나오는 것을 흔히 관찰할 수 있다. 이를 방치하면 노출된 뿌리줄기가 마르기 쉬우므로 보이는 대로 잘라 흙 속으로 거두어들이는 것이 좋다. 화분에서도 가장자리를 따라 뿌리줄기가 노출되는 경우가 있는데 너무 많이 노출되어 있으면 자라나온 곳에서 절단하여 화분 속으로 넣어 준다. 뿌리줄기의 끝에서는 늦여름에서 초가을 사이에 걸쳐 겨울눈이 형성된다. 이것은 가을의 생식생장기를 거치면서 점차 충실해지며 겨울의 휴면기를 보낸 후 봄이 오면 새로운 개체로 자라게 된다. 겨울눈이 성숙하면서 화아분화도 같이 이루어질 것으로 생각한다.

옮겨심기

둥굴레는 베란다에서는 4월경에 개화하므로 꽃이 진 직후인 5월 또는 새순이 길게 자라기 전인 3월이 옮겨심기의 적기이다. 봄철의 분갈이를 놓쳤다면 6월 또는 가을에 옮겨 심도록 한다. 가을에는 지상부가 없기 때문에 옮겨 심는 작업을 하는 것이 더 편하지만 새로 생겨난 겨울눈을 다치지 않도록 조심해야 한다. 옮겨심기의 주기는 대략 3~4년 정도면 적당하다.

둥굴레는 굵은 뿌리줄기를 가지고 있으므로 물 빠짐이 좋도록 하고 배양토는 보통 정도의 습윤도를 가지도록 구성한다. 배양토는 높이 10cm 내외의 8호(직경 24cm) 화분을 기준으로 마사토의 비율을 60% 내외로 하고 나머지는 화산토처럼 보수성이 높은 용토로 구성한다. 둥굴레는 뿌리줄기가 옆으로 왕성하게 벋어나가고 수염뿌리의 발달도 좋기 때문에 비교적 큰 분에 재배하는 것이 좋다. 너무 작은 분에 키우면 늘어나는 속도가 더뎌지고 발육상태도 불량해지기 쉽다. 또 밑거름도 넉넉하게 넣어주도록 한다.

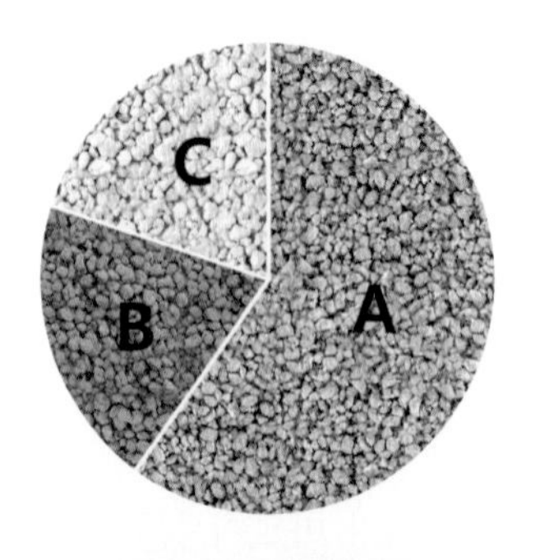

◈ **화분: 8호(직경 24cm), 높이 8cm**

◈ **배양토 구성**

A: 마사토 소립 60%

B: 경질적옥토 소립 20%

C: 경질녹소토 소립 20%

① 식물체를 분에서 빼내어 뿌리를 풀면서 뿌리줄기를 분리한다(10월 말).

② 긴 뿌리줄기는 적당하게 나눈다. 자른 부위에는 상처보호제를 발라준다.

③ 화분 높이의 약 10% 정도가 되도록 배수층을 넣어준다.

④ 배수층 위에 배양토를 약간 넣는다.

⑤ 배양토 위에 고형 인산비료를 고루 흩뿌려 준다.

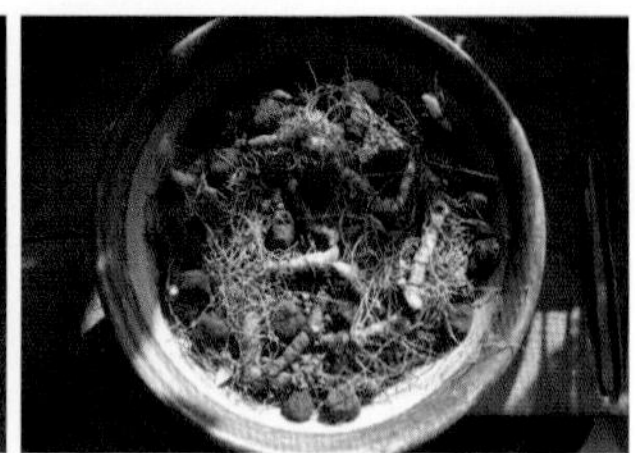

⑥ 뿌리줄기를 넣고 그 사이에 영양볼을 넣어준다.

⑦ 배양토를 더 채우고 그 위에 원예용 퇴비를 몇 군데 올려놓는다.

⑧ 배양토를 마저 채우고 피복복비와 미량원소비료를 올린다.

⑨ 팻말을 꽂고 맑은 물이 흘러나올 때까지 물을 흠뻑 준다.

◈ **옮겨심기 후의 변화** 옮겨 심은 지 1년 후(왼쪽), 3년 후(중간), 4년 후(오른쪽)에 개화한 모습. 분갈이 3년 후에 개체 수가 2배 정도로 늘었고 그 후로도 계속 증가하는 것을 알 수 있다.

화분 두는 곳

둥굴레는 반그늘에서도 잘 자라지만 기본적으로 양지바른 곳을 좋아하므로 햇볕이 잘 들어오는 곳에 두는 것이 유리하다. 둥굴레처럼 잎이 일찍 떨어지면서 하면에 드는 종류들은 내년의 충실한 성장을 위해서는 가급적 잎이 늦게 떨어지도록 관리하는 것이 좋다. 잎이 달려 있는 기간이 길어야 광합성을 통해 식물체 내에 충분한 영양을 비축할 수 있고 이를 통해 충실한 뿌리줄기가 만들어져 튼튼한 새순이 형성되기 때문이다. 자생지에 비해 베란다에서 지상부가 상대적으로 일찍 시드는 것은 아마도 여름철의 통풍 불량과 고온에 기인할 것이라 생각된다. 따라서 잎을 가능한 한 오래 유지하기 위해서는 6월까지는 주어진 환경 가운데에서 햇빛을 충분히 받는 곳에 두었다가 7월부터는 강한 광선을 피할 수 있고 특히 통풍이 원활하게 이루어지는 곳으로 옮겨준다.

물주기

물은 중간 정도로 주는 것을 원칙으로 하고 물주는 횟수는 계절별 관수 방법에 따른다. 물 빠짐이 좋도록 심었다면 지상부가 살아 있는 동안에는 물을 충분히 준다. 그러나 과습하면 뿌리줄기가 물러 죽으므로 과습하지 않도록 주의한다. 잎이 모두 떨어진 다음에는 증산작용이 일어나지 않으므로 물을 너무 많이 주지 않도록 관수량을 조절한다.

거름주기

자생지에서 둥굴레는 상당히 다양한 환경에 적응하여 살아가지만 부식질이 풍부한 좋은 흙에서 자라는 둥굴레가 그렇지 않은 것에 비해 영양상태가 눈에 띄게 좋다. 화분에서 재배할 때도 시기별로 적절한 양질의 거름을 알맞게 주면 뿌리줄기가 눈에 띄게 굵어지면서 개체가 충실해지고 꽃도 많이 달린다. 액비는 전체적인 비배관리에 준하여 봄에는 질소가 많은 것을, 가을에는 인산, 칼륨이 많은 묽은 액비를 자주 준다. 치비도 봄, 가을로 잊지 않고 교환해 주도록 한다. 둥굴레처럼 잎이 일찍 지고 그 후에 굵은 지하부가 발달하는 종류들은 가을에 주는 비료가 뿌리줄기의 충실한 성장에 중요한 역할을 한다. 적당한 치비가 없으면 봄·가을로 원예용 퇴비를 화분 가장자리를 따라 몇 숟가락 얹어 준다.

번식

베란다에서는 주로 옮겨 심을 때 포기나누기로 번식한다. 비배관리를 잘하면 한 마디의 뿌리줄기에서 2~3개의 뿌리줄기가 발생한다. 충실한 성장과 개화를 위해서는 세 마디를 한 단위로 하여 쪼갠다. 빠른 증식이 목적이라면 한 마디를 한 단위로 하여 잘게 쪼갠다. 또한 5~6월에 줄기를 잘라 삽목을 하면 번식이 가능하다. 삽수의 발근율은 90% 이상으로 양호하며, 삽수 길이가 길수록 발근율이 높고 뿌리도 길게 자란다.[6]

병충해 방제

병해는 별로 없지만 여름철에 연부병, 뿌리썩음병, 탄저병 등이 나타날 수 있다. 병해가 보이면 해당되는 병에 효력이 있는 살균제를 가능한 한 빨리 뿌려

주어야 한다. 개화기에는 진딧물이, 여름철에 고온 건조하면 응애가 나타날 수 있다.[6] 이러한 해충들은 보이는 즉시 살충제를 뿌려 구제해야 한다. 특히 응애는 일반 살충제로는 구제가 어렵고 빨리 제거하지 않으면 피해가 심하므로 반드시 전용 약재를 구해 일정 간격으로 2~3회에 걸쳐 철저히 살포해야 한다. 눈에 보이는 특별한 이유가 없이 줄기가 마르고 잎이 시들면 뿌리줄기를 조사해 봐야 한다. 어떤 나방의 애벌레는 뿌리줄기의 속을 파고들어 껍질만 남기고 몽땅 파먹기 때문이다. 민달팽이도 뿌리줄기에 자주 피해를 입히는 해충이다.

참고문헌

1. 국립수목원. 국가생물종지식정보시스템 (NATURE). http://www.nature.go.kr.
2. 이창복. 원색 대한식물도감. 향문사. 2014.
3. 이창복. 원색 대한식물도감 검색표. 향문사. 2014.
4. 이영노. 새로운 한국식물도감. 교학사. 2007.
5. 김창민, 이영종, 김인락, 신전휘, 김양일. 한약재감별도감. 아카데미서적. 2014.
6. 서종택. 표준영농교본-138: 우리 꽃 기르기. 농촌진흥청. 2003.

봄꽃

은방울꽃

- **분류** 백합과
- **생육상** 다년생 초본
- **분포** 전국 각처의 산
- **자생환경** 비옥하고 물 빠짐이 좋은 반그늘
- **높이** 12~18㎝

- **관리특성**

항목	정도
식재습윤도	●◐○
광량	●●○
관수량	●◐○
시비량	●●◐
개화율	●○○
난이도	●●○

소장자 박창은

연중 관리		1	2	3	4	5	6	7	8	9	10	11	12
생활환	출아			●									
	영양생장			●	●	●	●						
	개화				●	◐							
	겨울눈 형성							●	●				
	화아분화							●	●				
	생식생장							●	●	●	●	●	
	낙엽								●				
	휴면	●	●							●	●	●	●
작업	옮겨심기		◑	●		◑	○			●	●	○	
	액비 시비			●	●	●	●			●	●	◐	
	치비 교환			●						●			
	낙엽 제거								●				

은방울꽃(***Convallaria keiskei* Miq.**)은 백합과(Liliaceae) 은방울꽃속(*Conva-llaria*)에 속하는 낙엽성 다년생 초본이다. 은방울꽃속을 나타내는 학명인 *Convallaria*는 계곡을 뜻하는 라틴어 Convallis와 백합을 의미하는 그리스어 Leirion의 합성어로 '계곡의 백합(나리)'이라는 의미이다. 그래서 은방울꽃을 영어권에서는 'lily of the valley' 또는 5월에 피는 백합이라는 의미로 'May lily'라고 부른다. 한문으로는 풀 중의 으뜸인 난초 같은 품위를 가진 식물이라는 의미로 초왕란(草王蘭), 또는 방울처럼 생긴 꽃이 달리는 난초 같은 풀이라는 뜻으로 영란화(鈴蘭花)라고도 한다. 은방울꽃의 한문 명칭에 난초 蘭자가 들어가지만 난과 식물이 아닌 백합과 식물이다. 우리말 은방울꽃은 마치 은으로 만든 방울 같은 꽃이 달린다고 하여 붙여진 것이다. 은방울꽃속에 속하는 식물은 세계적으로 단 3종만이 존재하는데, 한국, 일본, 중국 등지에 자생하는 은방울

꽃, 유럽 중부에 분포하는 독일은방울꽃(**C. majalis** L.), 그리고 미국에 자생하는 미국은방울꽃(**C. majuscula** Raf.)이 그것이다.[1] 우리나라에서 주로 유통되고 있는 것은 은방울꽃과 독일은방울꽃이다.

은방울꽃은 전국 각처의 산지에 고루 분포하며 보통 바람이 잘 통하고 물이 잘 빠지는 비옥한 점질양토에서 잘 자란다. 은방울꽃의 지하부는 옆으로 길게 뻗어 나가는 지하경(땅속줄기)으로 이루어져 있으므로 크고 작은 군락을 이루고 있는 경우가 많다. 지하경은 많은 마디로 이루어져 있는데, 각각의 마디에는 장차 새로운 개체로 자라날 눈이 있고 또 각 마디로부터 수염뿌리가 사방으로 자라난다. 지하경의 각 마디에 있는 눈이 모두 새로운 개체로 자라는 것은 아니며 맨 끝에 위치하는 마디의 눈에서만 새로운 개체가 발생한다. 그러므로 정상적으로는 여러 개의 마디 중 소수만이 새로운 개체를 형성한다. 나머지 마디의 눈들은 휴면 상태를 유지하고 있다가 적절한 환경이 만들어지면 일부 눈이 새로운 개체로 자라날 수 있다. 이때에도 마디의 눈에서 바로 새로운 개체가 발생하는 것이 아니고 가지를 치듯이 새로운 지하경이 생성되어 뻗어나가고 그 맨 끝마디에서 새로운 개체가 만들어진다.

보통 2~3개가 달리는 잎은 긴 타원형 또는 난상 타원형으로 길이는 12~18cm, 폭은 3~7cm 정도이고 가장자리는 거치가 없어 매끈하며 잎의 끝은 뾰족하다. 잎의 아랫부분은 서로 얼싸안으면서 원기둥 모양으로 말려 원줄기처

◈ **은방울꽃의 잎과 꽃** 연한 녹색의 은방울꽃 잎은 시원하고 풍성한 느낌이 풍긴다. 은방울꽃의 작은 백색 꽃은 우아하고 세련된 종 또는 찻잔 모양이다.

럼 되어 있다. 원줄기는 다소 붉은색을 띠는 몇 장의 초상엽으로 싸여 있다. 잎의 표면은 녹색이고 뒷면은 백록색이다.

◈ **은방울꽃 화분 작품** 은방울꽃 두어 주를 작은 화분에 산 모양으로 봉긋하게 올려 심은 작품이다. 소장자 안전숙.

꽃은 자생지에서는 5~6월에 피고, 동남향 베란다에서는 대개 4월 말~5월 초 사이에 핀다. 화경은 원줄기를 싸고 있는 짧은 초상엽의 속으로부터 나와 약간 휘어지면서 직립하고 그 윗부분에서 짧은 소화경이 나와 아래로 늘어지며 그 끝에 6~10개 정도의 종을 닮은 흰색의 작은 꽃이 아래를 보고 달린다[2] 흰색의 꽃은 지름이 6~8mm로 작은 편이다. 꽃의 모양은 이름과는 달리 방울 모양이라기보다는 작은 종 또는 찻잔 모양이고 끝이 6개로 갈라져서 뒤로 젖혀진다. 서양에서는 은방울꽃을 '요정들의 찻잔'이라고도 하는데, 이는 밤새도록 즐기고 놀던 요정들이 아침이 밝아오자 깜짝 놀라 찻잔을 이 식물에 걸어 두고 사라졌다는 전설에서 유래한 이름이라고 한다. 꽃은 화경의 아래쪽에 달린 것부터 피기 시작하여 위쪽으로 올라가면서 순차적으로 피어난다. 흰색의 작은 꽃이 아래쪽에서 위쪽을 향해 차례로 피어나기 때문에 프랑스에서는 은방울꽃을 '천국의 사다리' 또는 '야곱의 사다리'라고도 한다. 우리나라 은방울꽃의 화경은 잎보다 짧기 때문에 꽃이 부분적으로 잎에 가려져 잘 보이지 않는다. 수술은 6개이다. 자생지에서 9월경에 붉은색으로 익는 둥근 열매는 장과(漿果)로 직경 6mm 정도이다.

꽃에서는 사과 또는 레몬과 비슷한 향이 은은하게 풍기므로 은방울꽃을 '향수화(香水花)' 또는 향수초(香水草)라고도 부른다. 유럽에서는 감미로운 향기를 지닌 은방울꽃을 일찍부터 향수의 원료로 이용하여 왔다. 세련된 종 모양의 순결한 백색 꽃이 피고 거기에 향기까지 좋으니 유럽에서는 은방울꽃을 '성모마리아의 꽃' 또는 '성모마리아의 눈물'이라고도 불렀다.[3] 꽃이 크고 많이 달리는 독일은방울꽃은 많은 저명인사들의 결혼식 부케로 인기가 높다. 특히 영국 왕세자 결혼식 때 왕세자비 부케의 재료로 사용되어 유명해졌다.

◈ **은방울꽃 화분 작품** 은방울꽃 여러 주를 모아 심으면 풍성한 느낌이 나는 작품을 만들 수 있다.

그러나 이렇게 아름답고 청초한 식물인 은방울꽃은 치명적인 독을 품고 있는 유독성 식물이다. 꽃과 어린 싹을 포함하여 식물체 전체가 유독하다. 은방울꽃에 포함된 유독성분은 콘발라마린(convallamarin), 콘발라린(convallarin)이라는 강심배당체(cardiac glycoside)로,[3] 그 명칭들은 은방울꽃의 속명 *Convallaria*에서 유래한 것들이다. 강심배당체는 심부전증에 쓰이는 약물로 심장수축력을 증가시키는 강심작용을 나타내는 물질이며, 은방울꽃뿐 아니라 디기탈리스, 협죽도, 복수초 및 만년청 등에서도 얻을 수 있다. 강심배당체는 효과적인 약물이지만 반면에 그 독성도 강하기 때문에 함부로 복용하면 안 된다. 강심배당체에 중독되면 식욕부진, 어지러움, 메스꺼움, 구토, 복통, 설사 등

소화기계통의 부작용이 일어나고, 심하면 서맥, 부정맥과 심실세동이 촉발되어 사망에 이를 수도 있다. 그러므로 은방울꽃은 잘못 먹으면 오히려 심부전증을 악화시켜 죽음을 초래할 수도 있는 극독식물이다. 은방울꽃 군락은 상당히 광범위하게 분포하고 있으며 웬만한 야산에서도 쉽게 발견할 수 있는데, 이는 아마도 은방울꽃이 품고 있는 독으로 인해 초식동물들이 이를 먹지 않기 때문일 것이다.

◈ **독일은방울꽃** 독일은방울꽃은 은방울꽃에 비해 잎이 더 두껍고 줄기도 더 굵다. 화경이 길고 잎 위로 약간 솟아 있어 꽃이 더 잘 보인다. 꽃의 크기도 약간 더 크고 수도 더 많다.

생육 특성

일반적으로 은방울꽃은 내서성은 다소 약하지만 내한성, 내음성, 내습성, 내건성은 강하다고 알려져 있으며,[1] 실외에서는 매우 잘 자란다. 은방울꽃은 반음지에서 자라는 식물이기 때문에 베란다에서 키우기에 적합한 식물 중의 하나로 생각하기 쉽지만 베란다에서 재배해 보면 의외로 까다로운 면모가 있음을 알 수 있다. 은방울꽃의 잎과 줄기는 바람과 햇빛이 모자라면 몹시 연약해지며 이런 상태는 지나치게 건조하거나 습한 환경을 잘 이기지 못한다. 그래서 약간만 과습하면 줄기가 쉽게 물러지고, 또 물이 약간만 모자라도 줄기가 힘이 없어져 휘어지는 현상을 보인다. 그러므로 은방울꽃은 배수가 좋도록 심고 성장

◈ **은방울꽃의 출아** 3월 말에 관찰한 은방울꽃으로 신아들이 이제 막 표토를 뚫고 솟아오르기 시작하였다.

기에 햇빛이 좋고 바람이 잘 통하는 곳에 두고 관리하는 것이 중요하다.

은방울꽃의 신아는 봄에 다소 늦게 출현하는 경향이 있다. 은방울꽃의 신아는 동남향의 베란다에서 2월에 다소 차게 관리하면 3월 중순~하순부터 표토를 뚫고 나오기 시작한다. 베란다에서 햇빛이 모자란 상태로 자란 은방울꽃은 조직이 매우 연약하다. 그러므로 봄에는 출아 후부터 다소 넉넉하게 햇빛을 보이고 바람도 많이 드는 장소에 두는 것이 조직을 튼튼하게 만드는 길이다.

동남향 베란다에서 2월 동안 다소 차게 관리하면 꽃은 대개 4월 말에서 5월 초 사이에 핀다. 2월 말까지 계속 창문을 닫아 두고 겨울 동안 따뜻하게 관리하면 이보다 약간 더 일찍 개화한다. 꽃이 지고 난 다음에는 비배관리에 힘을 기울여야 한다. 은방울꽃의 화아분화는 4~8월의 장일기(낮의 길이가 긴 시기)에 이루어지는데,[1] 아마도 본격적인 화아분화는 7월 이후에 이루어질 것으로 추정된다. 한여름에 들어서면 은방울꽃의 잎이 서서히 시들며 낙엽이 지기 시작한다. 자생지에서는 보통 9월에 낙엽이 지지만 베란다에서는 8월 중에 낙엽이 지는 것이 일반적이다.

은방울꽃의 개화율은 그다지 높지 않은 편이다. 은방울꽃은 꽃이 진 다음에 가능한 한 오랫동안 잎이 붙어 있어야 이듬해에 다시 꽃을 볼 수 있으니 가급적 잎이 오래 붙어 있도록 노력한다. 베란다에서 자란 은방울꽃은 잎이 연약한 관계로 한여름에 강한 직사광선을 받으면 잎이 쉽게 타는 경향이 있고, 이것이 잎의 수명을 단축시키는 한 원인이 되기도 한다. 그러므로 한여름에는 바람이 잘 통하고 직사광선을 피할 수 있는 반그늘로 옮겨 두는 것이 좋다.

◈ **은방울꽃의 겨울눈** 8월 중순(왼쪽)과 이듬해 2월 초순(오른쪽)에 관찰한 은방울꽃 겨울눈의 모습이다. 8월 중에 낙엽이 지면 고사한 개체의 줄기 밑동 속에서 새로운 겨울눈이 생겨 자라난다(왼쪽). 이 겨울눈은 가을, 겨울을 지나면서 점차 굵어진다(오른쪽).

여름에 접어들면 새로운 겨울눈이 생겨난다. 8월 중·하순에 표토를 헤치고 고사한 개체의 남은 줄기 밑동을 벌려 보면 그 속에서 새로운 겨울눈이 자라 올라오고 있는 것을 볼 수 있다. 즉, 정확한 것은 알 수 없지만 아마도 수 년간, 새로운 개체가 발생했던 지하경의 각 끝마디에서 계속 새로운 개체가 자라나온다. 한편, 봄부터 새로 자라나온 지하경의 끝마디에서도 새로운 개체가 발생한다. 결국 기존의 지하경과 새로 자라나온 지하경의 끝마디에서 모두 새로운 개체가 발생함으로써 전체적인 증식이 이루어진다.

지하부의 충실한 성장과 이듬해의 건실한 개화를 위해서는 가을의 비배관리가 중요하다. 특히 9월의 비배관리는 8월의 화아분화를 보충하고 완성시키는 의미가 있으므로 치비와 액비를 충분하게 주도록 한다. 은방울꽃은 화아분화 후 일정 기간 동안 저온을 거쳐야 개화하므로 겨울에는 가급적 춥게 관리한다.

은방울꽃에서는 잎에 무늬가 나타나는 무늬종을 간혹 발견할 수 있으므로 무늬종을 수집하는 것도 은방울꽃을 즐기는 방법의 하나이다. 은방울꽃은 군락을 이루며 자생하는 경우가 많기 때문에 큰 군락을 만나면 무늬종을 만날 가능성이 있다. 무늬종을 찾기 위해서는 시간이 많이 걸리더라도 꼼꼼하게 잎을 살펴보아야 한다. 식물의 무늬가 다음 세대에도 나타나는 것을 무늬가 고정된다고 표현하며, 고정성이 높아야 무늬종으로서의 가치가 있다. 경험으로 보면 은방울꽃 무늬종은 간혹 눈에 띄지만 무늬의 고정성이 높은 개체는 상당히 드문 것 같다.

옮겨심기

은방울꽃 옮겨심기의 적기는 2월 중순~3월 말 사이의 이른 봄이다. 베란다에서 은방울꽃은 4월 말~5월 초 사이에 개화하므로 꽃이 진 직후인 5월 중·하순에 옮겨 심어도 좋다. 봄철의 옮겨심기를 놓쳤다면 낙엽이 진 다음 9~10월 사이에 옮겨 심는다. 뿌리의 발육이 왕성하기 때문에 은방울꽃은 가급적 3년마다 분갈이를 하는 것이 좋다. 그보다 더 오랫동안 분갈이를 하지 않아도 큰 문제가 없는 경우가 많지만 개화율이 낮아질 가능성이 높다. 또 너무 오래 분갈이를 하지 않으면 뿌리가 강하게 얽혀 포기를 나누는 것이 어려워진다.

은방울꽃은 부식질이 많고 습윤한 점질양토를 좋아하지만 뿌리가 습기에 그다지 강하지 못하므로 배양토의 습윤도는 보통으로 구성하고 물 빠짐이 좋도록 한다. 뿌리줄기가 옆으로 길게 뻗어나가므로 다소 넓은 화분에 심는 것이 좋고 높이는 그다지 높지 않은 화분에 심는 것이 잘 어울린다. 높이가 낮은 7호(직경 21cm) 화분을 기준으로 하여 마사토 소립을 50%, 나머지는 보습성이 좋은 화산토로 구성한다. 배양토에 원예용 퇴비를 약 10% 정도 포함시키면 개화율을 높이는 데 도움을 줄 수 있다.

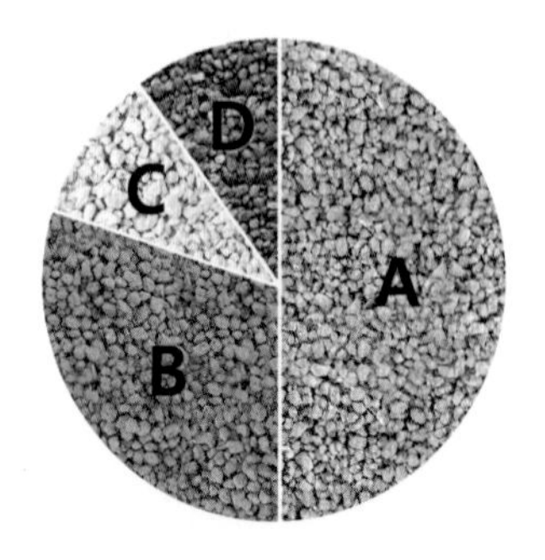

◈ **화분: 7호(직경 21cm), 높이 8cm**

◈ **배양토 구성**

A: 마사토 소립 50%
B: 경질적옥토 소립 30%
C: 경질녹소토 소립 10%
D: 동생사 소립 10%

① 식물을 포트에서 뽑아낸다. 오래된 것들은 뿌리분이 강하게 형성되어 있다.

② 물에 담가 흙을 털어낸다. 뿌리분이 형성된 것들은 바깥쪽의 흙만 털어낸다.

③ 높이가 낮은 분을 준비하였으므로 바닥에 배수층을 얇게 깐다.

④ 원예용 퇴비를 약 10% 정도 첨가한 배양토를 적절한 높이까지 넣는다.

⑤ 식물을 화분의 중심부에 적절하게 배치시킨다.

⑥ 배양토를 더 넣고 대나무젓가락으로 골고루 쑤셔준다.

⑦ 영양볼과 고형 인산비료를 넉넉하게 넣는다.

⑧ 배양토를 더 넣고 주먹으로 분벽을 몇 차례 가볍게 두드려 준다.

⑨ 배양토를 마저 채우고 비료를 얹은 다음 팻말을 꽂고 물을 충분히 준다.

◈ **이듬해 4월에 개화한 모습.**

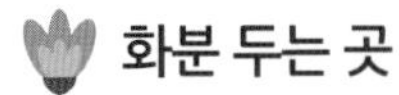

화분 두는 곳

은방울꽃을 베란다에서 재배하면 일조 부족으로 인해 식물체가 전체적으로 상당히 연약해지는 것이 보통이다. 그러므로 봄에는 가능한 한 햇빛을 많이 받고 바람이 잘 통하는 자리에 두는 것이 좋다. 내서성이 다소 약하고 여름의 강광은 잎을 타게 만들 수도 있으므로 여름에는 가급적 바람이 잘 통하는 반그늘로 옮겨 준다. 가능한 잎을 강건하게 길러야 낙엽이 늦게 진다는 것을 유념하면서 관리한다.

물주기

물은 보통으로 관리한다. 큰 화분에 심긴 것들은 너무 습하면 뿌리가 물러져 버릴 수도 있으니 다소 건조하게 관리한다. 은방울꽃의 원줄기는 잎의 아랫부분이 둥글게 말려 형성되어 속이 충실하지 않고 비어 있기 때문에 일조부족으로 조직이 연약해지면 줄기가 쉽게 약해져 물을 세게 주면 구부러지거나 꺾이기도 한다. 그러므로 물을 너무 세게 주지 않는다. 또 너무 습하면 혹서기에 줄기 밑동이 물러지는 일도 자주 있으니 과습을 피하도록 한다.

거름주기

매년 뿌리줄기가 왕성하게 자라나가야 번식이 잘 이루어지므로 충분한 비배관리를 하도록 한다. 또 개화율을 높이기 위해서도 충분한 영양 공급이 필요하다. 이를 위해 옮겨 심을 때 밑거름을 넉넉하게 투입하는 것이 좋다. 액비는 전체적인 관리에 준하여 주고 치비를 넉넉하게 올려두도록 한다.

번식

종자번식도 가능하지만 개화까지는 5년 이상 걸린다고 알려져 있다.[1] 더욱이 베란다에서는 종자의 결실이 잘 이루어지지 않으므로 종자번식은 적절치 않다. 그러므로 봄, 가을에 옮겨 심을 때 포기나누기로 번식시킨다. 포기는 너무 잘게 나누지 않도록 한다.

병충해 방제

특별히 문제가 되는 병충해는 거의 발생하지 않는다.

참고문헌

1. 송정섭. 표준영농교본-138: 우리 꽃 기르기. 은방울꽃. 농촌진흥청. 2003.
2. 국립수목원. 국가생물종지식정보시스템 (NATURE). http://www.nature.go.kr.
3. 김원학, 임경수, 손창환. 우리 곁에서 치명적 유혹을 던지는 독을 품은 식물 이야기. 은방울꽃. 문학동네. 2014.

봄꽃

바위미나리아재비

- **분류** 미나리아재비과
- **생육상** 다년생 초본
- **분포** 제주도 한라산
- **자생환경** 고지대의 풀밭
- **높이** 10cm

◆ **관리특성**

항목	정도
식재습윤도	●●○
광량	●●◐
관수량	●●○
시비량	●◐○
개화율	●●○
난이도	●◐○

	연중 관리	1	2	3	4	5	6	7	8	9	10	11	12
생활환	출아	◑	◐										
	영양생장	◑	●	●	●	●	●						
	개화				●								
	고아 형성						●	●					
	겨울눈 형성							●	●	●			
	화아분화								●	●	●		
	생식생장							●	●	●	●	●	
	낙엽					○	○					●	
	휴면	◐											●
작업	옮겨심기		●	●		●	○			●	●	○	
	액비 시비			●	●	●	●			●	●	◐	
	치비 교환			●						●			
	고아 분리						●	●					

바위미나리아재비(***Ranunculus crucilobus*** **H.Lev.**)는 한라산 해발 1,000m 이상의 고지 풀밭에서 자라는 미나리아재비과의 미나리아재비속 식물로서[1, 2] 다른 종류의 미나리아재비처럼 매력적인 노란색의 꽃을 피우는 식물이다. 학명 중 속명을 나타내는 *Ranunculus*는 라틴어로 '작은 개구리'라는 뜻이며 아마도 미나리아재비속에 속하는 많은 종들이 개구리처럼 물가에서 발견되기 때문에 붙여진 이름일 것이라 추정된다.[3] 바위미나리아재비라는 명칭은 같은 뜻의 일본어 이름에서 유래한 것이며, 미나리아재비는 미나리와 유사하다는 뜻이지만 사실은 미나리와는 거리가 멀다.[4]

바위미나리아재비의 지하부는 짧고 굵은 뿌리줄기로 이루어져 있으며 여기서 많은 수염뿌리가 나온다. 곧게 서는 줄기는 위쪽에서 여러 개의 가지로 갈라지며, 가지 끝마다 꽃이 하나씩 달린다. 줄기의 높이는 자생지에서는 10cm 정도로 작지만 베란다에서 재배하는 경우 20cm 또는 그 이상으로 자란다.

잎은 뿌리에서 올라오는 뿌리잎(근생엽)과 줄기에서 나는 줄기잎(경생엽)이 있는데 대부분의 잎은 뿌리잎이다. 뿌리잎은 잎자루가 길고 잎이 3개로 깊게 갈라지며 각 열편은 삼각형 또는 마름모꼴에 가까운 부채꼴이고 그 가장자리는 다시 얕게 갈라진다. 잎이 깊게 갈라진 곳의 기부에는 옅고 흐릿한 황색 무늬가 있어 얼핏 보면 연한 황색 점무늬가 흩어져 있는 것처럼 보인다. 줄기잎도 3개로 갈라지는데 중간 이하의 것들은 뿌리잎과 유사하지만 상부 줄기잎의 열편 모양은 선형이다. 줄기, 잎자루, 잎 등 꽃을 제외한 식물체 전체에 털이 밀생한다.

◈ **바위미나리아재비의 잎** 바위미나리아재비의 뿌리잎(A), 상부 줄기잎(B), 중간부 줄기잎(C).

특유의 광택이 나는 밝고 선명한 노란색 꽃은 자생지에서는 5~7월에 걸쳐 피지만 베란다에서는 보통 4월에 개화한다. 꽃잎은 5장으로 이루어져 있고 각 꽃잎은 거꿀달걀모양이다. 수술과 암술은 많고 꽃받침은 5장으로 끝이 뾰족하고 갸름한 타원형이다. 열매는 수과로서 한데 모여 한 덩어리를 형성하므로 마치 별사탕 같은 모양을 하고 있다.

◈ 바위미나리아재비의 꽃과 열매

◈ 바위미나리아재비 화분 작품

우리나라의 미나리아재비속 식물에는 미나리아재비(***R. japonicus* Thunb.**)를 포함하여 20종 내외가 알려져 있다. 광택이 나는 밝은 노란색 꽃을 피우는 미나리아재비의 영문이름은 buttercup이다. 이 꽃의 노란색이 매우 인상적이어서 'buttercup'은 선명한 밝은 노란색의 색명(色名, color name)으로 사용되고 있다. Buttercup이란 명칭은 이 식물로 버터의 독특한 노란색 빛깔을 낸다는 잘못된 믿음에서 유래하였다고 한다. 실제로는 미나리아재비과에 속하는 모든 종은 날로 먹으면 독성이 있어서 먹을 수 없으며, 맛이 역하고 먹으면 입에 물집이 잡히므로 가축이나 다른 초식동물들도 먹지 않고 남겨둔다.[3] 그러나 가축들이 먹을 풀이 모자라면 어쩔 수 없이 먹기도 하는데 유럽과 미국에서는 소, 말 등이 미

나리아재비를 먹고 죽은 경우도 있다고 한다.[2]

바위미나리아재비와 유사한 식물에는 구름미나리아재비와 왜미나리아재비가 있다. 일부 도감에는 구름미나리아재비(***R. borealis*** **Trautvetter**)가 한라산, 설악산, 백두산에 자생하는 한국 특산종으로 5월에 개화하고 바위미나리아재비에 비해 털이 매우 많고 연한 노란색 꽃이 핀다고 기재되어 있다.[2] 그러나 국립수목원의 국가생물종지식정보시스템에서는 구름미나리아재비를 바위미나리아재비와 구분하지 않고 그 비추천명으로 처리하고 있으며[1] 여기서는 이에 따랐다. 왜미나리아재비(***R. franchetii*** **H. Boissieu**)는 계룡산 및 강원도 이북 해발 1,000m 이상의 고산지대의 양지성 습지에 자생하며 4~5월에 개화한다. 대체로 바위미나리아재비와 유사하지만 키가 다소 더 크고 잎의 전체적인 형태가 둥근 심장형이며 전체에 털이 약간밖에 나지 않는다는 점이 다르다.[1,2]

◈ **미나리아재비** 자생지의 미나리아재비(A), 중간부의 줄기잎(B), 뿌리잎(C) 및 꽃(D). 주로 습기가 있는 양지에서 자란다. 뿌리잎은 3개로 깊게 갈라진다(C). 하부의 줄기잎은 뿌리잎과 비슷하지만 위로 올라갈수록 열편이 점차 가늘어지다 상부의 잎은 선형이 된다.

생육 특성

바위미나리아재비는 특유의 광택이 있는 선명하고 밝은 노란색 꽃이 높은 관상가치가 있어 인기 있는 소재 중의 하나이다. 특히 키가 작아 공간이 협소한 베란다에서 재배하기에 적합한 종이다. 고산식물임에도 성질이 강건하고 여러 생육 조건에 대한 내성의 범위가 넓어 평지에서 재배하기에 큰 어려움이 없다. 내한성, 내서성, 내습성 등은 좋으나 내건성이 다소 약하여 건조하면 잎이 쉽게 시드는 경향이 있다.

◈ **바위미나리아재비의 겨울눈과 출아** 왼쪽: 12월 중순(왼쪽)에 관찰한 바위미나리아재비의 겨울눈. 겨울눈에서 일부 잎이 나와 이미 약간씩 자라기 시작한다. 오른쪽: 이듬해 2월 초순에 관찰한 바위미나리아재비의 모습. 2월에 접어들면 많은 뿌리잎이 출아하여 잎자루가 3~4cm 정도까지 성장한다.

베란다에서는 겨울 동안에 바위미나리아재비의 겨울눈이 완전한 휴면 상태에 드는 것이 아니라 느리지만 지속적으로 하나둘 잎을 틔우고 겨우내 조금씩 성장을 계속한다. 그 결과 1월말~2월초가 되면 많은 수의 잎이 나와 상당한 정도까지 자라게 된다. 그러므로 바위미나리아재비는 베란다에서 봄에 가장 먼저 움직이기 시작하는 대표적인 종이다. 베란다에서는 이렇게 바위미나리아재비가 활동을 일찍 시작하기 때문에 자생지에서보다 이른 4월에 개화한다. 꽃이 진 다음 여름이 되기까지 상당수의 뿌리잎이 말라죽는 한편 소수이지만 새로운 잎이 계속 돋아난다. 이렇게 늦게 자라 나온 잎들은 그 전에 나온 잎들보다 겨울에 낙엽이 늦게 지는 경향이 있다.

한 가지 재미있는 현상은 마치 석곡의 고아(高芽)처럼 줄기의 중간에서 새로운 개체가 발생하는 것이다. 바위미나리아재비의 줄기는 몇 개의 가지로 갈라지고 각 가지 끝에 꽃이 하나씩 달리는데, 꽃이 지고 난 줄기를 그대로 두면 대개 물을 주거나 하는 과정에서 중간이 부러지게 된다. 이 부러진 줄기의 남아 있는 부분에서 새로운 개체가 발생하여 성장하는데 이것은 뿌리와 잎을 모두 갖춘 완전한 개체이다. 만일 이 고아가 줄기의 아랫부분에서 발생하면 자연스럽게 뿌리가 배양토 속으로 자라 들어가면서 활착할 수 있게 된다. 그러나 줄기의 윗부분에서 발생한 것들은 뿌리가 공기 중에 노출되어 있으므로 그대로 오래 방치하면 말라 죽기 쉽다. 그러므로 남아 있는 줄기의 윗부분에서 발달한 고아를 발견하면 늦어도 7월 중으로는 줄기에서 떼어내어 배양토에 심어준다.

◈ **바위미나리아재비의 여름 새순과 고아** 7월 중순에 관찰한 바위미나리아재비로서 새로운 잎들이 계속 자라나오는 것을 볼 수 있다(파란색 화살표). 부러진 줄기의 남아 있는 부분에서는 고아(붉은색 화살표)가 붙는 경우가 있다.

여름에서 초가을 사이에 걸쳐 겨울눈이 만들어지고 비슷한 시기에 화아분화도 일어날 것으로 추정된다. 가을에는 본격적인 생식생장이 일어나면서 겨울눈이 성숙해진다. 겨울이 다가오면서 추위가 시작되면 낙엽이 지는데 기존의 잎들이 모두 시드는 것이 아니라 늦게 나온 잎들은 낙엽이 지지 않고 1월 말까지도 살아있다. 아울러 겨울눈은 반휴면 상태에 있으면서 계속 새로운 잎들을 내고 이것들은 겨우내 느린 속도로 성장한다.

옮겨심기

옮겨심기의 적기는 꽃이 지고 난 직후인 5월이다. 생육이 빨리 시작되므로 꽃이 피기 전인 2~3월에 옮겨 심어도 좋다. 봄에 옮겨 심는 것을 놓쳤다면 9~10월 사이에 옮겨 심는다. 바위미나리아재비는 전체적으로 연결된 하나의 큰 덩어리를 형성하지 않으며 화분을 털어보면 각각의 개체가 따로따로 떨어진다. 그렇더라도 뿌리는 빠르게 자라 화분 속을 채워나가므로 대략 3년 마다 한 번씩 옮겨 심도록 한다.

물가에 사는 사촌들이 많은 바위미나리아재비는 건조하게 심으면 쉽게 시드는 경향이 있다. 그러므로 배양토를 다소 습윤하게 구성하는 것이 좋다. 높이 10cm 내외의 4~6호(직경 12~18cm) 화분을 기준으로 마사토를 40% 내외로 하고 나머지는 보습성이 좋은 화산토로 배양토를 구성하면 무난하다. 만일 화분의 크기가 이보다 더 커지면 마사토의 비율을 늘리도록 한다.

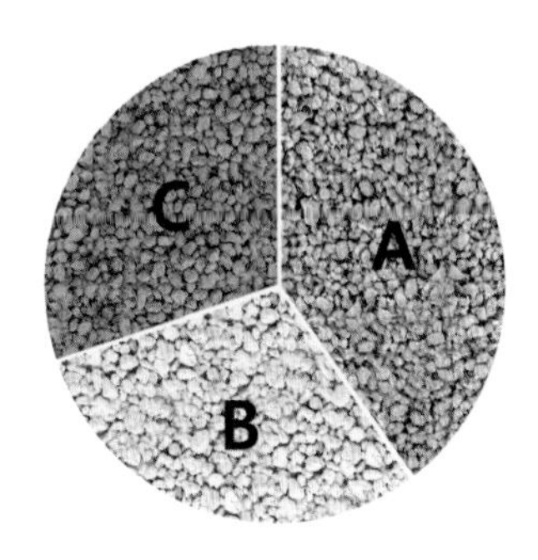

◈ **화분: 4호(직경 12cm), 높이 8cm**

◈ **배양토 구성**

A: 마사토 소립 40%

B: 경질녹소토 소립 30%

C: 경질적옥토 소립 30%

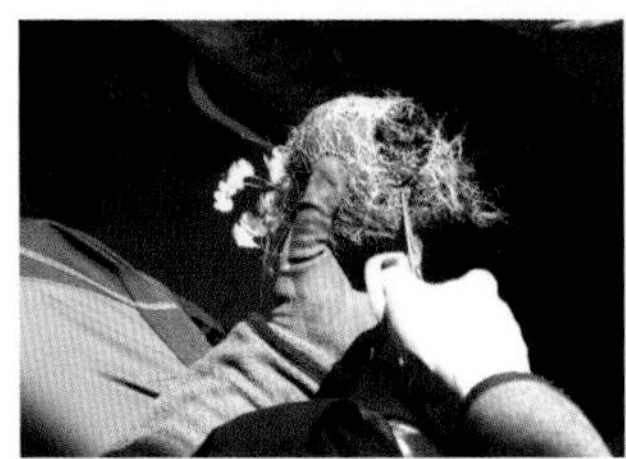

① 분에서 뽑아 뿌리의 아래쪽 1/3을 가위로 절단한다.

② 식재를 모두 털어내고 뿌리를 풀어 정리한다.

③ 배수층(10%) 위에 약간의 배양토를 넣고 영양볼을 넣는다.

④ 중심부가 봉긋하게 솟아오르도록 다시 배양토를 더 넣는다.

⑤ 뿌리를 펼쳐서 화분에 집어넣고 뿌리를 정리한다.

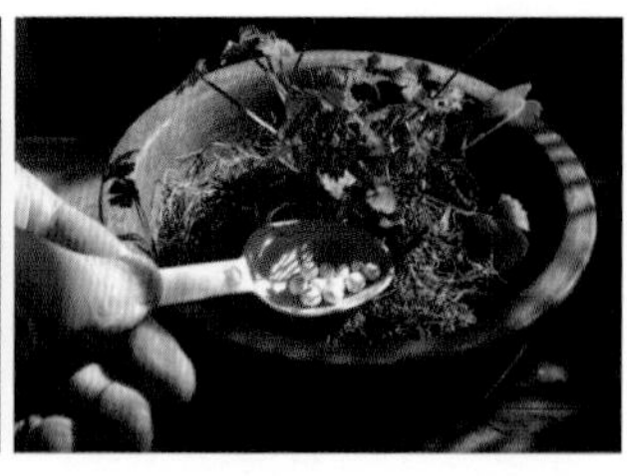

⑥ 고형 인산비료를 화분 가장자리를 따라 약간 넣는다.

⑦ 배양토를 마저 채우고 나무젓가락으로 쑤셔준다.

⑧ 미량요소비료를 표면에 약간 흩뿌린다.

⑨ 고형 유기질비료를 몇 개 올리고 명찰을 꽂은 다음 물을 충분히 준다.

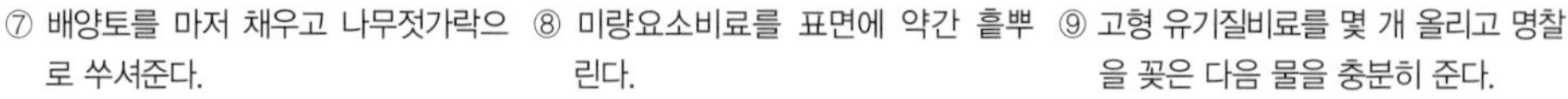

◈ **옮겨심기 후의 변화** 분갈이 후 두 달 반이 경과한 같은 해 4월 초순(왼쪽)과 이듬해 4월 초순(오른쪽)에 개화한 모습.

 화분 두는 곳

바위미나리아재비는 고산지대의 노출된 풀밭에서 많은 햇빛을 받으며 자라는 성질이 있으므로 햇빛을 많이 받는 곳에 두도록 한다. 햇빛이 모자라면 잎자루와 꽃줄기가 연약해지고 웃자란다. 잎은 햇빛이 들어오는 방향으로 휘어지므로 때때로 돌려주도록 한다. 화분을 돌려주지 않으면 모든 잎이 창문 쪽으로 쏠리는 현상이 일어나 보기에 좋지 않다.

◈ **표토 보충 작업** 잎이 시들어 늘어지는 증상을 자주 보였던 화분에 경질적옥토 세립을 얹어준 모습.

물주기

바위미나리아재비는 건조함을 견디는 힘이 약하므로 물은 넉넉하게 주도록 한다. 물이 모자라면 잎이 쉽게 처지는 경향을 보인다. 또 성장기에 지속적으로 새롭게 돋아나는 잎들은 습기가 모자라면 잎자루가 마르면서 죽는 경우가 많으므로 물이 모자라지 않도록 신경을 써야 한다. 분갈이를 시행할 때 웃자람을 염려하여 배양토를 다소 건조하게 구성하면 옮겨 심은 다음에 간혹 시들고 처지는 현상이 일어날 수 있다. 이런 현상은 특히 물주기를 한 번씩 건너뛴다든지 하여 물주는 간격이 벌어질 때 자주 일어난다. 그런 일이 반복되면 화분 표면에 경질적옥토 세립을 몇 숟가락 얹어주든지 아니면 이끼로 표면을 덮어준다. 그러면 그 이후로는 물관리가 다소 건조하더라도 잎이 처지는 현상은 거의 일어나지 않는다.

거름주기

거름은 보통 정도로 준다. 계절별로 주는 액비를 공통으로 주고 봄, 가을로 화분에 얹어두는 치비를 보통 정도로 올려준다. 개화율이 좋은 관계로 대체로 꽃은 잘 피지만 거름이 모자라면 꽃의 수가 적어지므로 가을의 비배관리도 충실하게 하는 것이 좋다.

번식

포기나누기, 고아 분리 및 실생법으로 번식한다. 바위미나리아재비는 오래 키우더라도 포기가 별로 커지지 않아 분주의 기회가 그리 자주 오는 것은 아니다. 만일 포기가 많이 늘어나면 옮겨 심을 때 적당히 나누어 심는다. 포기가 한 덩어리를 이루지 않고 잘게 나누어지므로 쉽게 갈라 심을 수 있다. 줄기에 생긴 고아는 발견되면 잘라서 배양토에 꽂아준다.

꽃이 진 다음 6~7월 경 별사탕 모양의 열매가 떨어지기 전에 채종하여 그늘에서 3~5일 정도 말려서 껍질을 벗긴 후 바로 모주 부근에 뿌린다. 혹은 종자를 봉투에 넣고 이를 밀폐 용기에 담아 냉장고에 보관하였다가 이듬해 봄에 파종한다.

병충해 방제

특별히 문제가 되는 병충해는 잘 발견되지 않는다.

참고문헌

1. 국립수목원. 국가생물종지식정보시스템(NATURE). http://www.nature.go.kr
2. 이영노. 새로운 한국식물도감. 교학사. 2007.
3. Wikipedia. http://en.wikipedia.org. 2016.
4. 이우철. 한국식물명의 유래. 일조각. 2005.

꼭지연잎꿩의다리

- **분류** 미나리아재비과
- **생육상** 다년생 초본
- **분포** 강원도, 충북, 경북의 석회암 지대
- **자생환경** 강, 계곡 근처의 숲이나 산지
- **높이** 20cm 내외

◆ **관리특성**

항목	정도
식재습윤도	●●○
광량	●◐○
관수량	●●○
시비량	●◐○
개화율	●●○
난이도	●◐○

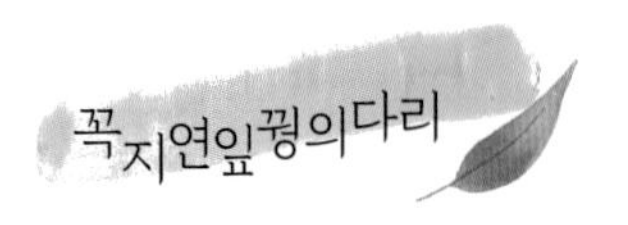

	연중 관리	1	2	3	4	5	6	7	8	9	10	11	12
생활환*	출아		◑	◐									
	영양생장		◑	●	●	●	●						
	개화				◑	●	◐						
	겨울눈 형성								●	●			
	화아분화								●	●			
	생식생장							●	●	●	●	●	
	낙엽											●	
	휴면	●	◐										●
작업	옮겨심기		◑	●			○			●	●	○	
	액비 시비			●	●	●	●			●	●	◐	
	치비 교환			●						●			

* 모든 식물의 생활환은 중부지방에서 겨울(12~2월) 동안 창문을 닫고 따뜻하게 관리한 동남향 베란다 환경을 기준으로 하였다. 자생지에서 6월 이후에 꽃이 피는 것을 여름·가을꽃으로 분류하였다. 생활환 표에 나타낸 개화기는 베란다에서 꽃이 피기 시작하는 시기를 나타낸 것이다.

꿩의다리속(*Thalictrum* L.) 식물은 미나리아재비과의 꿩의다리아과에 포함되는 식물군으로 우리나라에는 대략 20종 내외가 알려져 있다. 꿩의다리속 식물 중 꼭지연잎꿩의다리, 작은산꿩의다리, 자주꿩의다리, 한라꿩의다리 등 키가 작은 것들은 화분 재배가 용이하며 베란다에도 잘 적응한다.

연잎과 비슷한 방패모양의 잎을 가진 꼭지연잎꿩의다리(***Thalictrum ichangense*** **Lecoyer ex Oliver**)는 강원도, 충청북도, 경상북도 등지의 석회암 지대에 주로 자생하는 식물로 계곡, 하천 또는 강에 인접한 산지나 숲속에서 자주 발견된다.[1] 곧게 서는 줄기는 짙은 자갈색으로 철사처럼 가늘고 빳빳하며 높이 약 20cm정도로 그다지 크지 않다. 잎은 1~2회 3출복엽이고 각각의 소엽병(작은잎자루) 끝에 소엽(작은잎)이 달려 있다. 소엽병은 소엽 뒷면의 중간 아래쪽 부분에 붙으므로 그 모습이 연잎과 흡사하게 생겼다. 각 소엽의 크기는 최대 3cm 내외로 작고 전체적으로 둥글지만 끝이 약간 뾰족하다. 대체로 잎 위쪽 2/3~3/4의 가장자리에는 고르지 않은 얕고 둔한 톱니가 있고, 아래쪽 1/3~1/4의 가장자리는 톱니가 없어 매끈하고 약간 둥그스름하다. 그러나 개체에 따라서 톱니가 발달하지 않아 소엽이 전체적으로 둥근 형태를 보이는 경우도 있다. 잎의 뒷면은 흰색을 띤 옅은 녹색이다.

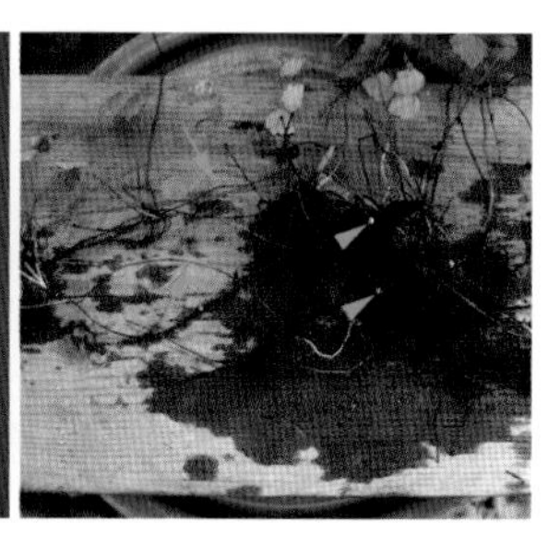

◈ **꼭지연잎꿩의다리 각 부분의 형태** 왼쪽: 꼭지연잎꿩의다리의 잎. 각 소엽의 뒷면 아래쪽 부분에 소엽병이 붙어 연잎을 닮았다. 중간: 꽃은 많은 수술과 소수의 암술로만 이루어져 있고 꽃잎은 없다. 오른쪽: 꼭지연잎꿩의다리의 지하부는 많은 수염뿌리로 이루어져 있고, 수염뿌리 곳곳에 작은 덩이줄기(화살표머리)가 달려 있다. 또한 옆으로 길게 벋어나가는 포복지(화살표)를 가지고 있으며, 그 끝에서 새로운 개체가 발생한다.

꽃은 자생지에서는 일반적으로 6월에 피지만 베란다에서 재배하면 보통 4월 중순부터 피기 시작하며 화기가 매우 길어 6월 중순까지도 꽃이 남아 있는 경우가 많다. 원줄기 끝에서 발달하는 작은 원추화서에 엉성하게 달리는 꽃은 꽃잎이 없고 많은 수술과 소수의 암술로만 이루어져 있다. 수술대는 곤봉모양이고 그 끝에 작은 젖꼭지 모양의 꽃밥(약)이 붙어 있다. 수술대의 윗부분은 꽃밥의 너비보다 굵고 아래쪽으로 가면서 갑자기 가늘어진다. 꽃의 색은 꽃봉오리일 때는 연한 자주색이지만 봉오리가 벌어지면서 색이 다소 옅어진다. 햇빛을 잘 받으면 연한 자주색을 유지하지만 햇빛이 모자라면 흰색에 가깝게 핀다. 암술은 수술보다 길이가 더 짧고 타원기둥 모양이다. 꽃받침조각은 4~5개로서 연한 자백색이고 일찍 떨어진다. 열매는 방추형 수과이고, 잎이 비슷한 연잎꿩의다리의 열매보다 더 긴 소과경(작은열매자루)을 가지고 있으므로 꼭지연잎꿩의다리라는 이름을 얻게 되었다.[2]

뿌리는 사방으로 퍼지는 가는 수염뿌리로 이루어져 있고, 드문드문 팥알~콩알 크기의 구형 또는 타원형의 덩이줄기(괴경)가 뿌리에 매달려 있는데[3,4] 그 모양이 아주 작은 감자처럼 생겼다. 일부 문헌이나 도감에는 이것이 덩이줄기라고 기재되어 있으나 뿌리에 연결되어 있는 것으로 보아 덩이뿌리라고 보는 것이 타당할 듯하다. 또한 땅위를 옆으로 길게 벋어가는 가늘고 뻣뻣한 포복지(기는줄기)를 내고 그 끝에서 새로운 개체가 발생한다.

꼭지연잎꿩의다리는 연잎꿩의다리(***T. coreanum* H. Lev.**)와 그 생김새가 흡사하여 심지어 전문가들도 혼동하는 경우가 적지 않으며, 꼭지연잎꿩의다리 사진을 연잎꿩의다리라고 잘못 싣고 있는 서적들도 꽤 눈에 띈다. 두 식물은 우선 분포와 생육 습성에서 차이를 보이는데, 꼭지연잎꿩의다리는 석회암지대의 낙엽수림 밑에 소규모 군락을 형성하면서 무리지어 자라는 반면[1] 환경부 지정 멸종위기식물 II급인 연잎꿩의다리는 북방계 식물로서 남한에서는 설악산 일부 지역을 포함한 매우 한정된 지역 내에서 단독으로 드문드문 자생한다.[5,6]

두 종은 모두 잎의 모양이 연잎처럼 생겼기 때문에 혼동하는 경우가 많지만 크기에서 많은 차이가 나므로 실제로 두 식물을 나란히 놓고 보면 쉽게 구분할 수 있다. 연잎꿩의다리는 높이가 60cm에 달하는 상당히 큰 식물로 줄기도 훨씬 더 굵고 잎의 크기도 10cm 내외로 꼭지연잎꿩의다리보다 2~3배 정도 더 크다.[5-7] 두 식물의 가장 큰 차이점은 지하부에 있는데, 꼭지연잎꿩의다리의 지하부는 수염뿌리로 이루어져 있고 군데군데 감자처럼 생긴 작은 덩이줄기가 뿌리에 매달려 있는 반면, 연잎꿩의다리의 지하부는 길쭉한 고구마처럼 생긴 길고 굵은 방추형의 덩이뿌리(괴근)로 이루어져 있다.[3,4] 또한 꼭지연잎꿩의다리는 포복지를 내어 영양 번식을 하지만 연잎꿩의다리는 포복지를 내지 않는다는 점도 다르다. 그리고 연잎꿩의다리의 잎을 씹어보면 쓴 맛이 나지만 꼭지연잎꿩의다리의 잎에서는 쓴 맛이 나지 않는다.

◈ **꼭지연잎꿩의다리(A, C, E)와 연잎꿩의다리(B, D, F) 각 부분의 비교** A, B: 두 종의 잎이 모두 연잎과 유사하지만 크기에서 뚜렷한 차이를 보인다. 연잎꿩의다리가 식물체의 높이, 잎의 크기 및 줄기의 굵기에서 현저하게 크다. C, D: 두 종 모두 수술대가 곤봉형이지만, 연잎꿩의다리의 꽃송이가 더 많고 다복하다. E, F: 꼭지연잎꿩의다리의 뿌리는 작은 감자모양의 덩이줄기(화살표머리)를 가진 수염뿌리이다(E). 반면에 연잎꿩의다리의 지하부는 길고 굵은 덩이뿌리로 이루어져 있고 그 끝에 잔뿌리들이 달려 있다(F). 또 꼭지연잎꿩의다리의 뿌리는 검은색에 가까운 짙은 흑갈색이고 연잎꿩의다리의 뿌리는 밝고 연한 황갈색이다.

◈ **꼭지연잎꿩의다리 화분 작품** 모두 단독주택의 정원에서 재배한 것으로 햇빛을 충분히 받은 것들은 잎이 붉은색을 많이 띤다. 소장자 전성연(왼쪽), 박창은(오른쪽).

◈ **꼭지연잎꿩의다리 석부작** 약간 오목한 평석에 연출한 꼭지연잎꿩의다리 석부작으로 베란다(왼쪽)나 단독주택의 정원(오른쪽, 소장자 이재걸)에서 모두 잘 자란다.

일부 식물도감에는 꼭지연잎꿩의다리가 올라있지 않고 이와 동일하게 보이는 식물을 **돈잎꿩의다리**(***T. coreanum* var. *minus* Nakai**)라고 기재하면서 연잎꿩의다리보다 작다고 설명하고 있다.[5] 반면에 한국산 꿩의다리속에 대한 최근의 한 분류학적 연구는 돈잎꿩의다리를 제외시키고 그 대신 꼭지연잎꿩의다리를 기재하고 있다.[3] 국립수목원의 국가생물종지식정보시스템의 식물목록에도 꼭지연잎꿩의다리는 올라 있지만 돈잎꿩의다리는 빠져 있다. 그러나 꼭지연잎꿩의다리에 대한 기재에서 그 유사종으로 돈잎꿩의다리를 제시하고 있어 여전히 돈잎꿩의다리가 꼭지연잎꿩의다리와 다른 종이라는 견해를 나타내고 있다. 또 연잎꿩의다리, 꼭지연잎꿩의다리, 돈잎꿩의다리의 분포와 식물학적 특성에 대한 설명에 부분적인 중복이나 오류가 많고 표본정보에도 오동정(誤同定)된 것으로 보이는 표본들이 많아 상당히 혼란스럽다.[7] 다른 도감에는 잎의 길이가 3cm를 넘지 못하는 돈잎꿩의다리와 열매에 소과경이 있는 꼭지연잎꿩의다리를 구별하기 힘들다고 기재되어 있다.[6] 이상의 여러 가지 자료를 종합하여 추론해 보면 돈잎꿩의다리는 꼭지연잎꿩의다리와 동일한 종 혹은 유사하지만 크기가 작은 종을 지칭하는 것으로 보인다. 향후 이에 대한 명확한 식물분류학적인 연구가 이루어지길 기대하며, 여기서는 꼭지연잎꿩의다리로 통일하여 부르기로 한다.

작은산꿩의다리(***T. raphanorhizon* Nakai**)는 전국 높은 산지(해발 800~1400m)의 바위틈에 자생하는 식물로서 산꿩의다리와 유사하지만 소형 종이다.[5,6] 높이는 12~20cm 정도이고 잎은 2회 3출엽으로 나온다. 줄기에 달린 소엽은 달걀 모양으로 끝이 다소 뾰족하고 위쪽 가장자리에 얕은 톱니가 있으며 바닥은 심장저이다. 7~8월에 백색 또는 옅은 자주색 꽃이 산방화서로 달리며 수술대는 곤봉형이다. 키가 작을 뿐 아니라 재배 적응성도 좋고 꽃도 잘 피므로 인기 있는 종의 하나이다.

◈ **작은산꿩의다리 각 부분의 형태** 소엽은 넓은 달걀 모양으로 위쪽 가장자리에는 얕은 톱니가 있으며 바닥은 심장저이다. 수술대는 곤봉형이고 뿌리는 처음부터 굵은 방추형의 덩이뿌리로 이루어져 있다.

일부에서는 작은산꿩의다리를 목록에 기재하고 있지 않는 것으로 보아 이를 산꿩의다리의 이명(異名)으로 간주하는 것으로 추정된다.[3,7] 그러나 작은산꿩의다리는 크기뿐 아니라 생태와 잎, 뿌리 등의 형태적인 특징도 산꿩의다리와 다르다. 예를 들면 꿩의다리속에 관한 한 연구에서는 산꿩의다리 뿌리가 처음에는 가늘지만 끝에 방추형의 덩이뿌리가 달려 있는 괭미근형(tuberoid)이라고 기술하고 있다.[3] 그러나 작은산꿩의다리의 뿌리는 연잎꿩의다리의 그것처럼 처음부터 굵고 긴 덩이뿌리를 가지고 있는 괴근형(tuberous)이다.

산꿩의다리[***T. filamentosum* var. *tenerum* (Huth) Ohwi**]는 전국의 산지 숲속에서 자라는 여러해살이풀로 높이가 40~60cm에 이르는 큰 식물이다. 근생엽은 2~3회 3출엽으로 잎자루가 길고, 경생엽은 1~2회 3출엽으로 잎자루가 짧거나

◈ **작은산꿩의다리 작품** 왼쪽: 다소 볼록한 현무암 평석에 붙인 작은산꿩의다리 석부작. 작은산꿩의다리는 석부작에 잘 어울리는 소재이다. 중간, 오른쪽: 작은산꿩의다리 화분 작품. 동남향 베란다(중간)나 단독주택 정원(오른쪽; 소장자 이재걸)에서 모두 잘 자란다.

없다. 소엽은 긴 타원형 또는 넓은 계란형이며 그 형태에 변이가 많다. 보통 소엽의 끝이 둔하고 가장자리에 둔한 톱니가 있으며 바닥은 쐐기모양 또는 얕은 심장형이고 뒷면은 분백색이다. 줄기 윗부분에 산방상으로 달리는 꽃은 6~7월에 백색으로 피고 수술대는 곤봉형이다. 뿌리는 처음엔 가늘다 끝부분에 방추형 뿌리가 달린 팽미근형이다.[3,4,7]

◈ **산꿩의다리** 소엽이 보통 긴 타원형으로 끝이 둔하고 바닥은 쐐기모양인 점이 작은산꿩의다리와의 차이점이다. 산꿩의다리는 키가 큰 식물이지만 화분에서 오래 키우면 어느 정도까지는 키를 낮출 수 있다. 그러나 작은산꿩의다리만큼 작아지지는 않는다.

한라꿩의다리(***T. taquetii* Leveille**)는 제주도의 한라산에 자생하며 꿩의다리류 중 가장 작은 종의 하나이다.[5] 뿌리는 긴 방추상의 덩이뿌리로 방사상으로 퍼진다. 이 종도 꼭지연잎꿩의다리처럼 옆으로 기어가는 포복지를 가지고 있고 그 끝에서 새로운 개체가 발생한다. 줄기는 높이 10~20cm로 짧고 곧게 선다. 잎은 2회 3출엽으로 나오는 소엽으로 된 겹잎이다. 소엽은 둥근 달걀 모양이고 둔한 톱니가 엉성하게 나 있으며 뒷면은 분백색이다. 7~8월에 자홍색 또는 흰색 꽃이 취산상 원추화서로 달린다. 꽃받침은 4~5장이다. 한라꿩의다리는 키가 매우 작고 성질이 강건하여 화분에 심어도 좋고 평석이나 반입석의 평탄한 부분에 석부하여도 잘 어울린다. 포복지를 통해 왕성하게 퍼져나가므로 넓은 돌에 여유 있게 붙이는 것이 유리하다.

한라꿩의다리는 국립수목원의 국가표준식물목록에는 누락되어 있다.[8] 한편으로 한라꿩의다리가 자주꿩의다리(***T. uchiyamae*** **Nakai**)와 같다는 견해도 있다.[4] 자주꿩의다리는 높이가 50cm 이상으로 자라는 식물로서 환경에 따라 키가 어느 정도까지는 작아질 수 있겠지만 한라꿩의다리만큼 작아지지는 않는다. 실제로 한라꿩의다리를 배양해보면 이것은 원래 키가 매우 작은 식물임을 알 수 있으며, 그 외에도 여러 독자적인 특징을 가진 별개의 종으로 보인다.[5] 한라꿩의다리는 원예용으로 개발하기에 매우 적합한 종의 하나로서 이에 대한 지속적인 연구와 개발이 필요하다고 생각한다.

◈ **한라꿩의다리 석부작** 제주도 현무암에 붙여 베란다에서 재배한 것이다. 오른쪽 작품에서 길게 뻗어 나온 포복지를 볼 수 있다. 옮겨심기를 게을리 하면 꽃달림이 나빠지는 경향을 보인다.

금꿩의다리(***T. rochebrunianum* var. *grandisepalum***)는 중부 이북의 습기가 많고 햇볕이 좋은 산이나 들에 자생하며 높이 70~100cm 또는 그 이상으로 자라는 키가 큰 식물이다. 곧게 서는 줄기는 자줏빛을 띠고 윗부분에서 가지가 갈라진다. 줄기에 어긋나게 달리는 잎은 3~4회 3출엽이고, 소엽은 난형이며 끝이 2~3개로 얕게 갈라진다. 꽃은 7~8월에 피는데 수술이 짙은 황금색이라 금꿩의다리라고 불린다. 수술대는 실 모양으로 가늘고 그 끝에 붙어 있는 꽃밥은 수술대보다 더 굵은 선형 또는 원기둥형이다. 꽃받침조각은 보통 4개로 타원형이고 연한 자주색을 띠고 있는데, 이것이 개화 후에도 떨어지지 않고 붙어 있어 마치 꽃잎처럼 보인다. 뿌리는 거대하게 자라지만 작게 나누어 심으면 작은 화분에서도 키울 수 있다. 워낙 키가 큰 식물이라 작은 분에서 키우더라도 높이를 낮추는 것은 쉽지 않다.

은꿩의다리(***T. actaefolium* var. *brevistylum* Nakai**)는 중부이남 산지의 숲속에서 자라며 높이는 30~60cm이다. 줄기에 어긋나게 달리는 잎은 2~3회 3출엽이다. 소엽은 넓은 난형으로 끝이 뾰족하고 가장자리에 예리한 결각상 톱니가 있다. 꽃은 7월에 홍백색으로 피며 꽃받침조각은 4개로 꽃이 피면서 떨어져 버린다.

◈ **금꿩의다리(A~C)와 은꿩의다리(D)** A~C: 금꿩의다리의 수술은 짙은 황금색이고, 자주색의 꽃잎처럼 보이는 것은 꽃받침조각이다. 해가 모자란 베란다에서는 꽃받침조각의 자주색이 충분하게 발현되지는 못한다. D: 단독주택 정원에서 오랫동안 재배한 은꿩의다리 분경 작품(소장자 이재걸)으로 분에서 오래 재배하여 키가 작아졌다. 잎의 가장자리에 거칠고 예리한 톱니가 있다.

생육 특성

꼭지연잎꿩의다리는 잎의 모양과 자태가 단아하고 우아하며 키도 작고 재배적응성도 좋아 분화나 석부작으로 가꾸기에 매우 적합한 종이다. 줄기는 가늘지만 단단하고 빳빳하므로 햇빛이 모자란 베란다에서도 이리저리 휘지 않고 꼿꼿하게 서서 지조 있는 선비와 같은 기개를 품고 있다. 가냘파 보이는 외모와는 달리 잎의 두께도 상당히 두꺼워 중후함도 느낄 수 있다. 햇빛이 충분한 상태에서 재배하면 잎의 표면 특히 테두리가 붉은색을 띠면서 한층 멋진 자태를 드러내게 된다. 화기도 매우 길어 소박하지만 폭죽이 터지는 것 같은 형태의 독특하고 청순한 꽃을 오랫동안 즐길 수 있는 매력적인 풀이다.

동남향의 베란다에서 꼭지연잎꿩의다리는 2월 하순~3월 초순 사이에 신아가 움직이기 시작한다. 여름이 되기까지 잎이 계속 올라오기 때문에 여름이 가까워질수록 전체적으로 점점 풍성해진다. 꽃은 4월 중순부터 피기 시작하여 6월까지 거의 2개월 가까이 지속된다. 처음 올라온 꽃은 수술이 많아 다복하고 풍성하게 보이지만 오래되면 수술이 일부 떨어지면서 다소 성글어진다. 햇빛을 충분히 받은 개체는 전체적으로 단단해지고 꽃의 색깔도 자주색이 상당히 잘 발현되지만 햇빛이 모자라면 꽃줄기가 다소 웃자라고 꽃의 발색도 미흡하여 흰색에 가깝게 핀다.

여름에 접어들면 꼭지연잎꿩의다리의 일부 잎이 낙엽이 지는 경향을 보인다. 너무 많은 잎이 낙엽이 지면 서늘하고 햇빛이 덜 비치는 곳으로 옮겨 주도록 한다. 특히 작은산꿩의다리는 여름에 광선이 강하면 상당히 많은 잎이 갈변하면서 시들기 때문에 강한 햇빛이 닿지 않도록 하는 것이 좋다. 두 종 모두 가을에도 일부 새잎이 나오지만 그다지 왕성하게 나오는 것은 아니다.

눈에 잘 띄지는 않지만 늦여름~초가을 사이에 기존 개체의 밑동에서 겨울눈이 만들어지고 비슷한 시기에 화아분화도 일어날 것으로 추정된다. 겨울눈은 가을을 거치면서 점차 성숙해지며 12월에 접어들면 불그스레한 색으로 작고 둥글게 부풀어 오른다.

꼭지연잎꿩의다리는 또한 포복지를 내어 번식하는 특성이 있다. 여름~가

◈ **꼭지연잎꿩의다리의 겨울눈과 출아** 왼쪽: 12월 중순에 관찰한 것으로 작지만 둥글게 부풀어 오른 붉은색의 겨울눈(화살표)을 식별할 수 있다. 중간, 오른쪽: 2월 하순에 관찰한 꼭지연잎꿩의다리의 출아 모습이다. 붉은색의 신아가 이제 막 겨울눈으로부터 자라나오고 있다(중간). 다른 작품에서는 신아의 줄기가 이미 상당한 크기로 자랐다(오른쪽).

◈ **꼭지연잎꿩의다리의 포복지** 포복지의 끝에서 새로운 개체(화살표머리)가 발생하였다.

을에 걸쳐 포복지가 길게 신장하며 그 끝에서 새로운 개체가 자라난다. 만일 포복지의 끝 부분이 허공에 떠 있으면 새로운 개체의 발생과 성장에 지장을 초래하므로 반드시 끝부분이 흙과 접촉하거나 흙 속에 묻히도록 해야 한다. 만일 고정이 잘 안되고 불안정하면 알루미늄 철사를 U자형으로 구부려서 흙 속에 꽂아 포복지의 끝부분을 고정시킨다. 겨울이 되면 포복지도 갈변하면서 시들어 버린다.

 옮겨심기

꼭지연잎꿩의다리는 이른봄에 개화하는 식물이 아니므로 꽃이 피기 전인 2월말~3월 사이의 이른봄이 옮겨심기의 적기이다. 베란다에서 재배하면 보통 4

월 중순~6월 중순 사이에 개화하므로 꽃이 져가는 시기인 6월에 옮겨 심어도 된다. 봄에 분갈이 하는 것을 놓쳤다면 9~10월에 옮겨 심는다. 꼭지연잎꿩의다리는 석회암 지대에서 자생하는 호석회 식물이기 때문에 알칼리성 토양을 선호한다. 그러므로 옮겨 심을 때 배양토나 생명토의 pH를 알칼리성으로 만들어 주는 것이 좋다. 옮겨 심은 지 오래되면 용토가 산성화되고 꽃의 수도 적어지므로 화분 작품의 경우 대략 3년을 주기로 하여 옮겨 심는다.

1. 화분 심기

꼭지연잎꿩의다리는 주로 강가의 습한 환경에서 자라는 경우가 많으므로 배양토를 다소 습윤하게 배합한다. 높이 10cm 내외의 6호 화분을 기준으로 하여 마사토의 비율을 40~45% 정도로 하고 나머지는 보습력이 높은 화산토로 구성하되, 알칼리성 토양을 선호하므로 산성이 강한 녹소토는 피하도록 한다. 또 석회석이나 시멘트 블록 조각을 약간 섞어 주면 산도 개선에 도움이 된다. 꼭지연잎꿩의다리는 각각의 포기가 모두 떨어져 있는 관계로 개체 수가 많으면 화분에 모아 심는 것이 상당히 까다로울 수 있다. 이럴 때는 몇 개체씩 모아 수태로 밑동을 감싼 다음 전체를 한꺼번에 모아 심으면 편리하다. 수태는 또한 밑동의 보습성을 올리는 데도 보탬이 된다. 만일 포복지가 모아 심는 것에 방해가 되면 가위로 잘라 분리시킨 다음 모아 심는다.

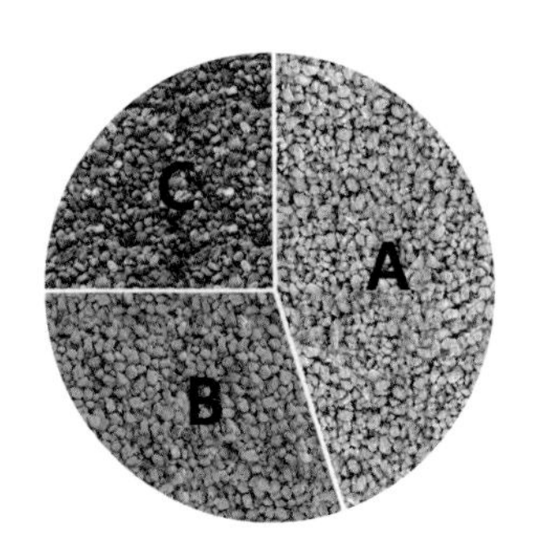

◈ **화분: 6호(직경 18cm), 높이 10cm**
◈ **배양토 구성**
A: 마사토 소립 45%
B: 경질적옥토 소립 30%
C: 동생사 소립 25%

2. 석부작 만들기

꼭지연잎꿩의다리를 납작한 돌에 붙이면 운치 있는 석부작을 만들 수 있다. 돌은 편평하거나 약간 볼록하여도 좋고 다소 오목하여도 괜찮다. 일반적으로 오목한 돌을 이용하여 석부작을 만들면 많은 식물에서 과습으로 인해 뿌리가 썩는 일이 자주 발생하지만 꼭지연잎꿩의다리의 뿌리는 습윤한 토양 환경을 잘 견디므로 다소 오목한 돌을 이용하여도 큰 문제없이 잘 적응하여 자란다. 꼭지연잎꿩의다리는 알칼리성 토양을 선호하기 때문에 석부작을 만들 때 생명토에 석회석 가루나 재를 약간(5% 정도) 혼합하여 산도를 알칼리성으로 조정하여 사용하는 것이 좋다. 만일 그러한 것이 없다면 시멘트 블록을 분쇄하여 섞어 준다.

석부작은 이끼가 활착되어 자연스럽게 작품이 만들어지기까지 꽤 오랜 시간이 걸리므로 일단 볼만한 작품이 만들어지면 이를 허물기가 아까워 전체적인 옮겨심기를 주저하게 되는 경향이 있다. 그래서 분갈이를 하지 않은 채 그대로 오랫동안 키우는 경우가 흔히 있다. 그러나 생명토를 바꾸어 주지 않은 채 오래 키우면 양분이 고갈되고 용토가 산성화됨으로써 점차 꽃달림이 나빠지고 개체 수도 줄어드는 결과를 초래한다. 그러므로 석부작도 4~5년을 주기로 전체적인 옮겨심기를 시행하는 것이 좋다. 여러 가지 이유로 전체적인 옮겨심기가 꺼려지는 경우에는 생명토를 약간 추가해 주는 약식 옮겨심기를 시행한다(다음 장의 흰대극 석부작 약식 옮겨심기 참조).

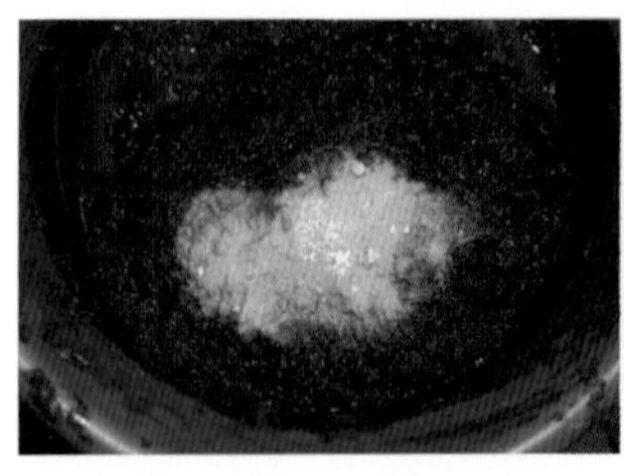

① 생명토에 석회석 가루를 약간 혼합하여 알칼리성으로 조절한다.

② 원활한 배수를 위해 오목한 부분에 석회석 자갈을 놓는다.

③ 버터나이프를 이용하여 약 1cm 두께로 돌 표면 전체를 생명토로 덮는다.

④ 고형 인산비료를 약 5cm 간격으로 골고루 올려준다.

⑤ 돌의 중심부에 식물을 놓고 넘어지지 않도록 생명토로 덮는다.

⑥ 처음 올린 식물의 옆에 같은 방식으로 식물을 놓고 생명토를 추가해 준다.

⑦ 양 옆을 향해 계속 같은 방식으로 식물을 추가해 나간다.

⑧ 식물 배치와 생명토 작업을 모두 마치고 앞에서 본 모습.

⑨ 돌의 뒤에서 본 모습. 돌려가면서 균형이 잘 맞도록 조절해 준다.

⑩ 핀셋으로 곳곳을 찔러 생명토가 뿌리 사이로 골고루 잘 들어가도록 해준다.

⑪ 버터나이프로 잘 눌러 핀셋 자국을 없애고 생명토가 고루 들어가도록 한다.

⑫ 이끼 모자이크를 한다. 생명토가 마를 때까지 며칠간 물을 주지 않는다.

◈ **이듬해 4월 말에 개화한 모습.**
6월까지 잎이 계속 자라나오면서 더욱 풍성해진다.

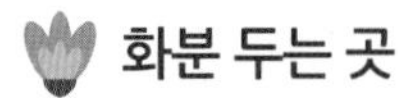

화분 두는 곳

반그늘에서 키우면 전반적으로 무난하지만 다소 웃자라는 경향을 보인다. 봄에 햇빛을 많이 받으면 더 튼튼하게 자라며 잎도 붉은색을 띠어 관상가치가 더 높아지고 꽃도 자주색이 강해진다. 그러나 한여름의 직사광선을 오래 받으면 잎이 타는 경향이 있다. 따라서 만일 공간적인 여유가 있다면 봄에는 해를 많이 받는 곳에 두었다가 여름에는 반그늘로 옮겨준다. 그러나 공간에 여유가 없고 옮기는 일이 쉽지 않은 환경에서는 반그늘에 계속 두어도 큰 문제는 없다. 바람이 잘 통하는 곳에 두면 더 좋다.

물주기

성질이 강건하고 습윤한 환경을 좋아하므로 물은 매번 충분하게 주는 것을 원칙으로 한다. 다만 크기가 큰 화분이나 대형 석부작의 경우에는 마르는 것이 더디므로 가끔씩 관수량을 줄여 줄 필요는 있다. 물을 많이 주면 잎의 크기가 커지고 줄기가 늘어나므로 잎이 너무 커지는 것을 원치 않는다면 관수량을 다소 줄인다. 그러나 꿩의다리류는 물을 박하게 주다가 자칫 한 번 마르면 많은 개체가 고사하기도 하므로 물이 마르지 않도록 조심한다.

거름주기

꼭지연잎꿩의다리는 베란다에서도 개화율이 높아 매년 꽃을 잘 피운다. 그러나 한꺼번에 많은 꽃을 피우는 경우는 그다지 흔치 않다. 대신 4월 중순~5월 초순에 찾아오는 주 개화기 이후로도 드문드문 약간의 꽃을 피우기도 한다. 특히 옮겨 심은 지 오래될수록 개화율이 떨어져 꽃의 수가 적어진다. 그러므로 가능한 많은 수의 꽃을 피우기 위해서는 충실한 비배관리와 적절한 주기의 옮겨심기가 꼭 필요하다.

봄·가을로 주는 액비는 전체적인 시비 관리에 준하여 준다. 3월과 9월에는 유기질 덩이비료나 피복복비를 약간 올려주는 것이 좋다. 피복복비와 같이 작은 알갱이로 이루어진 고형비료는 석부작 위에 올리더라도 자꾸 흘러내려 떨어지므로 다루기가 불편하다. 이런 비료는 고형비료를 담는 작은 플라스틱 케이스를 구입하여 사용하면 아무 곳이나 편리하게 올려둘 수 있다. 가을에는 잿물을 주어 산성화된 배양토나 생명토의 산도를 조절해 주는 것이 특히 중요하다. 목초액도 산성화된 토양의 산도를 개선하는데 효과가 있다.

번식

관리를 잘하면 점차 포기가 커지지만 하나의 포기가 크게 발달하는 것은 아니다. 또 포복지에서 무성생식으로 새로운 개체가 발생하므로 오래되면 개체수도 증가하게 된다. 그러나 옮겨심기를 오랫동안 하지 않으면 오히려 개체 수가 줄어든다. 만일 포복지의 끝부분이 공중에 노출되어 있으면 용토나 이끼로 덮어 주는 것이 신아 발생에 도움이 된다.

병충해 방제

민달팽이가 잎을 갉아먹기도 하지만 치명적인 것은 아니다. 그 외에 특별한 병충해는 거의 발생하지 않는다.

참고문헌

1. 국립수목원. 석회암지대의 식물. 새롭게 주목받는 생물다양성의 보고. 지오북. 2012.
2. 이우철. 한국식물명의 유래. 일조각. 2005.
3. 박성준, 박선주. 한국산 꿩의다리속(Thalictrum L.) 식물의 형태학적 연구. 한국식물분류학회지. 38(4): 433~459, 2008.
4. 이동혁. 한국의 야생화 바로알기. 여름 · 가을에 피는 야생화. 이비락. 2013.
5. 이영노. 새로운 한국식물도감. 교학사. 2007.
6. 이창복. 원색 대한식물도감. 향문사. 2014.
7. 국립수목원. 국가생물종지식정보시스템(NATURE). http://www.nature.go.kr
8. 국립수목원. 국가식물목록위원회. 국가표준식물목록. http://www.nature.go.kr

흰대극

◆ **분류** 대극과

◆ **생육상** 다년생 초본

◆ **분포** 남부 해안 및 도서지방, 강원도, 경상북도

◆ **자생환경** 해안, 강가, 산지, 들

◆ **높이** 20~40cm

◆ **관리특성**

식재습윤도	●○○
광량	●●●
관수량	●◐○
시비량	●●○
개화율	●●◐
난이도	●●○

연중 관리		1	2	3	4	5	6	7	8	9	10	11	12
생활환	출아		●										
	영양생장		●	●	●	●	●						
	개화			◑	●	◐							
	겨울눈 형성							●	●				
	화아분화							●	●	●			
	생식생장							●	●	●	●	●	
	낙엽											●	
	휴면	●											●
작업	옮겨심기		◑	◐		◑	●			●	●	○	
	액비 시비			●	●	●	●			●	●	◐	
	치비 교환			●						●			

흰대극(***Euphorbia esula* L. sensu lato**)은 주로 남부지방 해안과 도서지방, 특히 제주도의 바닷가에 주로 자생하며 일부 중부 서해안과 섬에서도 발견된다.[1,2] 또한 강원도와 경상북도의 일부 내륙지역 하천변, 산지 하부 비탈면, 초지, 습지 주변에서도 드물게 자생한다.[2] 석회암 지대에서도 자주 발견되는 것으로 보아 알칼리성 토양도 좋아하는 것으로 보인다.[2]

지하부에는 비스듬히 아래로 혹은 옆으로 뻗는 갈색의 약간 굵은 뿌리가 있고, 굵은 뿌리 여기저기에서 다소 흰빛이 도는 가는 뿌리가 내린다. 굵은 뿌리 맨 윗부분과 그 주변에서 몇 개의 줄기가 솟아 나와 20~40cm 정도의 높이로 곧추서며 위쪽으로 가면서 2~3개의 가지로 갈라진다. 땅속에 묻힌 줄기의 맨 아랫부분은 흰색이고, 지상에 노출된 그 바로 윗부분은 붉은색을 나타내며 나머지 대부분의 줄기는 녹색이다. 전체에 털이 없으며 대극과에 속하는 다른 식물들처럼 줄기를 자르면 흰색의 유액이 나온다.

줄기에 어긋나게 달리는 잎은 녹색 또는 연한 녹색으로 꺼꿀피침형 또는 주걱 모양이며 길이 2~3cm, 너비 3~5㎜ 정도로 가늘고 섬세하다. 잎의 가장자리는 밋밋하고 뒷면은 흰색이 약간 가미된 듯한 녹색이다. 보통 줄기의 중간까지는 잎이 엉성하게 달리고 끝부분에는 잎이 밀생하여 돌려난다. 줄기 끝부분에 빽빽하게 돌려나는 이 가늘고 섬세한 잎들이 흰대극의 매력이라 할 수 있다.

흰대극이라 명명된 이유는 잎이 분백색이거나[1] 또는 식물체 전체에 흰 빛이 돌기 때문이라고[2] 알려져 있다. 그러나 적어도 내륙형 흰대극에서는 잎에서 흰색 기운을 느끼기 어렵기 때문에 이 식물에 흰대극이라는 이름이 붙은 것이 다소 의아하게 느껴진다. 흰대극 학명 뒤에 붙은 'sensu lato'는 '넓은 의미(広義)'라는 뜻으로 흰대극이 지역에 따라 여러 가지 변이가 있기 때문에 분류학적 고찰이 필요하다는 뜻이라고 하니[2] 아마도 지리적 변이가 있기 때문에 그런 차이가 있는지도 모르겠다.

◈ **흰대극 잎과 뿌리** 왼쪽: 하천변의 자갈밭에 자생하는 흰대극. 잎의 색깔은 밝은 녹색이며 이 식물의 이름이 나타내는 흰색 기운은 거의 느껴지지 않는다. 오른쪽: 흰대극의 뿌리로서 나무뿌리와 흡사한 모습이다. 굵은 뿌리의 꼭대기에서 몇 개의 줄기가 솟아오른다.

꽃은 자생지에서는 6~7월에 피므로 여름꽃에 해당한다. 그러나 3월 초까지 창문을 닫아 둔 동남향 베란다에서는 3월 말부터 피기 시작하여 4월에 만개하며 한 달 이상 오래 지속된다. 보통 가늘고 짧은 줄기에는 꽃이 잘 달리지 않으며 주로 길고 굵은 줄기의 끝에 꽃이 달린다. 꽃차례의 맨 밑에는 5장의 마름모꼴에 가까운 도란형 또는 타원형의 총포엽이 붙어 있다. 총포엽의 중심부에는 작은 꽃(1층)이 하나 달리고 그 둘레로 5개(때로 4개)의 꽃줄기가 솟아 나와 전체적으로 산형화서를 이룬다. 그러나 각각의 꽃이 달리는 양상은 포엽이 술잔처럼 꽃을 감싸고 있으므로 배상화서로 본다.

1층에서 솟아오른 각 꽃줄기의 끝에는 2장의 심장형 또는 신장형 포엽이 달리고 그 중심부에 1층과 동일한 형태의 꽃(2층)이 달린다. 그 다음 2층 꽃의 둘레에서 2개의 꽃줄기가 다시 자라 나와 그 끝에 또 2장의 포엽이 달리고 그 중심부에 다시 꽃(3층)이 달린다. 3층 꽃의 주변에서 다시 2개의 꽃줄기가 자라 나와 그 끝에 동일한 양상으로 또 다시 꽃(4층)이 달린다. 결국 1층 꽃으로부터 5개의 꽃줄기가 올라오고 각 꽃줄기가 다시 2회에 걸쳐 2개씩으로 갈라지며, 모든 꽃줄기의 끝에 꽃이 하나씩 달리는 것이다.

◈ **흰대극의 꽃차례와 꽃의 모양** A~C: 흰대극의 꽃차례. D~F: 꽃의 형태. 각 숫자는 꽃을 받치고 있는 포엽의 층수를 나타낸다.

세력이 약한 줄기나 베란다에서 오래 재배한 개체에서는 꽃이 3층까지만 피고 4층의 꽃은 피지 않는 경우가 많다. 포엽은 강한 햇빛을 받을수록 짙은 황록색을 나타내고 또 위로 갈수록 크기가 작아진다.

흰대극의 꽃은 매우 작고 보잘 것이 없다. 꽃의 형태는 1~4층에 걸쳐 모두 동일하며 중심부에서 가장자리를 향해 암꽃, 수꽃 및 선체의 순으로 구성되어 있다. 꽃의 중심부에 1개의 암술로 이루어진 암꽃이 1개 있고, 암꽃 주변에 1개의 수술로 이루어진 수꽃이 몇 개 있으며, 그 둘레에 몇 개의 선체(꿀샘)가 존재한다. 중심부에 돌출되어 있는 암꽃의 윗부분은 3개의 짧은 암술대로 구성되고 각 암술대의 끝은 둘로 갈라져 있다. 암꽃의 아랫부분에는 구형의 씨방이 존재한다. 수꽃은 너무 작아 잘 보이진 않지만 암꽃과 선체 사이에 존재하는 작은 구형 구조로서 식별된다. 흰대극의 선체는 양끝이 바깥쪽을 향해 돌출되어 있는 신장형으로 개감수의 선체와 유사하지만 선체의 돌출부가 더 짧고 덜 뾰족하다. 선체는 종마다 형태가 달라 대극류에 속하는 식물을 동정하는데 중요한 지표가 된다. 선체는 처음에는 녹색이지만 나중에는 황색으로 변한다. 열매는

◈ **흰대극 화분 작품** 왼쪽: 정원에서 햇빛을 충분히 받고 자란 개체라 포엽의 황색이 잘 발현되어 노란색 꽃이 피어 있는 것 같은 인상을 풍긴다. 소장자 이재걸. 오른쪽: 베란다에서 배양한 것으로 햇빛 부족으로 인해 포엽의 황색이 약하고 다소 웃자랐다.

겉이 밋밋한 구형의 삭과이며 익으면 3개로 갈라져 종자가 튀어 나간다.

흰대극의 꽃은 보잘 것이 없지만 복잡하게 여러 층으로 배열되어 있는 큰 황록색 포엽이 꽃잎처럼 보이기 때문에 흰대극은 마치 황록색의 큰 꽃을 피우는 것처럼 보인다. 이와 같은 연유로 흰대극은 노랑버들옻이라는 이명으로도 불린다. 이처럼 포엽을 꽃처럼 보이도록 꾸미는 것은 작은 꽃을 큰 꽃처럼 보이게 하여 곤충이 더 잘 찾아올 수 있게 하기 위함이다. 이를 통해 큰 꽃을 피우는 데 드는 에너지를 절약하면서도 성공적으로 수정을 할 수 있는 것이다. 포엽의 황색은 수정이 이루어지면 다시 녹색으로 돌아간다. 이와 유사한 현상을 괭이눈, 삼백초, 개다래에서도 볼 수 있다.[3] 햇볕이 약한 베란다에서는 포엽의 황색이 그다지 강하지 못하다.

유사종으로는 대극과 개감수가 있다. 대극(***E. pekinensis***)은 전국 산지의 숲 가장자리, 초지, 들판의 양지바른 곳에 자생하는 다년초이다.[1,2] 곧게 내려가는 굵은 뿌리가 있고 80cm 정도까지 자라는 줄기는 보통 가지를 치며, 꼬부라진 흰 털이 드물게 있고 자르면 흰 유액이 나온다. 줄기에 어긋나는 피침형 또는 좁고 길쭉한 타원형의 잎은 표면이 짙은 녹색이고 주맥에는 흰 빛이 강하게 돈다. 잎의 뒷면은 백록색이고 가장자리에는 잔 톱니가 있다. 5~6월에 피는 꽃은 흰대극과 유사한 양상의 배상화서로 달린다. 1층 꽃을 받치는 5장의 총포엽은 넓은 피침형 또는 타원형이며, 2층의 포엽은 3장으로 마름모꼴에 가까운 넓은 계란형이고, 3층의 포엽은 보통 2장으로 삼각상 원형 또는 심장형이다. 각 층마다 포엽 위로 솟아오른 꽃줄기의 수는 보통 포엽의 수와 동일하다. 노란색 선체는 긴 타원형이다. 열매는 납작한 구형의 삭과이며 사마귀 같은 돌기가 있다.

대극(大戟)은 원래 이 식물 뿌리의 생약명인데 아마도 직근성인 뿌리의 모습이 창끝과 닮아서 '큰 창'이라는 의미를 가진 대극이라는 명칭이 붙여진 듯하다. 대극의 다른 이름으로 '버들옻'이 있으며, 동의보감에도 '버들옷'이라고 한글로 기록되어 있다. 이렇게 부르는 것은 버드나무(柳)처럼 생긴 잎이 있고, 상처가 나면 옻나무처럼 유액을 내뿜기 때문이라고 한다.

◈ **대극**

◈ **개감수** 왼쪽: 아직 덜 자란 화서의 포엽은 술잔처럼 꽃을 감싸고 있다. 중간: 초승달 모양의 선체가 개감수의 꽃의 특징이다. 오른쪽: 개감수는 키가 작고 줄기가 단단하여 분화나 석부작으로 키우기에 적당한 식물이다.

1417년에 증간된 『향약구급방(鄕藥救急方)』에 대극을 차자(借字)한 향명이 柳等漆(류등칠)이라 기록되어 있는데 이는 15세기 이전에 이미 대극을 버들옻과 유사한 명칭으로 부르고 있었음을 방증하는 것이다.[2] 우리나라 대다수의 식물명이 일제 강점기에 만들어진 관계로 이렇게 멋진 우리말이 제대로 발굴되지 못하여 우리 식물의 공식 명칭으로 채택되지 못한 것은 참으로 유감스럽다 아니할 수 없는 일이다.

개감수(***E. sieboldiana***)는 전국의 산야에 나는 다년초로 높이 20~40cm 정도이고 뿌리는 옆으로 뻗어 나가는 수염뿌리로 이루어져 있다. 적자색을 띤 줄기에 어긋나는 잎은 좁고 긴 타원형이다. 원줄기 끝에 5개의 넓은 피침형 총포엽이 돌려나고 그 윗부분에서 5개의 꽃줄기가 솟아올라 흰대극과 유사한 양상의 배상화서로 꽃이 달린다. 2층 이상의 포엽은 삼각상 달걀모양 또는 삼각형이다. 선체는 흰대극의 선체와 유사하나 바깥쪽을 향하고 있는 돌출부가 더 길고 뾰족하여 초승달 모양이며 처음에는 녹색이지만 나중에는 홍자색으로 변한다.

생육 특성

흰대극은 성질이 강건하고 키도 크지 않아 베란다 원예에 적합한 식물이다. 원래 많은 햇빛을 받는 환경에서 자생하지만 의외로 베란다에서도 꽃달림이 매우 좋다. 화분에 심어도 잘 자라며 돌에 붙여 심어도 오랫동안 잘 적응하며 꽃을 피워준다. 화분에 다소 습윤하게 심으면 줄기가 굳어지는 것이 늦어져 햇빛이 들어오는 방향으로 심하게 기울어지고 늘어지는 경향이 있다. 만일 줄기가 무른 봄에 늘어지는 현상이 일어나면 지지대를 세워 주는 것이 좋다. 흰대극은 매우 유독한 식물이므로 조심해서 다루도록 한다

흰대극은 겨울에 창문을 닫아 따뜻하게 관리한 동남향 베란다에서는 2월 초순부터 움직이기 시작하며 이르면 3월 초부터 하나둘씩 꽃이 달리기 시작한

◈ **흰대극의 출아와 겨울눈 형성** 왼쪽: 베란다에서는 흰대극의 붉은색 신아가 2월 초순이면 벌써 움직이기 시작한다. 오른쪽: 7월이 되면 줄기 주변의 굵은 뿌리에 겨울눈(화살표)이 형성된다.

다. 꽃은 1층부터 피기 시작하여 위로 올라가면서 차례로 개화하고 3월 하순부터 본격적으로 피기 시작하여 4월 말~5월 초까지 한 달 이상 피어 있다.

꽃이 질 무렵부터 맨 위층의 꽃이 달렸던 부분에서 다시 줄기가 자라나와 신장하며 그 둘레로 많은 수의 잎이 돌려난다. 그 결과 여름이 되면 섬세한 가는 잎들이 줄기 끝부분에 빽빽하게 돌려나게 된다. 그러므로 흰대극의 줄기 끝에 조밀하게 돌려나는 잎은 처음부터 나온 것이 아니고 꽃이 진 다음 일어나는 2차 성장의 결과 만들어진 것이다. 2차 성장이 일어나면서 꽃을 받치고 있는 포엽들은 6월 중에 점차 갈변하면서 낙엽이 진다. 또한 꽃보다 아래쪽에 붙어 있는 봄에 나온 잎들도 여름, 가을을 거치면서 점진적으로 낙엽이 지면서 떨어진다. 따라서 늦은 가을이 되면 줄기의 끝부분에만 섬세한 잎들이 돌려나게 된다.

여름에 접어들면 7~8월 중에 줄기 주변의 굵은 뿌리에서 겨울눈이 형성되며 비슷한 시기에 화아분화도 일어날 것으로 생각된다. 여름에 형성된 겨울눈은 가을을 거치면서 점차 성숙해지고 베란다에서는 12월 초순이면 벌써 표토를 뚫고 올라오는 것을 확인할 수 있다.

가을에는 줄기 끝에 둥글게 돌려난 잎들이 강렬한 붉은색으로 단풍이 드는데 그 모습이 특별히 아름답다. 다만 일교차가 크지 않고 햇빛이 모자란 베란다에서 재배하면 자생지만큼 아름다운 색으로 물들지는 않는다. 실외나 비닐온실처럼 강한 햇빛을 많이 받을 수 있는 장소에서 배양하면 자생지에서와 같은 강렬한 붉은색을 재현해 볼 수 있다. 단풍이 든 잎은 쉽게 떨어지므로 그리 오래 감상하지는 못한다.

◈ **흰대극의 2차 성장** 5월 초에 맨 위층에서 새 줄기가 다시 자라나오고 여기에 잎이 조밀하게 돌려난다(화살표). 이 잎들이 가을까지 남아서 단풍이 든다.

◈ **흰대극의 단풍** 11월 초에 단풍이 든 흰대극 석부작의 모습. 각 줄기의 끝부분에 조밀하게 돌려난 섬세한 잎에 단풍이 들어 화려한 모습으로 탈바꿈하였다.

옮겨심기

흰대극은 이른 봄부터 개화하기 시작하여 4월 말~5월 초순까지 오랫동안 꽃이 피어 있으므로 옮겨심기는 꽃이 진 다음인 5월 중순~6월 사이에 실시하는 것이 좋다. 이때를 놓쳤다면 9~10월 중에 옮겨심기를 마친다. 만일 지상부가 있는 것이 거추장스러우면 줄기가 충분히 자라기 전인 2월 하순~3월 중순 사이에 옮겨 심도록 한다. 다만 이때는 새싹과 줄기가 연약하므로 작업을 하는 과정에서 식물체가 손상되지 않도록 주의를 기울여야 한다. 부득이한 경우에는 11월에도 옮겨심기가 가능하지만, 가급적 본격적인 개화기인 3월 하순~4월 하순은 피하도록 한다.

1. 화분 심기

흰대극을 화분에 심을 경우 배양토를 너무 습하게 구성하면 웃자라면서 줄기가 휘어지는 경향이 있으므로 가급적 건조하게 심는 것이 좋다. 대신 쉽게 마르는 것을 방지하기 위하여 수태로 밑동을 감아주도록 한다. 높이가 10~15cm인 6호(직경 18cm) 화분을 기준으로 하여 배양토는 마사토 60%, 화산토 40% 정도로 구성하면 무난하다. 마사토의 비율 중 중립을 20% 정도 포함시키면 웃자람을 방지하는데 도움이 된다. 뿌리의 발달이 왕성하므로 화분에 심는 경우 3년마다 옮겨 심는 것을 원칙으로 한다.

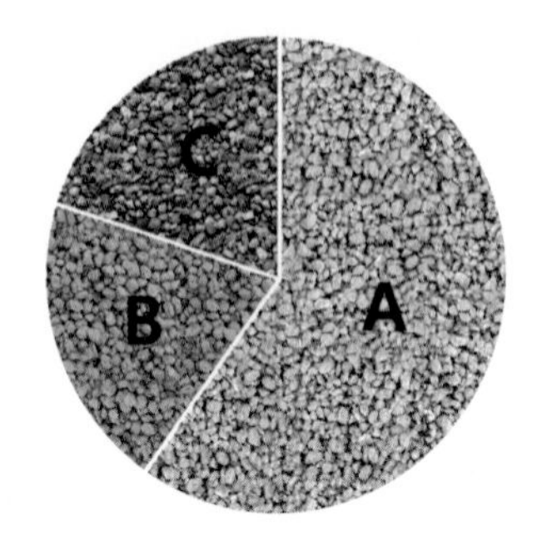

◈ **화분 : 6호(직경 18cm), 높이 10cm**
◈ **배양토 구성**
A : 마사토 60%(중립 20%, 소립 40%)
B : 경질적옥토 소립 20%
C : 동생사 소립 20%

2. 석부작 만들기

흰대극은 석부작으로 가꾸면 웃자람이 훨씬 덜하므로 석부작을 만드는 것이 좋다. 햇빛이 모자란 베란다에서는 습하면 웃자라면서 옆으로 넘어지는 성질이 있으므로 석부작도 물 빠짐이 좋게 심어야 한다. 그러므로 약간 볼록한 평석에 석부를 하면 이상적이다. 만일 약간 오목한 돌을 이용하여 석부작을 만든다면 오목한 부분에 굵은 자갈을 깔아 배수가 원활하게 이루어지도록 심는다. 석부작의 경우에는 4~5년을 주기로 옮겨 심는 것을 원칙으로 한다.

① 줄기를 짧게 자르고 분무기로 물을 분사하면서 엉킨 뿌리를 풀어 준다.

② 분무기를 이용하여 배양토를 모두 털어내고 적당한 크기로 포기를 나눈다.

③ 생명토에 배양토 소립(마사토:경질적옥토:동생사=7:2:1)을 20% 혼합한다.

④ 돌의 오목한 부분에 배수층의 역할을 할 굵은 자갈을 깐다.

⑤ 배수층 위에 약 2cm 두께로 생명토를 덮는다.

⑥ 돌의 중심부에 가장 큰 식물체 덩이를 올리고 뿌리를 생명토로 덮는다.

⑦ 주변부를 따라 작은 식물체 덩이를 올려놓는다.

⑧ 펼쳐진 뿌리를 약 1cm 두께로 생명토로 덮는다.

⑨ 생명토가 골고루 잘 들어가도록 핀셋으로 쑤신다.

⑩ 반대쪽에서도 같은 방식으로 작업을 진행한다.

⑪ 밑동까지 생명토로 덮고 이끼 모자이크를 시행한다.

⑫ 이듬해 봄에 신아가 출아한 모습.

◈ 이듬해 4월 하순에 개화한 모습

3. 석부작 약식 옮겨심기

이끼가 활착된 완성된 석부작은 허물기가 아까워 옮겨심기를 자주 하지 않게 되는 경향이 있다. 석부작의 경우 오랫동안 옮겨심기를 하지 않아도 그다지 큰 문제가 발생하지는 않지만 증식률과 개화율이 떨어질 수 있다. 초세가 약해지고 꽃달림이 나빠져 옮겨심기가 필요하지만 여러 가지 이유로 전체적인 옮겨심기가 꺼려질 경우에는 간단하게 생명토를 추가하는 약식 옮겨심기를 시행하도록 한다. 석부작을 통째로 떼어낸 다음 돌 위에 생명토 한 겹을 추가한 뒤 다시 올려놓는 약식 옮겨심기만으로도 초세의 회복을 기대할 수 있다.

◈ **흰대극 석부작의 변화** 왼쪽부터 2년 간격으로 촬영한 것으로 시간이 흐름에 따라 개체 수가 점차 증가하는 것을 알 수 있다. 왼쪽 작품이 만든 지 6~7년이 지난 것이므로 오른쪽 작품은 10년이 넘은 것이다. 수년이 넘도록 오랫동안 옮겨심기를 하지 않았기 때문에 점차 개화율이 떨어지는 경향을 보여 봄에 약식 옮겨심기를 시행하기로 하였다.

① 10년이 넘게 길러오던 흰대극 석부작의 3월 중순 모습이다.

② 가장자리에 버터나이프를 집어넣어 살짝 비틀면 석부작이 통째로 떨어진다.

③ 이 돌은 윗면이 약간 볼록하여 배수가 원활하므로 생명토만 추가한다.

④ 버터나이프를 이용하여 돌의 윗면에 0.5~1cm 두께로 생명토를 펼쳐 바른다.

⑤ 밑거름으로 고형 인산비료 적당량을 골고루 흩뿌린다.

⑥ 그 위에 떼어낸 석부작을 그대로 도로 얹어 준다.

◈ 같은 해 4월 하순에 개화한 모습

화분 두는 곳

흰대극은 강광을 받으면서 자라는 성질이 있으므로 가능한 한 많은 햇빛을 받을 수 있는 자리에 둔다. 봄에는 줄기가 연약하여 특히 화분에 습하게 심은 것들은 길게 웃자라면서 늘어지는 경향이 있다. 따라서 가급적 많은 햇빛과 바람을 받을 수 있는 자리에 두어 줄기가 빨리 굳어지도록 한다. 햇빛이 들어오는 방향으로 기우는 성향이 있으므로 때때로 화분을 돌려주는 것이 좋지만 잘못하면 줄기가 사방으로 퍼지는 결과를 낳기도 한다. 작품 밑에 작은 돌이나 나무 등을 받쳐 햇빛이 들어오는 방향으로 약간 기울여두면 비교적 똑바로 잘 자라므로 굳이 돌려줄 필요가 없다.

물주기

강가의 자생지를 살펴보면 여름철에 강수량이 증가하면 상당 기간 동안 물에 잠기게 되는 곳이지만 가물면 상당히 건조한 환경이 될 수도 있는 지형임을 알 수 있다. 이런 점으로 미루어 보아 흰대극은 수분에 대한 내성의 범위가 상당히 넓을 것으로 생각된다. 화분에 심은 것들은 웃자라면서 늘어지는 경향이 있으므로 물을 너무 많이 주지 않도록 한다. 그러나 뿌리가 대단히 크게 발달하므로 너무 건조한 것도 좋지 않으니 물 관리는 중간 정도로 하면 무난하다. 석부작의 경우에는 가는 줄기가 많이 올라오게 되는데 이러한 것들은 수분이 모자라면 쉽게 휘어지고 드러눕게 된다. 석부작은 과습의 우려가 상대적으로 적으므로 매번 물을 충분하게 주도록 한다.

거름주기

식물체의 크기에 비해 꽃달림이 좋고 많은 수의 꽃을 피우므로 비배관리를 충실하게 한다. 옮겨 심을 때 밑거름을 넉넉하게 넣어주고 봄, 가을로 치비도 매번 잘 교환해 준다. 액비 시비는 베란다 전체 관리에 준하여 실시한다.

번식

옮겨심기를 할 때 자연적으로 나누어지는 곳에서 포기를 나누어 준다.

병충해 방제

특별한 병충해가 없다.

참고문헌

1. 국립수목원. 국가생물종지식정보시스템(NATURE). http://www.nature.go.kr .
2. 김종원. 한국식물생태보감. 제1권. 자연과 생태. 2013.
3. 이성규. 식물에서 삶의 지혜를 얻다-신비한 식물의 세계. 살아남기 위한 끊임없는 변신-잎을 꽃잎처럼. 대원사. 2016.

여름꽃 가을꽃

돌양지꽃

- **분류** 장미과
- **생육상** 다년생 초본
- **분포** 전국
- **자생환경** 높은 곳 바위틈
- **높이** 10~20cm

◆ **관리특성**

식재습윤도	●◐○
광량	●●●
관수량	●◐○
시비량	●●○
개화율	●●○
난이도	●●○

돌양지꽃

연중 관리		1	2	3	4	5	6	7	8	9	10	11	12
생활환	출아		◑	●									
	영양생장		◑	●	●	●	●						
	개화					●							
	겨울눈 형성							●	●				
	화아분화								●	●			
	생식생장							●	●	●	●	●	
	낙엽											●	
	휴면	●	◐										●
작업	옮겨심기		◑	●	●		●			○	○	○	
	액비 시비			●	●	●	●			●	●	◐	
	치비 교환			●						●			
	낙엽 제거		●										

돌양지꽃(***Potentilla dickinsii* Franch. & Sav.**)은 전국의 비교적 높은 산 바위틈이나 바위 곁에 붙어 사는 다년초로서 줄기가 목질화되어 있어 초본이면서도 작은 나무와 같은 느낌을 주는

◈ **자생지의 돌양지꽃** 돌양지꽃은 비교적 높은 산의 양지바른 바위 곁에 붙어 자란다.

풀이다. 양지꽃은 양지바른 곳에서 피는 꽃이라 하여 붙여진 이름이며, 돌양지꽃은 같은 뜻의 일본 이름에서 유래하였다.[1]

뿌리는 목질의 굵은 뿌리줄기에서 나오는 가는 수염뿌리로 이루어져 있다. 뿌리줄기 곳곳에서 길이 10~20cm 정도의 줄기가 위를 향해 비스듬하게 솟아 있으며 줄기 전체에 누운 털이 빽빽하게 나 있다. 봄에 새로 나온 줄기는 부드럽고 상당히 가늘지만 해를 거듭함에 따라 점차 목질화되면서 굵어지고 나뭇가지처럼 가지를 치게 된다. 따라서 나이가 많은 오래된 개체는 여러 개의 굵고 목질화된 묵은 줄기로 이루어져 있어 마치 소관목과 같은 느낌을 준다. 목질화된 묵은 줄기의 수명은 상당히 길어 10년 이상 지속되는 경우도 흔히 볼 수 있다. 이 줄기는 그러나 보기와는 달리 그다지 강하지 않기 때문에 쉽게 부러질 수 있다. 특히 가지가 갈라지는 지점이 쉽게 찢어지므로 조심해서 다루어야 한다.

잎은 주로 줄기 끝에서 모여 나며 3출겹잎 또는 깃꼴겹잎의 형태로 소엽이 3~7장 달리는데 맨 위에 붙은 세 장은 크기가 크고 아래쪽에 붙은 잎은 보통 크기가 작다. 소엽은 타원형으로 가장자리에 뾰족한 치아모양의 톱니가 있으며 뒷면은 백록색 내지 회록색이다. 뿌리에서 모여 나는 근생엽은 잎자루가 더 길고 소엽은 3개, 때로 5개이다.

꽃은 줄기 끝이나 잎겨드랑이에서 나오는 가는 꽃줄기에 여러 개가 취산화

◈ **돌양지꽃의 각 부분의 형태** 왼쪽: 옆으로 벋는 뿌리줄기에서 위쪽으로는 목질의 줄기가, 아래쪽으로는 가는 수염뿌리가 난다. 중간: 줄기 끝에 모여 나는 잎은 3~7장의 소엽으로 이루어져 있다. 오른쪽: 5장의 꽃잎으로 이루어진 극황색 꽃은 작지만 우아한 기품이 느껴진다.

서로 달리며, 자생지에서는 6~7월에 피지만 베란다에서는 5월 초순~중순 사이에 피는 것이 보통이다. 꽃은 짙은 노란색으로 지름 1~2cm 정도로 작다. 꽃잎은 5장이고 넓은 달걀모양이며 흔히 가장자리가 물결모양이다. 수술은 여러 개이고 넓은 난형의 꽃밥이 달리며 암술대는 길이 1.5mm 정도로 짧다. 난형의 열매는 수과로서 익으면 갈색이고 밑부분에 수과보다 긴 꼬불꼬불한 털이 있다.

◈ **돌양지꽃의 줄기** 오래된 돌양지꽃은 목질화된 굵은 줄기로 인해 마치 나무와 같은 느낌이 난다.

◈ **돌양지꽃 석부작** 왼쪽: 둥근 반입석에 붙인 돌양지꽃 석부작으로 베란다에서 10년이 훨씬 넘게 배양해 온 것이다. 오른쪽: 높이가 그다지 높지 않은 돌의 비스듬한 윗면에 붙인 돌양지꽃.

우리나라에 자생하는 양지꽃속 식물은 전국 각처의 산야에 자생하며 잎자루가 길고 3~13개의 소엽으로 이루어진 양지꽃(***P. fragarioides* var. *major* Mawim.**), 양지꽃과 유사하지만 잎이 3개의 소엽으로 이루어진 세잎양지꽃(***P. freyniana* Bornm.**)을 비롯하여 20여종에 이른다. 그중에서 돌양지꽃과 유사한 종에는 참양지꽃과 당양지꽃이 있다.

참양지꽃(***P. dickinsii* var. breviseta NAK.**)도 돌양지꽃처럼 산지의 바위틈에서 자라는데 싹눈에 털이 밀생하고 돌양지꽃에 비해 잎이 얇고, 톱니가 예리하며, 수과 밑에 있는 털이 수과보다 훨씬 짧다.[2]

당양지꽃(***P. rugulosa* Kitag.**)은 북방계식물로서 남한에서는 단양, 영월, 평창 등 석회암지대의 바위 위에서만 관찰된다. 당양지꽃은 줄기가 홍자색 또는 홍갈색을 띠고 있으며 꽃이 돌양지꽃보다 더욱 많이 달리는 점이 다르다.[3] 또한 굵은 육질의 원뿌리가 있고 여기서 가는 수염뿌리가 나온다.

◈ **당양지꽃** 왼쪽: 석회암 지대 강가의 암벽에 붙어 자라는 당양지꽃. 줄기가 적자색이다. 중간, 오른쪽: 당양지꽃의 꽃과 열매.

생육 특성

돌양지꽃은 햇볕이 잘 드는 바위틈이나 배수가 잘되는 척박한 사질토양에 주로 생육하므로 내건성이 강하다고 알려져 있다. 돌양지꽃은 지상부에 비해 지하부가 상당히 길게 발달하는 경우가 적지 않은데, 이것은 비교적 건조한 돌틈에 뿌리를 내리고 사는 개체가 물을 찾아 뿌리줄기를 길게 번기 때문이다. 이런 개체의 경우 굵고 목질화된 뿌리줄기가 길게 잘 발달되어 있지만 군데군데 내리는 수염뿌리는 그 수가 적고 좁은 돌 틈을 따라 깊게 뻗어 있는 경우가 많다. 이것은 이 식물의 강한 내건성이 건조하고 척박한 환경에서도 물이 있는 곳을 찾아가 필요한 수분을 효과적으로 확보하는 뿌리의 능력으로부터 기인한다는 것을 시사한다.

돌양지꽃을 오래 가꾸면 줄기가 점차 굵어지고 가지를 치면서 마치 오래된 소관목과 같은 느낌을 주므로 다른 초물분재에서는 만나기 어려운 고태미를 느낄 수 있다. 줄기의 수명이 10년 이상으로 상당히 길지만 나무가 아니므로 언젠가는 죽기 때문에 충실한 비배관리와 적절한 물 관리를 통해 새로운 줄기가 많이 올라오도록 해야 한다. 줄기를 새로운 것으로 갱신시키지 못하면 식물체가 초라해지고 종래에는 고사할 수도 있다. 묵은 줄기가 죽더라도 비배관리를 잘하면 새로운 줄기가 나와 다시금 활기를 되찾을 수 있다.

돌양지꽃은 2월 중순부터 새순이 움직이기 시작하며 3월 초순이면 모든 잎이 나와 활발하게 성장하기 시작한다. 그러나 수명을 다한 묵은 줄기에서는 봄에 잎이 나오지 않으며 이런 줄기는 쉽게 부러지고 잡아당기면 쉽게 빠진다. 보통 겨울을 지나면서 죽는 줄기가 생긴다. 동남향 베란다에서 초봄까지 창문을 닫아 따뜻하게 관리하는 경우 꽃은 5월 중에 핀다. 여름을 지나면서 줄기의 끝에 겨울눈이 만들어지고, 늦여름~초가을 사이에 화아분화가 일어날 것으로 추

◈ **돌양지꽃의 겨울눈과 출아** 왼쪽: 12월 중순에 관찰한 돌양지꽃의 겨울눈. 중간, 오른쪽: 돌양지꽃의 신아는 2월 중순부터 움직이기 시작하며(중간) 3월 초순이 되면 본격적인 성장이 이루어진다(오른쪽).

정된다. 겨울눈은 가을을 거치면서 점차 성숙해진다. 11월 중에 잎이 갈변하면서 죽지만 이것이 줄기에서 떨어지지 않고 이듬해 봄까지도 붙어 있다. 이듬해 봄에 새잎이 나오기 시작하면 죽은 잎을 가위로 잘라주는 것이 좋다.

옮겨심기

자생지에서는 돌양지꽃이 6~7월에 개화하지만 베란다에서는 5월에 꽃이 핀다. 꽃이 봄에 다소 늦게 피기 때문에 2월 말~4월 사이에 옮겨 심는 것이 좋다. 꽃이 진 후 6월에 옮겨 심는 것도 괜찮다. 봄에 옮겨 심는 것을 놓쳤다면 9~10월에도 옮겨심기가 가능하다. 다만 돌양지꽃은 이식이 까다로워 옮겨 심은 다음 잎이 마르는 경우가 적지 않으므로 뿌리의 활동이 왕성하고 새잎이 돋아나는 봄에 옮겨 심는 것이 더 바람직하다.

1. 화분 심기

돌양지꽃은 내건성은 좋지만 지속적인 과습에는 매우 취약하기 때문에 화분에 심을 때는 너무 과습하지 않도록 하고 특히 물 빠짐이 좋도록 심는 것이 중요하다. 앞에서 지적하였듯이 돌양지꽃의 내건성은 뿌리를 길게 뻗어 물을 찾아가는 능력으로부터 비롯된다. 그러나 자생지에서와는 달리 화분이라는 한정된 공간에서는 물을 찾아가 건조함을 극복하는 능력이 별로 소용이 없으므로 자생지에 비해 내건성이 떨어지게 된다. 그러므로 배양토는 너무 건조하거나 습하지 않도록 보통 수준의 습윤도를 갖도록 구성한다. 보통 6~7호(직경 18~21cm) 화분을 기준으로 마사토를 50% 내외로 하고 나머지는 보수성이 높은 화산토로 구성하면 무난하다. 통기성을 높여 과습을 피하고 싶으면 마사토에서 소립의 비율을 줄이고 대신 중립을 10% 정도 넣어 준다.

돌양지꽃은 꽃줄기가 길게 자라기 때문에 다소 높이가 높은 화분에 심는 것이 좋다. 화분의 높이가 낮으면 꽃줄기와 꽃이 바닥에 닿아 꽃이 빨리 상한다. 돌양지꽃은 긴 뿌리줄기로부터 굵은 줄기가 위로 솟아 있는 관계로 뿌리줄기가 잘 고정되어 있지 않으면 물을 주거나 바람이 불 때 식물체 전체가 흔들리기 쉽다. 그러므로 돌양지꽃을 옮겨 심을 때는 흔들리지 않도록 알루미늄 철사를 이용하여 뿌리줄기를 잘 묶어 주는 것이 좋다.

화분에 심은 돌양지꽃은 대략 3년마다 옮겨 심는 것을 원칙으로 하되 꽃달림이 좋고 묵은 줄기가 계속 건강하게 자라고 있으면 옮겨심기를 하지 않고 그 이상 두어도 상관없다. 그러나 꽃달림이 나빠지거나 묵은 줄기가 죽기 시작하면 지체 없이 분갈이를 해야 한다.

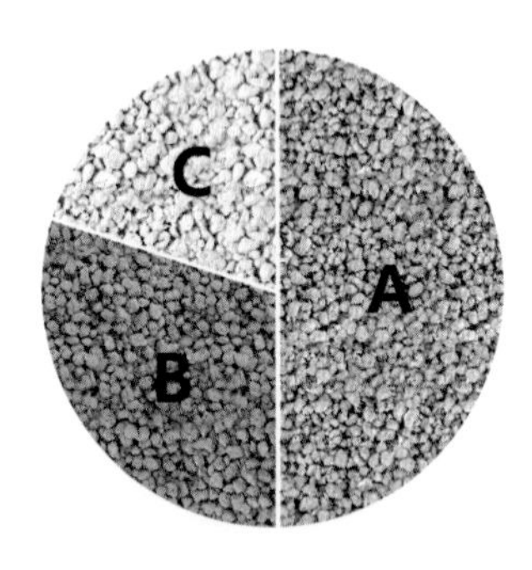

◈ **화분 : 6.7호(직경 20cm), 높이 11cm**

◈ **배양토 구성**

A : 마사토 소립 50%

B : 경질적옥토 소립 30%

C : 경질녹소토 소립 20%

① 가급적 뿌리를 잘 보존한다. 만일 뿌리줄기나 굵은 뿌리가 끊어지면 상처 보호제를 바른다.

② 배수공에 분망을 고정시키고 철사 구멍을 통해 알루미늄철사를 미리 끼워 둔다.

③ 배수층(10%)을 넣고 그 위에 배양토를 적당하게 넣는다.

④ 뿌리줄기와 철사가 직각이 되도록 식물을 넣는다.

⑤ 배양토를 더 넣고 대나무젓가락으로 쑤셔 돌린다.

⑥ 영양볼과 고형 인산비료를 넣는다.

⑦ 뿌리줄기가 완전히 덮이도록 배양토를 더 넣고 화분 벽을 가볍게 몇 번 쳐 준다.

⑧ 알루미늄 철사를 뿌리줄기를 가로질러 잡아 당겨 단단히 돌려 묶는다.

⑨ 화분 맨 위에 피복복비와 미량원소비료를 약간 흩뿌려 준다.

◈ 팻말을 꽂고 밑으로 맑은 물이 흘러나올 때까지 물을 충분히 준다. 잔뿌리를 거의 다치지 않도록 주의하여 심었지만 옮겨 심은 지 얼마 되지 않아 대부분의 잎이 말라버렸다. 그러나 상부의 한두 잎이 마르지 않고 남아 있어 완전히 말라죽은 것은 아님을 알 수 있었다.

◈ **옮겨심기 후의 변화** 왼쪽: 이듬해에 개화한 모습. 오른쪽: 옮겨 심은 지 3년 후에 개화한 모습. 증식률은 그다지 높지 않다는 것을 알 수 있다.

2. 석부작 만들기

돌양지꽃은 원래 돌에 붙어 자라는 식물이므로 그 습성과 생태에 맞도록 적당한 돌에 붙여 석부작으로 만들면 한층 더 멋진 분위기를 연출할 수 있다. 돌양지꽃의 목질화된 줄기는 시간이 흐름에 따라 느리지만 점차 굵어지고 가지를 치므로 오래된 돌양지꽃 석부작은 제법 나이 든 나무와 같은 중후한 분위기를 풍긴다. 돌양지꽃은 꽃줄기가 길게 자라므로 입석이나 반입석처럼 높이가 높은 돌에 붙이는 것이 좋으며 높이가 낮고 편평한 평석은 돌양지꽃 석부용으로는 적당하지 않다. 붙이는 장소는 물이 잘 빠지는 곳을 선택하는 것이 좋다. 돌양지꽃은 뿌리를 다치면 심고난 후에 잎이 쉽게 마르는 경향이 있으므로 석부작을 연출할 때도 가급적 잔뿌리를 다치지 않도록 조심하도록 한다. 석부작의 경우에도 흔들리면 좋지 않기 때문에 뿌리가 흔들리지 않도록 처음에는 실로 단단히 묶어 주도록 한다.

돌양지꽃은 일단 석부된 돌에 적응하면 오랫동안 즐길 수 있다. 석부작의 경우 특별히 큰 문제가 없는 한 갈아 심을 필요는 없다. 그러나 7~8년 이상으로 오래 되면 묵은 줄기가 죽기 시작하는데 이것을 그대로 두면 묵은 줄기가 차례로 죽어가면서 식물체 전체가 위험해질 수 있다. 따라서 묵은 줄기가 죽기 시작하면 지체 없이 옮겨 심어야 한다.

화분 두는 곳

돌양지꽃 재배에는 아무래도 강한 햇빛이 들어오는 남향의 베란다가 다른 방향의 베란다보다 더 적합할 것이다. 하지만 이식 초기의 적응기만 잘 넘기면 동남향의 베란다에서도 무난하게 배양하여 꽃을 즐길 수 있다. 어떤 베란다에서 키우든 가능한 한 많은 햇빛을 받을 수 있는 장소에 두는 것이 좋다. 강한 햇빛을 많이 받을수록 단단하고 야무지게 자라며, 해가 모자라면 웃자라고 꽃대도 길게 늘어진다. 돌양지꽃은 높은 지대에 자생하는 식물이므로 여름철의 고온다습에 취약하고 바람이 잘 통하는 것을 선호한다. 그러므로 가급적 통풍이 잘 되는 곳에 두는 것이 좋다. 그러나 입석에 비교적 얇은 두께로 석부한 것이라면 배수가 원활하므로 바람이 잘 통하면 너무 쉽게 마른다. 따라서 이런 작품은 굳이 바람이 잘 통하는 곳에 둘 필요는 없다.

물주기

돌양지꽃이 강한 내건성을 가지고 있다고 알려져 있지만 실제로는 건조에 매우 강하다고는 보기 어려운 경우가 많다. 돌양지꽃의 자생 환경은 겉보기에는 건조한 것처럼 보이지만 공중습도가 높은 경우가 많다. 또 돌양지꽃이 축축한 바위 겉의 상당히 두껍게 쌓인 부엽 층에 뿌리를 내리고 생육하는 경우도 드물지 않다. 그러므로 돌양지꽃이 건조하고 척박한 환경에서만 자생한다고는 말하기 어렵다. 돌양지꽃은 물이 모자라면 수분 스트레스로 말미암아 잎자루가 밑으로 처지는 증상을 자주 보이며, 일단 그렇게 되면 물을 주더라도 처진 잎의 전부 또는 일부가 말라죽고 만다. 한편으로는 과습에도 상당히 취약하다.

그러므로 돌양지꽃의 물주기는 전반적으로 너무 과하거나 모자라지 않도록 중간 정도의 수준으로 관리한다. 평평한 면에 두껍게 석부를 한 것이나 화분에 심은 것들은 물줄 때마다 매번 흠뻑 주게 되면 과습이 염려가 있다. 과습의 피해는 뿌리가 거의 다 썩어 돌이킬 수 없는 상태에 이르도록 잘 알지 못하는 경우가 보통이니 언제나 조심해야 한다. 그러므로 이런 종류는 강약 리듬을 만들어서 물을 주도록 한다. 하지만 입석에 얇게 석부한 것은 매번 물을 충분히 주어야 한다. 이런 작품은 쉽게 마르는 관계로 물을 박하게 주거나 바람이 심하게 불면 자칫 잎이 마르는 피해를 볼 수 있기 때문이다.

거름주기

베란다는 자생지에 비해 햇빛의 질과 양이 모두 부족하므로 비배관리가 좋지 않으면 꽃이 잘 피지 않거나 피더라도 꽃의 수가 현저하게 적어진다. 또한 줄기의 갱신을 위해서는 새로운 줄기가 잘 올라와야 하며 이를 위해서도 비배관리가 중요하다. 액비는 봄, 가을로 전체적으로 주는 시비 방식에 따른다. 봄, 가을로 고형 무기질비료나 유기질비료를 치비로 얹어두면 도움이 된다. 특히 석부작의 경우 오랫동안 분갈이를 하지 않는 경우가 많으므로 가을에 잿물을 주어 산성화된 토양을 중화시켜 주는 것이 중요하다.

번식

9월에 결실되는 종자를 바로 화분에 뿌리면 이듬해 봄에 발아하지만 베란다에서는 종자의 결실률이 높지 않다. 포기가 커지면 옮겨 심을 때 뿌리줄기를 잘라서 포기를 나누어 심는다.

병충해 방제

통풍이 불량하면 흰가루병이 발생할 수 있다. 그 외의 특별한 병충해는 별로 발생하지는 않는다.

참고문헌

1. 이우철. 한국식물명의 유래. 일조각. 2005.
2. 국립수목원. 국가생물종지식정보시스템 (NATURE). http://www.nature.go.kr
3. 국립수목원. 석회암 지대의 식물. 새롭게 주목받는 생물다양성의 보고. 지오북. 2012.

꽃장포

- **분류** 백합과
- **생육상** 상록성 다년생 초본
- **분포** 경기도 연천시, 강원도 양구군, 화천군, 철원군
- **자생환경** 산지의 골짜기나 강가의 습기 있는 바위 겉
- **높이** 화경의 높이 14~30cm

◆ **관리특성**

식재습윤도	●○○
광량	●◐○
관수량	●◐○
시비량	●●○
개화율	●●◐
난이도	●●◐

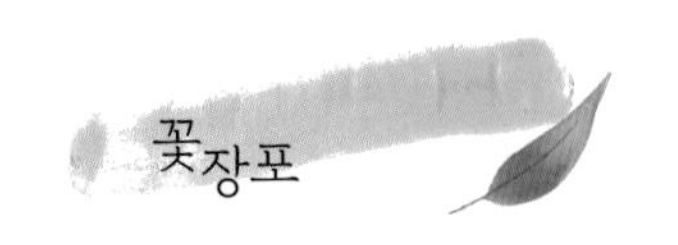

연중 관리		1	2	3	4	5	6	7	8	9	10	11	12
생활환	출아			●	●								
	영양생장			●	●	●	●						
	개화						●	●					
	겨울눈 형성							●	●				
	화아분화								●	●			
	생식생장							●	●	●	●	●	
	휴면	●	●										●
작업	옮겨심기			●	●	●				●	●	○	
	액비 시비			●	●	●	●			●	●	◐	
	치비 교환			●						●			

꽃장포(***Tofieldia nuda* Maxim.**)는 동아시아에 자생하는 북방계 상록성 식물이며 남한에서는 경기도와 강원도의 일부 북부지방 강가나 계곡의 습기 있는 바위 겉에 붙어사는 소형 초본이다. 이 식물은 꽃창포라고 불리어 왔으나 붓꽃과에 동일한 이름의 식물이 존재하기 때문에 일부 식물도감에서는 돌창포라고 기재하고 있고,[1,2] 국가표준식물목록에는 꽃장포로 등록되어 있다.[3]

근경은 짧고 노란색 뿌리는 가늘지만 질기고 튼튼하며 그 수가 그렇게 많지 않다. 납작한 선형의 잎은 10cm 내외로 짧고 약간 휘어지며 가장자리는 밋밋하고 끝이 뾰족하다. 잎은 2줄로 배열되며 밑부분에서는 양쪽의 잎이 속잎을 안고 서로 마주 보고 있다. 높이 20cm 내외로 자라는 화경 윗부분에 총상화서로 촘촘하게 달리는 자잘한 백색의 꽃은 소박하지만 청순한 아름다움을 풍기므로 많은 애호가들이 가꾸고 싶어 하는 사랑스러운 식물이다. 가느다란 꽃잎은 6개로 선상 장타원형이다. 자생지에서는 7~8월에 꽃이 피지만 베란다에서는

◈ **꽃장포 전초와 꽃** 왼쪽: 꽃장포는 2줄로 배열하는 짧은 선형의 잎을 가지고 있고, 지하부는 짧은 뿌리줄기와 가는 수염뿌리로 이루어져 있다. 오른쪽: 청초한 느낌을 풍기는 흰색의 작은 꽃은 한 달 이상 지속된다.

◈ **꽃장포 석부작** 왼쪽: 입석의 윗부분에 붙인 꽃장포로서 바위손, 검정개관중과 더불어 자연스럽게 어울린다. 오른쪽: 반입석의 윗면에 붙인 꽃장포. 아래쪽의 넓은 평석에 붙은 것은 석창포이다.

6~7월에 개화한다. 수술은 6개, 암술대는 3개이며 열매는 삭과로서 난형이다.

꽃장포는 한라산에 자생하는 한라꽃장포[*T. coccinea* var. *kondoi* (Miyabe & Kudo) Hara]나 백두산에서 자라는 숙은꽃장포(*T. coccinea* Rich.)와 흡사하지만 이들보다 잎이 가늘고 얇으며 재배적응성이 더 뛰어나다. 특히 베란다에서 재배하면 꽃이 잘 피지 않는 한라꽃장포나 숙은꽃장포와는 달리 꽃장포는 꽃이 매우 잘 달리므로 베란다 원예에 아주 적합한 종이다. 꽃장포는 원래 바위 위에 붙어사는 식물이므로 석부작으로 만들면 그 생태와 잘 맞고 보기에도 좋다.

◈ **꽃장포 작품** 왼쪽: 햇빛이 좋은 비닐온실에서 재배한 꽃장포 석부작. 햇빛을 많이 받으면 화경의 길이가 짧아지고 소화경 사이의 간격도 촘촘해져 전체적으로 짧고 탐스러운 꽃송이가 만들어진다. 소장자 김병기. 오른쪽: 화분에 심어 베란다에서 재배한 꽃장포. 소장자 안정숙.

봉의꼬리, 부싯깃고사리, 바위손 등의 착생식물과 같이 붙이면 한층 자연스러운 분위기를 연출할 수 있다.

◈ **한라꽃장포 석부작** 한라꽃장포는 꽃장포와 비슷하지만 잎이 더 넓고 짧다. 꽃장포에 비해 번식이 더디고 개화율도 낮은 편이다. 마사토를 사용하여 심고 표면을 이끼로 덮어 만든 것으로 단독주택의 정원에서 배양한 것이다. 소장자 박병성.

생육 특성

꽃장포는 북방계 식물에서는 드문 상록성 식물로서 겨울에도 낙엽이 지지 않고 녹색 잎을 그대로 유지하고 있는 식물이다. 이 작고 앙증맞은 식물은 가냘픈 외모와는 달리 재배적응성이 좋아 베란다에서 분화나 석부로 재배하기에 적합한 종의 하나이다. 특히 꽃달림이 매우 좋아 늘 기쁨을 안겨주는 식물이다. 여러 주를 모아 심은 화분에서 일제히 올라오는 백색의 무수한 작은 꽃은 여름의 더위를 날려버리기에 모자람이 없다. 더욱이 꽃의 수명이 한 달 이상으로 매우 길어 오랫동안 꽃을 감상할 수 있다는 장점도 있다. 그러나 꽃장포는 달팽이에 의해 치명적인 식해를 당하기도 하고 또 고온다습하면 밑동이 갈변하며 고사하는 경우가 많아 건강한 상태로 오랫동안 키우는 것은 쉽지 않은 종이다.

◈ **계절에 따른 꽃장포 잎의 변화** 왼쪽: 7월에 관찰한 잎으로 성장기에는 잎의 색깔이 밝은 녹색이다. 오른쪽: 월동하는 겨울 잎이다. 가을에 일부 잎은 갈변하면서 시들고 나머지는 어두운 녹색으로 변하여 월동한다.

꽃장포는 겨울에 창문을 닫아둔 동남향 베란다에서 3~4월 사이에 출아한다. 비배관리를 충실하게 하면 봄에 신아의 발생이 매우 왕성하므로 병이 없다면 해를 거듭할수록 포기가 잘 커진다. 꽃은 베란다에서는 6월 중에 피기 시작하며 개화기간이 길어 7월까지 한 달 이상 피어 있다. 겨울눈은 7~8월 사이에 형성되고 화아분화는 늦여름에서 초가을 사이에 이루어질 것으로 추정된다. 상록성이라고는 하지만 꽃이 지고 난 다음 가을에서 이듬해 봄까지 상당수의 잎이 마르면서 낙엽이 지는 경향이 있고, 일부 잎만 남아서 겨울을 나게 된다. 이렇게 꽤 많은 수의 잎이 낙엽이 지는 이유는 아마도 개체의 크기에 비해 많은 꽃을 피우기 때문인 것으로 생각된다. 성장기의 잎은 연한 녹색이지만 월동하는 겨울 잎은 녹색이 짙어지면서 암녹색을 띤다.

옮겨심기

베란다에서 꽃장포는 6월에 개화하여 7월까지 상당히 오랫동안 꽃이 피어 있다. 꽃이 한여름까지 지속적으로 피어 있기 때문에 꽃이 진 직후의 분갈이는 시기적으로 적절치 않다. 따라서 꽃이 피기 전인 3~5월 사이가 옮겨심기의 적기라고 할 수 있다. 이때에 옮겨 심어도 개화에는 큰 영향을 주지 않는다. 봄철의 옮겨심기를 놓쳤다면 9~10월에 옮겨 심도록 한다.

일반적으로 옮겨 심은 다음 해에는 꽃달림이 좋지만 시간이 흐름에 따라 점차 개화율이 떨어진다. 그러므로 대략 3년을 주기로 하여 분갈이를 시행한다. 석부작의 경우에도 개화율이 떨어지면 모두 떼어 내어 새로 붙이는 것이 좋다.

1. 화분 심기

꽃장포는 크기가 작고 뿌리도 크게 발달하지 않는 식물이기 때문에 화분에 심을 때는 가급적 작은 화분에 심는 것이 좋다. 또한 공중습도가 높은 것은 선호하지만 뿌리가 습한 것은 별로 좋아하지 않기 때문에 약간 건조하게 심는다. 만일 4호(직경 12cm) 화분에 심는다면 마사토와 화산토의 비율이 각각 50%가 되도록 배양토를 배합하면 적당하다. 화분의 크기가 이보다 더 커지면 마사토의 비율을 더 올려준다.

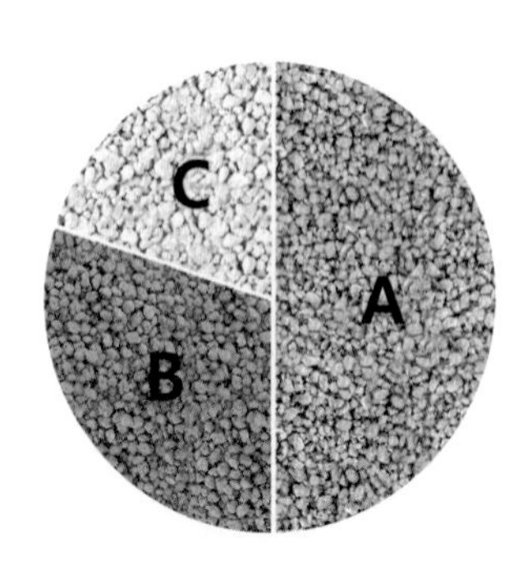

◈ **화분 : 4호(직경 12cm), 높이 8cm**

◈ **배양토 구성**

A: 마사토 소립 50%

B: 경질적옥토 소립 30%

C: 경질녹소토 소립 20%

2. 석부작 만들기

꽃장포는 원래 강가나 골짜기의 바위 곁에서 자생하는 식물이므로 모양 좋은 돌 위에 붙이면 운치 있는 작품을 만들 수 있다. 석부작을 만들 때 생명토를 너무 두껍게 바르면 과습으로 인해 뿌리가 썩을 우려가 있으므로 생명토의 두께는 대략 2cm 내외로 비교적 얇게 발라준다. 오래 묵은 꽃장포에서는 밑부분에 오래된 뿌리줄기가 수직으로 길게 달려 있는 경우가 있다. 이런 개체들을 사용하여 석부작을 만들 때는 생명토를 약간 더 두껍게 발라주어야 할 필요가 있다. 만일 뿌리줄기의 높이가 너무 높으면 뿌리가 달리지 않은 오래된 부분을 가위로 제거해 주는 것이 좋다. 꽃장포는 뿌리의 발달이 그다지 왕성하지 않으므로 옮겨 심는 과정에서 생명토와 얽혀 있는 뿌리가 끊어지지 않도록 조심하여야 한다.

① 꽃장포의 뿌리를 정리하고 밑동을 수태로 감싸준다.

② 꽃장포를 심을 돌의 윗부분에 생명토를 약 1cm 두께로 발라준다.

③ 돌의 중앙 부분에 수태로 밑동을 감싼 꽃장포를 꽂아 넣는다.

④ 생명토를 더 추가하여 식물의 밑동을 덮어준다.

⑤ 돌의 왼쪽 부분에 키가 작은 개체들을 배치한다.

⑥ 핀셋으로 생명토를 떠서 식물 사이에 밀어 넣는다.

⑦ 오른쪽 부분에는 키가 큰 개체들을 배치한다.

⑧ 앞부분에 식물을 배치하고 생명토로 모두 덮는다.

⑨ 생명토로 밑동을 모두 덮어준 다음 이끼를 붙인다.

◈ 2년 후 개화 직전의 모습.

화분 두는 곳

꽃장포는 대체로 반그늘에서 키우면 무난하게 생육한다. 햇빛이 모자라면 웃자라고 꽃대도 길게 늘어나는 경향이 있기 때문에 어느 정도 해가 많이 드는 곳에 두면 보다 양호한 상태로 키울 수 있다. 통풍이 불량하면 잎에 노란색 반점이 생기기도 하므로 가능하면 바람이 잘 통하는 곳에서 재배한다. 특히 큰 화분에 심은 것은 과습의 우려가 있기 때문에 바람이 잘 통하는 곳에 두는 것이 좋다. 꽃장포는 민달팽이의 피해가 극심하므로 작은 화분의 경우에는 물을 채운 수반 위에 만든 달팽이 회피대에 올려두면 민달팽이의 접근을 차단할 수 있다.

물주기

◈ 달팽이 회피대

꽃장포는 습윤한 환경의 바위 위에서 자생하는 식물이므로 공중습도가 높은 것을 좋아하지만 뿌리가 지속적으로 습해지는 것은 별로 좋아하지 않는다. 지하부를 너무 습한 상태로 관리하면 뿌리가 썩기 때문에 뿌리의 수가 적어지고 생육이 불량해진다. 꽃장포 석부작에서 생명토가 떨어져 나가 뿌리의 일부가 부분적으로 공기 중에 노출되더라도 꽃장포는 상당히 오랫동안 말라 죽지 않고 견딜 수 있다. 이것은 꽃장포가 건조에는 상당히 강하다는 것을 시사하는 것이다. 그렇다고 하더라도 꽃장포는 기본적으로 습윤한 환경에서 자라는 식물이므로 중간 수준으로 물을 주도록 한다.

계절별로 물을 주는 리듬과 주기는 베란다의 전체적인 관수 요령에 따른다. 화분에 심은 것들은 물을 많이 주면 뿌리가 과습의 피해를 입을 수 있기 때문에 물을 너무 많이 주지 않는다. 생명토를 얇게 발라 만든 석부작은 매번 물을 충분히 주어도 과습의 우려는 별로 없다. 그러나 생명토의 두께가 두꺼우면 과습의 피해를 당할 수 있으니 조심하는 것이 좋다.

거름주기

작은 덩치에 비해 많은 꽃을 피우는 식물이므로 비료를 넉넉하게 주는 것이 좋다. 봄, 가을로 주는 액비는 전체적인 시비 방식에 따른다. 3월과 9월에 유기질 덩이비료나 피복복비를 충분하게 올려준다.

번식

노지에서 재배하거나 외부와 통하는 비닐하우스에서 키우는 것들은 채파(채종 즉시 파종)하면 싹이 제법 나오지만 베란다에서는 씨를 뿌려도 발아가 거의 되지 않는다. 베란다에서는 아마도 씨가 잘 여물지 못하기 때문인 것 같다. 큰 포기를 이룬 것들은 포기나누기로 번식이 잘 된다.

병충해 방제

꽃장포에서 발병하는 병 중 가장 치명적인 것은 밑동 부분이 갈변하면서 포기가 옆으로 쓰러지는 것이다. 이것은 고온다습한 환경에서 통풍이 원활하지 않으면 발생하는 것으로 보이며 세균성 병해의 하나로 추정된다. 이 병은 일단 발병하면 2~3년 또는 그 이상에 걸쳐 지속적으로 발병하면서 베란다의 모든 꽃장포에 점진적이지만 치명적인 해를 끼치므로 면밀하게 관찰하고 적시에 대책을 세우지 않으면 안 된다. 이 병이 발병하기 때문에 재배의 난이도가 높고 베란다에서 장기간 키우는 것이 힘들다. 특별한 치료약은 아직 알려진 것이 없는 것 같다. 이를 예방하기 위해서는 혹서기에 통풍을 잘 시키고 톱신이나 다이젠M과 같은 살균제를 정기적으로 뿌려주는 것이 좋다.

◈ **꽃장포에 발생하는 병충해** 왼쪽: 밑동이 갈변하면서 옆으로 쓰러져 고사하는 병징을 보이는 개체. 이 병이 발생하면 베란다 내의 꽃장포가 서서히 거의 전멸된다. 오른쪽: 민달팽이에 의한 꽃장포 식해(食害). 밑동을 통째로 갉아먹어 절단시켰다.

꽃장포에 대한 또 하나의 큰 적은 민달팽이다. 민달팽이는 꽃장포를 대단히 좋아하며 뿌리줄기 바로 위에서 밑동을 몽땅 먹어치워 완전히 절단해 버린다. 이렇게 목이 잘린 개체에서는 신아가 발생하지 못하므로 그것으로 끝이다. 일단 한 번 침범한 민달팽이는 끊임없이 주변의 꽃장포 밑동을 잘라 먹으므로 얼마가지 않아 화분이나 석부작 전체가 치명적인 피해를 입는다. 따라서 늘 이런 피해를 당한 포기나 민달팽이가 있는지 면밀하게 살펴보아야 한다. 민달팽이에 의해 밑동이 잘린 개체는 넘어지지 않고 그대로 서 있는 경우도 있으므로 그런 피해를 당했는지 모르고 지나가기도 한다. 그러므로 뭔가 수상하면 건드려보아야 한다. 침입한 민달팽이를 잡아내더라도 주변에 민달팽이가 있다면 어김없이 또 침범하므로 민달팽이를 박멸시키는 것이 근본적인 해결책이다. 부분적으로 약제를 살포하는 것은 효과가 없으므로 베란다 전체에 걸쳐 민달팽이 퇴치제를 2주 간격으로 2~3회 또는 그 이상 연속적으로 살포해야 민달팽이를 거의 없앨 수 있다. 공벌레도 꽃장포 잎의 여러 부분을 지속적으로 갉아먹어 보기 싫게 만든다.

참고문헌

1. 이영노. 새로운 한국식물도감. 교학사. 2007.
2. 이창복. 원색 대한식물도감. 향문사. 2014.
3. 국립수목원. 국가식물목록위원회. 국가표준식물목록. http://www.nature.go.kr.

병아리난초

◆ **분류** 난초과

◆ **생육상** 다년생 초본

◆ **분포** 전국

◆ **자생환경** 산지의 암벽 또는 냇가의 절벽이나 바위

◆ **높이** 8~20cm

◆ **관리특성**

항목	정도
식재습윤도	●○○
광량	●◐○
관수량	●◐○
시비량	●●○
개화율	●●◐
난이도	●●○

	연중 관리	1	2	3	4	5	6	7	8	9	10	11	12
생활환	출아			●									
	영양생장			●	●	●	●						
	개화						●						
	덩이뿌리 형성							●	●				
	화아분화								●	●			
	생식생장							●	●	●	●	●	
	낙엽											●	
	휴면	●	●										●
작업	옮겨심기			○	●	●							
	액비 시비			●	●	●	●			●	●	◐	
	치비 교환			●						●			

병아리난초[***Amitostigma gracilis*** **(Blume) Schltr.**]는 한국, 일본, 중국(만주) 등 동아시아에 자생하는 소형 난초로 우리나라에서는 전국에 분포한다.[1] 병아리난초는 공중습도가 높은 산지, 강가 또는 계곡의 바위 위에서 자라는 지생란으로 바위 겉에 붙어 자라므로 반착생란의 느낌도 풍기는 작지만 매력적인 야생란이다. 병아리난초는 크기도 작고 재배적응성도 좋아 베란다에서 키우기에 매우 적합한 종류이며, 화분에 키워도 좋지만 돌에 붙여 석부작을 만들면 더욱 멋진 경관을 연출할 수 있다.

뿌리는 3~6개가 줄기의 밑동에 붙어 있는데 그중 2~4개는 가는 뿌리이고 1~2개는 계란형 또는 다소 길쭉한 타원형의 굵은 덩이뿌리(괴근)이다. 매해 새로 생긴 덩이뿌리의 꼭대기에는 겨울눈이 붙어 있고 이듬해 봄에 그것이 새로운 개체로 자라난다. 줄기의 아랫부분은 흰색, 윗부분은 자줏빛이 도는 갈색이고 꽃줄기를 포함하여 높이 8~20cm이며, 세력이 좋으면 30cm 정도까지 자라기도 한다. 잎은 줄기 약간 윗부분에 보통 1장, 드물게 2장이 달리는데 긴 타원형으로 길이 3~8cm, 너비 1~2cm 정도이다. 잎의 아랫부분은 줄기를 감싸고 있고 2장의 얇은 잎싸개로 덮여 있다. 줄기에서 계속되는 꽃줄기에는 녹색의 피침형 포가 붙어 있다.

◈ **자생 병아리난초와 꽃** 왼쪽: 병아리난초는 동향의 비스듬한 바위 위 또는 급경사의 절벽에 붙어 자라는 경우가 많다. 중간, 오른쪽: 병아리난초의 꽃.

자생지에서는 병아리난초의 꽃이 여름(6~8월)에 피며, 동남향 베란다에서는 보통 6월 초순에 개화한다. 꽃은 보통 분홍색이지만 드물게 흰색이고, 작은 꽃 5~25개가 긴 꽃줄기에 한쪽으로 치우쳐서 총상화서로 달리며 아래쪽으로부터 차례로 벌어진다. 꽃이 한쪽(빛이 주로 들어오는 쪽)을 보면서 피기 때문에 꽃줄기를 위에서 내려다보면 씨방과 꽃이 한쪽을 향해 반구형으로 돌출된 양상으로 배열되어 있다. 즉, 입체적으로는 반원기둥 모양으로 한쪽을 보면서 배열되어 있다. 비배관리를 충실히 하여 세력이 좋아진 개체에서는 40개 이상의 꽃이 달리는 경우도 드물지 않다. 주·부판(꽃받침잎)과 봉심(곁꽃잎)은 타원형으로 크기가 작고, 상대적으로 크기가 큰 설판(입술꽃잎)은 아래로 늘어지며 삼지창처럼 세 갈래로 갈라지는데 가운데갈래는 넓고 곁갈래는 가늘다. 거(距)는 씨방 밑에서 이와 나란하게 똑바로 뒤쪽으로 뻗어 있고 길이는 씨방의 1/3(1~2mm) 정도이다.

열매는 삭과로 타원형이고 길이 4~7mm 정도이다. 베란다에서는 6월 말까지 초록색이던 열매가 7월에 들어서면서 하나둘 갈색으로 익어가며 이런 현상은 8월까지 계속된다. 열매가 익으면 얼마 지나지 않아 갈라지고 그 틈새로 먼지 같은 씨앗이 쉽게 빠져나간다.

◈ **6월 말(왼쪽)과 7월 중순(오른쪽)에 관찰한 병아리난초의 열매**

우리나라에는 병아리난초속에 속하는 식물이 병아리난초 한 종밖에 없으며, 비슷한 이름을 가진 구름병아리난초(***Neottianthe cucullata*** **Schltr.**)는 다른 속(구름병아리난초속)에 속하는 식물이다.

병아리난초는 바위 위에 붙어 자라므로 석부작에 잘 어울리는 식물이다. 특히 높이가 높은 입석의 한쪽 경사면에 붙이면 멋진 작품을 만들 수 있다. 돌의 기울어진 면이 창문을 향하도록 놓아두면 꽃줄기가 햇빛이 들어오는 방향으로 자라고 꽃도 그쪽을 향해 피어 매우 정돈된 모습으로 개화한다. 경사가 심한 절벽 면에 병아리난초를 붙일 때는 돌의 윗면에만 붙이는 것이 좋다. 왜냐하면 그런 돌의 아랫부분은 마르는 속도가 더뎌서 과습의 우려가 있기 때문이다. 또한 병아리난초는 입석이나 반입석의 평탄한 윗면 또는 평석에 붙여도 잘 어울린다. 베란다에서 키울 경우 돌의 편평한 면에 붙이더라도 대부분의 잎이 빛이 들어오는 쪽을 향해 자라므로 전체적인 형태가 산만해지지 않고 잘 정돈된 모습의 작품이 만들어진다. 또 꽃도 일제히 빛이 들어오는 쪽을 향해 단정하게 핀다. 병아리난초에 곁들여 여러 가지 착생식물을 함께 심으면 한층 더 자연스러운 분위기를 연출할 수 있다.

◈ **병아리난초 석부작** 현무암 입석의 경사면에 붙인 병아리난초. 다공질성인 현무암은 배수가 좋아 과습으로 인한 피해를 줄일 수 있으므로 병아리난초 석부작을 만들기에 적합한 소재이다.

◈ **병아리난초 석부작** 수직에 가까운 넓은 경사면을 가진 돌에 붙인 병아리난초 석부작.

◈ **병아리난초 석부작** 반입석(왼쪽)과 입석(오른쪽)의 평탄한 윗면에 붙인 작품. 병아리난초에 곁들인 콩짜개덩굴, 바위손, 부싯깃고사리가 멋진 분위기를 연출한다. 소장자 김주석(왼쪽).

◈ **병아리난초 석부작** 평석에 붙여 베란다(왼쪽)와 비닐 온실(오른쪽)에서 키운 작품. 소장자 주경수(오른쪽).

생육 특성

빛이 한쪽에서만 들어오는 베란다 환경은 일반적으로 식물 재배에 단점으로 작용한다. 왜냐하면 식물이 햇빛이 들어오는 쪽으로 기울어지기 때문이다. 그런데 병아리난초의 경우에는 비스듬한 돌에 붙여 경사진 면이 창문을 향하도록 놓아두면 꽃이 일제히 앞쪽(빛이 들어오는 쪽)을 바라보도록 피울 수 있으므로 베란다 환경이 오히려 장점으로 작용한다. 또한 병아리난초는 크기도 작고

◈ **병아리난초 화분 작품** 병아리난초는 화분에서 키워도 비교적 잘 자라지만 과습에 의한 피해를 항상 조심해야 한다.

개화율도 높아 베란다에서 키우기에 무척 적합한 종이다. 여러 개를 모아 심어 비배관리를 잘하면 일제히 피어나는 무수한 꽃이 멋진 경관을 연출하며, 더욱이 꽃에서는 옅지만 상큼하고 청량한 향이 나므로 운치를 더한다.

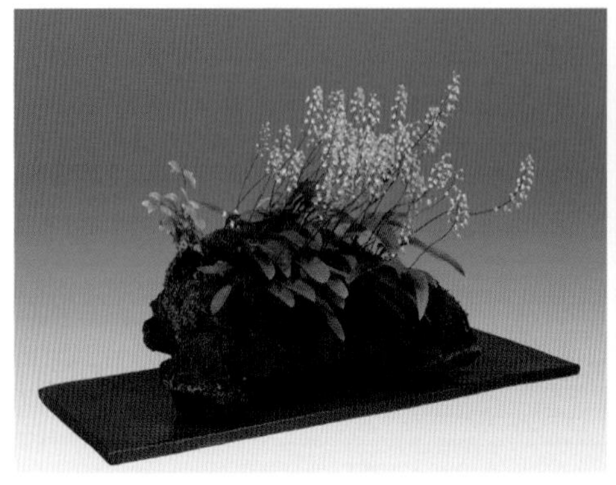

◈ **병아리난초 석부작** 경사진 돌에 붙인 병아리난초에서 꽃이 모두 앞을 향해 단정하게 피었다. 병아리난초는 비배관리를 잘 하면 꽃의 수가 크게 증가하므로 각각의 꽃의 크기는 작지만 전체적으로는 화사한 작품을 만들 수 있다.

병아리난초는 지난해 여름에 생긴 덩이뿌리에 저장된 녹말을 에너지원으로 사용하여 봄에 새로운 개체를 발생시킨다. 겨울에 창문을 닫아두고 관리한 동남향 베란다에서는 보통 신아가 3월에 출아하며, 일부 덩이뿌리에서는 신아가 그보다 더 늦게 출아하는 경우도 있다. 꽃은 베란다에서는 대개 6월 초순~중순 사이에 개화한다. 큰 덩이뿌리에서 발생한 개체는 영양상태가 좋으므로 많은 수의 꽃을 피우지만, 작은 덩이뿌리로부터 올라온 개체에서는 보통 꽃이 피지 않거나 피더라도 꽃의 수가 적다.

베란다에서 재배하는 경우 6월 말이 되면 꽃이 모두 지고 씨방은 아직 여물지 않아 녹색을 띠고 있다. 지하부를 파보면 이때까지는 작년에 형성된 묵은 덩이뿌리만 보이고 새로운 덩이뿌리는 아직 보이지 않는다. 그 이후로 혹서기를 지나면서 씨방이 여물어 점차 갈색으로 바뀌고, 지하부에서는 내년의 새로운 개체로 자라날 겨울눈을 잉태하고 있는 새로운 덩이뿌리들이 자라난다. 그러므로

◈ **병아리난초의 덩이뿌리** A: 6월 하순에 관찰한 작은 개체로 작년에 형성된 묵은 덩이뿌리(붉은색 화살표)에서 올해의 잎과 줄기가 자라나 있다. B~D: 8월 중순에 관찰한 것으로 6월 하순과는 달리 묵은 덩이뿌리(붉은색 화살표) 외에 새로운 덩이뿌리(노란색 화살표)가 발생하였다. 새로 발생한 덩이뿌리의 꼭대기에는 내년에 새로운 개체로 성장할 겨울눈(초록색 화살표)이 붙어 있다.

이때에는 묵은 덩이뿌리와 새로운 덩이뿌리를 모두 볼 수 있다. 화아분화는 새로운 덩이뿌리가 어느 정도 성장하는 늦여름에서 초가을 사이에 일어날 것으로 추정된다. 가을을 지나면서 새로운 덩이뿌리는 더욱 커지면서 성숙해지고, 겨울이 다가옴에 따라 지상부는 점차 시들게 된다. 묵은 덩이뿌리는 겨울을 나면서 점진적으로 고사하며 봄이 되면 껍질만 남게 된다. 늦은 가을 이후로 시든 잎을 잡아당기면 줄기가 쑥 빠지는 것을 경험할 수 있는데 이는 묵은 덩이뿌리가 수명을 다해가거나 혹은 이미 고사하였음을 나타내는 것이다.

병아리난초를 오래 키우다 보면 매년 신아가 잘 올라오던 화분이나 석부작에서 어느 해 봄에 갑자기 새로운 개체가 거의 또는 전혀 나오지 않는 것을 간혹 경험하게 된다. 대부분의 경우 그 원인을 정확하게 알 수 없기 때문에 이런 일이 발생하면 대책이 없고 답답하게 느껴진다. 이러한 현상에 대한 원인으로는 다음과 같은 몇 가지 요인들을 꼽아볼 수 있다.

우선 창문 바로 앞에 놓아둔 화분이 겨울에 심하게 얼면 덩이뿌리가 동해를 입어 고사한다. 야생 상태의 병아리난초는 겨울의 혹한을 견딜 수 있지만 따뜻한 곳에서 재배하는 것들은 내동성이 떨어져 쉽게 동해를 입는 것으로 보인다. 그 다음으로 과습, 과건, 과비, 병충해 등에 의한 피해를 생각해 볼 수 있으며, 이중 가장 가능성이 높은 것은 과습이다. 병아리난초의 연약한 덩이뿌리는 과습에 취약하며 이로 인해 대량 고사할 수도 있다. 마지막으로 옮겨심기에 동반되는 부작용을 생각해 볼 수 있다. 오랫동안 옮겨심기를 하지 않으면 용토가 심하게 산성화되면서 국소적인 환경이 악화된다. 병아리난초의 뿌리는 1~2cm 정도로 매우 짧아 식물체 바로 옆의 토양에서만 양분을 흡수할 수 있으므로 오랫동안 분갈이를 하지 않으면 식물체 바로 주변 토양의 양분이 극심하게 고갈될 가능성이 높다. 이렇게 악화된 환경 하에서는 조그마한 관리상의 부주의(과습, 과비 등)도 치명적인 요인으로 작용할 수 있다. 또한 옮겨심기의 시기가 적절하지 않으면 다음해의 발아율이 크게 떨어지기도 한다(다음의 옮겨심기 참조).

옮겨심기

오랫동안 옮겨심기를 하지 않으면 점차 개체 수가 감소하는 일이 잦고 또 갑자기 대부분의 개체가 고사해 버리는 일이 일어날 수도 있으므로 화분과 석부작 모두 3년마다 한 번씩 꼭 옮겨 심도록 한다. 그렇다고 너무 자주 옮겨 심는 것도 바람직하지 않다. 병아리난초는 신아가 어느 정도 자라고 줄기가 굳어지는 4~5월에 옮겨 심는 것이 가장 좋다. 이 시기에 옮겨 심어도 개화에 큰 지장을 주지는 않는다. 3월에 옮겨 심는 것도 나쁘지 않지만 새로 솟아나는 싹이 아직 어리고 약해 손상되기 쉽고 또 신아가 늦게 나오는 덩이뿌리를 놓칠 수도 있으니 조심해야 한다. 신아가 출현하기 전에는 자칫 작은 덩이뿌리를 빠트릴 수도 있고 겨울눈을 다칠 수도 있으므로 옮겨심기를 피하는 것이 좋다. 부득이

한 경우 꽃이 진 직후인 6월 하순에도 옮겨 심을 수 있지만 혹서기가 다가오고 있고 또 새로운 덩이뿌리가 자라나기 직전이므로 이는 그다지 권장할 만한 일이 아니다. 새로운 덩이뿌리가 자라기 시작하는 7월 이후로는 옮겨심기를 하지 않는 것이 좋다.

전해에 옮겨심기를 하였는데 다음해 봄에 신아가 거의 나오지 않는 경우에는, 배양토에 큰 문제가 없다면, 옮겨심기의 시기에서 그 원인을 찾아볼 수 있다. 병아리난초에서는 한여름을 지나면서 겨울눈을 가지고 있는 새로운 덩이뿌리들이 생겨나고 가을을 거치면서 이것들이 성숙하게 된다. 가을 동안 잎의 탄소동화작용으로 생성된 녹말이 새로운 덩이뿌리로 이동하여 축적되어야 이 덩이뿌리들이 정상적으로 성장하고 성숙할 수 있다. 그러므로 이 덩이뿌리는 잎이 살아 있는 동안 줄기 밑동에 계속 붙어 있어야 한다. 그러나 그 이음매가 매우 약해 옮겨심기를 하는 동안 가볍게 건드리기만 해도 줄기 밑동으로부터 쉽게 떨어져 버린다. 이렇게 되면 더 이상의 양분 축적이 이루어지지 않고 성숙이 중단되어 이듬해 신아의 발아에 큰 지장을 초래한다. 또 새로운 덩이뿌리와 그 꼭대기에 붙어 있는 겨울눈은 상당히 연약하므로 가능한 한 건드리지 않는 것이 좋지만 여름 이후에 옮겨 심으면 불가피하게 이를 건드려 이듬해 봄의 발아에 악영향을 미치게 된다. 결국 7~8월의 옮겨심기는 새로운 덩이뿌리를 줄기 밑동으로부터 떨어뜨리고 겨울눈을 손상시킬 우려가 크기 때문에 절대 하지 말아야 한다. 마찬가지 이유로 가을의 옮겨심기도 피해야 한다. 잎이 모두 떨어진 늦가을에는 새로운 덩이뿌리가 거의 성숙되어 가지만 옮겨 심는 동안 겨울눈을 다칠 염려가 있고 새로운 환경에 미처 적응이 되지 않은 상태에서 추위를 맞게 되므로 발아율이 떨어질 가능성이 여전히 높다. 실제로 8월이나 늦가을에 옮겨심기를 시행하면 이듬해 봄에 발아율이 현저하게 떨어지는 경우가 많다.

1. 석부작 만들기

병아리난초는 석부작으로 만들어 즐기는 것이 식물의 생태와도 맞고 보기에도 좋다. 비스듬한 돌에 붙이면 빛이 한쪽에서만 들어오는 베란다의 약점을 장점으로 전환시킬 수 있다. 또 높이가 있는 반입석이나 입석에 붙여도 멋진 작품이 만들어진다. 콩짜개덩굴, 바위손, 애기석위 등의 착생식물과 같이 어울리도록 하면 한층 더 자연스럽게 연출할 수 있다.

① 경사진 돌을 준비하여 깨끗하게 씻는다(5월).

② 돌 표면의 위쪽 2/3에만 생명토를 펼쳐 바른다.

③ 산앵도나무를 상단 한쪽에 장식용으로 붙여준다.

④ 생명토에 구멍을 파서 덩이뿌리를 넣고 다시 덮어주는 방식으로 위쪽으로부터 병아리난초를 심어 나간다.

⑤ 같은 요령으로 식물체가 넘어지지 않도록 하면서 위쪽에서 아래쪽을 향해 붙여 나간다.

⑥ 아직 잎이 나오지 않은 덩이뿌리들은 겨울눈이 위쪽을 향하도록 하여 빈 곳에 밀어 넣는다.

⑦ 식물체를 돌의 위쪽과 위쪽 가장자리에 붙이고 맨 아래쪽 부분에는 붙이지 않는다.

⑧ 부분적으로 노출된 덩이뿌리를 생명토로 너무 두껍지 않게 모두 덮어준다.

⑨ 이끼 모자이크를 시행한다. 물은 생명토가 어느 정도 마르면 준다.

◈ **옮겨심기 후의 변화** 왼쪽: 석부작을 제작한 지 약 1개월이 경과한 6월에 개화한 모습. 오른쪽: 이듬해 6월에 개화한 모습. 지난해에 비해 포기가 더 충실해졌고 꽃도 더 많이 달렸다.

2. 화분 심기

덩이뿌리가 과습에 취약하므로 화분에 심을 때는 물 빠짐이 좋도록 하고 다소 건조하게 심는다. 높이 10~15cm의 5~6호(직경 15~18cm) 화분을 기준으로 하여 배양토는 마사토 60%(중립 20%, 소립 40%), 화산토 소립 40%로 구성하면 무난하다. 병아리난초는 소나무 아래의 반그늘진 바위 위에서 솔잎과 섞여 자라는 경우가 많으므로 산성 토양을 선호하는 것으로 보인다. 따라서 화산토에서는 경질녹소토의 함량을 높여 사용하는 것이 좋다. 또한 배양토에 경질적옥토 세립을 약 5% 정도 추가하여 표면을 덮는 화장토로 사용하면 밑동 주변이 쉬 마르는 것을 방지하는 데 도움이 된다. 고형 인산비료 소량을 뿌리 주변에 넣어주면 많은 꽃을 피우는데 도움이 된다.

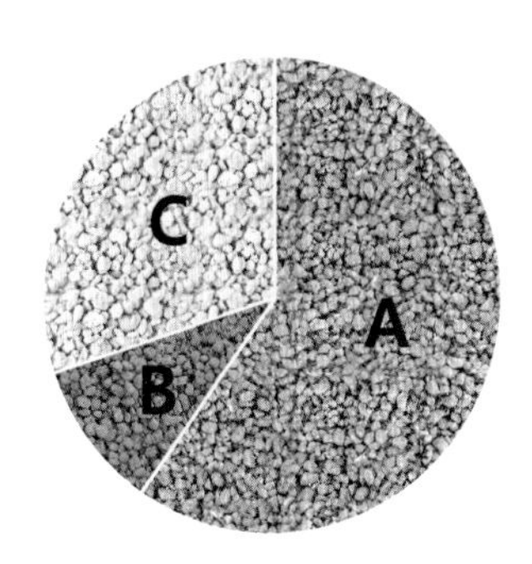

◈ **화분: 5호(직경 15cm), 높이 10cm**
◈ **배양토 구성**
A: 마사토 60%(중립 20%, 소립 40%)
B: 경질적옥토 소립 10%
C: 경질녹소토 소립 30%

화분 두는 곳

자생지에서는 병아리난초가 보통 반그늘진 동향~동남향의 바위 위에서 자주 발견된다. 이것은 오전의 부드러운 햇빛을 선호한다는 것을 나타내는 것이다. 따라서 오전 햇빛이 잘 드는 반그늘에 둔다. 또한 가급적 바람이 잘 통하는 곳에 두는 것이 좋다.

물주기

병아리난초는 공중습도가 높은 것은 좋아하지만 뿌리가 습한 것은 싫어하므로 과습하지 않도록 관리한다. 화분에 심은 것은 겉흙이 마르면 물을 주는 것을 원칙으로 하되 다소 건조한 듯 관리하는 것이 좋다. 입석류에 붙인 석부작은 일반적으로 배수가 원활하므로 매번 물을 충분히 준다. 그러나 넓은 경사면의 아랫부분은 쉽게 마르지 않는다는 점을 늘 유념해야 한다. 그리고 넓은 평석에 심어서 수평으로 놓아둔 것들은 상대적으로 더디게 마르므로 물주기에 강약의 리듬을 주어 관리하도록 한다.

여름에 줄기를 감싸고 있는 잎의 기부에 물이 고인 상태에서 강한 햇빛을 받으면 고인 물방울이 볼록렌즈의 역할을 하여 빛을 모으고, 이런 현상이 오래 지속되면 이 부위의 온도가 급상승한다. 이것은 병원성 세균의 증식과 활성을 급격히 올리는 원인으로 작용하고, 그 결과 잎의 기부가 검게 썩는 연부병이 발생할 수 있다. 그러므로 여름에는 반드시 저녁에 물을 주고 아침에는 절대 물을 줘서는 안 된다. 저녁에 물을 주더라도 고온기에 통풍이 불량하면 연부병은 언제라도 발생할 수 있으므로 바람이 잘 통하는 곳에 두고 잘 관찰하여 물이 오래 고여 있지 않도록 해야 한다. 만일 연부병의 발생률이 높으면 물을 준 다음 휴지를 찢어 손가락으로 비벼 이쑤시개처럼 가늘게 말아 고인 물을 빨아내도록 한다.

거름주기

충실한 신아를 얻고 꽃을 많이 피우기 위해서는 비배관리를 잘 하는 것이 중요하다. 보통 난과 식물은 비료의 효과가 잘 나타나는데 병아리난초도 예외가 아니다. 액비는 베란다 전체 관리에 준하여 주되 필요할 경우 엽면시비를 추가한다. 봄, 가을로 치비를 충실하게 바꾸어 준다. 비스듬한 돌에 붙인 석부작의 경우에는 자꾸 흘러내리므로 치비를 얹어두는 것이 쉽지 않다. 그럴 경우에는 구멍이 뚫려 있어 용해된 비료 성분이 빠져나올 수 있는 적당한 용기 속에 고형비료를 넣고 이 용기를 올려 둔다. 보통 분재용으로 시판되는 제품이 있으니 이를 구입하여 사용하면 된다. 비배관리를 충실하게 하면 덩이뿌리의 크기가 커져 다음해의 신아가 충실해지고 많은 수의 꽃을 피울 수 있으며 또 덩이뿌리의 수도 늘어나 증식의 효과도 거둘 수 있다. 그러나 과비는 오히려 역효과를 불러일으키고 덩이뿌리의 괴사를 유발할 수도 있으므로 지나친 시비는 삼가야 한다.

번식

여름에 새로이 발생하는 덩이뿌리의 수를 늘리는 것이 개체 수를 늘리는 길이다. 보통은 하나의 묵은 덩이뿌리에서 하나의 새로운 덩이뿌리가 생기지만, 영양상태가 좋은 굵은 덩이뿌리에서는 2개가 생기기도 한다. 따라서 효과적인 증식을 위해서는 충실한 비배관리를 통해 굵은 덩이뿌리를 만드는 것이 필요하다. 겨울 동안 지난해의 덩이뿌리가 고사하면서 새로운 덩이뿌리가 자연스럽게 나누어지므로 굳이 인위적으로 분주할 필요는 없다. 가을에 묵은 덩이뿌리로부터 새로운 덩이뿌리를 인위적으로 분리하면 성장이 중지되고 연약한 조직으로 이루어진 덩이뿌리와 새눈이 자극을 받아 오히려 역효과를 일으킨다.

일반적으로 난과 식물은 그 종자 발아율이 너무 낮기 때문에 일반 재배가에 의한 종자 번식은 거의 불가능하다고 할 수 있다. 그런데 병아리난초를 키우다 보면 여기저기서 씨가 발아하여 한두 개씩 병아리난초 신아가 출현하는 것을 경험할 수 있다. 또 때때로 병아리난초 화분이나 석부작에 씨앗이 저절로 떨어져 많은 수의 어린 개체가 출현하기도 한다. 이러한 사실은 병아리난초가 다른 난초들에 비해 실생 번식이 상당히 잘 된다는 것을 나타낸다. 그러므로 종자

번식을 시도해 보는 것도 재미있는 일이다. 다만 경험상으로 보면 그러한 시도가 매번 성공하는 것은 아니다.

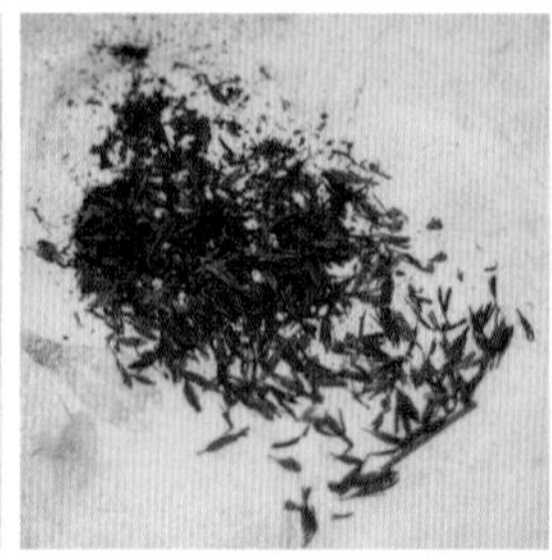

◈ **병아리난초의 열매와 씨앗** 왼쪽: 갈색으로 익은 병아리난초의 열매를 모은다. 열매 사이로 보이는 먼지 같은 가루가 병아리난초의 씨앗이다. 중간: 열매를 손가락 사이로 비비거나 절굿공이로 빻으면 열매가 터지면서 씨앗이 빠져나온다. 오른쪽: 이 씨앗을 생명토와 섞어 옮겨심기에 사용하거나 혹은 모주 주변에 직접 뿌려준다.

병아리난초는 7월~8월 사이에 씨방이 하나둘씩 시나브로 갈색으로 익어가는데, 일단 익으면 삭과가 쉽게 갈라지면서 먼지 같은 씨앗이 그 틈새로 빠져나가 버린다. 그러므로 자주 관찰하면서 씨앗이 빠져나가기 전에 꽃대를 잘라 따로 모아둔다. 씨앗이 유실되는 것을 방지하려면 열매가 막 익기 시작할 때 꽃줄기를 잘라 보관용기에 모아서 후숙시킨다.

이렇게 모은 열매를 그대로 또는 손가락으로 비벼 부수거나 절굿공이로 빻아 가루를 내어 뿌려 준다. 난과 식물의 씨앗은 난의 뿌리에 공생하는 난균의 도움이 있어야 발아할 수 있으므로 반드시 모주 주변에 뿌려야 한다. 열매나 씨앗을 석부작에 뿌릴 때는 이끼 위에 바로 뿌려도 되고 이끼를 걷고 그 속에 뿌려도 된다. 경사진 돌에 심은 병아리난초 주변에 가루 상태의 씨앗을 뿌릴 경우에는 유실을 방지하기 위하여 가급적 이끼를 걷고 그 밑에 뿌리도록 한다. 필요하다면 씨앗을 생명토와 섞어 병아리난초 주변에 추가하거나 혹은 옮겨 심을 때 이 생명토를 사용한다. 난초의 씨앗은 수명이 매우 길어서 오랜 시간이 흐른 뒤에도 조건이 맞으면 발아하므로 바로 그 다음해에 발아하지 않더라도 인내심을 가지고 기다리면 나중에 많은 새촉이 나올 수도 있다.

◈ **병아리난초 씨뿌리기** 완전히 익은 열매를 꽃자루에 붙은 채로 이끼 위에 얹어두거나(왼쪽), 이끼를 걷고 그 밑에 넣어준 다음 다시 이끼를 덮는다(중간, 오른쪽). 꽃자루에서 잘라낸 열매나 가루 상태의 씨앗을 뿌릴 때에도 같은 방식으로 뿌리면 된다.

◈ **병아리난초 실생 발아** 7월 초순에 관찰한 병아리난초 석부작의 모습이다. 지난해에 뿌려두었던 씨앗의 일부가 발아하여 작은 신아들이 많이 나왔다. 이 신아들은 한여름의 고온에 취약하고 통풍이 불량하면 연부병의 피해를 당하기 쉽다. 그러므로 과습에 주의하고 바람이 잘 통하는 자리에 두도록 한다.

병충해 방제

여름에는 잎이 붙어 있는 부분에 지속적으로 물이 고여 있으면 잎과 줄기가 썩는 연부병이 발생할 수 있다. 일단 연부병이 발병한 개체는 고사하고 만다. 만일 그런 현상이 자주 일어나면 연부병을 일으키는 세균의 번식을 억제하기 위해 농용 스트렙토마이신을 살포한다. 또 통풍이 잘 되도록 하고 휴지를 말아서 고여 있는 물을 빨아내도록 한다. 때때로 진딧물이 발생하기도 하고 또 민달팽이가 잎을 갉아먹는 피해를 당하기도 하지만 치명적인 것은 아니다. 이런 병충해가 발생하면 바로바로 관련 약재를 살포하여 구제하는 것이 좋다.

◈ **병아리난초의 연부병** 연부병이 발생한 개체는 잎과 줄기의 기부가 검은색으로 썩고 잡아당기면 쉽게 빠져버린다. 일단 연부병이 발생하면 치명적이므로 예방이 최선이다.

참고문헌

1. 이남숙. 한국의 난과식물 도감. 이화여자대학출판부. 2011.

닭의난초

- **분류** 난초과
- **생육상** 다년생 초본
- **분포** 강원, 경기도 이남
- **자생환경** 햇볕이 잘 드는 습지
- **높이** 20~70cm

◆ **관리특성**

식재습윤도	●●○
광량	●●◐
관수량	●●○
시비량	●●○
개화율	●●◐
난이도	●●○

연중 관리		1	2	3	4	5	6	7	8	9	10	11	12
생활환	출아			●									
	영양생장			●	●	●	●						
	개화					◑	●						
	겨울눈 형성							●	●				
	화아분화								●	●			
	생식생장							●	●	●	●	●	
	낙엽											●	
	휴면	●	●										●
작업	옮겨심기		◑	●	●					●	●	○	
	액비 시비			●	●	●	●			●	●	◐	
	치비 교환			●						●			
	화아분화유도							●	●				

닭의난초(***Epipactis thunbergii* A. Gray**)는 제주도를 포함하여 주로 경기도 이남의 산지 습지에 자생하는 지생란이지만 강원도 일부 지역에도 분포하고 있다고 알려져 있다. 세계적으로는 우리나라를 비롯하여 일본, 중국(북동), 러시아(우수리) 등에 분포한다.[1] 닭의난초는 꽃의 모양과 화색이 아름다워 상당히 높은 관상 가치를 갖고 있는 종의 하나이다. 키가 다소 큰 것이 흠이라면 흠이지만 아파트 베란다에서도 무난하게 적응하여 매년 꽃을 잘 피워주는 야생란이다. 닭의난초 이름의 유래에 대하여는 꽃이 핀 모습이 닭의 벼슬을 닮아서라거나 혹은 꽃봉오리의 모양이 닭의 부리를 닮았기 때문이라는 설이 있지만 근거가 확실하지는 않은 것으로 보인다.[2]

지하부에는 옆으로 벋어나가는 땅속줄기가 있고 그 마디마다 여러 개의 뿌리가 나온다. 땅속줄기에서 솟아오르는 줄기는 높이 20~70cm로 자라고 그 아랫부분은 3~4개의 자주색 초상엽(잎싸개)으로 싸여 있다. 잎은 타원상 피침형으로 6~12장 정도가 줄기에 어긋나게 붙고 여러 개의 맥을 따라 약간 주름이 잡혀 있다.

◈ **닭의난초 뿌리와 잎** 왼쪽: 10월 초순에 관찰한 닭의난초 지하부의 모습. 땅속줄기에서 많은 뿌리가 내린다. 검은색 반점처럼 보이는 것(푸른색 화살표)은 예전 줄기들이 붙어 있었던 자리이다. 하얗게 보이는 작은 돌기는 여름부터 형성된 겨울눈(붉은색 화살표)이다. 오른쪽: 닭의난초 줄기와 잎.

꽃은 3~15개가 줄기 끝에 총상화서로 달리며, 자생지에서는 7~9월에 피지만 동남향 베란다에서는 5월 말~6월에 개화한다. 6장의 꽃잎 중 바깥쪽의 주·부판(꽃받침잎)은 녹색을 띤 노란색으로 앞면보다 뒷면에 녹색이 더 진하게 들어 있다. 속에 있는 3장의 꽃잎 중 위쪽에 있는 2장의 꽃잎인 봉심(곁꽃잎)은 보통 주황색을 띠는 노란색으로 뒷면 중앙에는 짙은 갈색의 맥이 있다. 간혹 봉심의 색깔이 주황색 또는 주홍색인 꽃도 있으며 드물게 붉은색의 홍화도 발견된다. 설판(입술꽃잎, 순판)은 관절 같은 구조에 의해 두 부분으로 구분되는데, 아랫부분을 끝부분, 윗부분을 밑부분이라 한다. 끝부분은 난형으로 끝이 약간 말리며 백색 바탕에 황갈색 반점이 있고 가장자리는 보라색이다. 밑부분은 양쪽으로 약간 돌출되어 있고 옅은 백황색 바탕에 홍자색 맥을 가지고 있다.

유사종으로는 경북, 강원 이북의 석회암 지대의 숲에 자생하며 녹색, 녹갈색, 황록색의 꽃을 피우는 청닭의난초(***E. papillosa***)가 있다. 삼척 바닷가에서 자

◈ **닭의난초의 꽃** 왼쪽: 보편적인 화색을 가진 닭의난초 꽃으로 주·부판은 녹색이 가미된 노란색을 띠고 있고 봉심은 주황색에 가까운 짙은 황색이다. 설판은 흰색 바탕에 다양한 색의 점과 무늬, 그리고 맥이 있다. 오른쪽: 닭의난초 주홍화. 봉심과 설판의 색깔이 적색에 가까운 주홍색이다. 주·부판에도 주홍색이 비친다.

라며 **갯청닭의난초**라 알려진 종과 가칭 **임계청닭의난초**는 유전자 분석 결과 청닭의난초와 차이가 나지 않는다고 한다.[1]

생육 특성

닭의난초는 습지에서 자라는 양지식물이지만 배양이 그다지 까다롭지 않으며 해가 모자란 베란다에서도 무난히 꽃을 잘 피우는 경향이 있다. 물론 햇빛을 많이 보면 꽃달림이 더 좋아지지만 자생 환경에 비해 햇빛이 다소 모자라더라도 꽃이 잘 달리는 편이다. 키가 크게 자라면서 햇빛을 향해 기울어지는 양성주광성이 심하므로 햇빛이 한쪽에서만 들어오는 베란다에서 한자리에 가만히 두고 키우면 한쪽으로 심하게 기울어진다. 이

◈ **닭의난초 화분 작품**

를 방지하기 위해서는 줄기가 휘어지는 방향을 보아 가며 적절하게 화분을 돌려주거나 밑을 고여 화분을 창문 쪽으로 기울여 줄 필요가 있다.

겨우내 창문을 닫아둔 동남향의 베란다에서 닭의난초는 3월에 출아하여 5월 하순~6월 사이에 개화한다. 꽃이 진 다음 한여름에 접어들면 겨울눈이 형성되고 늦여름~초가을 사이에 화아분화가 이루어질 것으로 생각된다. 가을 동안 겨울눈과 꽃눈의 성숙이 이루어지므로 충실한 비배관리가 필요하다.

옮겨심기

닭의난초는 동남향 베란다에서 대개 5월 말에서 6월 사이에 개화하므로 이른 봄에 옮겨 심는 것이 가장 바람직하다. 옮겨심기는 이르면 2월 하순부터 가능하며 늦어도 4월 중으로는 마치도록 한다. 5월 말에서 6월 초순에 걸쳐 개화하는 경우에는 꽃이 진 직후에 옮겨 심어도 되지만, 6월 중순 이후에 꽃이 피는 경우에는 가을까지 기다렸다 9~10월 중에 옮겨 심도록 한다. 뿌리의 발육이 왕성하므로 매 3년 마다 분갈이를 해주는 것이 좋다.

닭의난초는 키가 크기 때문에 보통 높이가 낮은 분에 심는 것이 안정적이고 보기에 좋다. 다만 화분의 높이가 너무 낮으면 쉬 건조하게 되어 습한 환경에서 자라는 닭의난초의 습성과는 잘 맞지 않는다. 그러므로 낮은 화분에 심을 때는 높은 분을 사용할 때보다 배양토의 구성을 더 습하게 한다. 닭의난초는 높이가 높은 분에 심어도 잘 어울리며 화분 내의 습도를 유지시키기 위해서는 높이가 높은 화분을 쓰는 것이 더 좋다. 습지에서 자라는 식물이기 때문에 배양토는 다소 습하게 구성하도록 한다. 높이 15cm 내외의 5~6호(직경 15~18cm) 화분을 쓰는 경우 마사토를 40% 정도 포함시키고 나머지는 보수성이 높은 화산토로 사용하면 무난하다. 습지 식물이라 하더라도 배수가 불량하면 화분에서는 과습의 피해를 당할 수 있으므로 반드시 물 빠짐이 좋도록 심어야 한다. 화분이 커지면 마사토의 비율을 높이고 필요할 경우 마사토 중립을 약간 포함시키면 배수성을 향상시키는데 도움이 된다.

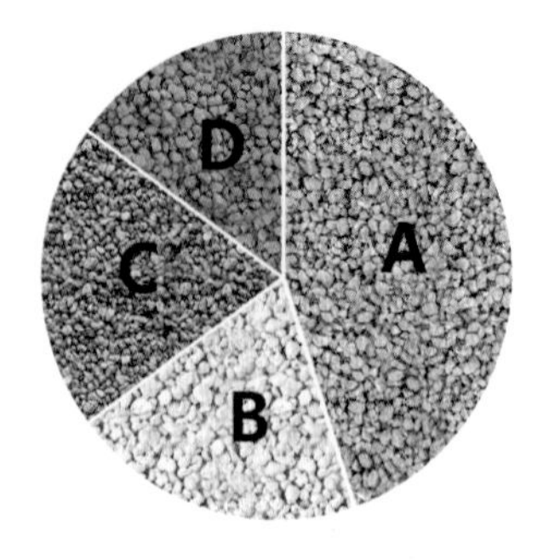

◈ **화분: 5.7호(직경 17cm), 높이 20cm**

◈ **배양토 구성**

A: 마사토 45%(중립 5%, 소립 40%)

B: 경질녹소토 소립 20%

C: 에조사 20%(중립 5%, 소립 15%)

D: 경질적옥토 소립 15%

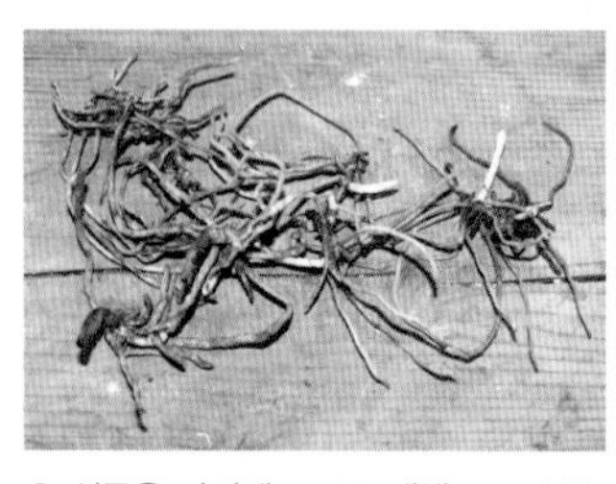

① 식물을 다이젠M 1,000배액으로 소독한 후 하루 동안 말린다(3월 말).

② 화분 바닥에 배수층(10%)을 넣는다.

③ 식물체 뿌리와 새순의 높이를 감안하여 배양토를 넣는다.

④ 새촉의 밑동이 표토로부터 약 5cm 정도 아래쪽에 위치하도록 식물체를 넣는다.

⑤ 뿌리의 절반 정도가 묻히도록 배양토를 채운다.

⑥ 고형 인산비료를 뿌리 사이에 흩뿌려 준다.

⑦ 배양토를 더 넣고 영양볼을 넉넉하게 올려준다.

⑧ 배양토를 마저 채우고 피복복비와 미량원소비료를 올려준다.

⑨ 팻말을 꽂고 물을 충분히 준다.

◈ **이듬해 6월에 개화한 모습** 아직 어린 개체인 관계로 줄기도 가늘고 꽃의 수도 적게 달렸다.

화분 두는 곳

닭의난초는 많은 햇빛을 받으며 자라는 식물이므로 되도록 볕이 잘 드는 자리에 두도록 한다. 일반적으로 베란다의 절대 광량과 광도는 자생지에 비해 크게 모자라지만 닭의난초는 베란다에서도 개화율이 상당히 높은 종의 하나이다. 닭의난초는 습지식물인 관계로 다소 습하게 심고 물도 후하게 주어 관리하는 것이 좋다. 그러나 습지식물이라 하더라도 화분에서 배양하는 경우 늘 과습의 피해를 당할 염려가 있다. 따라서 이러한 피해를 당하지 않으려면 바람이 잘 통하는 장소에 두는 것이 좋다.

자생지에서는 닭의난초가 겨울에 영하의 저온을 견딜 수 있도록 적응되어 있지만 베란다에서 오래 재배하는 경우 내한성이 상당히 감소하게 된다. 이런 개체들을 겨울에 창문과 접하는 곳에 두었다가 심하게 추워져 그곳의 온도가 영하 5도 이하로 떨어지게 되면 자칫 동해를 입을 수도 있다. 겨울 동안 창문 바로 앞에 두었던 화분에서 4월이 되도록 신아가 표토를 뚫고 올라오지 못하면 동해를 의심해 보아야 한다. 동해를 입은 닭의난초는 대부분의 겨울눈이 새로운 개체로 자라지 못하고 고사하게 된다. 또 동해를 입은 후 일부 겨울눈이 생존하여 새로운 개체로 자라더라도 상당히 약해지는 것이 보통이며, 그런 상태로 2~3년 정도 근근이 버티다 결국 고사하고 마는 경우도 많다. 그러므로 중부지방에서는 겨울 동안 창문 바로 앞에 놓지 않도록 하는 것이 좋다.

물주기

닭의난초는 습지에서 자라는 식물이므로 물을 넉넉하게 주는 것이 좋다. 표토가 마르면 흠뻑 주는 것을 원칙으로 한다. 하지만 뿌리가 늘 과하게 젖어 있으면 과습의 피해를 당할 수도 있으므로 크고 높은 분에 심은 것이라면 때때로 다소 건조하게 관리하는 기간을 두도록 한다. 만일 꽃이 잘 피지 않으면 7~8월에 한두 차례 물주기를 건너뛰어 화아분화를 유도한다.

거름주기

꽃을 잘 피우는 식물이므로 영양관리를 잘 하면 매년 많은 꽃을 볼 수 있다. 하지만 양분이 모자라면 꽃달림도 나빠지고 꽃의 수와 크기도 감소한다. 분갈이를 시행할 때 밑거름으로 인산 고형비료와 영양볼을 넉넉하게 넣는다. 액비는 전체적인 계절별 관리에 준하여 주고, 봄과 가을에 치비를 넉넉하게 올려 주는 것이 좋다.

번식

분갈이를 할 때 길게 자란 뿌리줄기를 적당한 길이로 잘라 분주하여 번식시킨다. 뿌리줄기를 너무 짧게 자르면 새촉이 약해져 꽃달림이 나빠진다.

병충해 방제

너무 습하게 심거나 물을 너무 많이 주면 줄기의 기부가 썩어 물러빠지는 연부병을 유발할 수 있다. 그 이외에 문제를 일으키는 병충해는 별로 없다.

참고문헌

1. 이남숙. 한국의 난과식물 도감. 이화여자대학출판부. 2011.
2. 이우철. 한국식물명의 유래. 일조각. 2005.

사철란

- **분류** 난초과
- **생육상** 상록성 다년생초본
- **분포** 충청도 이남
- **자생환경** 다소 건조한 숲속
- **높이** 비스듬히 일어서는 줄기의 높이 3~8cm

◆ **관리특성**

항목	정도
식재습윤도	●◐○
광량	●○○
관수량	●◐○
시비량	●◐○
개화율	●●◐
난이도	●●○

사철란

연중 관리		1	2	3	4	5	6	7	8	9	10	11	12
생활환	출아		◑										
	영양생장		◑	●	●	●	●						
	개화								●	◐			
	화아분화									●	●		
	생식생장							●	●	●	●	●	
	휴면	●	◐										●
작업	옮겨심기		◑	●	●	●	○			◑	●	○	
	액비 시비			●	●	●	●			●	●	◐	
	치비 교환			●						●			

사철란(***Goodyera schlechtendaliana*** **Rchb. f.**)은 주로 아시아의 난대 지역에 분포하는 상록성 소형 지생란이다. 우리나라에서는 충청도 이남의 일부 내륙지방과 도서지방 및 울릉도의 다소 건조한 숲속에서 자란다.[1,2] 길면 20cm가 넘게 자라는 줄기가 지상 또는 땅 위를 덮고 있는 부엽 속에서 옆으로 길게 벋어 나가고 끝부분은 비스듬하게 위를 향해 자란다. 줄기에는 마디가 있고 마디마다 2~3개의 짧은 뿌리가 자라나와 땅 속으로 들어간다. 잎은 비스듬하게 일어선 줄기의 끝부분에서 서로 어긋나게 나온다. 잎은 계란형 또는 좁은 계란형으로 끝은 다소 뾰족하고 밑부분은 약간 둥글다. 잎의 길이는 2~4cm, 폭은 1~2.5cm 정도이고, 털은 없으며 잎의 가장자리는 매끈하다. 잎의 바탕색은 짙은 녹색이고 주맥을 포함하여 잎맥을 따라 흰색 선 모양의 그물 무늬가 있다. 잎맥을 따라 존재하는 흰색 그물 무늬가 있으므로 사철란을 알록난초라고도 부른다. 잎자루는 길이 1~2cm이고 아래쪽에 막질의 잎집이 있다.

꽃은 자생지에서는 8~9월에 피고, 동남향 베란다에서는 8월 말경에 개화하여 9월 초순까지 피어 있다. 꽃은 각 줄기의 끝에서 위를 향해 길게(높이

8~20cm) 직립하는 화경의 윗부분에 7~15개가 한쪽으로 치우쳐서 총상화서로 달린다.[2] 꽃은 분홍색이 도는 흰색으로 반만 벌어진다. 주판(등꽃받침)은 좁은 난형으로 봉심(곁꽃잎)과 모여 덮개를 이루고, 부판(곁꽃받침)은 옆으로 벌어진다. 설판(입술꽃잎)은 난형으로 밑부분은 주머니 모양이며 끝은 아래쪽으로 약간 늘어져 있고 안쪽에 털이 있다. 보통 봉심의 끝에 황갈색의 반점이 있고 설판의 끝에도 같은 색의 선상 또는 반점상의 무늬가 있다.

◈ **사철란 각 부분의 형태** 왼쪽: 사철란의 잎은 비스듬하게 솟는 줄기의 끝부분에 어긋나게 달린다. 중간: 옆으로 뻗는 줄기의 마디마다 몇 개의 짧은 뿌리가 나온다. 오른쪽: 꽃은 화경의 윗부분에 여러 개가 한쪽으로 치우쳐서 달린다.

◈ **사철란 작품** 왼쪽: 사철란은 넓고 얕은 분에 심는 것이 좋다. 오른쪽: 사철란은 지생란이지만 땅 위를 기는 줄기와 여기서 나오는 뿌리가 반착생란의 느낌을 풍기므로 석부작에도 잘 어울린다.

우리나라의 사철란속(*Goodyera*)에는 7종이 알려져 있는데, 꽃차례의 길이와 꽃의 방향에 따라 크게 두 부류로 구분된다. 하나는 꽃차례가 짧고 꽃이 여러 방향을 향해 피는 부류로 붉은사철란과 섬사철란이 여기에 속한다. 다른 하나는 꽃차례가 길고 꽃이 한쪽 방향으로 치우쳐 피는 그룹으로 여기에는 사철란을 비롯하여 털사철란, 탐라사철란, 애기사철란, 로젯사철란이 포함된다.[2]

섬사철란(***G. maximowicziana* Mak.**)은 경북(울릉도), 전남(소흑산도, 홍도), 제주도에 분포한다. 잎은 짙은 녹색으로 무늬가 없고 가장자리에 주름이 진다. 9~10월에 3~7개의 꽃이 피는데 색깔은 연한 자홍색, 분홍색, 또는 흰색이며, 반만 열리고 크기는 2cm 이내로 붉은사철란보다 작다. 재배는 그다지 까다롭지 않다.

◈ **섬사철란** 왼쪽, 중간: 섬사철란의 꽃은 사철란보다 다소 늦게 9~10월에 피고 흰색, 분홍색 또는 연한 자홍색이다. 오른쪽: 섬사철란 화분 작품. 섬사철란은 잎에 무늬가 없어 다른 종과 구분되며 줄기가 길게 자라는 성질이 있다.

붉은사철란[***G. biflora* (Lindl.) Hook. f.**]은 제주도와 완도를 포함하여 다도해 도서지방에 분포한다. 잎은 3~4개가 어긋나고 회녹색 또는 진한 녹색이며 주맥을 포함하여 잎맥을 따라 흰색 그물무늬가 있다. 주맥의 흰색 무늬를 제외하면 전체적으로 사철란의 그물무늬보다 섬세하고 가늘다. 꽃은 8~9월에 1~3개가 피는데 길이 2.5~3cm 정도의 긴 통 모양으로 사철란속 식물 중에서는 큰 편에 속하고 꽃잎의 기부가 다소 짙은 붉은색이 감돌아 관상 가치가 높다. 사철란에 비해 재배가 까다롭다.

털사철란(*G. velutina* **Maxim. ex Regel**)은 제주도 한라산 남쪽의 그늘진 숲에 분포한다. 잎의 앞면은 자줏빛을 띤 녹색이고 우단 같은 윤기가 있으며 중앙의 주맥을 따라 백색 또는 붉은 빛을 띠는 백색 줄이 있다. 뒷면은 자주색이다. 꽃은 7~9월에 피며 붉은 빛을 띠는 갈색 또는 흰색으로 4~10개가 한쪽으로 치우쳐 달린다. 사철란에 비해 재배가 까다로운 편이다.

탐라사철란(*G. tamnaensis* **N. S. Lee, K. S. Lee, S. H. Yeau & C. S. Lee**)은 제주도에 분포하며 사철란과 털사철란의 교잡종이다. 양친종과의 역교배를 통해 양친 중의 어느 한 종에 더 가까운 특성을 보이기도 한다. 잎에는 주맥과 측맥들이 뚜렷하고 그 사이에 가는 그물맥이 있다. 붉은사철란의 잎과 흡사하지만 잎의 녹색이 더 연하고 측맥의 흰색 무늬가 보다 두드러져 보인다는 점이 다르다. 8~9월에 붉은빛을 띠는 분홍색 꽃 10개 내외가 한쪽을 향해 반쯤 열리면서 핀다. 측맥이 규칙적이고, 설판(입술꽃잎)의 밑부분이 주머니같이 부풀고, 부판(곁꽃받침)이 옆으로 퍼지지 않는다는 점이 사철란과의 차이점이다.

◈ **붉은사철란과 털사철란** 왼쪽: 붉은사철란 화분 작품. 잎은 짙은 녹색이고 흰색 그물무늬가 사철란에 비해 가늘고 섬세하다. 오른쪽: 털사철란 석부작. 주맥을 따라 백색 줄이 있고 잎의 앞면이 자줏빛을 띤 녹색으로 우단과 같은 윤채가 흘러 기품이 있다.

애기사철란[*G. repens* **(L.) R. Br. in W. T. Aiton**]은 강원, 경기, 경북, 제주도의 해발 1,500m 이상의 고산지대 침엽수림 밑 그늘진 곳에 자생하는 소형종이다. 잎의 앞면은 진한 녹색으로 흰색 맥이 있고 뒷면은 연녹색이다. 7~8월에 5~12개의 작은 흰색 꽃이 한쪽으로 치우쳐 달린다.

로젯사철란(*G. rosulacea* Y. Lee)은 애기사철란과 비슷하게 작은 꽃이 피는 종으로 중부지방(경북, 전북, 충북, 인천, 경기, 서울, 강원)의 그늘지고 다소 습한 숲에 분포한다. 잎은 4~8개가 방사상으로 배열하며 애기사철란보다 약간 더 크다. 잎의 앞면은 진한 녹색으로 잎맥을 따라 흰색 그물무늬가 있고 뒷면은 회록색이다.

생육 특성

사철란은 난대지방의 그늘진 숲속에서 자라는 소형 식물이므로 생태적으로 베란다와 잘 맞는 식물이다. 꽃달림도 좋아서 매년 꽃을 감상할 수 있다. 꽃의 크기는 작지만 화경이 높게 자라고 많은 수의 꽃이 달리므로 넓은 분에 대주로 키운 사철란이 일제히 개화하면 멋진 경관이 펼쳐진다. 붉은사철란, 섬사철란, 털사철란, 탐라사철란과 같은 유사종들 역시 개성 있는 잎과 꽃을 가지고 있으므로 여러 종류를 수집하여 가꾸면 재미있게 즐길 수 있다. 붉은사철란과 털사철란은 다소 까다롭기 때문에 처음부터 건실하고 튼튼한 개체를 구하는 것이 좋다.

◈ **사철란의 출아** 2월 하순에 관찰한 사철란으로 지난해에 꽃이 피었던 줄기(연두색 화살표)의 기부에서 새로운 줄기(붉은색 화살표)가 새잎과 더불어 자라나오고 있다.

사철란은 크기가 작고 상록성이기 때문에 눈여겨보지 않으면 계절에 따른 변화를 잘 알아차리지 못한다. 겨울에 창문을 닫아 둔 동남향 베란다에서는 대개 2월 중순부터 새로운 잎과 줄기가 자라나기 시작한다. 새로운 줄기는 작년에 꽃이 피었던 줄기에서 맨 아래쪽 잎들이 붙어 있는 곳 근처로부터 자라나오며 여름까지 활발하게 성장하여 여러 장의 잎을 달게 된다. 이 새 줄기는 달팽이의 식해를 당하기 쉬우며, 만일 그런 피해를 당하면 증식이 이루어지지 않기 때문에 치명적이라 할 수 있다.

민달팽이는 새 줄기뿐 아니라 묵은 줄기도 갉아먹어 종종 줄기를 완전히 끊어버린다. 그 결과 뿌리가 거의 없거나 심지어는 뿌리가 전혀 없는 줄기 분절이 만들어지기도 한다. 뿌리가 하나도 없는 끊어진 줄기는 점차 시들면서 결국 고사한다. 만일 시든 줄기가 발견되면 민달팽이 식해 여부를 즉시 확인하여 절단면에 상처보호제를 바르고 그 부분을 수태로 감아 배양토에 꽂아 더 이상 마르지 않도록 조치해야 한다.

◈ **사철란의 분지 양상** 2월 하순(왼쪽)과 8월 초순(오른쪽)에 관찰한 사철란의 모습이다. 숫자는 줄기의 나이를 나타낸다. 왼쪽: 작년에 꽃이 피었던 줄기(3년차)의 기부에서 새로운 줄기(1년차)가 자라기 시작하였다. 작년에 나왔던 2년차 줄기는 상당히 크게 자란 상태이다. 오른쪽: 8월이 되자 2년차 줄기의 끝에서 꽃줄기가 자라 나왔다. 금년에 새로 나온 1년차 줄기도 많이 자랐지만 꽃줄기는 나오지 않는다. 작년에 꽃이 피었던 3년차 줄기의 잎은 점차 갈변하면서 낙엽이 지는 중이다.

줄기가 신장함에 따라 마디에서 짧은 뿌리가 나오지만 그 수가 적고 길이도 짧기 때문에 배양토 속으로 제대로 들어가지 못하는 뿌리들도 생기게 된다. 만일 뿌리가 배양토 속에 잘 고정되지 못하면 식물체가 불안정해져 흔들리기 쉽다. 특히 줄기가 짧은 것들은 뿌리가 몇 개 안되기 때문에 더 불안정하다. 이런 개체들은 물을 줄 때마다 심하게 흔들리고 또 뿌리가 노출되면서 시들기 쉽다. 그러므로 수시로 관찰하여 시든 잎이나 흔들리는 줄기가 보이면 뿌리와 일부 줄기를 수태나 경질적옥토 세립 등으로 얇게 덮어 주도록 한다. 특히 화경이 높게 자란 줄기는 더 불안정하여 물을 약간만 세차게 주어도 많이 흔들리고 심하면 옆으로 기울어지기도 한다. 이런 경우에는 U자형으로 구부린 알루미늄 철사를 배양토에 꽂아서 줄기를 고정시켜 주도록 한다.

◈ 사철란의 줄기 고정

섬사철란은 사철란보다 줄기가 더 길게 자라는데 그대로 두면 줄기가 길게 벋어 나가면서 표토로부터 들뜨게 된다. 또 가장자리에 위치하는 줄기들은 화분 밖으로 넘어 나간다. 밖으로 넘어나간 줄기는 화분 속으로 거두어들이고 들뜬 줄기들과 함께 배양토로 부분적으로 덮어 주거나 알루미늄 철사로 군데군데 고정시켜 준다.

동남향 베란다의 경우 8월에 들어서면 화경이 자라기 시작한다. 꽃은 2년차 줄기의 끝에서 피며 금년에 새로 나온 줄기에서는 꽃이 달리지 않는다. 화경은 위쪽을 향해서 꽤 길게 자라는데, 베란다에서는 빛이 들어오는 방향으로 기울면서 자란다. 따라서 화경이 신장하기 시작하면 가끔씩 화분을 돌려 주어야 화경이 똑바로 자란다. 꽃은 화경의 윗부분에 모여 달리며 아래쪽에서 시작하여 위쪽을 향해 순차적으로 개화한다. 꽃은 햇빛이 들어오는 쪽을 향해 피고, 대개 8월 하순경에 만개하며 9월 초순까지 피어 있다. 여름을 거치면서 작년에 꽃이 피었던 줄기에 달려 있던 잎들은 점차 낙엽이 진다.

꽃이 지고 난 다음에는 금년에 새로 나온 줄기의 끝에서 화아분화가 이루어질 것으로 추정된다. 그러므로 이듬해의 개화를 위해서는 가을의 충실한 비배관리가 중요하다. 사철란은 겨울에 영하로 내려가는 일부 내륙지방에서도 발견되긴 하지만 기본적으로 난대성 식물이기 때문에 겨울에는 얼지 않도록 관리해야 한다.

옮겨심기

사철란은 여름에 꽃이 피므로 2월 하순~5월의 봄철이 옮겨심기의 적기이다. 이때를 놓쳤다면 꽃이 진 후 가을에 옮겨 심는다. 사철란의 뿌리는 수가 많지 않고 길이가 매우 짧기 때문에 오랫동안 분갈이를 하지 않더라도 뿌리로 인해 배수가 불량해지는 일은 발생하지 않는다. 그러나 오래되면 사철란의 뿌리가 자리 잡고 있는 화분 상층부 배양토의 필수 양분이 고갈될 뿐 아니라 이끼가 끼고 염류가 축적되면서 산성화가 진행되어 점차 성장이 둔해진다. 특히 사철란류는 민달팽이가 대단히 좋아하는 식물이므로 민달팽이가 침범하여 자리를 잡고 있는 경우가 많다. 옮겨심기는 혹시 있을지 모를 민달팽이를 구제하는 좋은 방법이기도 하므로 적절한 시기에 꼭 옮겨 심도록 한다. 옮겨심기의 주기는 3년을 기준으로 하되 식물의 증식률, 민달팽이 피해 정도, 용토의 상태 등을 감안하여 조절한다.

사철란은 뿌리가 짧고, 줄기가 옆으로 길게 벋기 때문에 화분은 높이가 낮고 직경이 큰 것을 쓰는 것이 좋다. 사철란의 자생환경이 다소 건조한 숲이라고는 하지만 공중습도는 상당히 높은 편에 속한다. 베란다의 공중습도가 자생지에 미치지 못하고 또 높이가 낮은 화분은 빨리 마르므로 배양토의 구성을 너무 건조하게 하면 표토가 쉽게 말라 좋지 않다. 높이 7cm 정도의 6~7호(직경 18~21cm) 화분을 기준으로 마사토를 약 40%로 하고 나머지는 보수성이 높은 화산토로 배양토를 구성한다. 화분의 높이나 직경이 이보다 더 커지면 마사토의 비율을 더 높인다. 사철란의 짧은 뿌리는 주로 배양토의 윗부분에 위치하므로 표토가 빨리 마르면 좋지 않다. 따라서 주 식재보다 보수성이 높은 화장토를 얹어 주면 표토가 빨리 마르는 것을 예방할 수 있다. 별도의 화장토를 쓰지 않더라도 표토 위에 수태가루나 경질적옥토 세립을 뿌려 주면 화분 표면이 쉬 마르는 것을 방지할 수 있다.

사철란은 뿌리가 적은 관계로 표면을 길게 기어가는 줄기의 보습이 중요하다. 사철란 줄기의 한쪽 끝에는 절단면이 있게 마련인데 이 부분이 공기 중에 노출되면 그 곳으로부터 줄기가 말라 들어가게 되고 심하면 줄기 전체가 시들기도 한다. 따라서 옮겨 심을 때 절단면에 상처보호제를 바르고 그 주변부를 물에 적신 수태로 감싸서 심는 것이 좋다. 사철란은 얕게 심기 때문에 쉽게 뽑히기도 하므로 줄기에 감아둔 수태는 줄기가 시드는 것을 지연시켜 주는 중요한 역할을 한다.

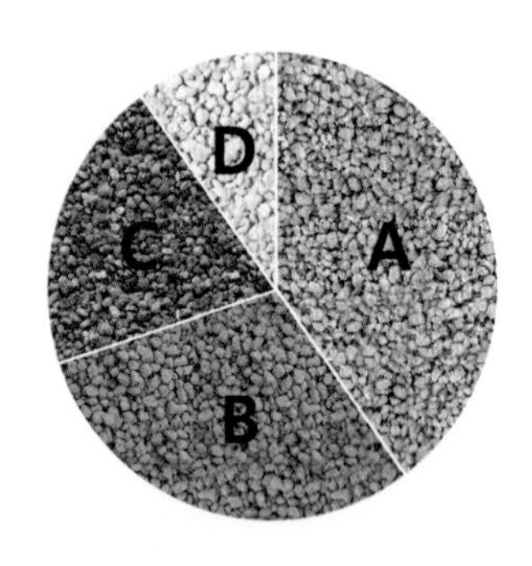

◈ **화분: 6호(직경 18cm), 높이 7cm**

◈ **배양토 구성**

A: 마사토 40%(중립 10%, 소립 30%)
B: 경질적옥토 소립 30%
C: 동생사 소립 20%
D: 경질녹소토 소립 10%

① 줄기의 절단면에 상처보호제를 바르고 줄기를 물에 적신 수태로 감아 둔다.

② 배수층을 한 층 얇게 넣는다.

③ 배양토를 50% 정도까지 채우고 영양볼을 올려놓는다.

④ 수태로 감은 사철란을 배양토 위에 올려놓는다.

⑤ 그 위에 다시 배양토를 적당량 올려 준다.

⑥ 고형 인산비료를 골고루 얹어 준다.

⑦ 약간의 물공간을 남기고 배양토를 마저 채워 넣는다.

⑧ 마른 수태 가루를 뿌리고 그 위에 피복복비와 미량요소비료를 흩뿌린다.

⑨ 팻말을 꽂고 물을 충분히 준다.

◈ **옮겨심기 후의 변화** 옮겨 심은 지 1년 후(왼쪽) 및 3년 후(오른쪽)에 개화한 모습. 증식 속도가 별로 빠르지 않다는 것을 알 수 있다. 사철란의 꽃은 작지만 기품 있는 분위기를 자아낸다. 한여름에는 꽃이 귀한 시기이니만큼 염천의 열기 속에서 피어나는 사철란은 작지만 소중한 존재라 아니할 수 없다.

화분 두는 곳

사철란은 그늘진 숲속에서 자라는 식물이므로 그늘~반그늘에 두도록 한다. 강한 광선을 받으면 잎이 타는 등 오히려 부작용이 생긴다. 거실과 면한 베란다의 안쪽 부분에 두어도 광선 부족으로 인한 문제가 거의 없으며 꽃도 잘 핀다. 겨울에는 얼지 않도록 주의해야 한다. 사철란류는 민달팽이의 피해가 극심하므로 피해를 입지 않도록 달팽이 회피대를 만들어 그 위에 올려 두고 관리하는 것이 좋다.

물주기

계절별로 물을 주는 횟수는 베란다 전체 관리에 준하여 시행한다. 전체적으로 과습을 조심하면서 중간 수준의 물주기를 유지하되 상황에 따라 적절하게 조절하면서 물을 준다. 얕은 분에 심어 가꾸는 경우에는 빨리 마르므로 매번 물을 충분히 준다. 높이가 높은 분에 심었다면 기본적으로 습기가 잘 유지되므로 상태를 보아 가며 관수량을 조절하되 과습하지 않도록 유의해야 한다.

거름주기

사철란은 뿌리의 발달이 그다지 왕성하지 않지만 꽃달림이 좋으므로 비배관리를 잘 하지 않으면 세력이 약해질 가능성이 있다. 그러나 과비는 금물이다. 액비는 베란다 전체 관리에 준하여 봄에는 질소가, 가을에는 인산과 칼륨이 많은 것을 준다. 화학비료 외에 유기질 액비를 같이 주면 식물체를 건강하게 가꾸는데 훨씬 도움이 된다. 봄, 가을로 치비를 교환해 주는 것도 잊지 않도록 한다.

번식

사철란은 줄기에서 새로운 곁가지가 자라 나오면서 증식되지만 증식 속도는 그다지 빠르지 않은 편이다. 많이 늘어나면 봄이나 가을에 잎의 수가 4~5장 이상이고 뿌리가 달려 있는 포기를 나누어 심는다. 길고 오래된 줄기가 많으면 5~6월에 4~5마디 정도가 포함되도록 잘라 수태로 감싸서 삽목한다.

병충해 방제

바람이 잘 통하지 않으면 잎마름병, 탄저병, 흑반병 등이 발생할 수 있다. 병징이 보이면 해당 약제를 살포한다. 충해로는 응애나 진딧물 피해가 있으며 특히 민달팽이의 피해가 극심하다. 여러 해 동안 잘 가꾸어 화분 가득히 증식한 사철란이 민달팽이의 습격으로 불과 한두 달 만에 초토화되기도 한다. 이런 경우는 대개 화분을 눈에 잘 띄지 않는 곳에 두고 잘 살피지 않을 때 일어난다. 그러므로 사철란 화분은 눈에 잘 띄는 곳에 두고 물을 줄 때마다 잘 살펴보는 것이 매우 중요하다. 만일 민달팽이가 침범하여 피해를 준다면 시들어 가는 잎과 줄기가 군데군데 나타나기 시작한다. 이런 증상이 관찰되면 즉시 민달팽이를 색출하여 제거하고 달팽이 퇴치제를 올려 두어야 한다.

따라서 사철란은 달팽이 회피대를 만들어 두고 그 위에 올려놓는 것이 좋다. 달팽이 회피대를 만들어 두더라도 그 주변에 다른 화분을 조밀하게 배치하면 달팽이 회피대 내부의 식물이나 화분과 외부의 식물이 쉽게 접촉할 수 있다. 또 처음에는 서로 접촉하지 않았지만 시간이 흘러 식물이 성장하다보면 서로 접촉하게 되는 경우도 있다. 그렇게 되면 민달팽이가 그 접촉부를 통해 달팽이 회피대 내부로 들어올 수 있게 된다. 실제로 사철란 화분을 달팽이 회피대 위에 올려 두더라도 민달팽이가 어느 샌가 사철란 화분에 침투하여 자리를 잡고 있는 경우가 흔히 발견된다. 그러므로 화분을 달팽이 회피대 위에 올려 두었다 하더라도 수시로 관찰하여 민달팽이를 제거하지 않으면 안 된다. 사철란 화분에서 민달팽이가 발견되면 일단 모두 잡아내고, 꼭 달팽이 약을 뿌려 두어야 한다. 왜냐하면 육안으로 모든 민달팽이를 찾아낼 수는 없기 때문이다. 민달팽이에 의한 피해를 줄이려면 정기적으로 달팽이 약을 살포하는 것을 게을리 하지 않아야 한다.

참고문헌

1. 국립수목원. 국가생물종지식정보시스템 (NATURE). http://www.nature.go.kr.
2. 이남숙. 한국의 난과식물 도감. 이화여자대학출판부. 2011.

바위떡풀

- **분류** 범의귀과
- **생육상** 다년생 초본
- **분포** 전국 각처 산지나 계곡
- **자생환경** 습한 바위 위나 돌 틈
- **높이** 5～15cm

◆ **관리특성**

항목	정도
식재습윤도	●◐○
광량	●○○
관수량	●●○
시비량	●●○
개화율	●●◐
난이도	●◐○

연중 관리		1	2	3	4	5	6	7	8	9	10	11	12
생활환	출아		◑	●									
	영양생장		◑	●	●	●	●						
	화아분화						●	●					
	개화									◑	◐		
	겨울눈 형성										●	●	
	생식생장							●	●	●	●	●	
	낙엽											●	
	휴면	●	◐										●
작업	옮겨심기		◑	●	●	●	○			○	◑	○	
	액비 시비			●	●	●	●			●	●	◐	
	치비 교환			●						●			

바위떡풀[***Saxifraga fortunei*** **var.** ***incisolobata*** **(Engl. & Irmsch.) Nakai**]은 바위취 종류와 더불어 범의귀과에 속하는 낙엽성 여러해살이풀로 전국 산지의 습한 바위 겉에 붙어 자란다. 산지의 계곡에서도 발견되지만 높은 산 능선 근처의 바위 겉에서도 자생하는 것으로 보아 환경에 대한 내성의 범위가 상당히 넓은 것으로 생각된다. 바위떡풀은 바위에 붙어 있는 자태도 눈길을 끌고 가을에 피는 독특한 모양의 흰색 꽃 또한 소박하지

◈ **자생지의 바위떡풀** 바위떡풀은 주로 바위 사이의 골이나 바위가 갈라진 틈 또는 바위 표면을 덮는 이끼에 뿌리를 내리고 살아간다.

만 청초한 분위기를 자아내는 멋진 야생화이다.

뿌리는 사방으로 퍼져나가는 흑갈색의 수염뿌리로 이루어져 있다. 잎은 뿌리에서 모여 나는 길이 5~15cm 정도의 잎자루 끝에 하나씩 달린다. 원형의 잎은 잎자루가 붙는 바닥부분이 오목하게 함입되어 있으므로 전체적으로 둥근 심장모양이고 길이는 5~9cm, 폭은 7~10cm 정도로 비교적 큰 편이다. 육질의 잎은 상당히 두꺼워 중후한 느낌을 주고 잎의 표면에는 굵은 털이 약간 산재하지만 거의 없는 경우도 있다. 잎의 가장자리에는 얕은 결각(불규칙하고 거친 톱니가 겹으로 있는 것)이 있다.[1] 잎의 표면은 녹색이고 뒷면은 흰색을 띤 연두색이다.

◈ **바위떡풀의 잎과 꽃** 왼쪽, 중간: 잎의 표면에 털이 있기도 하고(왼쪽) 없기도 하다(중간). 오른쪽: 바위떡풀의 꽃을 자세히 들여다보면 다섯 개의 꽃잎은 '大'자를, 꽃의 중심부에서 앞으로 돌출된 두 개의 암술머리는 'V'자를 그리고 있어 마치 '대승(big victory)'을 상징하는 메시지를 전하고 있는 듯하다.

흰색의 꽃은 뿌리에서 올라오는 높이 약 5~30cm의 꽃줄기에 원추상 취산꽃차례로 달린다. 꽃잎은 5장인데 위쪽 3장은 짧고 아래쪽의 2장은 아래로 길게 늘어져 전체적으로 '大'자 모양을 이루며 피기 때문에 일본에서는 이 종류를 대문자초라고 부른다. 수술은 10개, 암술대는 2개이고 꽃받침은 5개이다. 자생지에서는 꽃이 8~9월 사이에 피며 높은 곳일수록 빨리 피는 경향이 있다. 베란다에서 재배하면 자생지보다 기온이 느리게 떨어지기 때문에 9월 하순경부터 꽃이 피기 시작하여 10월 중순 사이에 모두 개화한다.

바위떡풀속의 속명 *Saxifraga*는 라틴어로 돌을 뜻하는 saxum과 깨다는 뜻의 frangere의 합성어로서 '돌을 깬다'는 뜻을 가지고 있는데, 이 속의 식물이 요로결석을 해리시키는 작용이 있다는 데서 유래한 것이다.[1] 바위떡풀이라는 이름은 같은 뜻의 일본 이름에서 유래하였으며,[2] 생약명은 화중호이초(華中虎耳草)로 신장병, 중이염, 습진, 폐종, 치질 등에 사용한다.

◈ **바위떡풀 석부작** 왼쪽: 현무암 입석에 큰우단일엽과 어울려 붙인 바위떡풀 석부작이다. 오른쪽: 다소 뭉툭한 반입석에 붙인 바위떡풀에서 많은 수의 꽃을 풍성하게 피워 올렸다. 비배관리를 잘 하면 베란다에서 자생지보다 훨씬 더 많은 꽃을 피울 수 있다는 것을 보여주는 작품이다.

유사종으로는 참바위취, 구실바위취, 바위취, 톱바위취 등이 있다. 참바위취(***S. oblongifolia*** **Nakai**)는 전국 각처 높은 산지의 그늘진 바위 겉에 붙어서 자라는 한국특산식물이다. 잎은 타원형 또는 넓은 타원형으로 가장자리에 치아모양

◈ **참바위취** 왼쪽, 중간: 자생지의 참바위취. 참바위취는 높은 산의 그늘진 바위틈에 뿌리를 깊게 박고 살아간다. 오른쪽: 비닐 온실에서 재배한 참바위취. 5개의 꽃잎으로 이루어진 작은 백색 꽃은 밤하늘에 흩뿌려진 별과 같은 아름다움을 발산한다. 소장자 주경수.

의 톱니가 있다. 7~8월에 원뿔모양꽃차례에 달리는 백색 꽃은 5개의 꽃잎으로 이루어져 있다.

구실바위취(*S. octopetala* **Nakai**)는 중부 이북의 깊은 산속 응달진 계곡 주변의 습기 있는 바위틈에서 자란다. 잎은 둥근 심장형(원심형)이고 잎 가장자리에는 결각이 아닌 규칙적인 톱니(이빨모양의 규칙적인 거치)가 있다. 뿌리줄기가 짧게 옆으로 자라고 그 끝에서 땅속줄기가 옆으로 뻗는다. 7월에 원뿔모양꽃차례에 달리는 흰색 꽃은 8장의 가는 꽃잎으로 이루어져 있고 16개의 수술이 길게 자라나 수북하게 보인다. 바위취(***S. stolonifera*** **Meerb.**)는 규칙적인 톱니와 포복지가 있고 상록성으로 암술이 2개이다. 톱바위취(***S. punctata*** **L.**)는 잎 가장자리에 규칙적인 톱니가 있고 포복지가 없다.[3] 범의귀과에 속하는 식물들은 원예용으로 다양하게 개발되어 붉은색 꽃이 피는 여러 종의 바위취를 비롯한 많은 품종들이 유통되고 있다.

◈ **구실바위취** 구실바위취는 가장자리에 규칙적인 톱니가 있는 둥근 심장형 잎을 가지고 있고 옆으로 뻗는 포복지가 있다는 것이 특징이다. 꽃은 백색이고 16개의 수술이 길고 수북하게 자라난다. 소장자 김병기.

생육 특성

바위떡풀은 내음성이 강한 단일성 식물로서 광량이 모자라는 베란다에서 재배하기에 적합한 종이다. 베란다에서도 비교적 꽃달림이 좋아 웬만하면 매년 꽃을 감상할 수 있다. 다만 이식 직후에는 꽃달림이 불량해질 수도 있으므로 이 시기에는 충실한 비배관리가 꼭 필요하다. 서늘한 곳에서 자생하는 식물이지만 내서성도 비교적 좋아 무더운 베란다에서 여름나기에도 별 무리가 없다. 또한 내한성도 강해 겨울의 추위도 잘 견딘다. 일부 식물들의 경우에는 겨울에 영하로 잘 내려가지 않는 베란다에서는 휴면이 충분하게 이루어지지 않아 개화율이 떨어지기도 한다. 그러나 바위떡풀은 겨울을 따뜻하게 보내더라도 개화에 큰 지장이 없다. 환경에 적응하는 능력이 좋아 오랫동안 배양하여도 잘 고사하지 않으므로 배양수명이 긴 편이며, 오래 기를수록 잎의 크기도 작아지고 풍성해져 관상 가치도 높아진다.

겨울에 창문을 닫아둔 동남향 베란다에서 바위떡풀은 대개 2월 하순~3월 사이에 출아하기 시작한다. 봄을 지나면서 지속적으로 새잎이 나오면서 빠른 속도로 성장한다. 여름이 가까워지면 봄에 일찍 나온 잎은 상당히 큰 크기로 자라난다. 바위떡풀의 잎은 햇볕에 약하기 때문에 햇빛을 잘 받는 자리에 두면 여름의 강한 광선에 잎의 가장자리가 타기 쉽다. 또 민달팽이와 같은 해충에게 식해를 당하는 경우도 있다. 이런 잎은 보이는 대로 그때그때 제거해 주도록 한다. 바위떡풀은 봄~여름에 걸쳐 새잎이 지속적으로 나오는 성질이 있으므로 관상성을 떨어뜨리는 잎은 과감하게 잘라 정리하는 것이 좋다. 다만 개화기에 임박하여 잎을 너무 많이 제거하면 개화율을 떨어뜨릴 수 있으므로 조심한다. 바위떡풀의 새잎은 가을에도 성장속도가 느리긴 하지만 계속 나오는 경향이 있다.

자생지의 바위떡풀 꽃은 8월 초순에서 9월 중순 사이에 피지만, 베란다에

◈ **바위떡풀의 출아** 왼쪽: 3월 초순의 모습으로 겨울눈이 움직이기 시작하면서 신아가 이제 막 고개를 내밀고 있다. 오른쪽: 7월 초순에 관찰한 바위떡풀의 여름 출아. 새로운 잎들이 여기저기서 솟아오르고 있다.

서는 이보다 더 늦게 9월 하순에서 10월 사이에 개화하며 화아분화는 아마도 이보다 앞선 6~7월 사이에 이루어질 것으로 추정된다. 꽃이 피었다 지는 10월부터 시작하여 11월 사이에 겨울눈이 형성된다. 가을이 깊어지면서 기온이 하강함에 따라 잎줄기의 기부가 하나둘씩 물러지면서 잎이 지는 반면 겨울눈은 점차 굵어져 12월 초순이면 제법 튼실한 모습을 갖추게 된다.

옮겨심기

바위떡풀의 옮겨심기는 2월 하순~5월 사이가 적기이다. 가을에는 꽃이 진 직후인 10월 하순에 분갈이를 실시한다. 이식이 그다지 까다롭지 않기 때문에 혹서기와 휴면기를 제외하면 어느 때나 옮겨 심어도 생육에 큰 지장은 없다. 대략 3~4년을 주기로 옮겨 심는다.

◈ **바위떡풀의 겨울눈** 12월 초순에 관찰한 바위떡풀 겨울눈의 모습.

1. 석부작 만들기

바위떡풀은 크기가 비교적 작고 바위 겉에 붙어 자라는 식물이기 때문에 석부를 하는 것이 이 식물의 생리와도 맞고 보기에도 좋다. 바위떡풀은 경사진 바위 겉이나 돌 틈에 붙어사는 성질을 가지고 있으므로 석부용 돌은 평석보다는 입석이나 반입석 또는 어느 정도의 높이를 가진 경사진 돌이 더 잘 어울린다. 또한 적당한 습기를 머금을 수 있는 성질을 가진 돌이 적합하다. 잎의 두께가 두꺼워 독특한 질감을 나타내는 바위떡풀만 여러 개를 모아심어도 좋고, 유사한 환경에서 자라는 다른 식물과 섞어 심어도 멋진 경관을 연출할 수 있다. 석부작 제작이 끝나면 생명토가 어느 정도 굳을 때까지 약 3~4일 정도는 물을 주지 않는다. 그 후 생명토가 충분히 굳은 것으로 판단되면 물을 주기 시작하되, 처음에는 생명토가 씻겨 내려가지 않도록 부드럽게 물을 주어야 한다.

① 바위떡풀의 뿌리를 정리한다. 3월 초순의 모습이다.

② 돌에 붙이기 전에 미리 배치해 보고 붙일 자리를 결정한다.

③ 첫 번째 식물을 붙일 자리에 생명토를 바른다.

④ 거칠게 빻은 고형 인산비료를 생명토 위에 올린다.

⑤ 바위떡풀의 밑바닥에 생명토를 얇게 펼쳐 바른다.

⑥ 첫 번째 식물을 제자리에 붙인다.

⑦ 두 번째 식물을 붙일 자리에 생명토를 바르고 고형 인산비료를 뿌려준다.

⑧ 식물의 밑바닥에 생명토를 바른 다음 이 자리에 두 번째 식물을 붙인다.

⑨ 마찬가지 방법으로 식물을 계속 붙여 나간다.

⑩ 식물을 모두 붙였으며 대부분의 뿌리는 아직 공기 중에 노출되어 있는 상태이다.

⑪ 노출되어 있는 뿌리의 표면을 모두 생명토로 얇게 덮어준다.

⑫ 빈 공간이 없도록 핀셋으로 찔러가며 생명토를 정밀하게 채워준다.

⑬ 생명토 붙이는 작업을 모두 마친 상태.

⑭ 이끼 모자이크를 시행한다.

⑮ 피복복비와 미량원소비료를 약간 얹어준다.

2. 화분 심기

습윤한 환경을 선호하고 내습성이 비교적 강한 식물이지만 땅에서 자라는 식물이 아니므로 뿌리가 오랫동안 습한 환경에 노출되는 것은 피하는 것이 좋다. 그러므로 식재의 습윤도는 보통으로 구성하도록 한다. 높이 10cm 내외의 5~6호(직경 15~18cm) 화분을 기준으로 하여 마사토의 비율을 50% 내외로 하고 나머지는 보습성이 높은 화산토로 구성하면 무난하다. 개화율을 높이기 위하여 고형 인산비료와 영양볼을 투입하고 표토에 피복복비를 올려준다.

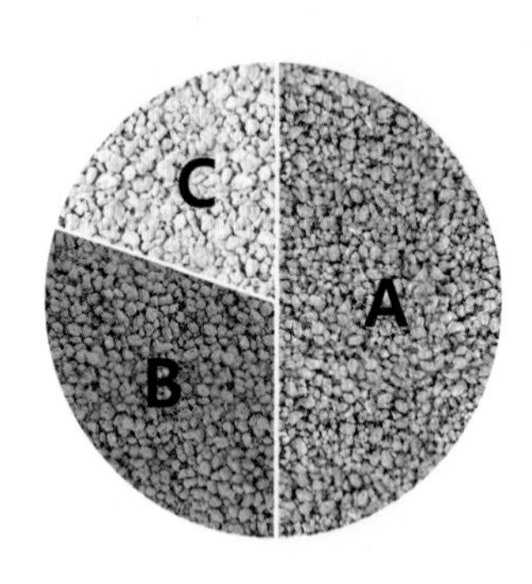

◈ **화분 : 6호(직경 18cm), 높이 10cm**
◈ **배양토 구성**
A : 마사토 50%(중립 10%, 소립 40%)
B : 경질적옥토 소립 30%
C : 경질녹소토 소립 20%

 화분 두는 곳

바위떡풀은 음지에서 자라는 내음성이 강한 식물로서 그다지 많은 광량을 필요로 하지 않으므로 반그늘진 곳에 두는 것을 원칙으로 한다. 한여름의 뜨거운 햇빛은 잎을 태워 관상 가치를 현저하게 떨어뜨리므로 강광이 닿지 않도록 한다. 그늘을 선호하는 바위떡풀이지만 빛을 향해 자라는 양성주광성을 약간 가지고 있는 관계로 한 장소에서 움직이지 않고 키우면 모든 잎이 창 쪽으로 쏠려 관상성을 떨어뜨린다. 따라서 가끔씩 돌려주는 것이 필요하지만 그 성질이 그다지 크지 않으므로 자주 돌려 줄 필요는 없다. 입석의 한 면에만 석부를 하면 굳이 돌려 줄 필요가 없으니 편리하다.

화분에 심은 바위떡풀은 통풍이 잘되는 곳에 두는 것이 좋다. 그러나 입석이나 반입석에 얇게 석부한 것들은 바람이 너무 잘 통하면 쉽게 마른다. 이 식물은 두터운 육질을 가지고는 있으나 내건성이 그다지 강하지 않으므로 마르면 쉽게 쳐지고 시드는 경향이 있다. 따라서 입석류에 얇게 석부한 작품은 바람이 너무 잘 통하는 곳에는 두지 않는 것이 좋다.

물주기

축축한 바위 겉에 붙어사는 식물이므로 물이 모자라지 않도록 관리하는 것을 원칙으로 한다. 그러나 뿌리가 항상 젖어 있는 것은 통풍이 불량한 베란다에서는 바람직하지 않다. 생육기에는 마르지 않되 과습하지 않도록 한다. 입석 석부작은 과습의 염려가 거의 없으므로 물을 줄 때마다 매번 충분히 준다. 화분에 심은 것은 표토가 마르면 관수하는 것을 원칙으로 하고 상황에 따라 관수량을 조절하여 준다.

거름주기

개화율이 좋고 꽃의 크기는 작지만 달리는 꽃의 수가 많으므로 개체가 약해지는 것을 막고 풍성하게 꽃을 피우기 위해서는 비배관리를 게을리 하지 않는다. 기본적인 시비는 유기질 액비와 무기질 액비를 혼합하여 주는 전체적인 시비관리에 따른다. 초봄과 초가을에 유기질 덩이비료나 피복복비를 치비로 올려주면 도움이 된다. 입석이나 경사진 돌을 이용하여 만든 석부작에는 치비가 자꾸 떨어져 내리므로 덩이 비료를 담는 작은 플라스틱 용기에 담아 올려 둔다. 또 가을에는 토양의 산성화를 방지하기 위하여 잿물을 주는 것을 잊지 않는다.

번식

번식법으로는 종자, 분주 및 삽목이 있다. 노지에서는 종자가 10~11월에 결실되는데 씨의 수가 많고 물 관리를 잘하면 발아율이 높다. 그러나 보통 베란다에서는 종자의 결실률이 떨어져 열매를 얻기는 힘들다. 바위떡풀은 포기가 빠르게 커지는 식물이 아니므로 분주를 해야 할 정도로 커지는 포기가 쉽게 만들어 지지는 않지만 오래 키우면 포기가 제법 크게 자라는 개체들이 생기기도 한다. 옮겨 심을 때 큰 포기가 있으면 흔들어보아 자연스럽게 나누어지는 부분에서 나누거나 또는 약하게 연결된 부분을 화염 소독한 칼이나 가위로 잘라 나눈다. 바위떡풀은 엽병삽도 가능하다고 알려져 있으므로 필요하다면 잎자루를 밑동 근처에서 비스듬하게 단번에 칼로 잘라내어 모래나 경질녹소토 세립에 삽목한다. 이때 발근제를 절단면에 발라주면 발근율을 높일 수 있다. 반그늘에서 과습에 유의하면서 물이 마르지 않도록 물 관리를 잘하면 뿌리가 나와 새로운 개체로 자란다.

병충해 방제

혹서기를 거치면서 지나친 채광이나 통풍 불량으로 잎 가장자리가 상하거나 물을 말려 부분적으로 시드는 것 등 생리적인 장애가 발생하지만 일반적으로 큰 문제를 일으키는 병충해는 없다. 그러나 민달팽이가 많을 경우 식해를 당할 수 있으며, 여름철 고온건조기에는 응애 피해가 일어날 수 있다. 또한 너무 과습하면 연부병과 뿌리썩음병도 발생할 수 있으므로 해당 약제로 그때그때 방제한다.

참고문헌

1. 이창복. 원색 대한식물도감. 향문사. 2014.
2. 이우철. 한국식물명의 유래. 일조각. 2005.
3. 이창복. 원색 대한식물도감 검색표. 향문사. 2014.

둥근잎꿩의비름

- **분류** 돌나물과
- **생육상** 다년생 초본
- **분포** 경상북도 청송군, 포항시
- **자생환경** 절벽의 바위 위나 돌 틈
- **높이** 15~25cm

- **관리특성**

식재습윤도	●○○
광량	●●○
관수량	●○○
시비량	●◐○
개화율	●●◐
난이도	●○○

연중 관리		1	2	3	4	5	6	7	8	9	10	11	12
생활환	출아		●										
	영양생장		●	●	●	●	●						
	화아분화					●	●						
	개화									◑	◐		
	겨울눈 형성										●	●	
	생식생장							●	●	●	●	●	
	낙엽											●	
	휴면	●											●
작업	옮겨심기		◑	●	●	●	○			○	◑	○	
	액비 시비			●	●	●	●			●	●	◐	
	치비 교환			●						●			
	적심						●						

돌나물과(Crassulaceae)에 속하는 꿩의비름속, 바위솔속, 난쟁이바위솔속, 기린초류를 포함하는 돌나물속의 식물들은 모두 두꺼운 육질의 잎을 가지고 있는 다육식물이라는 특징이 있다. 둥근잎꿩의비름[***Hylotelephium ussuriense*** (**Kom.**) **H. Ohba**]은 돌나물과 꿩의비름속(*Hylotelephium*)에 속하는 다육식물로서 경상북도 청송군과 포항시 등 경상북도의 일부 지역에 국한하여 자생하는 한국 특산식물이다.[1] 경북 청송군 주왕산이 주 자생지로 계곡의 바위 절벽에 붙어 자라며 주왕산국립공원을 대표하는 깃대종으로 지정되어 있는 식물이다. 과거에는 환경부 지정 멸종위기야생동식물 II급에 포함되었으나 2012년에 발표된 목록에서는 지정이 해제되었다.

뿌리는 다소 길게 자라는 여러 개의 굵은 뿌리로 이루어져 있고 여기에서 가는 잔뿌리가 나간다. 붉은빛이 도는 줄기는 25cm 내외까지 자라며 밑으로 늘어진다. 두 장이 마주나는 육질의 두꺼운 잎은 주로 원형 또는 원형에 가까운 타원형이고 잎자루 없이 줄기에 바로 달린다. 잎의 가장자리에는 얕고 둔한 톱니가 있다.

◈ 둥근잎꿩의비름의 잎

꽃은 원줄기 끝에 둥글게 모여 달리며 자생지에서는 7~8월에 피지만 베란다에서는 9월 하순~10월 중순 사이에 핀다. 전체적으로 별모양을 하고 있는 꽃은 5장의 자홍색 꽃잎으로 이루어져 있으며 각 꽃잎의 중심부가 가장자리에 비해 훨씬 더 붉다. 수술은 10개이고 수술대의 길이는 꽃잎과 비슷하다. 꽃밥은 적색이고 벌어지면 그 속에 들어 있는 노란색 꽃가루가 드러난다. 꽃의 중심부에 위치하는 5개의 암술은 서로 떨어져 있고 암술대는 길이 1mm 정도이다. 암술의 아랫부분을 이루고 있는 씨방은 굵고 그 위쪽에 위치하는 암술대와 암술머리는 가늘기 때문에 암술은 전체적으로 물방울 모양을 하고 있다. 씨방은 흰색, 분홍색, 붉은색 등 다양한 색을 보이는데 씨방이 붉으면 꽃이 전체적으로 훨씬 더 붉게 보인다.

열매는 골돌로서 5개이다. 일반인에게는 생소한 어려운 한자 용어라 무엇을 의미하는지 좀처럼 알기 어려운 '골돌(蓇葖)'이란 용어는 영어로는 'follicle'이라고 한다. Follicle은 라틴어 folliculus에서 유래한 말로 이것은 아주 작은 가방(follis)이라는 뜻이다. 라틴어로 가방(bag)을 의미하는 follis는 고대에는 동전을 담는 밀봉된 가방을 의미하는 뜻으로 사용되었다. 이 용어는 린네가 식물에서 작은 캡슐 모양의 구조를 지칭하는데 처음 사용하였다. Follicle은 의학 분야에서도 자주 사용되는 용어로서 의학에서는 이를 '작은 (애기)주머니'라는 뜻의 '소포(小胞)'라고 번역하는데 이 용어가 훨씬 이해하기 쉽게 느껴진다. 하여간 골돌이란 여러 개의 씨방으로 구성된 열매로 각 씨방은 1개의 봉선을 따라 벌어지고 1개의 심피 안에 1개 또는 여러 개의 종자가 들어 있는 것이다. 둥근잎꿩의비름의 경우에는 씨방의 속에 먼지처럼 작은 수많은 종자가 들어 있다.

◈ **둥근잎꿩의비름의 꽃과 꽃차례** A~C: 둥근잎꿩의비름의 꽃. 5장의 꽃잎이 모여 별모양을 이루고 중심부에는 물방울 모양의 암술이 5개 있다. 암술의 밑부분을 구성하는 씨방은 흰색(A, B), 붉은색(C) 등 다양한 색깔을 보인다. D~F: 둥근잎꿩의비름의 꽃차례. 씨방이 붉을수록 꽃차례가 전체적으로 더 붉게 보인다.

◈ **둥근잎꿩의비름 작품** 왼쪽: 둥근잎꿩의비름은 줄기가 아래로 늘어지기 때문에 높이가 높은 화분에 심는 것이 잘 어울린다. 중간: 높이가 낮은 화분에 심은 것은 높은 화분대 위에 올려두고 재배하는 것이 좋다. 오른쪽: 석부작도 높이가 높은 돌에 붙이는 것이 좋지만 평석에 붙이더라도 높은 곳에 올려두고 키우면 큰 문제가 없다. 소장자 안정숙(오른쪽).

유사종에는 큰꿩의비름, 자주꿩의비름, 꿩의비름, 세잎꿩의비름, 새끼꿩의비름 등이 있다. **큰꿩의비름[*H. spectabile* (Boreau) H.Ohba]**은 잎자루가 없다는 점에서 둥근잎꿩의비름과 유사하지만 타원형 잎 3장이 돌려나거나 또는 2장이 마주나거나 어긋나며, 수술이 꽃잎보다 더 길다는 점이 특징이다. **자주꿩의비름[H. *telephium* (L.) H.Ohba]**은 잎자루가 없고 수술의 길이가 꽃잎과 비슷하거나 짧다는 점에서 둥근잎꿩의비름과 유사하지만 어긋나거나 마주나는 잎이 장타원형이고 줄기가 곧추선다는 점이 다르다. **세잎꿩의비름[*H. verticillatum* (L.) H.Ohba]**은 타원형 또는 피침형 잎에 짧은 잎자루가 있다는 점에서 위의 세 종과 구분된다. 보통 3장이 돌려나지만 일부는 마주나거나 어긋나고 잎이 마르면 세맥이 뚜렷해지며 갈색이 돌고 흔히 부분적으로 흑갈색 반점이 생긴다. 꽃은 누른빛이 도는 백록색으로 핀다. **꿩의비름[*H. erythrostictum* (Miq.) H.Ohba]**은 잎이 타원형~장타원형이고 짧은 잎자루가 있으며, 마주나거나 어긋나고 말라도 반점이 생기지 않는다. 꽃은 붉은빛이 도는 백색이다. **새끼꿩의비름[*H. viviparum* (Maxim.) H.Ohba]**은 세잎꿩의비름과 닮았으나 잎겨드랑이와 꽃차례에 살눈(육아, 주아)이 달린다.[1-4]

◈ **큰꿩의비름의 잎과 꽃** 왼쪽, 중간: 큰꿩의비름의 잎은 넓은 타원형으로 3장이 돌려나거나(왼쪽) 또는 2장이 마주나거나(중간) 어긋난다. 오른쪽: 큰꿩의비름의 꽃은 수술대의 길이가 꽃잎보다 길다는 점이 특징이다.

생육 특성

◈ 큰꿩의비름 화분 작품

둥근잎꿩의비름은 자생지가 좁은 지역에 국한되어 있는 식물이지만 성질이 강건하여 베란다에서도 재배가 어렵지 않으며 꽃도 잘 핀다. 어지간한 환경에서는 문제없이 잘 자라고 개화율도 높기 때문에 한때 멸종위기식물로 지정되었던 것이 이상할 정도이다. 둥근잎꿩의비름은 내건성, 내서성, 내한성 등이 뛰어나며 햇빛이 다소 부족한 환경에도 잘 적응하여 자라지만 습한 환경에는 비교적 약한 편이다.

늦은 가을에 만들어진 둥근잎꿩의비름의 겨울눈은 베란다에서는 12월 중순이 되면 1~2cm 정도로 제법 크게 자라면서 많은 새잎이 나오고 그 상태로 겨울을 난다. 이 신아는 봄에 상당히 일찍 움직이기 시작한다. 2월 초순이 되면 신아가 빠르게 성장하기 시작하며 여름이 올 때까지 왕성한 성장을 지속하여 줄기가 아래로 길게 늘어지게 된다.

베란다에서는 6월 하순~7월 초순 사이에 꽃망울이 잡히기 시작하며, 자생지보다 다소 늦은 9월 하순~10월 중순 사이에 개화한다. 화아분화는 아마도

◈ **둥근잎꿩의비름의 겨울눈과 출아** 왼쪽: 12월 초순에 관찰한 둥근잎꿩의비름의 겨울눈. 오른쪽: 이듬해 2월 초순에 관찰한 모습

꽃망울이 잡히기 전인 5~6월경에 이루어질 것으로 추정된다. 꽃이 지고 난 다음에는 뿌리에서 겨울눈이 만들어지는데 그 성장 속도가 상당히 빨라 12월에 접어들면 위로 제법 많이 솟아오르고 새잎도 여러 장 나온다.

줄기가 아래로 너무 길게 늘어지는 것들은 6월 중으로 순을 질러준다. 그러면 잎이 붙어 있는 곳에서 새로운 줄기가 나와 꽃이 핀다. 이보다 늦으면 새로 나온 가지의 꽃눈 형성이 지장을 받을 수도 있다. 잘라낸 줄기는 삽목에 이용한다. 대부분의 경우 삽수는 잘 살고 꽃도 잘 핀다.

◈ **둥근잎꿩의비름의 꽃눈 형성** 7월 초순에 관찰한 것으로 이 시기에 대부분의 원줄기 끝에 꽃눈이 형성되기 시작하며(왼쪽), 빠른 것들은 꽃망울이 보이기 시작한다(오른쪽).

 옮겨심기

가을에 꽃이 피는 둥근잎꿩의비름의 옮겨심기는 봄(2월 중순~5월)이 적기이다. 봄에 일찍부터 움직이기 시작하는 식물이므로 줄기가 길어지기 전인 이른 봄(2월 중순~3월)이 가장 좋다. 이보다 늦어지면 줄기가 길어져 작업이 다소 거추장스러워질 수 있다. 가을에는 꽃이 진 직후인 10월 말에 옮겨 심는다. 가을 분갈이가 시기적으로 다소 늦어 부담이 없진 않으나 성질이 강건하므로 큰 문제는 없다. 뿌리의 발육이 왕성하므로 2~3년 마다 한 번씩 옮겨 심는 것이 좋다. 석부작의 경우에는 4~5년 마다 옮겨 심는 것을 원칙으로 하되 초세가 약해지거나 개화율이 떨어지면 그전이라도 옮겨 심도록 한다.

이 식물은 줄기가 아래로 늘어지는 성질을 가지고 있으므로 높이가 높은 화분에 심는 것이 잘 어울린다. 그러나 높이가 그렇게 높지 않은 화분에 심더라도 높은 곳에 올려두고 관리하면 문제가 없다. 둥근잎꿩의비름은 내건성은 강하지만 내습성이 약하므로 식재의 구성은 다소 건조하고 배수가 잘되도록 하는 것이 좋다. 높이 10cm 내외의 4~5호(직경 12~15cm) 화분을 기준으로 마사토의 비율을 60% 정도로 하고 나머지는 보수성이 좋은 화산토로 구성하면 무난하다. 마사토 부분에서 중립을 10~20% 정도 포함시키면 분의 통기성과 배수성을 높이고 줄기가 너무 길어지는 것을 방지하는데 도움이 된다. 더 큰 화분에 심을 때는 마사토의 비율을 더 높인다. 둥근잎꿩의비름은 원래 절벽에 붙어 자라는 식물이므로 석부작의 좋은 소재이기도 하다. 자생지와 비슷하게 높이가 높은 입석에 붙여 키우면 운치 있는 작품을 만들 수 있다.

1. 화분 심기

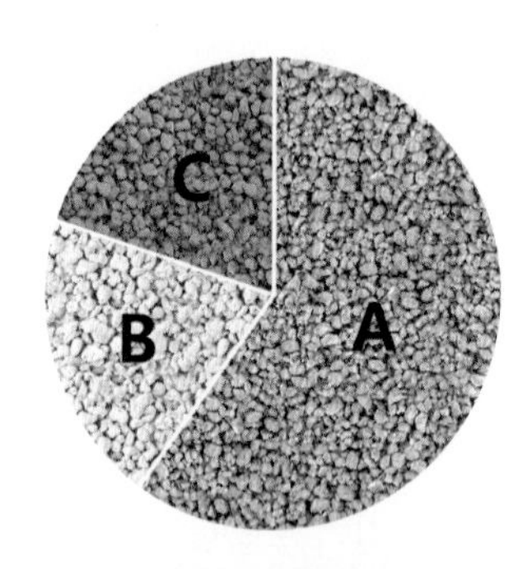

◈ **화분: 4호(직경 12cm), 높이 8cm**

◈ **배양토 구성**

A: 마사토 60%(중립 10%, 소립 50%)

B: 경질녹소토 소립 20%

C: 경질적옥토 소립 20%

① 식재를 털어내고 뿌리를 정리한다(2월 중순).

② 심을 화분의 높이에 맞춰 뿌리를 자른다.

③ 배수층(10%)을 넣는다.

④ 식물의 높이를 감안하여 배양토를 적당히 넣는다.

⑤ 식물을 넣고 높이를 맞추어 본다.

⑥ 화분의 절반 정도까지 배양토를 넣는다.

⑦ 가느다란 도구로 찔러 돌려서 배양토가 고루 들어가도록 한다.

⑧ 영양볼과 고형 인산비료를 넣은 다음 배양토를 마저 채운다.

⑨ 피복복비와 미량원소비료를 올리고 팻말을 꽂은 후 물을 충분히 준다.

◈ **옮겨심기 후의 변화** 분갈이를 시행한 해(왼쪽)와 1년 후(중간) 및 2년 후(오른쪽) 가을에 개화한 모습. 분갈이 2년 후에 꽃차례의 크기가 약간 줄어들었는데 아마도 너무 작은 화분에 심은 탓으로 보인다.

2. 석부작 만들기

① 뿌리 사이에 박힌 흙을 제거하고 늘어나지 않도록 조심하면서 엉켜 있는 뿌리를 풀어 준다(5월 하순).

② 표면이 매끈한 돌에 붙일 예정이라 생명토가 떨어지는 것을 방지하기 위하여 코코넛테이프를 준비한다.

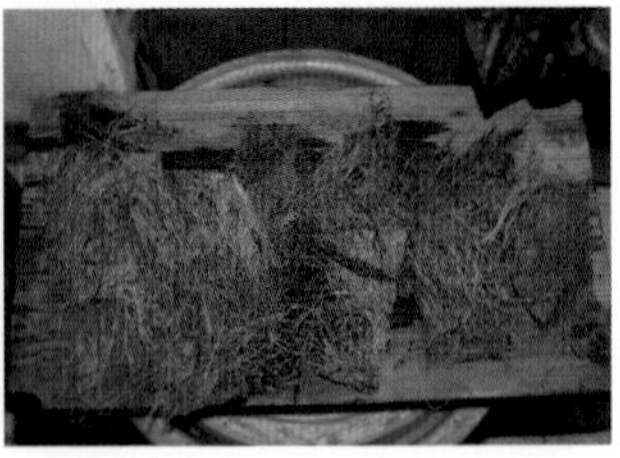

③ 식물을 붙일 자리에 알맞은 크기로 코코넛테이프를 자른 다음 얇게 벗겨 나눈다.

④ 표면이 매끈한 사각 기둥 모양의 입석을 준비하였다. 이 돌의 약간 비스듬한 윗면에 둥근잎꿩의비름을 붙일 예정이다.

⑤ 돌의 표면에 생명토를 바른 후 코코넛테이프를 그 위에 붙이고 떨어지지 않도록 실로 단단하게 묶는다.

⑥ 코코넛테이프의 표면에 생명토를 바르고 돌의 윗면에 둥근잎꿩의비름을 위치시킨다. 다시 생명토로 뿌리를 모두 잘 덮는다.

⑦ 전체적으로 코코넛테이프와 식물의 뿌리를 생명토로 모두 덮는다.

⑧ 둥근잎꿩의비름 뒤쪽으로 바위에 붙어사는 양치식물인 우드풀을 붙인다.

⑨ 이끼 모자이크를 시행한다. 생명토가 마르기 전에는 물을 주지 않는다. 3~4일 후 생명토가 어느 정도 말랐다고 판단이 되면 부드럽게 물을 주기 시작한다.

◈ **옮겨심기 후의 변화** 왼쪽: 같은 해 가을에 개화한 모습. 오른쪽: 옮겨 심은 지 3년이 경과한 모습. 세력이 크게 좋아져서 많은 꽃이 달렸다.

화분 두는 곳

동향이나 동남향의 베란다에서는 햇빛이 잘 드는 양지쪽에 두고 햇볕을 충분히 준다. 그러나 햇볕이 너무 강하면 잎이 타는 경향이 있으므로 강광이 많이 들어오는 남향의 베란다에서는 반그늘에 두도록 한다. 또 습한 것을 싫어하므로 바람이 잘 통하는 곳에 두는 것이 좋다. 둥근잎꿩의비름은 줄기가 아래로 길게 늘어지는 성질이 있으므로 높은 곳에 올려놓는 것이 바람직하다. 높이가 높은 화분에 심은 것이라 하더라도 줄기가 늘어지면서 주변의 식물을 덮고 바닥에 닿는 경우가 많으므로 높은 곳에 올려 두는 것이 좋다.

물주기

다육식물로 잎에 물을 저장하는 저수능이 뛰어나 건조한 것을 잘 견디는 반면 습한 환경에는 취약하다. 그러므로 배수성이 좋도록 심고 물도 다소 적게 주도록 한다. 그러나 입석에 붙인 석부작은 매우 잘 마르므로 매번 물을 충분하게 준다.

거름주기

잘 자라고 꽃도 잘 피므로 많은 비료를 줄 필요는 없지만 기본적인 비배관리는 필요하다. 옮겨 심을 때 밑거름을 보통 정도로 넣어주고 액비와 치비 역시 보통 수준으로 준다. 거름을 많이 주면 웃자라서 길게 늘어지므로 너무 많이 주지 않도록 한다.

번식

대체로 번식이 용이하다고 알려져 있으며 실생, 삽목 및 포기나누기로 번식시킬 수 있다. 베란다에서는 협소한 공간으로 말미암아 어떤 식물의 대량 번식을 시도하는 경우가 거의 없으므로 실생보다는 포기나누기와 삽목을 통해 번식을 시도하는 것이 대부분이다. 둥근잎꿩의비름은 상당히 빠른 속도로 포기가 커지므로 옮겨 심을 때 포기가 자연스럽게 나누어지는 곳에서 갈라 심는다.

삽목은 줄기삽과 엽삽이 모두 가능하며 4월부터 시작하여 10월까지도 가능하지만 6월 중에 적심을 하면서 잘라낸 줄기를 삽목에 이용하면 좋다. 삽수를 만들기 위해서는 우선 마디 바로 아래에서 줄기를 칼로 비스듬하게 자른다. 잘라낸 줄기 끝에 붙은 잎 두어 장만 남기고 아래쪽에 붙은 잎을 줄기 근처에서 모두 자른다. 잘라낸 잎은 나중에 엽삽에 이용한다. 삽목 용토로는 모래, 경질녹소토 세립 또는 경질적옥토 세립을 이용한다. 줄기삽의 경우 삽수를 1~2시간 정도 말렸다 꽂아준다. 엽삽의 경우에는 삽수의 상대적 수분 함량이 높을수록 부패율이 높고 발근율이 떨어진다고 알려져 있으므로 삽수 채취 후 바로 삽목하는 것보다 그늘에서 1~2일 정도 말렸다가 꽂아주는 것이 좋다. 뿌리가 내리기까지는 직사광선을 피해주도록 한다. 엽삽보다는 줄기삽의 발근율이 더 높아 번식에 더 유용한 방법이다.[5]

둥근잎꿩의비름의 종자는 먼지 같은 미세종자로서 자연수분에 의해 결실이 잘 이루어지는 것으로 알려져 있다. 11월 중순~12월 중에 채종하여 이듬해 봄에 파종하며 발아를 위한 저온처리는 필요치 않다.[5]

병충해 방제

문제가 되는 특별한 병충해는 없는 편이다. 때때로 달팽이가 잎을 갉아먹기도 하지만 치명적인 것은 아니다. 과습하면 밑동이 썩어 물러질 수 있으니 조심한다. 여름철 고온건조기에는 응애가 발생하기도 한다. 응애는 보통 여러 식물에 큰 피해를 끼치므로 발견하는 즉시 전용 약제를 1주일 간격으로 2~3회에 살포하여 구제한다.

참고문헌

1. 국립수목원. 국가생물종지식정보시스템(NATURE). http://www.nature.go.kr.
2. 이영노. 새로운 한국식물도감. 교학사. 2007.
3. 이창복. 원색 대한식물도감. 향문사. 2014.
4. 이창복. 원색 대한식물도감 검색표. 향문사. 2014.
5. 정정학. 표준영농교본-138: 우리 꽃 기르기. 농촌진흥청. 2003.

산구절초

- **분류** 국화과
- **생육상** 여러해살이풀
- **분포** 전국
- **자생환경** 높은 산지의 능선이나 암석 지대
- **높이** 10~60cm

◆ **관리특성**

식재습윤도	●○○
광량	●●●
관수량	●●○
시비량	●●◐
개화율	●●◐
난이도	●◐○

	연중 관리	1	2	3	4	5	6	7	8	9	10	11	12
생활환	출아		●										
	영양생장		●	●	●	●	●						
	화아분화					●	●						
	개화										●		
	겨울눈 형성											●	◐
	생식생장							●	●	●	●	●	
	낙엽											●	
	휴면	●											●
작업	옮겨심기		◐	●	●	●	○				◐	○	
	액비 시비			●	●	●	●			●	●	◐	
	치비 교환			●						●			
	적심					●	●						

가을을 상징하는 색으로 많은 사람들은 아마도 청아한 코발트 빛 하늘색이나 풍요로운 들녘의 황금빛 노란색을 떠올릴 것이다. 어떤 이들은 하늘거리는 코스모스의 분홍색이나 곱게 물든 단풍잎의 붉은색을 꼽을지도 모르겠다. 야생화에 빠진 사람들이라면 구절초의 흰색이나 쑥부쟁이의 보라색을 떠올리는 이들이 많지 않을까? 가을이 오면 사람들이 흔히 들국화라 부르는 많은 꽃들이 앞 다투어 피어나 우리 산하를 가을빛으로 물들인다. 그러나 들국화라고 하는 식물학적 명칭은 없다. 다만 우리나라에 자생하는 국화과(Compositae) 식물 중 산국속(*Dendranthema*; 국화속, *Chrysanthemum*)에 포함되는 감국, 산국, 구절초류와 참취속(*Aster*)에 속하는 쑥부쟁이류, 개미취류, 참취류, 해국 등이 야생에서 국화와 같은 꽃을 피우므로 속칭 들국화라 하는 것이다.[1]

가을에 흰색 또는 옅은 분홍색의 청초한 꽃을 피우는 구절초류는 우리나라의 가을을 대표하는 꽃이라 해도 크게 틀린 말은 아니지 싶다. 예로부터 음력

9월 9일에 이 식물의 꽃과 줄기를 잘라 부인병 치료와 예방을 위한 약재로 썼다고 하여 구절초(九折草)라 부른다.[1] 구절초류에는 구절초를 포함하여 산구절초, 바위구절초, 포천구절초, 한라구절초, 서흥구절초, 신창구절초, 울릉국화, 낙동구절초, 마키노국화 등 많게는 15종 정도가 알려져 있으며,[2] 국립수목원의 국가생물종지식정보시스템에는 7종,[1] 이영노 교수의 새로운 한국식물도감에는 12종이 수록되어 있다.[3] 구절초류는 기본적으로 잎이 갈라지는 양상을 가지고 구분할 수 있지만 변이가 많아 상당히 혼란스럽다.

구절초[*Dendranthema zawadskii* var. *latilobum* (Maxim.) Kitam.]는 넓은잎구절초라고도 하며[3] 흔히 고도가 낮은 산기슭에서 자라고 키가 50~100cm 정도까지 상당히 크게 자란다. 구절초의 잎은 넓고 대체로 재배 국화의 잎과 비슷하며 전체적으로는 달걀모양이고 가장자리가 깃꼴로 얕게, 때로는 깊게 갈라진다. 측열편은 흔히 4개이며 가장자리가 약간 갈라지거나 거치가 있다. 이와 유사하지만 잎에 털이 없으며 꽃이 자홍색으로 피는 것을 서흥구절초 또는 서흥넓은잎구절초라 하며 황해도 서흥에서 난다고 한다.[3] 그러나 국가생물종지식정보시스템에서는

◈ **구절초류의 잎 비교** 구절초(A), 산구절초(B), 포천구절초(C), 한라구절초(D)의 잎 모양. A: 구절초의 잎은 재배 국화의 잎과 비슷하게 전체적으로 넓은 달걀모양이고 가장자리가 깃꼴로 얕거나 깊게 갈라진다. B: 산구절초는 구절초와 유사하지만 크기가 작고 잎이 더 가늘게 갈라진다. C: 포천구절초는 산구절초에 비해 잎이 더욱 가늘고 길게 갈라진다. D: 한라구절초는 잎이 두껍고 선형으로 잘게 갈라지며 갈래조각의 길이가 짧다는 점이 특징이다.

서홍구절초를 별도로 구분하지 않고 구절초의 비추천명으로 처리하고 있다.[1]

남쪽 해안과 섬 지방에는 잎이 구절초와 유사하지만 두껍고 광택이 나며 잎 끝이 얕게 갈라지는 키 작은 구절초 종류가 자생하는데 이를 남구절초(***D. zawadskii*** **var.** ***yezoense*** **(Maek.) Y.M.Lee & H.J.Choi**)라고 부른다. 그러나 국가식물목록위원회에서 남구절초의 학명을 비합법명으로 처리하여[4] 국가생물종지식정보시스템에서는 남구절초가 누락되어 있다.[1] 남구절초는 키가 작으면서도

◈ **구절초 화분 작품** 왼쪽: 햇빛이 좋은 남향 베란다에서 재배한 작품이다. 구절초류를 베란다에서 재배하면 햇빛을 많이 보이더라도 꽃줄기가 직립하지 못하고 아래로 늘어지는 현상을 보인다. 소장자 안정숙. 오른쪽: 똑바로 키우고 싶으면 지지대를 세워 묶어 주어야 한다.

◈ **남구절초 화분 작품** 키가 작고 많은 꽃이 피는 종이며 꽃줄기가 짧으므로 지지대를 세우지 않아도 직립한다.

큰 꽃이 많이 달리므로 베란다에서 재배하기에 무척 적합한 종이다.

구절초가 주로 낮은 산지에 자생하는 것에 비해 산구절초[*D. zawadskii* (**Herb.**) **Tzvelev**]는 산 중턱 이상의 높은 곳에서 자라며 키가 10~60cm 정도로 상대적으로 작아 베란다에서 키우기에 적합한 종이다. 산구절초는 구절초와 비슷하지만 잎이 가늘게 갈라지는 점이 다르므로 가는잎구절초라고도 불린다.[1,3] 산구절초는 전국 각처 높은 산지의 풀밭이나 능선에 자생하며, 특히 바위가 많은 암석지대에서 자주 관찰된다.

산구절초의 지하부에는 옆으로 벋는 목질상의 뿌리줄기가 있고 여기서 다수의 가는 뿌리가 나온다. 뿌리줄기에서 솟는 줄기는 비스듬히 서며 가지가 갈라지고 잎은 어긋나게 붙는다. 아랫부분에 달리는 잎은 잎자루가 길고 전체적으로는 달걀모양이지만 2회 깃꼴로 깊게 또는 완전하게 갈라지므로 각 열편(갈래조각)은 피침형 또는 선형(線形)이고 너비는 1~2mm 정도이다. 위로 올라갈수록 잎자루가 짧아지고 잎도 작아져 모든 열편이 짧은 선형으로 이루어지는 경우도 있다. 잎의 표면은 광택이 있고 뒷면은 옅은 녹색이며 양면에 선점(腺点)이 있다. 꽃은 자생지에서는 7~10월에 걸쳐 피고 흰색, 연분홍색 드물게 붉은색이다. 베란다에서는 보통 10월 중에 개화한다. 꽃은 원줄기와 가지 끝에 1개씩 두상화서(머리모양꽃차례)로 달리며 지름 3~6cm로 상당히 크다.

바위구절초(*D. sichotense* **Tzvelev**)는 전국 특히 북부지방의 고산지대 산정에

◈ **산구절초** 왼쪽: 산구절초는 높은 산 중턱 이상의 능선이나 바위지대에서 자생한다. 오른쪽: 베란다에서 재배하면 꽃줄기가 아래로 늘어지므로 높이가 높은 분에 심는 것이 보기에 좋다.

서 자라는 종으로 잎이 잘게 갈라지므로 산구절초와 비슷하지만 키가 20cm 정도로 작고 줄기, 잎, 총포편의 뒷면과 안쪽 가장자리에 흰 털이 있다는 점이 다르다. 화경도 짧으며 분홍색 또는 백색의 큰 꽃이 핀다. 자생지에서는 9~10월에 개화하지만 평지에서 재배하면 4~6월에 꽃이 피는 경향이 있다. 고산식물이라 재배가 까다로운 편이다.

◈ 바위구절초 화분 작품

포천구절초(***D. zawadskii* var. *tenuisectum* Kitag.**)는 경기도 포천에서 처음 발견되었기 때문에 그렇게 명명되었다. 경기도 한탄강과 강원도 동강 등 일부 지역에서만 자생지가 확인되었으며 주로 습기가 많고 햇볕이 잘 드는 냇가나 강가에서 자라지만 높은 산 정상 부근의 서늘한 곳에서도 발견된다. 포천구절초는 잎이 산구절초보다 더 가늘고 길게 갈라진다는 점이 특징이며 따라서 포천가는잎구절초라고도 불린다.[3] 변종명 *tenuisectum*은 잘게 갈라진다는 뜻으로 이 식물의 특성을 잘 표현하고 있다. 포천구절초는 가늘게 갈라지는 섬세한 잎으로 이루어진 독특한 자태가 매력적인 식물이다. 잎이 가늘어 재배가 까다로울 것 같지만 의외로 내음성과 내습성이 모두 강해 재배가 용이하다고 알려져 있다.[1]

◈ **포천구절초** 강가에서 자라는 포천구절초로서 길고 가는 잎이 청량한 분위기를 자아낸다.

한라구절초[*D. coreanum* (H.Lev. & Vaniot) Vorosch.]는 한라산 해발 1,300m 이상의 고산지대에 자생하는 한국특산식물로 키가 작고, 두터운 육질의 잎이 가늘고 짧게 갈라지는 것이 특징이다. 바위구절초처럼 꽃줄기의 길이가 짧고 보통 흰색이나 분홍색의 꽃이 줄기와 가지 끝에 하나씩 달린다. 고산식물이니 만치 여름에 쉽게 녹는 성질이 있어 베란다에서 재배하기는 쉽지 않은 종이다.

◈ **한라구절초** 왼쪽: 한라구절초의 꽃. 오른쪽: 비닐온실에서 재배한 한라구절초 석부작. 한라구절초는 강광을 받을 수 있는 환경에서 재배하는 것이 유리하다. 소장자 임일선.

구절초류의 꽃차례인 두상화서는 꽃자루가 없는 여러 개의 작은 꽃이 꽃대 끝에 머리모양, 반구형, 또는 원판모양으로 모여 피어 마치 한 송이의 꽃처럼 보이는 꽃차례이다. 두상화서는 설상화 또는 통상화로만 이루어지기도 하고 또는 설상화와 통상화를 모두 포함하기도 하는데 구절초류의 꽃은 후자에 속하는 유형이다. 구절초류 꽃의 중심부에는 원형의 노란색 부분이 있는데 이것은 수많은 작은 통상화가 모여 이루어진 부분이다. 그 주변에 둥그렇게 돌아가며 붙어 있는 길쭉한 타원형의 흰색 또는 연분홍색 꽃잎들이 설상화이다. 꽃 밑에 붙어 있는 총포는 반구형이며 포 조각은 3줄로 배열되고 끝이 2~3개로 얕게 갈라진다.

구절초류의 꽃을 구성하는 두 종류의 꽃 중에서 중심부의 노란색 부분을 이루고 있는 통상화[筒狀花, 관상화(管狀花), 대롱꽃]가 암술과 수술을 가진 진짜 꽃이다. 이 작은 꽃은 5장의 꽃잎으로 이루어져 있지만 서로 벌어지는 끝부분을 제외하면 하나로 붙어서 튜브 모양을 하고 있으므로 통상화라고 한다. 아직 통상화가 벌어지기 전에 산구절초의 꽃을 자세히 들여다보면 중심부의 노란색 부분이 마치 수많은 황색 점으로 이루어져 있는 것처럼 보인다. 이 황색 점 하나 하나가 봉오리 상태의 통상화이다. 시간이 조금 지나면 노란색 부분의 가장자리부터 황색 점이 없어진 것처럼 보이는데 이는 통상화가 벌어지기 때문에 일어나는 현상이다. 통상화의 개화는 가장자리에서 중심부를 향해 진행된다. 통상화의 꽃잎이 벌어지면 서로 붙어서 튜브 모양을 이룬 수술 통의 중심부를 암술이 통과하여 꽃잎 밖으로 돌출된 다음 벌어지게 된다.

◈ **구절초류 꽃의 구조** 통상화는 가장자리부터 중심부를 향해 순차적으로 개화하므로 개화 초기에는 왼쪽과 같이 미개화부의 면적이 넓고, 개화 후기로 가면 오른쪽에서처럼 개화부의 면적이 증가하고 미개화부의 면적은 줄어든다.

노란색 통상화 부분의 바깥쪽에 돌려나는 큰 꽃잎이 설상화(舌狀花; 혀꽃)이며 그 모습이 혀와 닮아 그런 이름으로 불린다. 우리가 보통 꽃잎이라고 인식하고 있는 것은 바로 이 설상화이지만 이것은 진짜가 아니라 곤충을 유인하는 역할을 수행하는 가짜 꽃으로 암술과 수술이 없다. 구절초류의 설상화는 흰색, 분홍색, 붉은색 등 다양한 화색을 보인다. 백색의 경우 순백색에 가까운 꽃도 없진 않으나 대부분의 경우 다른 색들이 섞여 들어와 미묘한 차이를 만들어 낸다. 베이지색 계열이 혼입된 백화는 따뜻하고 온화한 분위기를 만들어 내지만, 엷은 푸른빛이 섞여 들어간 것들은 설백색의 차가운 느낌을 준다. 옅은 분홍색이 섞인 것들은 수줍은 새색시의 얼굴 같기도 하다. 홍색 계열에서는 분홍색, 인디언핑크, 심홍색(마젠타), 자홍색, 홍보라색 계열의 품종들이 있으며 홍색이 강하게 발현된 품종일수록 관상가치가 높다. 또한 구절초류와 감국 사이의 교배를 통해 만들어진 노란색을 나타내는 품종도 있다.

결국 구절초류는 진짜 꽃이 너무 작고 볼품이 없으므로 크고 눈에 잘 띄는 색상을 가진 가짜 꽃으로 곤충을 불러 모으는 것이다. 이 가짜 꽃의 효과는 대단히 탁월하여 구절초류의 꽃이 만개하면 나비와 벌을 포함하여 많은 종류의 곤충이 모여든다. 구절초류의 꽃은 수명도 상당히 길고, 옅지만 상큼한 향도 있어 더욱 매력적이다. 곤충뿐만이 아니라 사람들도 이에 혹하는 걸 보면 구절초류의 유혹의 기술은 아주 높은 수준에 도달한 것이 분명해 보인다.

◈ **구절초류의 화색 변이** 구절초류는 흰색, 분홍색, 붉은색 등 다양한 화색을 보이며 이종 사이의 교배도 상당히 잘 일어나므로 다양한 색깔의 꽃을 가진 품종을 육종해 낼 수 있다. 키가 작고 다양한 화색을 보이는 구절초류를 수집하면 재미있을 것이다. 강원도 원주 최고자연.

생육 특성

산구절초는 주로 지대가 높고 햇빛이 좋은 곳에 서식하므로 베란다에서 기르기가 까다로울 것으로 생각하기 쉽다. 그러나 성질이 강건하여 더위와 추위를 잘 견딜 뿐 아니라 다른 여러 환경 요인에 대한 내성의 한계도 넓어 의외로

◈ **산구절초의 겨울눈과 출아** A. 동지 직전인 12월 중순에 관찰한 모습으로 가지 끝에 겨울눈이 뚜렷하게 식별되고 일부 겨울눈에서는 벌써 두어 장의 어린잎이 보이기도 한다. B. 2월 초순에 관찰한 모습으로 대부분의 겨울눈에서 잎이 자라기 시작한다. C. 3월 중순의 모습으로 흰색 비료 용기가 보이지 않을 정도로 잎이 우거졌다.

베란다에 잘 적응하며 꽃달림도 매우 좋은 편이다.

베란다에서 산구절초는 봄에 상당히 일찍 움직이기 시작하는 종류 중의 하나이다. 지난해 가을에 형성되었던 산구절초의 겨울눈은 겨울을 따뜻하게 보낸 경우 2월 초순부터 빠르게 자라면서 새로운 줄기와 잎을 형성해 나가며 3월 중순이면 이미 상당한 정도까지 성장한다. 5월까지 왕성하게 성장을 계속하다 여름에 접어들면 길게 자라난 가지의 끝에 꽃망울이 잡히기 시작하는데, 이르면 하지(양력 6월 22일 전후) 전에 이미 꽃망울이 뚜렷하게 식별된다. 2월 하순부터 창문을 열어 늦겨울과 초봄을 차게 보낸 경우 꽃망울이 잡히는 시기가 이보다 다소 늦어진다. 아마도 화아분화는 5~6월경에 이루어질 것으로 추정된다.

◈ **산구절초의 꽃망울** 하지 바로 직전인 6월 중순에 관찰한 모습으로 줄기의 끝에 꽃망울이 잡혀 있는 모습을 분명하게 식별할 수 있다.

중부지방을 기준으로 할 경우 자생지에서는 산구절초가 보통 9월에 개화하지만 베란다에서는 10월에 꽃이 핀다. 구절초류는 밤의 길이가 일정 시간보다 길어지고 낮의 길이가 짧아져야 꽃눈이 생겨 꽃이 피는 단일식물(short-day plant)이다.[2] 개화의 요건으로 짧은 낮의 길이가 필요하다고 하여 단일식물이라 부르지만 실제로는 밤의 길이가 연속적으로 일정 시간보다 긴 것이 개화에 더 중요하게 작용한다. 베란다는 밤에 거실이나 방의 조명으로부터 직간접적으로 영향을 받기 때문에 개화에 필요한 정도까지 밤의 길이가 늘어나는 것과 일정 시간 이상으로 암기(暗期)가 연속적으로 유지되기 어렵다. 또 베란다는 자생지에 비해 가을에 온도가 떨어지는 속도도 더디다. 결국 베란다에서는 일장, 온도 등의 여러 개화 요건을 충족시키는데 있어 자생지에서보다 더 많은 시간이 필요하여 꽃이 더 늦게 피는 것으로 생각된다.

가을이 깊어지면 가지의 끝에 겨울눈이 만들어진다. 국화과 식물의 겨울눈은 가을의 어느 시점에 발생하여 점차 커지다 동지(양력 12월 22일 전후) 무렵이 되면 뚜렷하게 식별되므로 동지아(冬至芽)라고도 부른다. 산구절초의 겨울눈은 11월~12월 초순 사이에 형성될 것으로 추정된다.

만일 키가 너무 크게 자란 가지가 있으면 적심(순 자르기)을 해준다. 노지에서 재배하는 구절초의 경우 개화기로부터 역산하여 50~60일 전에 뿌리 근처에서 적심을 해주면 곁가지가 많이 나와 키를 낮춰 꽃을 볼 수 있다.[2] 9월 중순경에 개화한다고 가정하면 7월 중순~하순 사이에 적심을 하는 것이다. 산구절초의 경우에도 길게 자란 줄기를 잘라주면 곁가지가 잘 나오고 꽃도 잘 핀다. 다만 베란다에서 키우는 산구절초의 경우에는 꽃이 노지보다 늦게 피지만 적심은 보다 일찍 5~6월에 시행하는 것이 좋을 것으로 생각한다. 왜냐하면 햇빛이 모자란 관계로 너무 늦게 적심을 시행하면 새로 나온 가지가 꽃을 달 수 있을 만큼 충실하게 성장하기 어렵기 때문이다.

옮겨심기

산구절초는 10월에 개화하기 때문에 개화 직후에 분갈이를 하는 것은 다소 늦은 감이 있다. 따라서 옮겨심기의 적기는 봄이다. 2월 하순~5월 사이에 옮겨 심는데 가급적 줄기가 길어지기 전에 옮겨 심는 것이 작업하기에 편하다. 산구절초는 성질이 강건하여 환경 변화에 대한 내성도 강하고 이식도 용이하므로 옮겨심기에 대한 스트레스는 별로 없다. 대략 3년 마다 옮겨심기를 시행하는 것을 원칙으로 한다. 그러나 높이가 낮거나 작은 분에 심은 것들은 배수 상태를 체크해 보아 물 빠짐이 좋지 않으면 그 이전이라도 분갈이를 시행해야 한다. 산구절초는 뿌리의 발육이 빠르기 때문에 작은 화분의 경우 쉬 뿌리로 가득 차기 때문이다. 뿌리가 가득 찬 화분을 옮겨 심지 않으면 식물체 전체가 죽는 경우도 있으므로 분갈이 주기를 꼭 지키도록 한다.

베란다에서 배양하면 산구절초의 줄기는 위로 자라는 것이 아니라 아래로 늘어지는 경향이 있다. 특히 꽃을 달게 될 가지들은 더욱 길게 아래로 늘어진다. 따라서 높이가 높은 화분을 선택하는 것이 좋다. 만일 줄기가 아래로 늘어지는 것이 싫다면 지지대를 세워 위쪽으로 똑바로 세워 준다. 이 경우에는 굳이 높은 화분을 선택할 필요는 없다. 높이가 낮은 화분에 심었더라도 높은 곳에 올려두고 줄기가 늘어지도록 키울 수도 있다.

산구절초는 뿌리가 지속적으로 습한 상태에 있는 것을 별로 좋아하지 않으므로 배수가 잘 되도록 다소 건조하게 심는 것이 좋다. 용토가 건조하고 배수가 원활해야 웃자람도 방지할 수 있다. 따라서 높이 15cm 내외의 5~6호(직경 15~18cm) 화분을 기준으로 하여 마사토 60%, 화산토 40% 정도로 배양토를 구성한다. 마사토 중립을 약간 포함시키면 배수성과 통기성을 올리는데 도움이 된다. 그러나 화분이 너무 건조하면 바람이 많이 불거나 관수를 건너뛸 때 잎이 쉽게 시드는 경향이 있으므로 조심해야 한다.

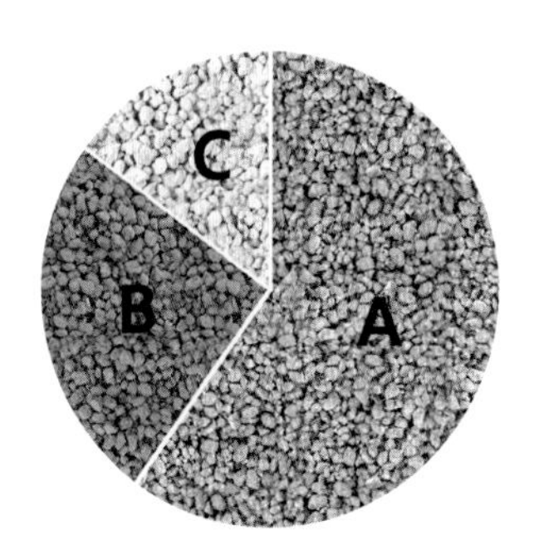

◈ **화분: 6호(직경 18cm), 높이 15cm**

◈ **배양토 구성**

A: 마사토 60%(중립 20%, 소립 40%)

B: 경질적옥토 소립 25%

C: 경질녹소토 소립 15%

① 배수층(10%)을 넣는다.

② 퇴비(10%)를 추가한 배양토를 적당히 넣는다.

③ 식물체를 화분의 중심부에 위치시킨다.

④ 화분의 가장자리에 배양토를 넣는다.

⑤ 중심부에 배양토를 넣고 대젓가락으로 쑤셔 돌린다.

⑥ 고형 인산비료를 화분 가장자리에 약간 넣어 준다.

⑦ 화분 가장자리를 따라 영양볼을 넉넉하게 넣는다.

⑧ 배양토를 마저 채우고 화분 벽을 몇 번 가볍게 쳐 준다.

⑨ 피복복비와 미량원소비료를 올리고 팻말을 꽂은 후 물을 충분히 준다.

◈ 같은 해 가을에 개화한 모습

화분 두는 곳

산구절초는 햇빛을 많이 받고 바람이 잘 통하는 곳에 자생하므로 그런 자리에 두는 것이 좋다. 낮은 분에 심은 것이나 높은 분에 심었더라도 너무 길게 늘어지는 것들은 주변의 다른 식물을 덮어 가리지 않도록 높은 곳에 올려 두도록 한다.

물주기

산구절초는 다소 건조하게 심고 물은 충분히 주는 방식으로 관리하는 것이 과습도 피하고 키도 낮출 수 있는 방법이다. 산구절초는 건조한 것을 어느 정도는 견딜 수 있지만 너무 건조해지면 잎이 마르면서 피해를 볼 수도 있다. 그러므로 만일 너무 건조하게 심어 자주 시드는 경향을 보이면 물을 매번 충분하게 주어야 한다. 아니면 경질적옥토 세립 몇 숟가락으로 밑동 주변을 덮어 주도록 한다. 한편 과습에는 상당히 취약하여 자칫 잘못하면 큰 피해를 당할 수도 있으므로 항상 과습하지 않도록 주의를 기울여야 한다. 만일 너무 습하게 심었다고 판단되는 경우에는 가끔씩 물주기를 건너뛰어 과습을 예방하도록 한다.

거름주기

산구절초를 포함하여 모든 구절초류는 환경에 대한 적응성이 뛰어나 열악한 환경에도 잘 적응할 수 있으며 웬만한 조건에서는 따로 비료를 주지 않아도 꽃을 잘 피운다. 그러나 구절초류는 기본적으로 다비성 식물로 비료를 잘 흡수하고 그 효과도 아주 좋아 토양의 비옥도가 높으면 꽃이 크고 색깔도 훨씬 좋아진다. 더욱이 베란다처럼 광도가 약하고 광량이 모자라는 곳에서는 비배관리를 충실하게 해야 많은 꽃을 볼 수 있다. 그러므로 분갈이를 할 때 밑거름을 넉넉하게 넣어주고 계절별로 주는 액비와 치비를 빠뜨리지 말고 주도록 한다. 특히 비효가 좋은 고형 유기질비료를 치비로 얹어두면 큰 도움이 된다. 그러나 비료가 지나치면 너무 웃자라서 오히려 관상가치가 떨어지므로 과비를 경계한다.

번식

산구절초는 번식력이 강한 식물로서 실생, 삽목, 포기나누기 등을 통해 번식시킬 수 있지만 베란다에서 실행 가능한 현실적인 방법은 포기나누기이다. 분갈이를 시행할 때 자연스럽게 나누어지는 부분에서 포기를 나누어 심는다.

5~6월에 적심을 하면서 나온 줄기는 삽목에 이용한다. 길게 자란 줄기를 날카로운 칼로 비스듬하게 잘라 삽수를 준비하는데, 보통 뿌리는 마디에서 내리므로 잎이 달린 마디 바로 아래에서 자르는 것이 좋다. 아래쪽의 잎을 모두 따내고 맨 위쪽의 잎을 약간만 남긴 후 약 1시간 정도 실온에 방치하여 절단면이 마르도록 한다. 이 때 루톤과 같은 발근제를 처리하여 말리면 발아율을 높일 수 있다. 삽목 용토로는 경질녹소토 세립이나 경질적옥토 세립을 사용한다. 나무젓가락으로 용토에 구멍을 만들고 여기에 삽수를 비스듬히 꽂은 후 가볍게 눌러 공간을 없앤다. 물이 마르지 않도록, 그러나 과습하지 않도록 관리한다.

실생을 원한다면 10월 말에서 11월 초에 채취한 종자를 채종 즉시 파종하면 효과적이다. 건조하게 저장하였다가 이듬해 봄에 파종하여도 발아율이 높다. 그러나 베란다와 같이 협소한 장소에서 별도의 실생 발아를 시도하는 것은 쉽지 않은 일이다.

병충해 방제

구절초류는 내병성과 내충성이 높아 특별히 문제가 되는 병충해는 없다. 혹서기에 탄저병이 발생할 수 있으며 개화기 전후로 진딧물이 붙기도 하므로 발견되면 적용 약제를 살포한다.

참고문헌

1. 국립수목원. 국가생물종지식정보시스템(NATURE). http://www.nature.go.kr.
2. 서종택. 표준영농교본-138: 우리 꽃 기르기. 농촌진흥청. 2003.
3. 이영노. 새로운 한국식물도감. 교학사. 2007.
4. 국립수목원. 국가식물목록위원회. 국가표준식물목록. http://www.nature.go.kr.

석창포

◆ **분류** 천남성과

◆ **생육상** 상록성 다년생 초본

◆ **분포** 남부지방과 일부 도서지방

◆ **자생환경** 산지 개울이나 계곡의 돌 틈이나 바위 위

◆ **높이** 10~30㎝

◆ **관리특성**

식재습윤도	●◐○
광량	●○○
관수량	●●●
시비량	●○○
개화율	●○○
난이도	●◐○

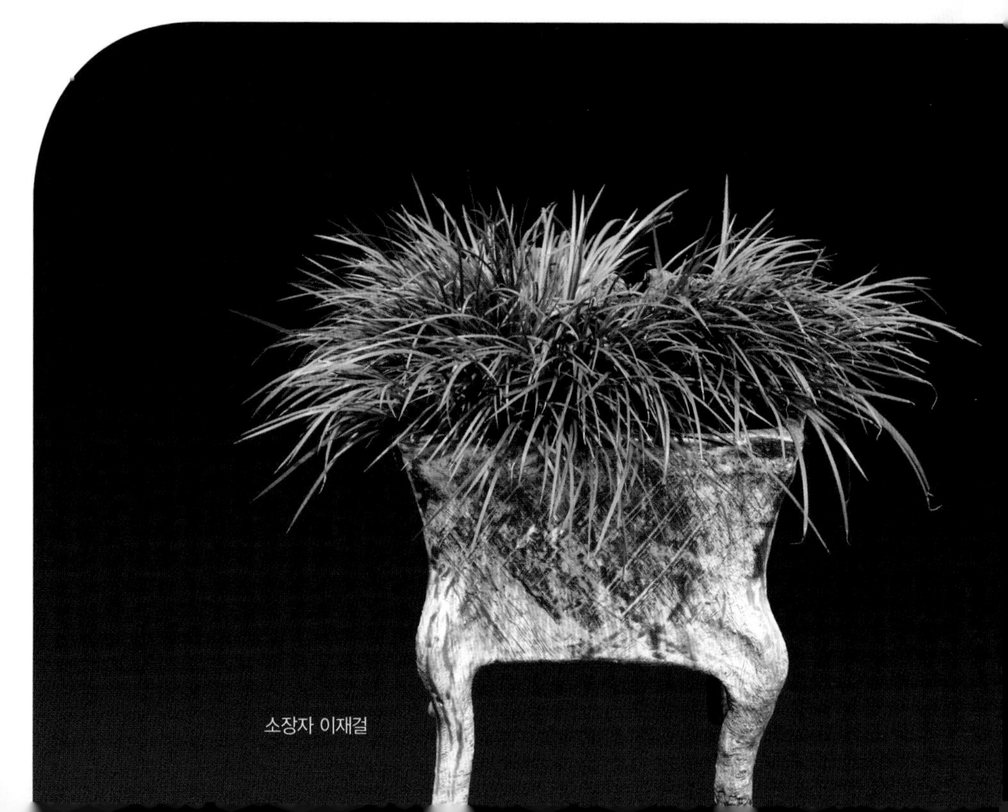

소장자 이재걸

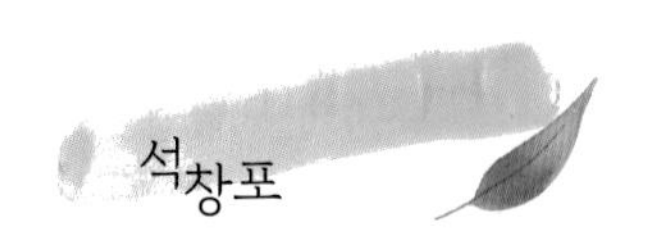

연중 관리		1	2	3	4	5	6	7	8	9	10	11	12
생활환	출아			●									
	개화					●	●						
	생장			●	●	●	●	●	●	●	●	●	
	휴면	●	●										●
작업	옮겨심기			●	●	●	●	○	○	●	●		
	액비 시비			○	●	○				●	○		
	잎 자르기			○	○	○	●	●					

석창포는 천남성과(Araceae)의 창포속(*Acorus*)에 속하는 상록성 다년생 초본으로 정유 성분을 포함하고 있어 특유의 향을 풍기는 방향성 식물이다. 우리나라에는 창포속에 속하는 식물로는 창포(菖蒲)와 석창포(石菖蒲) 단 두 종만 자생한다. 창포(***Acorus calamus*** **L.**)는 그 물을 우려내어 단옷날 머리 감는 용도로 썼던 식물로 햇볕이 잘 드는 얕은 물속이나 물가 또는 습지에서 자란다. 잎의 길이는 70cm에 달하고 너비는 1~2cm 정도로 상당히 넓으며 맥이 나란히 달리고 주맥이 뚜렷하다.

석창포(***Acorus gramineus*** **Sol.**)는 일부 도서지방을 포함하여 남부지방의 산지 개울이나 계곡의 돌 틈과 바위 사이에 붙어 자란다. 과거에는 산골짜기나 도랑 주변에 흔하게 자생하였으나 지금은 주로 깊은 산골짜기에서만 간혹 발견된다. 석창포는 가지를 치면서 옆으로 벋어나가는 뿌리줄기(근경)를 가지고 있고 여기서 잎과 뿌리가 나온다. 뿌리줄기는 많은 마디를 가지고 있는데 예로부터 마디가 많은 것을 귀하게 여겼다. 뿌리줄기 마디의 밑 부분에서는 수염뿌리가 많이 나온다.

뿌리줄기의 각 가지 끝에 모여 나는 잎은 끝이 뾰족한 선상 피침형으로 윤

◈ **석창포의 뿌리줄기** 자생종(왼쪽)과 원예용 소형종(오른쪽)의 뿌리줄기(화살표). 오른쪽 작품은 잎을 절단한 것이다.

기가 나며 교대로 엇갈리게 나와 두 줄로 배열되어 있고, 아랫부분은 서로 겹쳐져 있다. 잎은 보통 길이가 30~50cm, 너비가 2~8mm 정도로 창포보다 짧고 가늘다. 또한 창포 잎에는 주맥이 뚜렷한 반면 석창포의 잎에는 주맥이 없고 전체적으로 양날을 가진 칼처럼 생겼다.[1] 그래서 석창포를 수검초(水劍草)라고도 한다. 또 무리 지어 자란 모습이 요임금 뜰의 부추와 흡사하다고 하여 석창포를 요구(堯韭)라고도 부른다.[2~5]

6~7월에 피는 꽃은 노란색 이삭 형태이며, 많은 수의 양성화가 길이 10~30cm의 꽃줄기에 수상화서로 빽빽이 달린다. 베란다에서는 5~6월이 석창포의 개화기이지만 꽃이 잘 달리지 않고 그 수도 그다지 많지 않은 편이다. 8~9월에 익는 열매는 삭과로 녹색이며 다소 각진 구형 또는 타원형이다. 결실은 보통 수상화서의 아랫부분에서부터 이루어지

◈ **석창포의 꽃과 열매.**

기 시작하여 점진적으로 위를 향해 진행된다.

우리나라 자생종의 거의 대부분은 잎이 큰 대형종으로 보통 근경이 한약의 재료로 사용되며, 일부 농가에서 그러한 목적으로 대량 재배하고 있다. 한약의 재료로 재배되는 대부분의 개체는 잎이 매우 길어 원예용으로 키우기에는 상당히 부담이 된다. 하지만 일부 개체는 잎이 제법 짧은 것도 있으니 자생종을 키우고 싶으면 그러한 개체를 선별하여 가꾸도록 한다.

자생지에서는 보기 힘들어졌지만 요즘에는 재배하기에 적합한 원예(품)종들이 다수 도입되어 화원에서 저렴한 가격으로 쉽게 구입할 수 있게 되었다. 시중에서 원예용으로 판매되고 있는 석창포의 대부분은 소형종이며, 주로 일본, 중국 등지에서 원예용으로 발굴 또는 개량되어 들여온 (품)종들이다. 이 소형 원예(품)종들은 기본적으로 잎이 가늘고 짧으며 잎의 길이, 폭, 수, 형태 등에서 다양한 변이를 보인다.

◈ **자생종 및 원예종 석창포** 왼쪽: 우리나라 자생종이다. 원예용으로 키우기에는 잎의 길이가 가급적 짧은 것이 좋다. 오른쪽: 자생 석창포와 원예종 소형 석창포를 혼식한 석부작. 중앙에 위치한 키 큰 개체가 자생종 석창포(1)이고, 평석 표면에 넓게 붙어 있는 짧은 것이 원예종 석창포(2)이다. 위로 돌출된 돌의 윗면에 붙어 있는 것은 꽃장포(3)로 잎의 형태가 일견 석창포와 비슷하지만 백합과에 속하는 다른 종이다.

석창포는 예로부터 동양의 선비들이 선비방에서 즐겨 가꾸던 식물이었다. 중국 고전에서 석창포에 대해 가장 자세히 설명하고 있는 『본초강목』에서는 창포(菖蒲)[1]를 다음과 같이 분류하고 있다. '창포는 모두 다섯 종류가 있다. 못이나 늪에서 자라고 부들 같은 잎과 비대한 뿌리를 가지고 있으며 높이가 2~3자까지 크는 것은 니창포(泥菖蒲)로서 백창(白菖)이라고 한다. 계곡이나 시냇가에서 자라고 부들 같은 잎을 가지고 있지만 뿌리가 가늘며 높이가 2~3자까지 크는 것은 수창포(水菖蒲)로 계손(溪蓀)이라고 부른다. 물가의 돌 틈에서 자라고 칼날 같은 잎에 뿌리가 가늘고 촘촘한 마디가 있으며 높이가 한 자 남짓인 것은 석창포(石菖蒲)이다. 집에서 모래에 심은 뒤 한 해가 지나 봄이 되면 잎을 자르고 씻어 주는데 자를수록 잎이 가늘어지고, 높이는 4~5치에 잎은 부추와 같으며, 뿌리가 숟가락 자루처럼 투박한 것도 또한 석창포이다. 나아가 뿌리의 길이 두세 푼에 잎의 길이가 한 치 가량 되는 것을 전포(錢蒲)라고 한다. 음식이나 약으로 먹는 것으로는 오직 두 가지 석창포만 써야 하며, 나머지는 모두 적당치 않다. 이 풀은 새잎이 옛 잎을 대신하면서 사계절 언제나 푸르다.'

못에서 자라는 니창포는 머리 감는 창포물을 만드는 창포를 말하며 오늘날에도 창포 뿌리줄기의 생약명을 백창이라고 부른다. 『본초강목』에서 언급한 두 종류의 석창포 중 길이가 긴 것은 우리나라의 자생종과 유사한 종으로 생각되고, 길이가 짧은 것은 오늘날 원예용으로 널리 유통되는 수입종과 흡사한 것으로 보인다. 청나라 강희제 때 칙찬(勅撰)으로 간행한 『어정패문재광군방보(御定佩文斎広群芳譜)』 권88에 『본초강목』의 내용이 거의 그대로 옮겨져 있는데, 전포에 대해서만 '또 뿌리의 길이 두세 푼에 잎의 길이가 한 치 가량 되면서 궤안에 두고 완상용으로 활용하는 것이 전포이다.'라고 약간의 설명을 보태고 있다.[2] 궤안 위의 벗이라 하여 선비들이 즐겨 가꾸던 풀이 석창포이니 잎이 더욱 짧은 전포도 석창포의 일종으로 추정된다. 요즈음 유통되는 원예용 석창포 중에는 잎의 길이가 한 치(약 3cm) 내외인 것도 있고 그보다 더 짧은 종류도 있다.

---

1) 동양의 고전에 등장하는 '菖蒲'라는 용어는 주로 '석창포'를 지칭하거나 또는 「석창포를 총칭하는 용어」로 사용된다. 그러나 「창포속에 속하는 식물을 총칭하는 용어」로 사용되기도 하고 때로는 '(머리 감는 창포물 만드는) 창포'를 가리키기도 한다. 따라서 현대 식물학에서와 다소 다른 의미로 쓰이는 경우가 많고, 때로는 어떤 식물을 가리키는 지 모호하여 혼란스러운 경우도 있다.

중국 고전 『완석(忨石)』에 의하면 주나라 문왕(文王)이 창포김치를 즐겨 먹었고 공자도 문왕을 사모하여 창포김치를 먹었다 한다. 이후 많은 학자와 승려들이 창포를 좋아하게 되었고 이에 따라 많은 문인들이 창포에 관한 시를 남겼다. 우리나라 최초의 전문 원예서인 강희안의 『양화소록』은 '창촉(菖歜)[2)]은 주나라 문왕만 즐겨 먹은 것이 아니라 후세의 유명한 선비와 시를 즐기는 스님들도 좋아하는 이가 많아서 시를 지어 읊었다.'고 하면서 다음을 포함한 몇 편의 시를 소개하고 있다.[3~5]

소동파(蘇東坡)는 이렇게 노래하였다.

菖蒲人不識 生此乱石溝

창포 알아주는 이 없어 돌 어지러이 널린 도랑에서 나는가

山高霜雪苦 黄葉[3)]不得抽

산 높고 눈서리 매워 누렇게 시든 잎 펼치지 못하나

下有千歲根 蹙縮如盤蚪

아래로는 천년 묵은 뿌리 규룡(蚪竜)인 듯 도사렸구나

長有鬼神守 徳薄安敢偸

귀신이 길이 지킬지니 덕이 얕은 자 어찌 감히 넘보리

소동파는 석창포의 뿌리(실제로는 뿌리줄기)를 규룡(蚪竜: 양쪽 뿔이 있는 새끼 용 또는 뿔이 없는 용)에 비유하였는데, 이는 마디가 많은 석창포의 뿌리줄기가 마치 작은 용의 모습과 닮았기 때문이다. 이런 연유로 석창포는 예로부터 신령한 식물로 여겨져 왔다. 그러므로 석창포의 뿌리줄기는 잎과 더불어 석창포

---

2) '菖蒲'의 별칭. 『양화소록』에서는 '菖蒲'를 '석창포'를 지칭하거나 또는 「석창포를 총칭하는 용어」로 사용하고 있다. 〈참고문헌 3, 4〉에서는 '창잠'이라 번역하였다.

3) 『양화소록』에는 '黃葉'이라 기재되어 있으나 소동파의 문집 등 다른 문헌에는 '苗葉'으로 되어 있다고 하며, 고쳐서 풀이하면 "산이 높은 곳 매운 눈서리 치면 싹과 잎이 자라나지 못하지만"이 된다.[5]

완상의 핵을 이루는 중요한 요소라 할 수 있다. 또한 뿌리줄기에 마디가 많을수록 좋다고 여겨 한방에서는 예로부터 한 치에 아홉 마디가 있는 것을 구절창포(九節菖蒲)라 하여 진귀하게 취급하여 왔다. 『양화소록』에서도 『격물론(고금합벽사류비요 별집 권45의 격물총론)』의 내용을 인용하여 '한 치에 아홉 마디가 있는 것이 좋은 것이다.'라고 하였고, 『산림경제』에서는 '한 치의 줄기에 아홉 마디가 있는 것이 진품이다.'라고 하였다.[5]

사첩산(謝疊山)은 이렇게 읊조렸다.

異根不帶塵土気　신령스런 뿌리는 속기를 두르지 않고
孤操愛結泉石盟　고고한 절개로 샘물가 돌과 즐겨 맹세하였지
明窓浄几有宿契　밝은 창 정갈한 궤안과는 오랜 약속이 있었지만
花林草砌無交情　꽃 핀 숲 풀 자란 섬돌과는 사귈 뜻이 없어라

첩산(疊山)은 송나라 사방득(謝枋得)의 호이다. 『양화소록』에서 인용한 것은 사첩산의 장편 고시인 「창포가(菖蒲謌)」 중 높은 절개를 가진 석창포가 선비의 오랜 벗임을 노래한 일부 대목이다.[5]

『양화소록』은 '이런 시가를 보더라도 만물은 같은 부류끼리 어울리고 의기가 통해야 서로 친할 수 있으니 석창포가 속세를 떠난 고답(高踏)한 사람으로부터 사랑을 받는 것은 당연하다.'고 하여 석창포가 선비에 어울리는 풀임을 전하고 있다. 석창포가 이렇게 선비들의 사랑을 받아왔던 것은 부드럽고 유연하되 꼿꼿한 자태는 사대부의 기품을 풍기고, 사시사철 푸른 잎은 군자의 기개와 고한(孤寒)의 지조를 상징하며, 맑은 물가에서만 자라면서 물을 정화하는 것은 선비의 청렴을 나타낸다고 보았기 때문이 아니었을까?

석창포에서 풍기는 청량한 향은 머리를 맑게 하고, 석창포의 뿌리줄기를 달여 마시면 기억력이 좋아지는 효과가 있다. 또 밤에 등불을 켜고 책을 볼 때 석창포 화분을 책상 위에 놓아두면 등잔불의 그을음을 거두어 눈이 맵지 않으며, 맑은 날 밤에 분을 밖으로 내놓았다가 이튿날 아침에 잎사귀 끝에 맺힌 이

슬방울을 거두어 눈을 씻으면 눈을 밝게 하는데 오래도록 계속하면 한낮에도 별을 볼 수 있다는 기록도 전해지고 있다.[3-5] 이러한 점들이 모두 석창포가 선비와 학자들의 벗이 되어 오랫동안 사랑을 받아온 연유일 터이다.

한 가지 재미있는 것은 석창포가 곧잘 대나무와 비교되지만 그 격이 대나무에는 미치는 못하는 것으로 그려지고 있다는 것이다. 석창포가 대나무를 보고 절을 한다는 배죽(拜竹)의 고사가 중국의 여러 고문헌에 전해지는데, 예를 들면 『포박자(抱朴子)』에서는 '창포는 한 치에 아홉 마디 이상인데 자줏빛 꽃이 핀 것을 먹으면 장수한다고 한다. 후대에는 아예 창포를 구절포(九節蒲)라고도 부른다. 그러나 대나무는 마디가 그보다 훨씬 많으므로 창포가 대나무에게 두 번이나 절을 올려야 할 것이다.'라 하였다.[6] 『양화소록』의 「오반죽(烏斑竹)」 편에는 「왕휘지(王徽之)가 창포를 가지고 대나무에 비추면서 "창포는 마디가 아홉이라 귀한 대접을 받을 뿐이지만 '이 사람(此君)'은 그 면목이 우뚝 공경스러우니 창포는 '이 사람'에게 마땅히 두 번 절을 올려야 할 것이오. '이 사람'이 어찌 절을 받지 않겠는가?" 하였다.」라는 구절이 나온다. 왕휘지는 대나무를 마치 사람처럼 '차군(此君)', 즉 '이 사람'이라 불렀으며 그로 인해 '차군'이 대나무의 별호가 되었다.[6] 대나무는 그 곧음과 사철 푸름으로 인해 '차군'으로 의인화되어 사군자의 반열에 올랐지만 석창포는 그 수준까지 칭송받지는 못하였던 것이다. 석창포가 사군자에 비해 그간 세간이 그리 널리 알려지지 않았던 것은 아마도 과거 선비들의 사군자에 경도된 이러한 인식 때문이 아니었을까 하는 생각도 든다.

비록 선비들로부터 사군자만큼은 대접을 받지 못하였지만 그래도 석창포가 궤안 위의 벗으로서 선비들의 사랑을 꾸준히 받아 왔던 것 또한 사실이다. 석창포가 이렇게 선비들의 사랑을 받아왔던 터라 동양의 수많은 문인묵객들이 석창포에 대한 다양한 시를 남겼다고 알려져 있다.[2,5,7] 석창포에 대한 시는 특히 중국 송대의 문인들이 많이 남겼는데, 그 까닭은 이때가 중국 역사에서 문치가 가장 화려하게 꽃피던 시기로서 유학을 새롭게 해석하여 성리학(性理学)을 완성하던 시대였기 때문이라고 한다.[2] 그래서 송대의 많은 문인과 스님들이 자신들의 철학과 이념을 군자의 성정을 지닌 석창포에 부쳐 노래하였다.

우리나라 석창포 문화의 역사

중국의 영향을 받은 우리나라에서도 예전부터 선비들이 석창포를 즐겨 키웠다고 전해진다. 조선 초 서거정이 지은 「공주십경시(公州十景詩)」의 제 10수인 「석옹창포(石甕菖蒲)」, 즉 「돌 항아리에 키운 창포」라는 다음과 같은 시에 창포를 심어 놓은 돌 항아리가 백제의 유물이라는 이야기가 나온다.[5,7]

百済古物惟石甕	백제의 오래된 물건 돌 항아리 한 점
腹大濩落将底用	배가 크고 평퍼짐한데 어디에 썼던가?
誰知菖陽天地精	창포가 천지의 정기임을 누가 알아서
開雲斵石比移種	구름 헤치고 돌을 깎아 가까이 옮겨 심었네
根盤九節蛟竜老	아홉 마디 서린 뿌리는 늙은 교룡이 도사린 듯
性通神霊天下少	그 성정 신령과 통하니 천하에 드물다네
餌之可以延脩齡	이를 먹으면 수명을 연장할 수 있다는데
何用区区拾瑶草	구구한 불로초는 찾아 무엇하리요?

– 서거정, 「공주십경시」 중 「석옹창포」, 『사가시집(四佳詩集)』 보유(補遺) 3 –

「공주십경시」의 「석옹창포」는 서거정이 백제 중기의 대 사찰이었던 대통사(大通寺) 터에 남아 있던 대형 석조(石槽: 돌 항아리)에 석창포를 심었을 것으로 추정하여 노래한 것으로 1452년경에 지은 것이다.[8] 이 시의 후반부에 등장하는 '아홉 마디 뿌리' '교룡' '신령' '수명 연장'과 같은 내용으로 보아 '誰知菖陽天地精'에 나오는 창양(菖陽)[4)]이 석창포를 지칭함을 알 수 있다. 그러므로 서거정은 백제시대에 대통사의 스님들이 이 돌 항아리에 석창포를 심었으리라 생각하였

4) 『양화소록』에 '뿌리가 큰 것은 곧 창양(昌陽)인데 복용해서는 안 된다. 한퇴지(韓退之)가 창양이 수명을 연장한다고 이른 것은 창양을 창포로 오해한 것이다.'라는 구절이 나온다. 『양화소록』에서는 뿌리의 싹이 가느다란 것이 석창포인데 먹으면 수명을 연장시킨다고 하였고, 창양(昌陽)은 석창포보다 큰 것으로 먹을 수 없다고 하였다. 서거정이 「석옹창포」에서 지칭한 창양

던 것이다.

이 돌 항아리에 대한 시는 약 200년 후에 김홍욱(金弘郁)이 공주 십경을 노래하면서 다시 등장한다. 1651년에 충청도관찰사로 부임하여 공주 감영에 머물던 김홍욱이 「공주십경시」를 보고 시심(詩心)이 동하여 각 수의 제목을 그대로 본떠 지은 「공산십경시(公山十景詩)」 제 10수 「석옹창포」에 이 석조와 관련된 내용이 다음과 같이 나온다.[8]

国破千秋古迹留	나라 망한 지 천년 옛 자취만 남았는데
蒲生新葉弄軽柔	창포는 새잎 자라 바람에 한들거리네
佳人摘取為裙帯	아리따운 여인네들 잎 꺾어 치마 띠로 두르고
争趨端陽令節遊	단옷날 내달리며 좋은 절기 즐긴다네

– 김홍욱, 「공산십경시」 중 「석옹창포」, 『학주전집(鶴洲全集)』 권5 –

이 시에서 김홍욱은 공주의 돌 항아리가 천 년 전 백제의 유물이고 '蒲'가 심겨 있는 것으로 표현하고 있다. 그런데 석조에 담긴 '蒲'가 여자들 치마끈으로 사용될 만큼 긴 것으로 묘사하고 있고 또 단옷날이 등장하는 것으로 보아 김홍욱이 지칭한 '蒲'는 석창포가 아니라 단옷날 머리 감는 데 썼던 습지식물인 창포를 의미하는 것이 분명해 보인다. 김홍욱은 석창포를 노래한 서거정의 시를 보고 흉내 내어 지었으니 아마도 창포를 석창포와 같은 것으로 오해했던 것 같다.

공주의 돌 항아리에 대한 얘기는 김홍욱이 「공산십경시」를 지은 해로부터 약 10여년이 지난 1664년에 송시열이 쓴 「공산현석옹기(公山県石甕記)」에 다시 등장하는데 그 내용 일부를 요약하면 다음과 같다. '공주 현감인 정영한(鄭栄漢)이 관사를 수리하는 과정에서 옛터 동쪽 땅 속에서 돌 항아리를 하나 발견하였는데 관지(款識: 의식에 쓰는 기물에 새긴 글씨나 표지)가 없어 용도를 알지 못하였

(菖陽)은 『양화소록』의 창양(昌陽)과 한자가 다르며, 전후 맥락으로 보아 석창포를 가리킨 것이다. 〈참고문헌 7〉에서는 창양을 '(머리 감는) 창포'로 해석하면서 뒤에 나오는 '아홉 마디(九節)'는 석창포를 가리키는 것이므로 잘못 적용된 표현이라고 하였다.

다. 그러나 「동국여지승람」에 나온 서거정의 「석옹창포」를 보고 예전 사람이 창포를 심으려 만든 것이라 여겨 다시 창포를 심고 그 사이사이에 연꽃을 심었다.'[5]

송시열이 언급한 돌 항아리가 서거정과 김홍욱이 노래한 돌 항아리와 동일한 것인지는 불분명하다. 다만 송시열의 글이 김홍욱이 「공산십경시」를 지은 지 13년 후에 쓰인 글이기 때문에 그 사이에 돌 항아리가 땅 속에 묻혀 잊혀 버렸다고는 보기 힘들다. 또 공주의 돌 항아리는 두 점이 지금까지도 전해지고 있으므로 아마도 송시열이 기술한 돌 항아리는 서거정과 김홍욱이 노래했던 돌 항아리와는 다를 것으로 추정된다.

송시열은 정영한이 심은 식물을 석창포라고 생각하였던 것 같다. 왜냐하면 송시열은 이 글에서 정영한이 창포와 연꽃을 한 항아리에 심은 것을 남강(南康) 녹동(鹿洞)의 창포(=석창포) 안부를 물은 주자(朱子)와 연꽃을 군자라 칭송한 주렴계(周濂溪)에 비유하였기 때문이다. 창포(=석창포)를 좋아했던 문왕과 공자의 뜻을 좇았던 주자는 한때 자신이 다스렸던 남강 녹동의 창포(=석창포)를 사랑하여 그곳을 떠난 후에도 그 안부를 물었다는 고사가 전해지는데 송시열이 이 고사를 인용한 것이다.[5]

이러한 기록을 근거로 우리나라의 석창포 문화는 백제 시대로 거슬러 올라간다는 주장이 제기된 바 있다.[5] 전술한 여러 기록에 백제 시대에 석창포를 심었을 것으로 묘사된 공주의 돌 항아리는 지금까지도 존재한다. 공주 석조(公州 石槽)라 불리는 이 돌 항아리는 두 개가 전해지고 있으며 지금은 국립공주

◈ **공주 석조** 중동 석조(왼쪽)와 반죽동 석조(오른쪽). 중동 석조는 파손된 부분을 수리하였다.

박물관에 전시되어 있다. 공주 석조는 백제 성왕이 건립한 것으로 믿어지는 대통사 터에 있었던 돌 항아리로 하나는 보물 148호인 중동 석조(中洞 石槽, 직경 1.34m, 높이 72cm)이고, 다른 하나는 보물 149호인 반죽동 석조(班竹洞 石槽, 직경 1.88m, 높이 75cm)이다.

중동 석조는 원래 대통사가 있던 공주 반죽동에 있던 것을 일제 침략 당시 공주 중동초등학교에 주둔하고 있던 일본 헌병대가 그쪽으로 옮겨다 말구유로 사용하다 일부가 파괴되었고 이름도 중동 석조가 되는 우여곡절을 겪었다. 송시열은 땅에서 발굴된 돌 항아리의 크기도 기록으로 남겼는데 현존하는 두 개의 석조 어느 것과도 정확하게 일치하지는 않지만 더 작은 중동 석조에 가까우므로 송시열이 언급한 돌 항아리는 중동 석조일 가능성이 높다. 또 송시열은 '발굴된 돌 항아리의 한 귀퉁이가 깨져서 정영한이 장인을 시켜 이를 수리하여 창포를 심었다.'고 기록하고 있으니[5] 만일 송시열이 언급한 것이 중동 석조가 맞다면 이는 일제 강점기 이전에 이미 손상되었을 것이다. 일본 헌병대가 말구유로 사용하다 손상되었다면 아마도 조선 시대에 정영한이 수리한 것이 다시 파손되었을 가능성이 높다. 그리고 서거정과 김홍욱이 노래한 돌 항아리는 아마도 반죽동 석조였을 것이다.

오늘날에는 이 공주 석조의 용도에 대해서 다소 엇갈린 견해들이 제시되어 있다. 경향신문은 1973년에 공주 석조를 비롯하여 부여 석조(보물 194호), 법주사 석련지(국보 64호)는 그간 용도를 잘 알지 못하였으나 관욕식(灌浴式)에 사용했던 돌그릇이라는 것이 밝혀졌다고 보도한 바 있다.[9] 관욕식이란 불교의 영혼천도의식 때 행해지는 영혼에 대한 목욕 의례이다. 아울러 이 신문은 '그간 이들의 용도를 몰라 재미있는 에피소드가 전해져 왔다. 공주 석조에 대해 조선 초기의 학자 서거정은 「석옹창포」라는 시를 지어 창포를 기른 그릇으로 오해했고, 부여 석조는 왕궁에서 쓰던 돌그릇으로, 법주사 석련지는 연꽃을 기른 그릇이라 단정하기도 했지만 모두 관욕식에 사용한 석관으로 밝혀졌다.'고 보도하였다. 한편 문화재청과 공주 석조를 소장하고 있는 국립공주박물관은 공주 석조가 사찰에서 연꽃을 담아 장식했던 것이라 밝히고 있다. 또한 대한불교진흥원에서 간행한 『한국의 사찰』에서도 공주 석조는 연지(蓮池) 등의 용도로 사용되었을 것으로 보인다고 기술하고 있다.[10]

과거 조선 시대의 선비들은 공주 대통사지에 있던 돌 항아리가 백제 시대에 석창포를 심었던 그릇일 거라 생각하였으나, 오늘날에는 관욕식에 썼거나 연꽃을 심었을 것으로 추정하고 있는 것이다. 또 백제의 옛 사람들이 이 돌 항아리에 석창포를 심었을 거라 생각했던 선비들이 살았던 조선 시대에도 실제로는 이 돌 항아리에 석창포가 아니라 창포를 심었던 것으로 짐작된다. 김홍욱이 충청도관찰사로 있었을 당시에는 「공산십경시」의 내용이 암시하듯이 이 돌 항아리에 단옷날 머리 감는 창포를 심었던 것으로 보인다. 또 정연한이 연꽃과 함께 심은 식물도 식물생태학적 관점에서 분석해 보면 석창포가 아니라 창포였을 것으로 추정된다. 왜냐하면 송시열이 물을 몇 말이나 담을 정도로 크다고 묘사한[5] 돌 항아리에 연꽃과 함께 키울 수 있는 식물은 석창포가 아니라 습지식물인 창포이기 때문이다. 마찬가지 이유로 만일 백제 시대에 이 돌 항아리에 연꽃 이외에 무엇인가를 심었다면 그것도 아마 석창포가 아닌 창포였을 것으로 추정된다. 결론적으로 공주 석조에 석창포를 심었다는 것은 그다지 설득력이 없기 때문에 서거정의 「공주십경시」를 근거로 우리나라의 석창포 역사가 백제 시대까지 거슬러 올라간다는 것은 다소 비약적인 논리가 아닌가 생각한다.

중국의 송나라(960~1279)와 거의 같은 시대에 존재했던 고려 시대(918~1392)에는 아마도 송의 영향을 받아 선비들의 석창포 사랑이 유행했었던 것으로 추정되며, 그 일면을 고려 시대 선비들의 석창포 시를 통해 엿볼 수 있다. 그러므로 우리나라에서 선비들이 석창포를 가꾸는 문화가 정착된 것은 고려 시대로 보는 것이 합리적인 추론이라 생각된다. 고려 시대에 석창포 시를 남긴 대표적인 문인이 이규보(李奎報)와 진화(陳澕)이다.[5,7]

凡物之栄悴　대개 식물의 번영과 시듦은
皆因地瘠肥　모두 땅의 척박함과 비옥함에 달렸는데
土肉厚封植　진흙에 두텁게 심어 놓으면

猶恐有時排　오히려 때때로 병들까 두렵네
嗟爾異於是　아! 너는 이와 다르니
性与膏泥違　본성이 기름진 진흙에 맞지 않네
区区硬盆底　작고 단단한 화분 아래
鑿鑿砕石囲　선명한 잔돌들에 싸여 있네
是汝託根処　여기가 네가 뿌리를 의탁한 곳인데
地脈安所帰　지맥이 어디로 돌아갈 것인가
緑葉滋暢茂　초록 이파리 축축하게 무성히 뻗어서
尋尺猶可希　여덟 자 길이까지 바랄 만하네
最愛清暁露　가장 사랑스러운 것은 맑은 새벽이슬인데
団団綴珠璣　둥글둥글 구슬을 꿰어놓았네
蕭然几案上　해맑게 궤안 위에서
永与我相依　오래도록 나와 함께 의지하네
－ 이규보, 「소분석창포(小盆石菖蒲)」 －

花瓷砕玉含微涓　화분의 잔 옥돌들 작은 물방울 머금었는데
渓毛翠嫩根竜纏　석창포 푸른 싹이 나고 뿌리는 용처럼 서렸네
風姿癯痩甚可愛　풍자가 여위어 몹시 사랑스러우니
知是草中山沢仙　풀 가운데 산택의 신선임을 알겠네
自将露液侵寒碧　스스로 영액에다 차가운 푸름을 물들이어
暁来葉葉垂清滴　새벽에 이파리마다 맑은 물방울 드리우네
已驚秋意蒲房櫳　가을기운이 방안에 드리움에 이미 놀랐는데
忽見詩魂迷水石　시혼이 수석에서 헤맴을 문득 보네
蓮花清浄出淤泥　연꽃의 청정함은 진흙에서 나왔고
白花芳馨生海隅　백지의 향기는 바다 모퉁이에서 생겨났네
誰識蒼然几案上　누가 궤안 위의 푸름을 아는가
寸根歳久還生鬚　짧은 뿌리 세월 오래되어 다시 수염이 돋아났네

禅窓日永香煙裊	선창엔 해가 길어 향 연기 하늘거리는데
一枕随風竹陰好	한 베개 가에 바람 따라 대나무 그늘이 곱네
上人睡足眼波寒	상인은 잠결의 눈빛 서늘한데
宴坐相看不知老	연석에 앉아 서로 보며 늙음을 모르네

– 진화, 「금명전석창포(金明殿石菖蒲)」 –

이규보와 진화 두 사람 모두 잔돌을 이용하여 분에서 재배한 석창포를 궤안(책상)에 올려 감상하는 것을 언급하고 있는 것으로 보아 이 시기에 석창포를 화분에 키우는 방법이 상당히 잘 알려져 있었던 것으로 짐작된다. 진화의 시 제목에 등장하는 금명전(金明殿)은 고려 황궁(皇宮) 안에 있던 전각의 하나로 원래는 영은전(靈恩殿)이었는데 현종 12년(1021)에 명경전(明慶殿)으로, 다시 인종 16년(1138)에 금명전으로 바뀌었다. 이로 미루어 보아 고려시대에는 궁궐에서도 석창포를 가꾸었음을 알 수 있다.

강희안의 『양화소록』에 석창포 기르는 법이 자세히 나와 있는 것에서 알 수 있듯이 조선 시대에 들어와서는 석창포 문화가 더욱 번성하였던 것으로 보인다. 『양화소록』은 석창포 외에도 노송, 만년송, 오반죽, 국화, 매화, 난초와 혜초, 서향화, 연꽃, 석류꽃, 치자꽃, 사계화와 월계화, 산다화(동백), 자미화(목백일홍, 배롱나무), 일본철쭉, 귤, 괴석에 대해 상세히 기술하고 있다. 이것으로 보아 조선 시대에는 여러 종류의 수목 분재와 더불어 석창포를 포함하는 일부 초본류(국화, 난, 연꽃)를 즐겨 가꾸었던 것 같다. 조선 시대에는 더욱 더 많은 문인들이 석창포에 관한 시를 남겼는데, 양화소록의 저자인 강희안을 비롯하여 최립(崔笠), 강항(姜沆), 이준(李埈), 김창업(金昌業) 등이 대표적이다.[2,5]

対却盆蒲意自幽	창포 화분 마주하니 마음이 호젓한데
綠叢脩葉弄軽柔	푸른 떨기 긴 잎이 간들간들 희롱하네
看宜猟猟軽風夕	산들산들 실바람 부는 저녁에 보기 알맞고
聴愛泠泠急雨秋	후두두둑 소나기 치는 가을에 듣기 좋다네

不变雪霜寥子頌　　눈서리에도 변함없다 삼료자가 칭송하고
同盟泉石謝公謳　　샘과 돌과 맹세했다 사첩산이 노래했다지
終然豈止庭階玩　　끝내 정원의 섬돌에 볼거리에 그치겠나?
採服令人不白頭　　캐어 먹으면 머리를 세지 않게 하리니

— 최립, 「은대십이영(銀台十二詠)」 중 「창포」, 『간역문집(簡易文集)』 권6 —

최립은 산들바람 부는 고즈넉한 저녁이나 소나기 내리는 쓸쓸한 가을날 조촐한 선비방의 궤안 위에 있는 석창포를 바라보며 헛헛한 가슴 한편의 동무로 삼아 삼요와 사첩산이 칭송했던 석창포의 정신을 되새겨 보는 고답한 선비의 모습을 그려내었다. 진화의 시에 나오는 금명전처럼 최립의 시에 등장하는 은대(銀台)도 궁궐에 있는 전각의 하나로서 은대는 조선 시대 승정원(承政院)의 별칭이다. 이로 보아 조선 시대에도 궁궐에서 석창포를 애배하였던 것으로 보인다. 승정원은 오늘날 청와대의 비서실에 해당하는 기관으로 창덕궁 인정전의 동편 연영문 내에 있었다고 하며, 아마도 이곳에서 많은 분재를 키웠던 것 같다. 「은대십이영」은 최립이 승정원에 있던 열두 가지 화분을 노래한 것으로 노송, 만년향(万年香), 사계화, 오죽, 홍련(紅蓮), 백련(白蓮), 해류(海榴), 서향화, 동정귤(洞庭橘), 괴석과 더불어 석창포를 읊은 것이다. 「은대십이영」에 나오는 식물들은 대부분이 『양화소록』에 등장하는 종류들임을 알 수 있다. 이를 통해 조선 시대에는 석창포를 포함하여 『양화소록』에 언급된 식물들을 즐겨 키웠음을 다시 한 번 확인할 수 있다. 또 옥당(玉堂), 즉 홍문관(弘文館)에도 한 쌍의 괴석에 심은 아주 오래 묵은 구절창포가 있었는데 이것은 19세기 후반까지도 홍문관의 명물로 남아 있었다고 한다.[5]

이렇듯 옛 선비들로부터 많은 사랑을 받았던 우리의 석창포 문화는 그러나 일제 강점기를 거쳐 근대로 들어오는 과정에서 거의 실전(失傳)되었다. 다만 일부 문인들 사이에서 근근이 명맥을 유지하면서 전해져 내려온 것으로 추정된다. 이런 석창포 문화가 다시 알려지게 된 것은 2004년 (사)우리문화가꾸기회가 경기도 양평의 세미원에서 세한연후(歲寒然後)라는 주제로 석창포 전시회를 개

최한 것이 계기가 되었다.

이 전시회는 석창포에 매료되어 호마저 석창(石菖)이라고 지은 임영재씨가 있었기에 가능했다고 한다. 서울예고의 직원이었던 임영재씨가 석창포를 키우게 된 것은 서울예고 교장이었던 정우현 선생으로부터 한줌의 석창포를 받은 것이 계기가 되었다고 하는데, 이 석창포는 정우현 교장이 평소 친분이 있던 소설가 월단 박종화 선생으로부터 분양받은 것이라고 한다. 임영재 선생은 그 후 서울예고 옥상에 온실을 차려두고 30여년 가까이 석창포를 가꿔옴으로써 오늘날 석창포 문화를 되살리는데 결정적인 역할을 하였다. 필자는 서양화가인 원평 이재걸 화백으로부터 석창포를 배웠는데, (사)한국수석회의 2대 이사장을 지낸 원평 선생은 같은 수석회의 초대 이사장을 역임했던 정우현 교장과 각별한 사이였고 그를 통해 석창포와 임영재 선생을 알게 되었다고 한다.

◈ **세미원의 석창포** 주로 작은 돌에 붙인 것들을 벼루, 오래된 기와 조각, 다양한 형태의 접시나 수반 등에 연출하였다. 도자기에 직접 심은 작품도 눈에 띈다. 소장자 임영재.

우리의 선조들이 석창포를 키우던 것은 단순히 서재에서 향기로운 풀을 가꾸고 감상하는 것에 그치는 것이 아니라, 수신(修身)과 치국(治国)의 덕을 쌓기 위해 이 식물이 상징하는 고절(孤節)한 뜻을 마음에 새겨 정신을 수양하던 하나의 방편이었다. 그러므로 석창포 문화를 발굴, 복원하는 것은 전통 원예문화를 재현하는 것일 뿐 아니라 선조들이 남긴 격조 있는 정신적 문화유산을 되살리는 작업이라고도 볼 수 있을 것이다.

생육 특성

물이 마르지 않도록 하면서 한여름에는 바람이 잘 통하도록 하고 겨울에는 얼지 않게 관리하면 베란다에서도 아주 잘 자란다. 석창포는 상록성 식물이라 늘 푸른 자태를 보이고 있어 그 생활환이 쉽게 눈에 들어오지는 않는다. 겨울에는 휴면 상태에 있다가 봄이 되면 다시 성장을 재개한다. 꽃은 베란다에서는 주로 5월에 피는데 늦으면 6월에도 핀다. 6월~7월 사이에 석창포의 잎을 잘라주면 여름~가을을 거치면서 새잎이 왕성하게 자라나와 깨끗한 겨울 석창포를 감상할 수 있다.

석창포 작품 만들기

석창포는 꽃을 감상하는 식물이 아니므로 옮겨심기를 하는데 있어서 개화기에 구애받을 필요는 없다. 작품을 새로 만들거나 분갈이를 하는 시기는 3월~6월이 적기이다. 이때를 놓쳤다면 가을(9~10월)에 옮겨 심는다. 화분에 심은 석창포와 도자기에 수경 재배로 키우는 작품은 화분이나 도자기가 꽉 차면 포기를 나누어 옮겨 심되 그렇지 않으면 몇 년이라도 그냥 기른다. 석부작은 상태가 갑자기 크게 나빠지지 않는 한 옮겨 심을 필요가 없으며, 너무 많이 늘어나면 부분적으로 떼어서 옮겨 심는다.

1. 화분 심기

석창포를 실패하지 않고 가장 손쉽게 키울 수 있는 방법은 배양토를 이용하여 화분에 심는 것이다. 석창포는 물을 매우 좋아하는 식물이므로 보수성이 좋은 용토를 많이 사용하면 성장에 도움이 된다. 그러나 보수성이 너무 좋으면 웃자라서 길이가 늘어나기 때문에 좋지 않다. 『양화소록』이나 『산림경제』에서도 크고 긴 것보다는 짧고 가는 것을 더 진중한 것으로 간주하고 있다. 그러므로 중간 정도의 보수성을 갖도록 높이 10cm 내외의 5호(직경 15cm) 화분을 기준으로 마사토 50%, 화산토 50% 정도로 배양토를 구성하면 무난하다. 이보다 더 건조하게 심어도 큰 문제는 없다. 보수성이 낮은 마사토만으로 심어도 잘 자라며, 심하게 마르지 않도록 물 관리를 잘하면 오히려 더 짧고 보기 좋게 기를 수도 있다. 이렇게 화분에 심은 석창포를 얕은 접시 위에 두고 키우면 물 관리도 편하고 물주는 것을 며칠 건너뛰어도 지장이 없다.

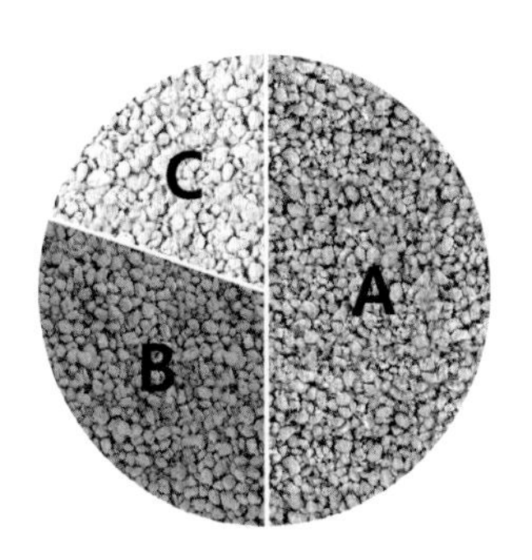

◈ **화분: 5호(직경 15cm), 높이 9cm**

◈ **배양토 구성**

A: 마사토 소립 50%
B: 경질적옥토 소립 30%
C: 경질녹소토 소립 20%

① 식물을 포트로부터 빼낸 후 물에 담가 흔들어 흙을 털어낸다.

② 배수층(10%)을 넣고 그 위에 배양토를 약간 넣는다.

③ 뿌리를 펼쳐서 석창포를 화분 속으로 집어넣고 배양토를 더 넣어준다.

④ 영양볼과 고형인산비료를 약간 넣어준다.

⑤ 배양토를 마저 넣고 비료를 올려준다.

⑥ 팻말을 꽂고 물을 충분히 준다.

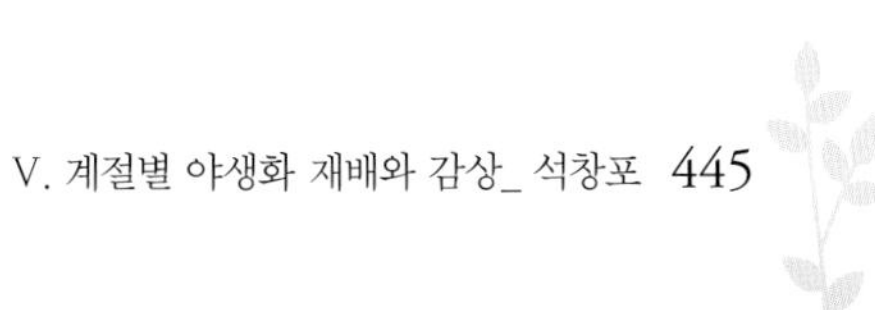

◈ **석창포 화분 작품** 석창포의 정유 성분은 머리를 맑게 해 주는 효과가 있으므로 작은 석창포 화분 한 점 책상 위에 올려두면 공부하는 아이들의 집중력 향상에 도움이 될 수 있다. 이런 작은 소품은 다례 때 다화(茶花)로도 잘 어울린다.

2. 석부작 만들기

두 번째로는 돌에 붙여 키우는 방법이다. 이 방법은 기술적으로 다소 어려운 점도 있지만 좋은 돌에 붙여 오래 묵으면 높은 품격을 자랑하는 작품이 만들어지므로 많은 석창포 애호가들이 선호하는 방법이다. 돌은 제주도의 현무암과 같이 다공질성으로 거칠고 물을 잘 흡수하는 돌이든, 남한강의 오석(烏石)처럼 강하고 매끈하며 물을 잘 흡수하지 않는 돌이든 어떤 것을 이용해도 관계가 없지만 돌의 특성에 따라 돌에 붙이는 방법을 달리 해야 한다. 현무암처럼 물을 잘 흡수하는 돌에 심는 것이 무난하며 보다 키우기 쉽다. 물을 잘 흡수하지 않는 돌에 심는 경우 돌의 형태, 붙이는 방법, 두는 장소, 키우는 방식 등에 따라 활착하는데 시간이 오래 걸릴 수도 있으며, 관리를 잘못하면 실패할 수도 있다.

『양화소록』에도 돌에 심어 키우는 방법이 기술되어 있다. 『양화소록』은 '「창포 기르는 법」에 처음에는 둥근 돌(圓石) 위에 심었다가 다시 좋은 돌(好石) 위에 심으면 잎이 가늘어진다고 하였다.' 라고 하여 돌에 붙여 키우는 방법이 예전부터 전해지고 있음을 소개하고 있다. 이는 송의 온혁(温革)이 편찬한 쇄쇄록(瑣碎録)을 세종 때 편찬된 의방유취(医方類聚)를 통해 재인용한 것으로 추정된다고 한다.[5] 이것으로 미루어 보아 석창포를 돌에 붙여 키우는 문화가 예전부터 존재하였던 것을 알 수 있다.

석창포를 돌에 붙여 키우는 방법에는 몇 가지가 있다. 실로 감아서 고정시키기도 하고 목공용 접착제(본드)를 사용하는 경우도 있지만, 가장 보편적인 방법은 생명토를 이용하는 것이다. 이 방법은 일반적인 석부작 만들기처럼 생명토를 이용하여 석창포를 돌에 붙이는 것으로 생명토가 접착성이 있으므로 웬만하면 실로 감을 필요가 없다. 그러나 뿌리를 짧게 자른 상태로 돌에 붙이는 경우에는 생명토를 사용하였다 하더라도 관수 시 쉽게 흔들리고 심하면 떨어질 수도 있다. 그러므로 이런 경우 필요하다면 생명토로 붙인 다음 마지막으로 실로 감아 고정시키기도 한다.

생명토를 이용하면 무른돌이든 단단한 돌이든 어떠한 석질을 가진 돌에도 석창포를 붙일 수 있다. 또 크기가 작은 돌을 비롯하여 납작한 평석 또는 높이가 어느 정도 있는 반입석 등 어떠한 형태의 돌에도 석창포를 붙일 수 있다. 생명토를 이용하여 만든 석부작의 표면은 이끼로 덮어 준다. 아무 것도 덮지 않으면 물을 줄 때마다 생명토가 조금씩 떨어져 나가면서 지저분해지기 때문이다. 오래되어 이끼가 뿌리줄기를 덮으면 핀셋으로 제거하여 뿌리줄기가 드러나도록 해 준다.

석창포가 물가에서 살아가는 식물이긴 하지만 생명토를 사용한 작품에서는 대부분의 경우 석창포의 뿌리, 특히 뿌리줄기가 물에 직접 닿지 않도록 하는 것이 좋다. 어느 정도 높이가 있는 돌은 물에 담글 수도 있지만 석창포의 뿌리줄기는 물에 직접 닿지 않도록 한다. 단, 물을 잘 흡수하지 않는 단단한 돌에 붙인 것들은 뿌리가 물에 가까이 위치하도록 두는 것이 좋다. 두께가 얇은 평석을 이용하여 만든 작품은 물에 담그지 않는다. 이렇게 석창포의 뿌리줄기가 직접 물에 닿지 않도록 키우면 실패할 가능성은 훨씬 줄어든다. 『양화소록』에도 '섬돌에 심어 물 기운을 흡수하지 않은 것이라야 잎이 가늘고 길어지지 않게 된다.'고 하였다. 사첩산은 석창포가 섬돌과는 인연이 없다고 하였지만, 강희안은 석창포를 섬돌에 붙여 물에 직접 닿지 않게 재배하면 짧고 가늘어진다는 자신의 경험담을 얘기하고 있는 것이다. 돌에 심어 뿌리가 물에 직접 닿지 않도록 하여 오래 키운 것들은 과연 잎이 짧고 가늘어지는 것이 사실이다.

가. 석부작 소품 만들기

석창포는 예로부터 궤안 위의 벗이라 불리던 식물이다. 궤안 위에 올리는 용도로는 아무래도 큰 작품보다는 소품이 어울린다. 작은 돌에 붙인 석창포를 작은 접시 또는 고풍스러운 수반이나 화분에 연출하여 책상 위에 두면 머리를 맑게 해주는 서재의 벗으로서 그만한 것이 없다. 작품이 좋으면 오래된 골동품 도자기나 벼루에 연출하여 멋을 부려 볼 수도 있다. 석부작 소품용으로는 물을 잘 흡수하는 돌을 사용하는 것이 바람직하지만, 돌의 모양에 따라 작고 단단한 돌에도 붙일 수 있다. 석창포는 생명토를 이용하여 돌에 붙일 수도 있고, 물을 잘 흡수하는 돌이라면 생명토 없이 그냥 실로 감아서 돌에 고정시킬 수도 있다.

생명토를 이용하여 석창포를 돌에 붙이는 것은 다른 식물을 붙이는 방법과 대동소이하다. 돌은 제주도 현무암처럼 다공질이거나 물을 잘 흡수하는 무른돌을 사용하는 것이 보다 더 좋다. 이런 돌에 붙여 오래 묵으면 석창포의 뿌리가 돌의 작은 구멍으로 파고들어 돌과 식물이 한 덩어리가 된다. 물론 단단한 돌이라도 생명토가 쉽게 떨어져 나가지 않을 정도의 적당한 면이 있다면 그곳에 붙일 수 있다. 작은 돌이라 할지라도 돌에 볼만한 부분이 있으면 이를 살려서 석창포를 붙인다. 노출된 생명토의 표면은 반드시 이끼로 덮어 주도록 한다. 돌에 붙인 생명토가 오랫동안 물에 잠기는 것은 피해야 한다. 왜냐하면 그럴 경우 생명토가 굳어지지 못하여 물을 줄 때 쉽게 돌에서 떨어져 버리기 때문이다. 만일 돌을 물에 담가도 생명토가 물에 잠기지 않을 정도로 높은 곳에 석창포를 붙였다면 그런 작품은 물에 담가 관리해도 무방하다.

① 소품으로 만들기 위해 작은 산 모양의 현무암을 준비하였다.

② 왼쪽 아래쪽의 약간 오목한 곳에 생명토를 바르고 잎을 자른 석창포를 올린다.

③ 돌 중앙부 위쪽의 오목한 곳에 생명토를 바르고 석창포를 올린다.

④ 식물체가 흔들리지 않도록 실로 감아 돌에 단단히 고정시킨다.

⑤ 노출된 뿌리를 생명토로 완전히 덮어 준다.

⑥ 이끼 모자이크를 실시한다. 생명토가 충분히 마르면 물을 준다.

◈ **옮겨심기 후의 변화** 새로 자라난 잎을 이듬해 봄에 관찰한 모습. 그간 얕은 수반에 담가 관리하였기 때문에 석창포의 뿌리가 현무암에 뚫린 작은 구멍들을 통해 물에 잠긴 돌의 아랫부분까지 뻗어 내려온 것이 보인다(왼쪽). 감상할 때나 전시회에 출품할 때는 수반에 연출하면 잘 어울린다(오른쪽).

◈ **석창포 석부작 소품** 작은 돌에 붙인 석창포는 작은 접시, 수반, 도자기 또는 화분에 얹어 감상한다. 오래된 골동품 도자기나 벼루에 연출하면 더욱 고아(古雅)한 멋을 느낄 수 있다. 이런 작품들은 책상 위에 얹어 서재를 장식하기에 알맞고 다화로도 손색이 없다. 소장자 박창은(A, D), 이재걸(B, C).

◈ **석창포 소품 연출** 사군자가 그려진 청화백자 화분에 연출한 석창포 소품. 화분에 직접 심거나 혹은 돌에 붙여 화분에 올린 작품들이다.

나. 평석에 붙이기

납작한 평석의 경우에는 석질에 관계없이 생명토로 석창포를 붙이면 거의 성공적으로 키울 수 있다. 석창포는 물을 좋아하는 식물이기 때문에 약간 오목한 평석에 심는 것이 석창포와 생태적으로 잘 맞는다. 그러나 돌의 크기가 너무 작지만 않다면 평평한 돌이나 심지어 약간 볼록한 돌에 붙여도 큰 문제없이 잘

◈ **석창포 평석 작품** 평석이라도 돌에 볼만한 부분이 있으면 그것을 살리는 방향으로 연출한다.

◈ **석창포 평석 작품** 평석 위에 모양 좋은 돌을 얹어 입체감이 들도록 연출한 작품이다. 오른쪽 작품은 왼쪽 작품의 5년 후 모습이다. 시간이 경과함에 따라 석창포가 많이 증식되었고 잎의 길이는 더욱 짧아졌다는 것을 알 수 있다.

자라며 오히려 잎의 길이가 짧아져 수작이 되기도 한다.

석창포는 물을 좋아하기 때문에 석창포를 붙이기에는 보통 물을 잘 흡수하지 않는 단단한 돌보다는 물을 잘 빨아들이는 무른 돌이 더 좋다. 그러나 두께가 얇은 무른 돌은 자칫 부서지기 쉽기 때문에 얇은 평석의 경우에는 단단한 돌이 석창포를 붙이기에 더 좋다. 높이가 낮은 납작한 돌이라도 전체적으로 평탄한 돌보다는 약간의 요철이 있는 것이 보기에 더 좋은 작품을 만들 수 있다. 요철이 있는 돌에서는 움푹 들어가거나 볼록하게 튀어나온 부분 또는 주름이 있는 부분을 적절하게 살려서 식물을 배치한다. 또 돌이 너무 평평한 경우에는 보기 좋은 돌을 석창포에 곁들여 연출하면 훨씬 역동적인 느낌의 작품을 만들 수 있다.

다. 연질의 반입석에 붙이기

가로, 세로에 비해 높이가 훨씬 높은 입석은 석창포 석부작에는 별로 잘 어울리지 않지만, 높이가 그다지 높지 않은 반입석은 석창포를 연출하기에 적당한 소재이다. 높이가 어느 정도 있는 반입석에 석창포를 붙일 경우에는 물을 잘 빨아들이는 성질을 가진 다공질성 또는 연질성 돌을 사용하는 것이 좋다. 물을 잘 흡수하는 성질을 가진 반입석에는 돌의 옆면뿐 아니라 윗면에 석창포를 붙여도 큰 어려움 없이 잘 키울 수 있다. 만일 돌에 보기 좋은 부분이 있다면 그곳을 여백으로 남겨 나중에 석창포와 함께 감상할 수 있도록 한다. 이렇게 만든 것을 수반에 담가 오래 관리하다 보면 돌이 물을 빨아 올려 노출된 돌 표면에 이끼가 자라 고풍스러운 작품이 만들어지기도 한다.

◈ **연질성 반입석에 붙인 석창포 작품** 물을 잘 흡수하는 모양 좋은 반입석에 붙인 석창포. 이런 작품들은 『양화소록』에 언급된 좋은 돌(好石)에 심은 작품에 해당한다고 볼 수 있다. 소장자 박병성.

라. 경질의 반입석에 붙이기

물을 잘 흡수하지 않는 단단한 석질의 반입석에 석창포를 붙이고자 한다면 돌의 옆면, 주로 그 아랫부분에 붙이는 것이 좋다. 그리고 돌을 물에 담가 뿌리가 물에 가까이 위치하도록 관리한다. 물을 잘 흡수하지 않는 반입석의 윗부분에 석창포를 붙이면 너무 쉽게 마르므로 물 관리가 어렵다.

◈ **경질성 반입석에 붙인 석창포 작품** 단단한 돌에 붙인 작품은 물에 담가 뿌리가 물을 쉽게 흡수할 수 있도록 관리한다.

마. 돌 오목에 심기

돌에 오목한 부분이 있다면 석질에 관계없이 석창포를 붙이기에는 안성맞춤이다. 물을 잘 흡수하는 돌은 말할 것도 없고 물을 잘 흡수하지 않는 경질의 돌이라 할지라도 오목하게 파인 부분이 있으면 석창포를 붙이는데 문제가 없다. 단단한 돌에 있는 오목한 부분은 수분이 오래 머물기 때문에 물을 좋아하는 석창포를 붙이기에 적당한 장소이다. 때때로 돌 오목이 상당히 깊어 옹달샘과 같은 분위기를 풍긴다면 이를 살리는 연출을 할 수도 있다

돌확(작은 돌절구)에 석창포를 심는 것도 기본적으로는 돌 오목에 심는 것과 같은 원리이지만 돌확은 공간이 크고 깊기 때문에 생명토 대신 마사토를 이용해 심는 것이 좋다. 돌확에는 물구멍이 없으므로 물이 오래 머물러 마사토만으로도 충분하다. 이 경우 화산석은 쓰지 않도록 한다. 녹소토와 같은 가벼운 화산석은 물을 주면 위로 떠올라 바깥으로 넘쳐 나가 지저분해지기 때문이다.

◈ **돌 오목에 붙인 석창포** 단단한 돌이라도 오목한 부분에 석창포를 붙이면 잘 자란다. 돌확도 석창포 키우기에 적합한 용기이다. 소장자 박창은(C).

3. 반수경 재배

이 방법은 물을 채운 얕은 수반이나 접시에 돌(괴석)을 올려놓고 그 아랫부분에 석창포를 늘어놓은 다음 작은 자갈로 석창포의 뿌리를 눌러 고정시키는 방법이다. 석창포가 너무 많이 흔들리면 실을 이용하여 돌의 아랫부분에 부분적으로 고정시킬 수도 있다. 이 방식은 돌에 의지하되 물을 채운 수반에서 키우는 것이므로 석부작과 수경 재배의 중간쯤에 해당하는 방식이라고 할 수 있다. 『양화소록』에도 '이른 봄에 도사린 뿌리에 가는 잎이 핀 것을 캐어 실뿌리를 따 버리고 괴석 밑에 늘어놓고 조약돌로 틈새를 채운다. 옛 방식대로 돌 틈에서 솟아난 샘물을 주어 물에서 냄새가 나지 않게 하면 자연히 뿌리가 생겨나 돌 위에 얽혀서 서리게 된다. 또 다른 그릇에 냇가의 둥근 자갈을 주워 담고 그 위에 여덟, 아홉 뿌리를 심고 자주 물을 갈아 주면 곧 무성해진다.'고 하여 이런 방식으로 키우는 것을 소개하고 있다.[3~5]

◈ **반수경 재배 작품** 돌의 아랫부분에 가볍게 붙이거나 잔자갈로 눌러 고정시킨 것을 물을 채운 수반에서 키운다. 소장자 임영재(A, C), 박병성(B).

이렇게 만든 작품에서 가장 경계해야 하는 것은 뿌리줄기가 지속적으로 물에 잠기는 것이다. 뿌리는 물에 잠겨도 되지만 뿌리줄기는 가급적 노출되어 있어야 한다. 여름철의 아파트 베란다처럼 통풍이 불량하고 온도가 높은 환경에서 뿌리줄기가 오랫동안 물속에 잠겨 있으면 십중팔구는 물러져서 결국 죽게 되기 때문이다. 또 뿌리가 너무 오랫동안 물속에 잠겨 있으면 잎이 웃자라 볼품이 없어진다. 『양화소록』에도 이것을 경계하는 글이 나오는데 '다만 아쉬운 것은 물에 잠기는 것을 싫어하므로 물에 잠긴 채 오래되면 잎이 점점 길어져 서대(書帶)[5)]처럼 되는 것이다.'라는 구절이 그것이다. 서대(書帶)란 한의 정현(鄭玄)의 문인들이 책을 묶는데 사용했다는 풀의 이름으로 창포처럼 생겼지만 잎이 굵고 길어 품위가 떨어졌다고 한다.[5]

4. 수경 재배

수경 재배는 물구멍이 없는 용기에 물을 담고 여기에 석창포 뿌리를 담가 키우는 방법이다. 그릇은 어떤 것이든 관계가 없지만, 품격 있는 작품을 만들려면 그 선택에 어려움이 있는 것이 사실이다. 만드는 사람의 심미안에 따라 작품의 격이 많이 달라질 수 있다. 어떤 이들은 오래된 골동품 도자기에 석창포를 심어 멋을 부리기도 한다. 세월의 흔적이 묻어나는 고풍스런 도자기에 담긴 석창포는 고아한 아취를 풍기며 선비방의 분위기와 잘 어울린다. 도자기뿐만이 아니라 연적, 필통과 같이 선비 방에 두는 물건, 물이 새지 않는 토기, 놋쇠와 같이 금속으로 만들어진 용기를 사용해도 된다.

바닥에 구멍이 없는 도자기에 석창포를 키울 때에는 그냥 물만 채우는 것보다 마사토를 채워 넣는 것이 실패할 가능성을 낮출 수 있는 방법이다. 용기 속에 마사토를 채워 넣으면 식물체가 움직이는 것을 방지할 수 있을 뿐 아니라 마사토가 많은 용적을 차지하고 있으므로 용기 속 물의 양을 현저하게 줄일 수 있어 혹서기에 발생할 수 있는 과다한 수분에 의한 피해를 예방하는데 도움이

---

5) 〈참고문헌 3, 4〉에서는 犀帶라 기재되어 있다.

될 수 있다. 또 마사토가 물을 머금고 있으므로 필요에 따라 일정량의 물을 빼내는 등 용기 속에 있는 물의 양을 조절할 수도 있다.

수경 재배 작품을 만드는 작업은 보통 이른 봄에 하는 것이 좋다. 한 여름이 오기 전에 석창포가 새로운 환경에 충분히 적응하고 잘 활착되는 것이 중요하기 때문이다. 이렇게 만든 것을 오래 키우면 위로는 검처럼 솟은 섬세한 잎이 터질듯이 도자기를 채우고, 아래로는 새하얀 뿌리가 서리서리 얽혀 있는 멋진 작품이 완성된다. 그러나 이 방법은 뿌리가 언제나 물속에 잠겨있으므로 성공적으로 키우기가 가장 어렵다.

이 재배법에서도 가장 조심해야 하는 것은 뿌리줄기가 물속에 오랫동안 잠겨 있는 것이다. 별 생각 없이 다른 식물들과 똑같이 매일 물을 듬뿍 주면 물이 항상 용기의 꼭대기까지 차올라 뿌리줄기가 물속에 계속 잠겨 있게 되어 문제를 일으키기 쉽다. 따라서 물이 용기의 꼭대기까지 차지 않도록 늘 신경을 써야 한다.

물을 꼭대기까지 채우지 않는다 하더라도 한여름에 용기 속의 수온이 올라가 있는 상태에서 바람이 잘 통하지 않으면 뿌리와 뿌리줄기가 같이 물러져

◈ **석창포 수경 재배 작품** 여러 가지 형태의 도자기, 굽다리화병, 연적, 세필에 연출한 수경 재배 작품. 소장자: 이재걸(A, E), 박창은(B, F, G).

버리는 경우가 흔히 발생한다. 또한 통풍이 좋지 않으면 밑에서 계속 올라오는 습기 때문에 뿌리줄기에 곰팡이가 끼기도 한다. 언제나 뿌리가 물속에 잠겨 있으므로 잎이 길게 늘어날 가능성도 높다. 따라서 수경 재배하는 작품은 여름의 고온과 통풍 불량을 피할 수 있도록 관리하지 않으면 안 된다. 이런 여러 가지 단점에도 불구하고 석창포를 오래 가꾼 이들은 도자기에 수경 재배로 가꾸는 것을 선호하는 이들이 많은데, 이는 아마도 그러한 작품들이 풍기는 분위기가 군자가 머무는 선비방의 동양적인 정서와 잘 맞아 떨어지기 때문일 것이다.

소라 껍데기에 심은 석창포

『양화소록』의 말미에는 일본에 파견되었다 돌아온 어느 사신으로부터 전해 들은 기이한 석창포에 대한 일화를 소개하는 내용이 있다. 사신으로 간 재상이 서방사(西方寺)라는 절에서 바다소라(海螺)의 등에 용과 뱀처럼 꾸불꾸불한 것이 여러 겹 얽혀 있고 그 사이로 바늘처럼 날카로운 갈기 같은 것이 나 있는 것을 보게 되었다. 자세히 살펴보니 그것은 바로 창포(=석창포)였는데, 용이나 뱀처럼 보였던 것은 창포의 뿌리였고 바늘처럼 생긴 것은 잎이었다. 하도 기이하여 재상이 농담 삼아 자신의 행차를 꾸미고 싶으니 이 진귀한 보물을 달라고 하였으나, 그것을 보여준 노승은 "이 물건은 수백 년의 세월을 거쳐 겨우 이같이 되었으니 아마도 속세로 나간다면 필경 말라 죽을 것이오. 이것은 신령스러운 것입니다." 하면서 거절하였다고 한다. 이 이야기는 1443년 일본에 통신사로 파견된 첨지중추원사 변효문(卞孝文)을 서장관

◈ **소라 껍데기에 심은 석창포** 바다 소라의 빈 구멍에 마사토를 이용하여 석창포를 심은 작품이다. 『양화소록』에 등장하는 일본 서방사의 작품은 석창포를 소라의 등에 붙인 것이므로 이 작품과는 다소 달랐을 것으로 추정된다. 소장자 박창은.

(書狀官)으로서 수행하였던 신숙주(申叔舟)가 교토에 몇 달간 머물면서 서방사에 들렀다가 보게 된 것을 귀국 후 친구인 강희안에게 들려준 것으로 추측되는데, 강희안이 변효문의 실명을 밝히지 않은 것은 두 사람 사이의 관계가 별로 좋지 않았기 때문이었을 것이라 한다.[5]

또한 『산림경제』와 『오주연문장전산고』에도 일본의 어느 도인이 큰 소라 껍데기에 창포를 심고 하루에 세 번씩 물을 갈아 주면서 키웠는데 30년이 지나자 다만 머리카락 같은 것이 물속에서 나와 있는 것이 보일 뿐이었으며 자리 옆에 놓아두면 여름에는 사람을 시원하게 하고 겨울에는 따뜻하게 한다는 내용이 있다.[3,5] 이것으로 미루어 보아 그 시대 일본에서도 식자층이나 승려들이 석창포를 즐겨 가꾸었으며 소라 껍데기에 연출하는 방법이 유행했던 것으로 생각된다. 또한 외국에서 온 귀빈이 선물로 받고 싶어 함에도 불구하고 신령스러운 물건이라는 핑계를 대면서 내어주지 않은 것을 보면 이를 몹시 아끼고 귀하게 여겼었던 것으로 추정된다.

아마도 일찍이 본 적이 없었던 소라 껍데기에 붙인 석창포가 조선인들에게는 기이하고 신기하게 보였던 모양이다. 옛 조선의 선비들이 신기하게 여겼던 작품을 지금에 와서 한번 되살려 보는 것도 석창포를 가꾸는 재미의 하나가 아닐까 싶다. 소라 껍데기의 등에 생명토로 석창포를 붙이거나 소라 구멍에 물을 붓고 석창포를 키우면 될 일이다.

두는 곳과 일반 관리

석창포는 바람이 잘 통하고 아침 해가 잘 드는 반그늘에서 키우는 것이 좋다. 강한 직사광선을 쪼이면 잎끝이 잘 타므로 별로 좋지 않다. 너무 그늘에서만 키우면 웃자라는 경향이 있고, 바람까지 잘 통하지 않으면 물에 담가 키우는 것들에게 곰팡이가 피기도 한다. 『양화소록』에서는 '밤에는 밖에 내놓아 이슬을 맞게 하고, 새벽에 해가 뜨면 안으로 들여놓아야 오래 간다.'고 하였다. 이 말은 강한 햇빛을 피해 실내에서 기르되 밤에는 밖에 내놓고 서늘한 바람과 이슬을 맞히면 좋다는 뜻이다. 하지만 화분을 조석으로 들고 나는 것은 바쁜 일상을 사는 현대인들에게는 어려운 일이며, 또 굳이 그렇게까지 할 필요도 없다. 석창포는 본디 강건한 식물이므로 화분에 심은 것이나 돌에 붙인 것들 중 뿌리가 물에 직접 닿지 않는 종류들은 극단적인 더위나 추위를 피할 수 있는 곳이면 어디서든 잘 자란다.

아파트 베란다는 『양화소록』에서 제시하고 있는 석창포 재배에 적합한 조건을 충족시키는 장소라 할 수 있다. 직사광선을 피할 수 있을 뿐 아니라 서늘한 밤기운도 접할 수 있기 때문이다. 그러므로 베란다는 석창포를 키우기에 꽤 적합한 장소이다. 화분에 심은 것이나 석부작은 베란다에서 큰 어려움 없이 잘 키울 수 있다. 그러나 수경 재배 작품처럼 뿌리가 늘 물에 잠겨 있는 작품을 잘 키우기 위해서는 여름 관리가 제대로 이루어져야 한다. 혹서기에는 가능한 한 고온을 피하고 바람이 잘 통하도록 해 주지 않으면 안 된다. 수경 재배 작품들은 고온과 통풍 불량에 동시에 노출되면 치명적이다. 여름에 거실 에어컨을 가동하는 경우 외기 온도가 30°C를 넘으면 베란다의 온도는 35°C를 쉽게 넘어가고, 심하면 40°C에 육박하기도 한다. 또 거실 쪽 창문을 닫아버리기 때문에 바람은 거의 통하지 않는다. 이렇게 온도가 치솟고 바람이 잘 통하지 않는 환경에 수경 재배 작품을 오래 방치하면 십중팔구 뿌리와 뿌리줄기가 모두 물러서 죽어버리게 된다.

수경 재배 작품을 베란다에서 키우는 경우 혹서기에는 용기 속의 물을 자주 그리고 완전하게 교환해 주는 것이 좋다. 낮 동안에 물의 온도는 기온만큼 상승하는데 이렇게 높은 온도의 물에 오랫동안 잠겨 있으면 결국 뿌리줄기가 물러져 죽기 쉽다. 저녁에 물을 줄 때마다 덥혀진 물을 모두 버리고 차갑고 신선한 물로 모두 교환해 주면 이러한 피해를 예방하는데 도움이 된다. 용기 속에 마사토를 채워 넣은 작품의 경우에는 신선한 새 물로 완전히 갈아준 다음 다시 물을 절반 이상 따라 버리면 높은 수온에 의한 피해를 줄일 수 있다. 마사토 없이 물만 넣고 키우는 작품도 한여름에는 물을 1/2~2/3 정도만 채워 준다.

한여름에는 수경 재배 작품을 온도가 낮은 실내로 들여놓고 키우다가 더위가 한풀 꺾이면 다시 베란다로 내놓는 것도 한 가지 방법이다. 그러나 이 경우에도 통풍이 좋지 않으면 곰팡이가 생기기 쉬우므로 잘 관찰해야 한다. 수경재배 작품을 단독주택에서 키우는 경우에는 여름에 바람이 잘 통하는 시원한 그늘을 찾아 밖으로 내어놓는 것이 좋다.

석창포는 남부지방에서 자생하는 상록성 식물이므로 겨울에는 얼지 않도록 관리하는 것이 중요하다. 단독주택에서 겨울을 날 때는 실내로 들여놓되 너무 덥지 않은 곳에 두는 것이 좋다. 실내의 온도가 높으면 에너지 소모가 많은 호흡이 촉진되어 세력이 약해진다. 또 바람까지 잘 통하지 않으면 곰팡이가 생기기도 한다. 따라서 겨울에 석창포를 놓아두는 곳은 현관처럼 그저 얼지 않을 정도로 선선하며 가끔씩 바람도 움직이는 곳이 좋다. 『양화소록』에 '안에 들여놓을 때 너무 덥게 하여 시들게 해서는 안 된다.'는 구절이 나오는데, 이것으로 보아 그 당시에 이미 상당히 합리적인 방법으로 석창포를 재배하였음을 알 수 있다. 아파트에서는 베란다의 온도가 영하로 내려가지 않으면 베란다에서 겨울을 난다. 영하 5℃ 정도까지 떨어져 살짝 얼더라도 그다지 걱정할 필요는 없다.

석창포가 얼면 푸르던 잎이 검푸르게 변하고 더 심하게 언 것은 잎이 위축되면서 물을 주지 않은 것처럼 시들게 된다. 얼었다고 해서 바로 따뜻한 물을 준다든지 혹은 온도가 높은 실내로 들여놓는 것은 조직을 상하게 하여 치명적인 손상을 줄 뿐 도움이 되지 않는다. 그냥 언 채로 방치하든지, 아니면 너무 말라 꼭 물을 주어야 할 경우에는 찬물을 주어 서서히 냉동상태로부터 벗어나도록 해야 한다. 관리를 잘 하면 검푸르던 석창포의 잎이 다시 푸른색을 회복하게 된다.

중부지방에서는 겨울에 석창포를 밖에 내놓으면 보통 세력이 약해지고 몹시 지저분해지며 심하면 얼어 죽기도 하므로 실내로 들여놓는 것이 좋다. 또 온실이나 비닐하우스에서 겨울을 나는 경우에도 약하게 얼면 괜찮지만 난방이 전혀 되지 않아 심하게 어는 것은 후일의 생존을 담보하기 어려운 경우가 많다. 겨울에 실내에서 관리하다가 봄에 노지에 너무 일찍 내어놓으면 매서운 꽃샘추위에 몽땅 얼어버리는 일도 종종 경험한다. 봄추위에 얼어서 완전히 다 죽은 것처럼 누렇게 변하고 말라버렸던 석창포가 점차 소생하는 것을 본 적이 있는데,

어찌나 신기하게 잘 살아나는지 눈이 의심스러울 정도였다. 이런 것을 보면 석창포는 웬만한 추위는 견딜 수 있는 강건한 식물임을 알 수 있다.

잎 자르기

석창포를 오래 키우다 보면 잎끝이 타면서 전체적으로 지저분해 지는 경우가 흔히 발생한다. 이럴 때는 과감하게 잎을 모두 잘라버린다. 석창포의 잎을 자르는 것은 『산림경제』와 『본초강목』에도 기술되어 있다. 『산림경제』에서는 '한 치의 줄기에 아홉 마디가 있는 것이 진품이다. 중국 강서성(江西省)의 천보동천(天宝洞天)과 홍애단정(洪厓丹井)[6] 두 곳에서 나는 구절창포는 심은 지 1년 뒤부터는 봄이 되면 한 번씩 잎을 깎고 뿌리를 씻어 주어야 하는데 깎으면 깎을수록 잎의 폭은 점점 좁아진다.'고 하였다. 『본초강목』에서는 '석창포를 심은 지 한 해가 지나 봄이 되어 잎을 잘라주면 자를수록 잎이 가늘어지고, 숟가락 자루처럼 뿌리의 마디가 변한다.'고 하였다.[5]

석창포의 잎을 자르면 뿌리줄기가 노출되어 이를 감상하기에 제격이 된다. 이끼로 덮여 있거나 지저분해진 뿌리줄기는 핀셋이나 부드러운 칫솔로 깨끗하게 청소하여 노출시키고 오전 햇빛을 충분히 받도록 하면 전체적으로 강건해진다. 어떤 품종들은 해를 많이 보면 뿌리줄기가 붉은 빛을 띠면서 더욱 신령스러워진다. 석창포의 향기 성분은 강한 휘발성을 가지고 있기 때문에 잎을 자르면 평소에는 잘 느껴지지 않던 석창포의 향을 강하게 느낄 수 있다.

잎을 자르는 시기는 어느 때라도 상관이 없지만 늦은 봄~장마철 사이에 시행하는 것이 가장 좋다. 이 시기에 잎을 자르면 새잎이 여름, 가을을 지나면서 왕성하게 자라나와 겨울이 되면 작품이 완성되고, 따라서 송백(松柏)에 비견되는 겨울 석창포의 푸르고 꼿꼿한 자태를 깨끗한 상태로 감상할 수 있기 때문이

---

6) 중국 고전 음률의 발원지인 강서성의 남창에 위치한다. 약 4,500년 전 중국음악의 비조인 황제의 악신 영윤 홍애가 우물을 파고 수련하며 대나무를 잘라 음악을 연주하여 음률을 창제한 옛 터이다.

다. 또한 이듬해 봄에 새로 잎이 나와 더욱 풍성해지므로 봄 전시회에 출품하기도 좋다. 이른 봄에 잎을 자르는 것도 나쁘지 않다. 다만 이 경우에는 늦은 봄~장마철 사이에 자르는 것보다 새잎이 일찍 나오므로 가을을 거쳐 겨울이 되면 잎끝이 약간씩 타는 경향이 있다. 가을의 잎 자르기는 바람직하지 않은데, 이는 새잎이 나오는 속도가 더뎌 겨울이 오기까지 작품이 완성되지 않기 때문이다. 늦은 가을이나 초겨울에 잎을 자르면 봄이 되어야 새잎이 나온다.

◈ **석창포의 잎 자르**기 작은 돌에 붙인 석창포 잎의 길이가 너무 커져서(왼쪽) 7월 하순에 모두 잘랐다(중간). 새로 나온 잎은 적당한 길이와 깨끗한 상태로 겨울을 나고 이듬해 봄까지도 그 상태를 유지하고 있다(오른쪽).

물주기

『양화소록』에서는 석창포에 주는 물에 대해 '돌 틈에서 솟는 샘물이나 하늘에서 내리는 빗물을 줄 것이고, 우물물이나 하천의 물을 주어서는 안 된다.'거나, 또 '항아리에 빗물을 받아 사흘이나 닷새 정도 두었다가 바가지로 다른 항아리에 옮겨 불순물을 제거하기를 세 번에서 다섯 번 정도 반복하여 물이 맑아지면 자주 물을 갈아줄 수 있다.'고 하였다. 그 옛날에 이렇게 물의 종류와 수질까지 신경을 써 가면서 키웠던 것으로 보아 당시의 선비들이 석창포를 상당히 소중하게 여겼다는 것을 알 수 있다.

오늘날에야 샘물이나 빗물을 주기는 어려우니 수돗물을 바로 준다. 수돗물을 미리 받아 두었다가 며칠 지난 다음에 사용하면 더 좋다. 석창포는 수생식물이라 할 수는 없지만 물가에서 자라는 식물이므로 봄부터 가을까지는 물을 매일 듬뿍 주는 것을 원칙으로 한다. 『양화소록』에서는 『쇄쇄록』의 물주는 법

(澆花法)을 인용하면서 '석창포는 뿌리 씻어주는 것을 좋아하니 자주 물을 주면 잎이 가늘어져서 빼어나게 된다.'고 하였다. 다만 물에 담가 키우는 것들은 뿌리줄기가 오랫동안 물에 잠겨 있지 않도록 각별히 신경을 써야 한다. 겨울에는 두는 곳에 따라 다르겠으나 얼지 않을 정도의 선선한 장소에 두었다면 1주일에 한 번만 주면 족하다. 공중습도가 낮은 건조한 곳이라면 더 자주 주고 가끔씩 스프레이도 해준다.

도자기나 수반에 물을 담고 수경 재배로 석창포를 키우는 경우에 혹서기가 아니라면 용기에 고인 물을 너무 자주 갈아줄 필요는 없다. 『양화소록』에서도 '기름기나 때로 더러워진 경우가 아니면 물을 갈아줄 필요는 없다.'고 하였다. 물을 주는 과정에서 넘치거나 혹은 뿌리줄기를 노출시키기 위해 일부를 따라내면서 부분적으로 물의 교환이 이루어지고, 또 석창포의 뿌리가 물을 정화하는 작용을 하기 때문이다. 그러나 오래되면 석창포의 죽은 뿌리와 그 사이에 끼어있던 흙이 자연적으로 탈락하면서 물속에 축적되고 먼지가 섞여 들어가 찌꺼기가 생기면서 수질이 점차 악화되므로 정기적으로 교환해 줄 필요가 있다. 대략 한 달에 한 번 정도는 완전히 교환해 주되 여름철에는 더 자주 갈아주도록 한다. 특히 기온이 30°C를 넘어가는 혹서기에는 가능하다면 물을 줄 때마다 신선하고 차가운 물로 완전히 교환해 준 다음 다시 적정 수준까지 따라 버리는 것이 좋다. 『산림경제』에서도 이국미(李国美)의 글을 인용하여 '모래나 잔 돌을 이용해 그릇에 괴석을 앉히고 석창포를 봉우리 사이에 심은 다음 아침마다 물을 갈아주면 무성히 자란다. 그러나 물이 흐리거나 진흙 등 앙금이 앉으면 잎이 시든다.'고 하였다.[3,5]

번식과 거름주기

석창포는 뿌리줄기가 옆으로 벋으면서 증식하므로 오래되어 포기가 커지면 뿌리줄기를 나누어 심는다. 거름은 베란다 전체 관리에 준해서 액비로 준다. 봄에는 질소가 많은 것을, 가을에는 인산과 칼륨이 많은 비료를 주면 성장에 도움이 된다. 특히 유기질 액비를 묽게 희석하여 주면 건실하게 자란다. 그러나

비료가 지나쳐 웃자라면 안주느니만 못하다. 왜냐하면 석창포는 짧고 가는 것을 상품으로 치기 때문이다. 따라서 최소한의 비료를 주어 키우는 것이 좋다.

병충해 방제

뿌리줄기가 물에 오래 잠겨 물러져 죽는 것을 빼면 석창포의 병해는 거의 없다. 수경 재배로 키우는 작품들은 통풍이 불량하면 뿌리줄기에 곰팡이가 낄 수 있으므로 주의한다. 충해도 거의 없지만 공벌레를 조심해야 한다. 공벌레는 뿌리줄기의 속을 모조리 파먹어 버려 치명적인 해를 입히므로 보이는 대로 살충제를 뿌려 구제해야 한다.

감상

잘 가꾸어진 석창포는 깨끗하게 손질하여 너무 덥지 않은 거실이나 방으로 들여놓고 감상한다. 작품이 너무 크면 공간도 많이 차지하고 옮기기도 어려우므로 실내로 들여놓고 감상하기에는 부담이 된다. 그러므로 큰 작품보다 작은 작품을 다양하게 만들어 두고 돌아가면서 감상하는 편이 더 낫다. 감상할 때는 정갈한 받침대 위에 올려놓으면 더욱 운치와 품격이 있어 보인다. 차가운 겨울날 책상이나 거실의 탁자 위에 올려둔 고졸(古拙)한 석창포 한 분 마주보면서 옛 선비들이 석창포에 부여했던 의미를 되짚어 보고 자신을 성찰하는 시간을 갖는 것도 의미 있는 일일 것이다.

용도

석창포는 음력 5월에서 12월 사이에 뿌리줄기를 캐어 수염뿌리를 제거하고 말린다. 말린 것을 잘라 보면 가운데의 색깔은 붉고 씹어 보면 알싸한 매운 맛이 난다. 한방에서는 석창포의 강한 방향성분이 인체의 장부와 경락이 막혀 기운이 잘 소통되지 않는 것을 뚫어 주고 탁한 기운을 제거하는 효능이 있다고 본다. 또 맑은 기운을 상승시키는 작용이 있어 정신이 맑지 못한 증상, 조울증이나 정신분열과 같은 중증정신질환, 건망증, 기억력 감퇴, 치매에 효과가 있다.

특히 뇌 기능을 활성화시켜 집중력과 기억력을 강화시키는 작용이 뛰어나다. 갈홍의 『포박자』에는 '한중이라는 사람이 13년 동안 석창포를 먹고 추위를 모르게 됐고 하루에 만언(万言)을 외울 정도로 기억력이 좋아졌다.'는 일화가 전해진다.[11] 이런 작용 때문에 석창포는 총명탕의 재료로 사용된다. 총명탕은 『동의보감』 내경편에 나오는 것으로 동량의 석창포, 백복신(白茯神), 원지(遠志)를 넣고 달여 낸 탕약인데, 이를 복용하면 잘 잊어버리는 것을 치료하고 오래 복용하면 하루에 천 마디를 외울 수 있다고 기록되어 있다.

약리학적으로 석창포의 약효 성분은 방향성의 정유인데, 주요 성분은 아사론(asarone)과 페놀성 물질이다. 이 물질들은 진통작용, 심신을 안정시키는 진정작용, 근육의 경련을 푸는 진경작용, 장관에서 소화액의 분비를 촉진하는 작용이 있다. 또 석창포는 혈중 콜레스테롤 농도를 낮추고 관상동맥의 혈류량을 증가시키며, 학습능력과 기억력 향상, 알츠하이머형 치매와 건망증 개선, 항암작용, 자폐아 증상 개선 등의 효과를 가지고 있다고 알려져 있다. 석창포는 이외에도 두통, 현기증이나 어지러움, 안구 피로, 이명, 오심, 구토, 신경성 소화기 질환, 과민성 대장증후군, 풍습(風湿)으로 인하여 열이 나고 오한이 들거나 관절과 근육이 쑤시고 아픈 증상 등에도 효과가 있다고 한다.

석창포는 뿌리줄기만 약효가 있는 것이 아니라 잎과 꽃을 모두 약이나 차로 쓸 수 있다. 잎은 덖거나 끓는 물에 살짝 데쳐서 비빈 다음 말렸다가 차로 만들어 마신다. 꽃은 그냥 또는 쪄서 말린 뒤 뜨거운 물에 2~3분 우려내어 차로 마신다. 석창포의 약리작용을 대표하는 방향성 향기 성분은 휘발성이라 차든 탕약이든 오래 우리거나 달이면 오히려 효과가 떨어진다. 독특한 풍미를 가진 석창포 차는 뇌의 기능을 증진시키고, 눈과 귀를 밝게 하며, 중풍이나 관상동맥경화와 같은 혈관 질환을 예방하는 데 도움이 된다. 생 석창포를 찧거나 말린 석창포를 달여 머리를 감으면 비듬이 없어지고 피부에 바르면 아토피와 같은 가려움증, 관절의 통증, 입안이나 피부의 헌데에도 좋은 효과가 있다고 한다.

석창포에 대하여 지금까지 수많은 약리작용들이 제시되어 있지만 그 효과가 다방면으로 모두 다 탁월하다고는 볼 수 없을 것이다. 다만 한 가지 중국과 우리나라의 고의서들이 석창포의 효능으로 공통적으로 강조하는 것이 불건망(不健忘)이다. 현대 한의학에서도 석창포는 뇌 기능을 활성화시켜 집중력과 기억력을 높임으로써 건망증을 개선하고 치매를 예방하는 효과가 있음을 인정하고 있다. 그래서 석창포가 총명탕의 재료로 사용되는 것이다. 석창포의 효능은 방향 성분에 있다고 하니 굳이 총명탕으로 만들어 먹지 않아도 된다. 책상머리에 석창포 한 분 올려 놓고 때때로 석창포의 향을 맡으면 머리가 맑아지고 총기가 충만해지는 효과를 누릴 수 있다. 작은 석창포 한 분 책상 위에 두도록 하자. 옛 선비방 궤안 위의 벗이었듯이 오늘날에도 석창포는 공부하는 학생, 학자, 문인, 기업인, 정치가 등 다양한 정신노동자들의 공부방과 서재에서 제 정신을 차리게 해주는 훌륭한 친구가 될 수 있을 것이다.

참고문헌

1. 국립수목원. 국가생물종지식정보시스템(NATURE). http://www.nature.go.kr.
2. 직지성보박물관. 맑은 바람 드는 집. 한시 한 소절. 164. 感舊 옛 생각－선주. http://jikjimuseum.org
3. 강희안. 양화소록. 석창포. 서윤희, 이경록 옮김. 눌와. 1999.
4. 강희안. 양화소록. 석창포. 이병훈 옮김. 을유문화사. 2010.
5. 강희안. 양화소록: 선비, 꽃과 나무를 벗하다. 석창포. 이종묵 역해. 아카넷. 2012.
6. 강희안. 양화소록: 선비, 꽃과 나무를 벗하다. 오반죽. 이종묵 역해. 아카넷. 2012.
7. 기태완, 김병욱. 화정만필. 궤안 위의 벗－석창포. 고요아침. 2007.
8. 한국향토문화전자대전. NAVER 지식백과. http:/terms.naver.com.
9. 경향신문. 한국의 재발견: 국보·보물을 찾아서－석조물편 〈21〉 석련지·당간지주·석표. 박석흥. 1973. 9. 17.
10. 대한불교진흥원 외. 한국의 사찰 (하). 공주 중동 석조·반죽동 석조. 대한불교진흥원. 2006.
11. 김승호. 신동아 622호. 한의사 김승호의 약초 이야기 ②. 수험생·정신노동자에게 좋은 총명탕 재료 석창포. 2011. 7.

Ⅵ. 꽃을 기르는 뜻

우리나라 최초의 원예서인 『양화소록』의 저자인 강희안은 이 책 말미의 〈꽃을 키우는 뜻(養花解)〉에서 '꽃에 깃든 이치를 살펴 그 지식이 근원까지 두루 통하면 다른 사물의 부림을 받지 않고 초탈해져 뜻을 잃는 일이 없고, 저들의 풍모를 나의 덕으로 삼으면 이로운 것이 많고 뜻이 호탕해진다.'고 하였다. 『양화소록』 역해본을 출간한 이종묵 교수는 이것을 '꽃을 기르는 일은 완물상지(玩物喪志)가 아니라 관물찰리(觀物察理)의 공부로서 꽃을 기르면서 그 이치를 살피고 이로써 마음을 수양한다고 한 것'이라고 풀이하였는데[1] 매우 적절한 해석이라 생각한다.

완물상지란 『서경』의 여오(旅獒)에 나오는 말이다. 은나라를 멸망시키고 주나라를 건국한 무왕에게 어느 날 여(旅)나라의 사신이 와서 큰 개를 한 마리 진상하였다. 무왕은 처음 보는 진귀한 품종의 개를 선물 받아 매우 기뻐하면서 늘 곁에 두고 애지중지하였다. 이것을 본 태보(太保) 소공(召公)이 "사람을 가지고 놀면 덕을 잃고(玩人喪德), 물건을 가지고 노는데 정신이 팔리면 본래의 뜻을 잃습니다(玩物喪志)."라고 간언하였다. 이 말을 들은 무왕은 크게 깨달은 바 있어 그 개를 포함한 모든 진상품을 신하들에게 나누어 주고 오직 선정을 베풀기 위해 노력했다고 한다. 그래서 완물상지(玩物喪志)란 말은 나중에 선비들이 그림, 화훼, 골동 등에 빠진 것을 비판하는 뜻으로 많이 사용되었다. 실제로 조선 전기에는 완물상지라는 성리학적 이념 때문에 선비나 사대부들 사이에서 서화나 골동에 대한 관심이 그다지 높지 않았다고 한다.

강희안도 자신이 꽃을 가꾸는 것을 사람들이 완물상지라고 비판할 것을 저어하였던지 〈養花解〉에서 '꽃을 키운다고 하여 외물의 부림을 받아 뜻이 상하는 것이 아니라 두루 살펴 이치를 깨달으면 본래의 뜻을 잃는 일이 없다.'고 하여 꽃을 기르는 것은 완물상지가 아니라고 주장하였다. 또 '소나무의 꼿꼿한 지조, 국화의 은일(隱逸), 매화와 난초의 높은 품격과 운치, 창포의 고고한 절조, 괴석의 확고부동한 덕은 마땅히 선비의 벗으로서 멀리 할 것이 아니라 항상 더불어 눈으로 보고 마음으로 체득하여 나의 덕으로 삼는 것이 그것을 가꾸는 뜻'이라고 하였다.

오늘날에는 애완동물을 반려동물, 자신이 키우는 식물을 반려식물이라 부르는 경우가 많아졌다. 이것은 자신이 키우는 동물이나 식물을 단순히 물건(物)으로 취급하는 것이 아니라 평생의 동반자라 여기는 경우가 많다는 뜻이다. 강희안은 조선시대에 이미 식물들을 자신의 벗으로 생각하고 그들이 지닌 좋은 면을 깨닫고 배우는 것이 식물을 키우는 뜻이라고 하였다. 깊은 사색과 사유(思惟)의 결과 형성된 것으로 보이는 강희안의 화훼에 대한 이러한 관점은 논어 이인편에 나오는 공자의 말씀인 견현사제(見賢思齊: 어진 사람을 보면 자기도 그와 같아지려고 생각하라)와도 그 맥이 닿아 있는 것 같다.

중국 춘추전국시대 노나라 사람이었던 공자는 자신의 학문과 사상을 정치 참여를 통해 구현하고자 그의 나이 55세에 주유천하(周遊天下)를 시작하여 13년간 열국을 떠돌았으나 끝내 자신의 뜻을 이루지 못하고 제자들과 함께 68세의 노구를 이끌고 고향 노나라로 귀향하던 중 은곡(隱谷)이라는 골짜기를 지나다 잠시 쉬게 되었다. 이때 어디선가 나는 맑은 향기에 이끌려 따라가 보니 잡초 속에 묻힌 난초에서 나는 향기였다. 이것을 본 공자는 의란조(倚蘭操)라는 거문조 곡조(琴曲)를 만들어 노래하면서 난초로 인해 큰 깨달음을 얻었다는 내용이 한나라 학자인 채옹(蔡邕)의 글 「금조(琴操)」를 비롯한 일부 문헌에 실려 있다고 한다.

倚蘭操

習習谷風 光陰以雨	골바람 솔솔 불고 개다 흐리던 하늘 비까지 뿌리는데
之子于歸 遠送于野	그대 돌아간다 하니 먼 들까지 전송하네
何彼蒼天 不得其所	저 푸른 하늘 아래 기댈 곳 하나 얻지 못하고
逍遙九州 無所定處	세상을 다 돌았건만 머무를 곳 없어라
世人闇蔽 不知賢者	세상 사람들 눈 어두워 어진 사람 몰라주고
年紀逝邁 一身將老	세월은 빨리도 흘러 이 한 몸 늙어만 가네

그리고 '난초의 향기는 꽃 중의 으뜸이지만 잡초 속에 묻혀 있구나!'라는 내용을 그 뒤에 덧붙였다. 현자인 자신을 난초에 비유하고 그러한 자신을 몰라주는 세태를 난초가 잡초 속에 묻혀 있는 것에 빗댄 것이다. 공자는 난초가 외로이 잡초에 묻혀 고고한 향기를 발산하는 것을 보고 알아주는 이가 없어도 덕을 쌓는 것을 게을리 하지 않는 것이 군자의 진정한 모습이란 것을 깨달았다. 그리고 아마도 드높은 향기를 좇아 모여드는 벌과 나비를 보고 자신을 알아달라고 천하를 주유했던 자신의 어리석음을 한탄했을 것이다. 큰 깨달음을 얻은 공자는 귀향한 후 더욱 학문에 정진하여 그의 사상과 철학을 완성의 경지로 끌어 올렸고, 이에 이끌려 찾아온 수많은 제자를 양성, 배출하였으며, 노나라의 역사서인 『춘추』를 편찬하였다.

이로 말미암아 후세인들이 난초를 군자에 비유하게 되었다. 또 난초의 향기를 만향의 으뜸이라는 왕자향(王子香)이라 부르는 것도 여기에서 유래하였다고 한다. 정치인들이 선거에서 당선되거나 또는 직장인이나 공무원들이 고위직으로 승진을 하면 난 화분을 보내는데, 이 오래된 풍습에는 바로 난초가 상징하는 군자의 덕을 향기롭게 널리 펼쳐 달라는 깊은 뜻이 담겨 있는 것이다.

난초에 대한 고사와 관련이 있는 의란조는 얼핏 보면 그저 신세한탄을 하는 노래인 것처럼 보이지만, 행간에서 이 노래가 품고 있는 뜻은 '꽃을 살펴 그 속에 깃든 이치를 깨닫고, 저들의 덕을 본받아 나의 덕으로 삼는다.'는 관물찰리(觀物察理)와 견현사제(見賢思齊)의 의미와 일맥상통하는 것이다. 이러한 뜻은 꼭 난초가 아니라도 꽃을 기르는 사람의 마음에 품을 뜻으로 삼기에 모자람이 없으며, 오늘을 사는 우리들도 새겨들을 만하다고 생각한다. 꽃을 기르면서 그 아름다움과 향기를 즐기고 또 남들에게 자랑하는 데 그치는 것이 아니라, 그 속에 담겨 있는 삶의 지혜를 깨달아 배우려고 노력하는 것이 꽃을 기르는 진정한 의미가 아닐까 생각한다.

참고문헌

1. 강희안. 양화소록: 선비, 꽃과 나무를 벗하다. 꽃을 키우는 뜻(養花解). 이종묵 역해. 아카넷. 2012.